Absorbierende Staubwolken teilen das helle Milchstraßenband. Links unterhalb der Milchstraße steht das elliptische Wölkchen des Andromedanebels, in der rechten unteren Bildhälfte stehen die beiden Magellanschen Wolken. Obwohl wir unsere Galaxis gewissermaßen »von innen« sehen, fällt doch die Ähnlichkeit mit einer von der Seite »von außen« betrachteten Galaxie auf (vgl. Abb. 1.4) – (Aufnahme: Lund Observatorium, Schweden).

Rudolf Kippenhahn

Licht vom Rande der Welt

Das Universum und sein Anfang

Deutsche Verlags-Anstalt

CIP-Kurztitelaufnahme der Deutschen Bibliothek

Kippenhahn, Rudolf:
Licht vom Rande der Welt: d. Universum u.
sein Anfang / Rudolf Kippenhahn. – 3. Aufl. –
Stuttgart: Deutsche Verlags-Anstalt, 1985.
ISBN 3-421-02732-3

3. Auflage

Lektorat: Wolfram Knapp und Margot Adrion
Zeichnungen: Jutta Winter
Typographische Gestaltung: Günter Saur
Gesamtherstellung:
Mohndruck Graphische Betriebe GmbH, Gütersloh
Printed in Germany

Für Johanna, die half, als ich hilflos war

Inhalt

Vorwort

Ich muß ersticken, wenn ich das Ding, das durch die Luftröhre tief in meine Lunge gespießt ist, nicht herausreißen kann. So muß es sich anfühlen, wenn einem jemand eine Blockflöte in den Hals gestoßen hat. Dann ruft die Frauenstimme, die mich durch die Dunkelheit geleitet: »Ruhig durchatmen!«, und es geht wieder. »Ich gebe Ihnen jetzt Sauerstoff«, sagt sie, und ich erwarte, daß aus der Blockflöte etwas in meine Lunge strömt, was an satte, grüne Almwiesen erinnert. Was dann kommt, schmeckt wie Luft aus einem alten Fußball.

Irgendwie stimmt sowieso nicht alles zusammen. Man hätte längst mit dem Eingriff beginnen sollen, statt dessen plagt man sich, mich in Narkose zu versetzen. Es kann noch nichts Wichtiges geschehen sein. Noch ist alles wie vorher, als man, dem Gesetze Genüge leistend, mich über mögliche Folgen aufgeklärt hatte: Aussetzen der Atemtätigkeit, da die Operation sich auf eine Stelle nahe dem Atemzentrum konzentrieren soll, die Möglichkeit der Lähmung einer Körperhälfte und die sichere Lähmung der linken Seite meines Gesichts.

Ich höre Ärzte, Pfleger und Schwestern sprechen. Was sie sagen, scheint mir keinen Sinn zu geben. Doch plötzlich paßt alles an seinen Platz: Man versucht nicht, mich in Narkose zu versetzen, man holt mich zurück!

Solange ich die Augen geschlossen halte, bin ich noch allein in der Dunkelheit. Der Tumor ist also aus meinem Kopf geholt und ich lebe noch! Ich fühle keine Schmerzen. Irgendwann scheint man inzwischen die Blockflöte aus meiner Lunge gezogen zu haben. Daß es sich um einen gutartigen Tumor handelte, hatte man mir schon vorher gesagt. Ich werde allen erzählen, daß es das erste Mal war, daß jemand etwas Gutartiges in meinem Kopf gefunden hat. Darüber muß ich lächeln. Da merke ich, daß mir mein Mund nicht mehr gehorcht. Ich prüfe sofort meine Hände. Gott sei Dank! Finger und Daumen lassen sich einzeln bewegen. Meine linke Gesichtshälfte ist zwar lahm, und das wird mich hindern, Vorlesungen und Vorträge zu halten, aber ich werde wieder an der Schreibmaschine arbeiten können. Das Buch wird fertig werden! Nun will ich die Augen öffnen.

Das Buch, dessen Schicksal in diesem Augenblick im März 1982 auf der Intensivstation einer Münchner Klinik entschieden wurde, entstand aus Vorträgen der vorangegangenen Jahre, die ich im Wintersemester 1981/82 zu einer Vorlesung für Hörer aller Fachbereiche an der Ludwig-Maximilians-Universität in München zusammengefaßt hatte. Ein dicker Leitz-Ordner Manuskriptseiten war fertig, als mich die Ärzte aus dem Verkehr zogen. Später wurde mir die Arbeit am Text zum Gradmesser meiner Genesung. Durch Schreiben habe ich die Zeit überbrückt, die ich brauchte, um den Rückweg in die Forschung zu finden. Das brachte mir das Buch näher als alles, was ich vorher geschrieben habe.

Trotz der verschiedenen Thematik war es nicht immer leicht, im vorliegenden Text Überlappungen mit meinem früheren Buch über den Lebenslauf der Sterne* zu vermeiden. Ich hoffe aber, daß mir das einigermaßen gelungen ist. Die beiden Bücher sollen einander ergänzen, aber jedes ist unabhängig vom anderen.

Wie das vorangegangene, so wendet sich auch das vorliegende Buch an den gebildeten Laien. Bei den Versuchen, den Stoff möglichst verständlich darzustellen, habe ich mich öfters der Träume des Herrn Meyer bedient. Dabei stand Mr. Tompkins** Pate. Er wurde von dem Physiker George Gamow erfunden, der damit komplizierte Gedankengänge der modernen Physik seinen Lesern nahebringen wollte. In zwei Träumen lasse ich Herrn Meyer und Mr. Tompkins aufeinandertreffen, dem großen Gamow, dem ich leider niemals persönlich begegnet bin, damit meine Reverenz erweisend. Herrn Meyers Traum vom elektromagnetischen Spektrum in Kapitel 2 habe ich an eine Geschichte angelehnt, die mich in einem populären Physikbuch meiner Jugend beeindruckt hat. An mehreren Stellen mußte ich der Verständlichkeit halber komplizierte Sachverhalte vereinfacht darstellen. Meine Fachkollegen mögen mir das nachsehen.

Eine große Hilfe bei der Arbeit war mir die Gastfreundschaft der Bamberger Sternwarte mit ihrer guten Bibliothek, in der man glücklicherweise von außen nicht telefonisch erreichbar ist. Ich danke allen Mitarbeitern dieses Instituts. Später haben mir Freunde und Kollegen geholfen, Irrtümer und Fehler im Text auszumerzen. Al-

---

* Rudolf Kippenhahn, 100 Milliarden Sonnen. München/Zürich 1980

** George Gamow, Mr. Tompkins' seltsame Reise durch Kosmos und Mikrokosmos. Braunschweig 1980

fred Behr, Gerhard Börner, Wolfgang Duschl, Jürgen Ehlers, Peter Kafka, Gustav Tammann, Hans-Heinrich Voigt und Richard Wielebinski haben einzelne Kapitel geprüft. Wolfgang Duschl hat darüber hinaus alles gelesen und viele Korrekturen vorgeschlagen. Mein Freund, der Göttinger Mathematiker Hans Ludwig de Vries, ging mit mir den ganzen Text in allen Einzelheiten durch und hat viele Verbesserungsvorschläge gemacht. Was trotzdem noch einer Korrektur bedarf, geht auf mein Konto.

Einen wesentlichen Anteil am Gelingen des Buches hat meine Frau, die mich immer wieder zum Schreiben ermutigt hat. Ich danke Cornelia Rickl, die aus der von mir angefertigten Rohfassung letztlich ein brauchbares Manuskript tippte, und die zusammen mit Rosita Jurgeleit geduldig meine vielen, oft mehrfachen, Korrekturen ausführte.

Ich danke der Zeichnerin Frau Jutta Winter und den Mitarbeitern der Deutschen Verlags-Anstalt für die Hilfe und Unterstützung bei der Gestaltung des Buches.

München, 2. Januar 1984 Rudolf Kippenhahn

Einleitung

> Die Kosmologen irren oft, doch nie quält sie ein Zweifel.
>
> *Yakov B. Zeldovich*

Vielleicht ist alles gar nicht wahr. Ich versuche in diesem Buch, die Geburt und den heutigen Zustand des ganzen Weltalls zu schildern. Ich schreibe also von der Wissenschaft, die man *Kosmologie* nennt. Aber woher nehme ich, woher nehmen meine Astronomie-Kollegen den Mut, andere über das Größte, das Alles-Umfassende der materiellen Welt zu belehren? Wie gesichert ist das, wovon ich hier schreiben will? Kann nicht alles ganz anders sein?

Bei den Vorgängen um uns, soweit sie zu den Dingen der unbelebten Natur gehören, haben wir es einfach, da fühlen wir uns auf sicherem Boden. Ein geworfener Stein fällt so, wie die Fallgesetze es seit Galilei beschreiben, und wer es nicht glaubt, der werfe den ersten Stein, den er in die Hand bekommen kann. Er wird dann im Experiment erkennen, daß die Fallgesetze richtig sind. Die gleichen Regeln bestimmen, wo ein Geschoß niedergeht, das von einem Geschütz abgefeuert worden ist. Dieser Teilbereich der Mechanik heißt *Ballistik.* Alle ihre Gesetze kennen wir sehr genau, denn die Experimente dazu lassen sich nur allzuleicht wiederholen. Sie laufen unter gleichen Bedingungen gleich ab. Auf ein abgefeuertes Geschoß kann man sich verlassen.*

---

* Die Weltgeschichte wäre wohl anders abgelaufen, wenn die Gesetze der Ballistik – ähnlich den Aussagen der Quantenmechanik – nur mit einer gewissen Wahrscheinlichkeit und nicht mit Sicherheit gelten würden. Dann hätte man im Zweiten Weltkrieg damit rechnen müssen, daß ein Teil der von der deutschen Artillerie auf Leningrad abgefeuerten Granaten in der Luft einen Bogen hätte beschreiben und in Richtung Berlin ziehen können. Die über Dresden abgeworfenen Bomben wären vielleicht nur mit einer gewissen Wahrscheinlichkeit dort aufgetroffen, wo sie nach der Ballistik hätten hinfallen sollen, und eine kleine Anzahl hätte sich während des Falles selbständig gemacht und einige wären vielleicht nach London, einige nach New York geflogen.

Selbst bei viel komplizierteren Systemen in der Natur, etwa bei lebenden Organismen, können wir durch Experimente prüfen, ob gewisse Gesetzmäßigkeiten, die wir aus der Beobachtung herauslesen, richtig sind oder nicht. Wo uns ethische Motive daran hindern – etwa bei Experimenten an Menschen –, da helfen uns trotzdem Vorgänge, die ohne unser Zutun ablaufen. Wenn Ärzte den Verlauf verschiedener Krankheiten an den gleichen Organen bei vielen Menschen beobachten, können sie Gesetzmäßigkeiten finden, nach denen unser Körper funktioniert.

Gehen wir nun hinaus in die unbelebte Natur des Weltalls. Mit der Sonne können wir nicht experimentieren. Wir können sie ansehen, mit allen unseren Gerätschaften studieren, aber wir können nicht an ihr rühren. Wir sind zu klein, zu bedeutungslos, um an ihr Veränderungen vornehmen zu können. Wir können nicht sehen, was aus ihr wird, wenn wir einige Trillionen Tonnen Wasserstoff auf ihre Oberfläche schütten oder wenn wir ihr Wasserstoff wegnehmen und statt dessen Helium nachfüllen. Wir können nicht die Energie aufbringen, um solche Massen zu bewegen, wüßten nicht, woher wir solch unermeßliche Materiemengen nehmen sollten, wenn nicht von anderen Sternen – die wir gar nicht erreichen können. Wir müssen die Sonne so nehmen, wie sie ist.

Aber wir haben Glück. Da, wo unsere Experimentierkunst versagt, führt die Natur selbst Experimente für uns aus. Im Raum stehen Milliarden von Sonnen, solche, die der unsrigen in fast allen Eigenschaften ähneln, aber auch solche, die aus mehr Masse zusammengesetzt sind als sie oder aus weniger. Es gibt Sterne, die älter sind als die Sonne, und jüngere. Diese Vielzahl von Sonnen können wir studieren. Können wir schon keine Experimente mit unserer Sonne ausführen, so hat doch die Natur für uns Versuche gemacht; und nun führt sie uns in den verschiedenen Sternen unermeßlich viele Ergebnisse vor. Das hilft uns, die Sterne und mit ihnen die Sonne zu verstehen, zumindest in ihren wichtigsten Eigenschaften.

Anders aber wird es, wenn wir das Weltall als Ganzes betrachten. Wir, die wir schon nicht an und in den Sternen rühren können, haben erst recht keine Möglichkeit, an der Welt als Ganzes zu drehen. Könnten wir doch schnell einmal ein Probeweltall zusammenbauen, in dem auf gleichem Raum zehnmal so viele Galaxien stehen als in unserem wirklichen Universum, und könnten wir diese Probewelt so untersuchen, wie die Astronomen es mit unserem wirklichen Weltall getan haben! Doch noch weniger als die Sonne stellt sich unser Weltall für uns zum Daran-Herumspielen zur Verfügung. Es ist noch schlimmer. Hält die Natur auch einen großen Vorrat von Sternen für uns bereit, und überschüttet sie uns mit Informationsmaterial über ihre Experimente, in denen sie verschiedene Sterne entstehen und vergehen läßt, so ist sie doch knapp und wortkarg über das Weltall als Ganzes. Zwar gibt es viele Sterne, doch gibt es nur *ein* Weltall. Die Natur läßt uns im Stich, sie experimentiert nicht für uns mit dem Weltall.

Das Weltall ist ein Schauspiel, das wie ein einmalig gezeigter Film vor uns abläuft. Wir können nicht in die Handlung eingreifen. Es gibt keine Wiederholung, keinen zweiten Film, der mit leicht geänderter Ausgangssituation beginnt – der jugendliche Liebhaber vielleicht ein bißchen weniger jugendlich – und uns zeigt, wie unter geänderten Bedingungen die Helden anders agieren. Wir hocken hilflos und unbeweglich auf unserem Sperrsitz, sehen einen Ausschnitt aus dem einzigen Film, der uns an nichts erinnert, was uns von der Erde oder aus der Welt der Sterne vertraut ist. Wir können nicht zurückspulen, um etwas noch einmal genauer zu studieren. Wir können den Film nicht im Zeitraffer voreilen lassen, um das Ende zu sehen. Aber nicht nur, daß wir den zeitlichen Ablauf nicht mehrfach beobachten können, wir wissen auch gar nicht richtig, was es in Wahrheit bedeutet, was wir sehen. Wir erblicken Galaxien weit draußen im Raum, weit außerhalb unseres Milchstraßensystems, aber wir wissen nicht genau, wie weit draußen sie stehen. Wir wissen nicht, bis in welche Entfernung unser Blick in den Raum reicht.

So schrieb Paul W. Hodge von der Universität von Washington in Seattle 1981 in einem Übersichtsartikel über die verschiedenen Methoden der Entfernungsbestimmung der fernsten Himmelsobjekte entmutigt: »Es wäre wahrscheinlich das Vernünftigste, vorläufig damit aufzuhören.« Und er schlägt eine Reihe anderer wichtiger, noch ungelöster Aufgaben der Astronomie vor, die man statt dessen anpacken sollte und deren Lösung bessere Grundlagen für eine Vermessung des Weltraums außerhalb unserer Milchstraße geben würde. »Aber«, fährt er fort, »die Versuchung, weiterzugehen und eine Entfernungsskala für die Räume außerhalb der Milchstraße zusammenzustellen, war zu groß, als daß ihr einige der größten Geister des 20. Jahrhunderts widerstehen konnten.«

Wir sehen nur einen kurzen Filmausschnitt vom kosmischen Drama. Wir bekommen ihn nicht in verschiedenen Variationen vorgespielt, und wir wissen nicht immer, was wir da wirklich sehen. Trotzdem machen wir uns anheischig, aus dem kurzen Abschnitt die ganze Handlung vom Anfang bis zum Ende rekonstruieren zu können.

Woher also nehmen wir den Mut dazu? Da ist zum einen unser Glaube, daß die Physik, die wir auf der Erde gelernt haben, überall im Weltall gilt. Wir wissen recht gut, daß die Materie in den Sternen und daß die Sterne als ganze Gebilde selbst unserer Physik gehorchen. Im Innern der Sterne verwandelt sich Wasserstoff in Helium, entstehen viele der anderen chemischen Elemente, so wie die irdische Physik voraussagt. Die Sterne selbst bewegen sich in den Galaxien, so wie es die Gesetze unserer Mechanik fordern. Selbst von den fernsten Galaxien senden die uns von der Erde wohlbekannten Atomarten unserer chemischen Elemente Strahlung aus, so wie es unsere irdische Physik vorschreibt. Dort sind die Sterne nicht etwa aus einem exotischen, uns unbekannten Stoff aufgebaut; sie bestehen vielmehr aus den gleichen chemischen Elementen, die wir – und sei es nur in Spuren – im Hause haben, Stoffen, aus denen auch der menschliche Körper aufgebaut ist. Wo immer wir an eine ferne Stelle des Weltalls schauen, es scheint dort alles so zu sein wie bei uns. Unsere Physik ist eben nicht irdisch, nicht nur für die Erde gültig, sie scheint vielmehr universell, das heißt also für jeden Teil des Universums, zu gelten.

Aber seien wir vorsichtig. Was wir eben gesagt haben, bedeutet, daß anscheinend Gesetzmäßigkeiten, die für die Erde, also für einen kleinen Teilbereich des Weltalls gelten, auch für andere Teilbereiche, und seien sie noch so weit von uns entfernt, etwa für Sterne in anderen Galaxien, richtig sind. Die Kosmologen aber haben sich nicht die Teilbereiche des Weltalls, sondern das Ganze als Objekt ihrer Forschung ausgesucht. Das ist eine viel schwierigere Aufgabe. Muß es auch als Ganzes dieser Physik gehorchen, die für seine Teilbereiche gültig ist?

Wenn wir uns mit einem so einmaligen Gegenstand befassen wollen wie dem Weltall, so ist es notwendig, daß wir es bis in seine fernsten Winkel betrachten. Sofort drängt sich eine Frage auf, die wohl jeden von uns schon beschäftigt hat: Wie weit reicht das Weltall? Was kommt, wenn ich im Raum immer weiter in die gleiche Richtung fortschreite? Es ist sehr schwer vorstellbar, daß es kein Ende geben soll, aber die Vorstellung, daß das Weltall eine Grenze hat, macht unserem Denken noch größere Schwierigkeiten. Denn sofort fragt man sich: Was ist jenseits der Grenze? Eine Welt anderer Beschaffenheit oder leerer Raum? Wie können wir etwas darüber erfahren? Beobachten wir mit den größten Teleskopen etwas, das auf die Existenz einer Grenze des Weltalls schließen läßt? Dringt mit ihrer Hilfe unser Blick bis dort hinaus, wo die Welt mit Brettern vernagelt ist? Wir brauchen keine Fernrohre; eine wichtige Eigenschaft des Weltalls erkennen wir schon mit freiem Auge.

Es ist bekannt, daß Astronomen für ihre Arbeiten normalerweise kostspielige Gerätschaften benötigen. Da ist es wohltuend zu wissen, daß es auch astronomische Beobachtungen gibt, die nichts kosten und trotzdem aufschlußreich und wichtig sind. Denn manchmal liegt die Hürde, die man zu überwinden hat, nicht in der Entwicklung eines raffinierten empfindlichen Gerätes, sondern darin, daß man erst erkennen muß, daß das, was man sieht, nicht selbstverständlich ist, daß die Beobachtung wert ist, darüber verwundert zu sein. Jeden Abend wird es dunkel. Wer merkt schon, daß dies eine wichtige astronomische Beobachtung ist! Es ist nämlich durchaus nicht selbstverständlich, daß der Nachthimmel schwarz ist. Es ist schwer zu rekonstruieren, wer als erster bemerkte, daß wir daraus etwas lernen können. Im Jahre 1823 sandte der Bremer Arzt und Astronom Wilhelm Olbers (1758–1840) eine kurze Arbeit an die Redaktion des »Astronomischen Jahrbuches«. Seither nennt man die darin enthaltene Überlegung das *Olberssche Paradoxon.*

Vielleicht ist diese Bezeichnung nicht gerecht, denn etwa 80 Jahre zuvor hatte der Schweizer Astronom Jean-Philippe de Loys de Cheseaux (1718–1751) in einem Buch die gleichen Überlegungen niedergeschrieben – und Olbers kannte das Buch. Wie immer es gerechterweise auch heißen sollte, das ist das Paradoxon: Wäre die Welt schon immer gleichförmig mit hell leuchtenden, seit eh und je unbewegt stehenden Sternen erfüllt, dann sähen wir, gleichgültig, ob es Tag ist oder Nacht, in welche Himmelsrichtung wir auch unseren Blick wenden, auf die Oberflächen von leuchtenden Sternen. Der ganze Himmel wäre zusammengesetzt aus vielen Milliarden kleiner, sich teilweise überdeckender Sternscheibchen, er wäre gleißend hell wie die Sonnenoberfläche. Statt dessen ist das Weltall finster. Daß die Welt nicht seit eh und je bis in die Unendlichkeit gleichförmig von unbewegten Sternen ausgefüllt sein kann, das beweist uns jeden Abend das Hereinbrechen der Nacht. Die Erklärung des dunklen Nachthimmels wird uns auf eine tiefgreifende Eigenschaft unseres Weltalls führen.

Eine weitere wichtige Beobachtung mit freiem Auge: Die Sterne erfüllen den Raum nicht gleichförmig. Das verrät uns das matt leuchtende Band der Milchstraße, das heutzutage Stadtmenschen höchstens noch während einer mondlosen, klaren Nacht im Urlaub wahrnehmen können. Wir stehen in einer gewaltigen Ansammlung von Sternen, die im leeren Raum zu schweben scheinen, und leben mit Sonne und Planeten in einer Insel von Milliarden anderer Sonnen. Diese Insel scheint in einem fast uferlosen öden Ozean leeren Raumes zu liegen.

Um die Welt als Ganzes verstehen zu können, müssen wir erst einmal unsere Umgebung im Weltall durchforschen. Wie Robinson müssen wir zuerst unsere eigene Insel abschreiten, wir müssen sie kennen- und vielleicht sogar verstehen lernen. Dann werden wir nach anderen Inseln Ausschau halten. Aber vorerst beginnen wir mit unserer Insel, dem Milchstraßensystem.

Es ist das Nest, in dem Sonne und Erde geboren wurden. In ihm entstanden damit die Voraussetzungen für die menschliche Existenz. Wie ist die Insel beschaffen, der wir verdanken, daß wir da sind?

1 Anatomie der Milchstraße

SAGREDO (zögert, an das Fernrohr zu gehen): Ich verspüre beinahe etwas wie Furcht, Galilei.
GALILEI: Ich werde dir jetzt einen der milchweiß glänzenden Nebel der Milchstraße vorführen. Sage mir, aus was er besteht!
SAGREDO: Das sind Sterne, unzählige.

Bertolt Brecht, »Das Leben des Galilei«

Sie teilt die Himmelskugel in zwei Hälften. Mit freiem Auge sehen wir sie als milchigweißes Band, das sich über das mit Sternen bedeckte Firmament zieht, sich über den nördlichen und den südlichen Himmel zum Kreise schließt. Schon etwa 400 Jahre vor Beginn unserer Zeitrechnung schloß der griechische Philosoph Demokrit: »Die Milchstraße besteht aus sehr vielen kleinen und dicht beieinander stehenden Sternen, die gemeinsam leuchten und infolge ihrer Dichte ihr Licht vermehren.« Da Demokrit kein Fernrohr zur Verfügung stand, konnte er das nicht sehen, sondern nur ahnen. Daß er richtig geahnt hatte, lernte man zwei Jahrtausende später. Aber dazu mußte erst das Fernrohr erfunden werden.

Im August des Jahres 1609 richtete Galileo Galilei sein kleines Teleskop zum Himmel und erkannte, daß das milchige Band zahllose Einzelsterne enthält. Helle Flecken enthüllten sich als Anhäufungen von Sternen. Auf modernen Himmelsfotografien scheint es oft so, als ob die Sterne dicht beieinander stehen, so als ob ihre Oberflächen sich fast gegenseitig berühren würden. Meist aber steht der eine viel näher bei uns als der andere. Sie sind durch große Entfernungen voneinander getrennt, und nur dieselbe Blickrichtung zum Himmel täuscht vor, sie stünden nahe beieinander. Aber selbst wenn sie von uns aus etwa gleich weit draußen im Raum sind, so ist ihr gegenseitiger Abstand auch ungeheuer groß. Nur ihre gewaltige Entfernung von uns täuscht vor, sie wären einander nahe. Es sind die großen Weiten des Systems der Milchstraße, die uns vorgaukeln, daß dort die Sterne dicht beieinander stehen. Für diese großen Weiten müssen wir erst ein Gefühl bekommen und das richtige Maß finden.

Maßstäbe im Raum

Wir wollen vorerst noch nicht den Weg der Geschichte gehen und vorführen, wie in großen und kleinen Schritten der Aufbau und das Wesen des Gebildes entschleiert wurden, das wir als Band der Milchstraße am Himmel sehen. Wir wollen statt dessen unsere heutige Vorstellung darüber beschreiben, ohne uns vorläufig damit aufzuhalten, woher wir unser Wissen bezogen haben.

Zur Beschreibung des Sternsystems unserer Milchstraße, unserer Galaxis, vor allem zur Beschreibung der räumlichen Ausdehnung dieses Gebildes, wollen wir uns der krummen Maßeinheiten der Astronomen bedienen. Entgegen der Konvention über die metrischen Einheiten haben die Astronomen ihr eigenes Längenmaß beibehalten. Ihre Elle ist das *Parsek*, abgekürzt pc. Das Parsek ist viel länger als alles, was wir auf der Erde gewohnt sind. Selbst unser Sonnensystem mit all seinen Planetenbahnen ist viel zu klein, um in dieser Längeneinheit gemessen zu werden. Erst der 206tausendfache Abstand Sonne – Erde ergibt ein Parsek. Das Wort selbst ist ein Kunstwort, zusammengekleistert aus *Parallaxe* und *Sekunde.* Diese beiden Wörter rühren von der Methode her, mit der man die Entfernung der nächsten Fixsterne bestimmt, wie sie im Anhang C beschrieben ist. Warum die Astronomen auch immer diese Längeneinheit gewählt haben (den Physikern sind die unorthodoxen Maßeinheiten der Astronomen stets ein Greuel), wir wollen dem hier nicht weiter nachgehen. Hier genügt es, wenn wir ein Gefühl für diese Maßeinheit bekommen. Ein Stern, der 1 pc von uns entfernt im Raum steht, ist 31 Billionen Kilometer weit weg, das sind 31 000 Milliarden Kilometer. Das Licht, das wir heute von dort empfangen, ist 3.26 Jahre unterwegs gewesen.

Das bringt uns zu einer anderen kosmischen Längeneinheit, die der Astronom verwendet, wenn er Außenstehenden ein Gefühl für die unvorstellbar großen Entfernungen vermitteln will, mit denen er zu tun hat: das *Lichtjahr.* Das klingt zunächst so, als handle es sich um einen Zeitraum. Mit dem Wort Lichtjahr ist aber eine Entfernung gemeint, die Strecke, die das Licht in einem Jahr zurücklegt.

Ein pc entspricht also 3.26 Lichtjahren. Man beachte dabei, daß das Licht in jeder Sekunde 300000 Kilometer zurücklegt. Das ist fast die Entfernung Erde – Mond. Das Jahr aber währt 32 Millionen Sekunden. Ein Lichtjahr wäre demnach mehr als 32 millionenmal länger als die Entfernung Erde – Mond. Ist das Lichtjahr einmal eingeführt, dann ist der Schritt zu den kürzeren, nicht so häufig benützten Längeneinheiten *Lichtmonat, Lichttag, Lichtminute* und *Lichtsekunde* einfach. Die Sonne ist von der Erde 150 Millionen km entfernt, das sind acht Lichtminuten. Würde die Sonne innerhalb einer Sekunde plötzlich erlöschen, etwa gerade während es bei uns Mittag ist, die Dunkelheit würde erst acht Minuten später über uns hereinbrechen. Bei Planetensonden, die in der Nähe von Mars, Jupiter oder Saturn durch Funksignale von der Erde her gesteuert operieren, muß man berücksichtigen, daß die Sonde auf ein Signal erst Minuten, ja Stunden nach der Aussendung des Kommandos reagiert, weil die Funksignale, die sich mit Lichtgeschwindigkeit ausbreiten, so lange brauchen, bis sie dorthin kommen. Genauso lange dauert es, bis die Rückmeldung, der Befehl sei ausgeführt, die Station auf der Erde erreicht. Die durch das Licht festgelegte Einheit ist unvorstellbar groß, sie ist den Weiten des Weltalls angepaßt. Alles, was uns auf der Erde groß erscheint, ist zu klein, um damit gemessen zu werden. Die größte Entfernung, die der Mensch aus eigener Kraft je zurückgelegt hat, die zum Mond, ist kaum mehr als eine Lichtsekunde. Aber kehren wir zurück zu den viel größeren Entfernungen in den Räumen der Milchstraße.

So unermeßlich weit uns die Entfernung auch erscheint, das Parsek ist eine kleine Maßeinheit. Schlagen wir um die Erde (oder, was bei der Größe eines pc dasselbe ist, um die Sonne) eine Kugel vom Radius 1 pc und sehen wir, wie viele Sterne wir damit eingefangen haben, so sind wir enttäuscht: kein einziger Stern ist uns so nahe. Der nächste Fixstern, Proxima Centauri – er steht am Südhimmel –, ist 1.31 pc von uns entfernt. Das Licht von ihm ist daher vier Jahre und drei Monate zu uns unterwegs. Wenn wir unsere Kugel um die Sonne 6.45 pc groß machen, dann haben wir mit ihr etwa hundert Sterne eingefangen. Aber auch das ist so gut wie nichts im Vergleich zu den Milliarden, die nach unseren heutigen Vorstellungen zu der Ansammlung von Sternen gehören, die uns das Band der Milchstraße an den Himmel zaubert. Da müssen wir schon noch größere Maßeinheiten zu Hilfe nehmen. Denn die meisten Sterne unserer Milchstraße sind einige tausendmal weiter entfernt als unser Nachbar Proxima Centauri. So kommt man auf das *Kiloparsek* (kpc), tausend pc, also 3260 Lichtjahre. Die hundert hellsten Sterne am Nachthimmel stehen alle weniger als dreiviertel kpc von uns entfernt. Wir glauben, daß unser Sonnensystem etwa 10 kpc vom Zentrum der die Milchstraße bildenden Sternansammlung entfernt seine Bahn zieht. Das ist eine Entfernung von 33 000 Lichtjahren. Ein Lichtstrahl oder eine Radiowelle, die uns heute von dort erreicht, wurde also schon ausgesandt, als man auf der Erde noch damit beschäftigt war, Büffel an Höhlenwände zu malen. In unserer Milchstraße gibt es aber auch noch Sterne, die vielleicht 30 kpc von uns entfernt sind. Bietet sich das pc also an, um die Entfernungen benachbarter Sterne zueinander zu beschreiben, so ist das kpc die Maßeinheit für die Entfernungen innerhalb unserer Milchstraße.

Aber hinter den Sternen der Milchstraße ist die Welt noch lange nicht zu Ende. Wie man erst seit 1924 weiß, ist das Sternsystem der Milchstraße nur eines von unzählig vielen. Zu ihnen gehört zum Beispiel der *Andromedanebel* (Abb. 1.1). Er ist 670 kpc von uns entfernt. Dabei ist er noch eines der ganz nahen Sternsysteme, von denen man viele nach ihrem Erscheinungsbild auch *Spiralnebel* nennt. Die Sternsysteme, die wie unser Milchstraßensystem im Raum stehen und von denen nur ein Teil schöne Spiralen zeigt, heißen *Galaxien.*

Um die Welt dort draußen beschreiben zu können, wo die Galaxien stehen, müssen wir unsere Längeneinheit noch einmal vergrößern. Tausend kpc, also eine Million pc, faßt man zu einem *Megaparsek* (Mpc) zusammen. Die Andromedagalaxie ist also 0.67 Mpc von unserem Milchstraßensystem entfernt. Man kennt aber eine Galaxie, die 4000 Mpc weit draußen steht. Wir nehmen noch Licht wahr von Objekten aus über 5000 Mpc Entfernung, das sind etwa 16 Milliarden Lichtjahre. Im Vergleich dazu: Wir schätzen das Alter von Sonne und Erde auf etwa 4.5 Milliarden Jahre. Das Licht, das wir heute von jenen fernen Objekten empfangen, ist also auf den Weg geschickt worden, als es noch nicht einmal unseren Planeten gab.

Jetzt haben wir uns mit kosmischen Zollstöcken versorgt, die es gestatten, nicht nur die Entfernungen zwischen den Sternen, sondern auch die Wege quer durch Galaxien und die Entfernungen zwischen den Galaxien, ja sogar das ganze Weltall bis an die Grenzen der Wahrnehmbarkeit zu vermessen. Aber vorläufig geht es uns nur um unsere im Vergleich zum ganzen Weltall so winzige Heimat,

Abb. 1.1: Die Andromedagalaxie steht so weit draußen im Raum, daß ihr Licht zu uns etwa zwei Millionen Jahre unterwegs ist und ihre Sterne im Bild zu einem ovalen Nebel verschmelzen. In dem im Text erklärten Längenmaß beträgt die Entfernung zum Andromedanebel 670 kpc. Alle im Bild einzeln erkennbaren Sterne stehen relativ nahe bei uns im Vordergrund in unserem eigenen Sternsystem, dem Milchstraßensystem. In unmittelbarer Nachbarschaft der Andromedagalaxie sieht man zwei Zwerggalaxien, den verwaschenen elliptischen Fleck im Bild links unten und den nahezu kreisrunden am oberen rechten Rand des Nebels. Von diesem wird noch in Kapitel 9 (S. 214) die Rede sein (Aufnahme: Karl-Schwarzenschild-Observatorium, Tautenburg, DDR).

um das für uns jedoch immer noch unvorstellbar riesige System der Milchstraße.

Ich werde mich nun eines Hilfsmittels bedienen, das ich noch öfters verwenden werde, wenn es darum geht, physikalische und astronomische Sachverhalte anschaulich zu machen. Denn oft sind unsere Körpergröße und die Tatsache, daß wir auf der Oberfläche eines winzigen Planeten kleben, ein Hindernis, uns die Weiten des Weltraums vorzustellen. Oft hindert uns die Geschwindigkeit, mit der die Vorgänge in unseren Körpern ablaufen und die kurze Zeitspanne zwischen Geburt und Tod bestimmen, den Zeitlauf des Weltalls zu begreifen. Dann werde ich den Leser bitten, mir in die Träume einer erfundenen Person, des Herrn Meyer, zu folgen. Damit hoffe ich, ein wenig von dem Gefühl zu vermitteln, das den Leser von Jules Vernes »20 000 Meilen unter'm Meer« beschleicht, wenn er mit Kapitän Nemo durch das Fenster des getauchten »Nautilus« auf den Meeresboden blickt. Vielleicht werden ihm dadurch, wie dem Leser von George Gamows Träumen des Mr. Tompkins, auch sonst schwer vorstellbare Dinge anschaulich.

Herr Meyer löst ein Rätsel

Herr Meyer hatte den ganzen Tag damit zugebracht, seine Bibliothek zu ordnen. Nun war es schon spätabends, und er war rechtschaffen müde geworden, zu müde, um noch zu lesen. So hatte er sich ins Wohnzimmer ein Buch mit astronomischen Bildern mitgenommen, in dem er noch bei einem Glas Wein blättern wollte. Beim Aufschlagen fiel sein Blick auf das Hochglanzfoto eines Spiralnebels. Er sah die schöne Spiralstruktur, die ihn an den Wirbel erinnerte, der sich an der Wasseroberfläche seiner Badewanne immer herausbildete, wenn er den Stöpsel gezogen hatte. Er schaute unverwandt auf die Spirale, und plötzlich schien es ihm, als ob das Bild nicht mehr auf seinem Wohnzimmertisch lag, sondern auf einem Metalltisch unter einer durchsichtigen Folie. Er selbst schien an seinem Lehnstuhl angeschnallt zu sein. Nein, das war nicht sein Lehnstuhl, es war ein Aluminiumsessel, dessen Beine mit dem Boden verschraubt waren. Er war auch gar nicht mehr in seinem Wohnzimmer. Die Weinflasche war verschwunden. Er saß in einer winzig kleinen Metallkammer, jeder freie Raum angefüllt mit wissenschaftlichem Gerät. So etwas hatte er schon gesehen, im Fernsehen:

Er war in einem Raumschiff! Tatsächlich, wenn er zum runden Fenster hinausblickte, dann sah er nicht die Lichter seiner Heimatstadt. Es herrschte draußen absolute Dunkelheit, in welche Richtung auch sein Blick ging. Aber irgend etwas stimmte nicht. Er wußte nur noch nicht, was.

Während er noch darüber grübelte, öffnete sich an einer Stelle der Wand eine kreisrunde Luke, und ein Mann schwebte herein, Kopf zuerst, mit den Händen stieß er sich vom Lukenrand ab. Er trug einen silbrig glänzenden engen Raumfahreranzug, und Herr Meyer wurde sich seines Hausmantels bewußt. »Alles o. k.?« fragte der Mann, und Herr Meyer nickte, um nicht weitere Fragen zu provozieren. Aber es half nichts, der Mann fragte weiter. »Wissen Sie, wo wir sind?« Da haben wir es, dachte Herr Meyer, ich habe keine Ahnung, wie ich Unglücksrabe in dieses Raumschiff gekommen bin, und jetzt will er von mir auch noch eine astronomische Ortsbestimmung. Dabei ist draußen kein Stern zu sehen ... Er stockte. Das war es, was nicht stimmte! Es war draußen kein Stern zu sehen! Von einem Raumschiff, auf dem Weg zum Mond oder zu einem Planeten unseres Sonnensystems, aus gesehen, müßten die Sterne genauso am Himmel stehen wie bei uns in einer klaren Nacht. Sie sind aber nicht da. Auch wenn das Schiff weit außerhalb unseres Sonnensystems zwischen den Sternen unserer Milchstraße seine Bahn zieht, müssen doch Sterne am Himmel stehen! Steht das Raumschiff vielleicht in einer dichten Staubwolke, die das Licht der Sterne verschluckt und den Himmel sternlos erscheinen läßt? Oder ist das Raumschiff so weit von zu Hause entfernt, daß es außerhalb der Milchstraße im leeren Raum steht, fern von allen ihren Sternen? Schließlich sehen wir mit freiem Auge die Sterne am Himmel nur deshalb, weil wir uns mit unserem Sonnensystem mitten unter den hundert Milliarden Sternen befinden, die zusammen unser Milchstraßensystem ausmachen. »Wissen Sie, wo wir sind?« wiederholte der penetrante Astronaut seine Frage. Irgendwie hatte Herrn Meyer der Ehrgeiz gepackt, die richtige Antwort zu geben, vielleicht, weil er sich seines Hausmantels schämte. Er dachte krampfhaft nach. Im Innern einer Staubwolke oder weit außerhalb unserer Milchstraße; eine der beiden Antworten war die richtige. Aber welche?

Er schnallte sich vom Sitz los und schwebte vorsichtig durch den Raum zum Fenster. Mit Händen und Fingerspitzen tastete er sich dabei an den verschiedenen Ecken, Kanten und Streben entlang. Nun sah er einen wesentlich größeren Ausschnitt des Himmels. Es war kein Stern zu sehen, auch nicht, nachdem der Astronaut die Kabinenbeleuchtung ausgeschaltet hatte. Also war das Raumschiff doch im Innern einer undurchsichtigen Staubwolke? Inzwischen gewöhnten sich seine Augen an die Dunkelheit, und nun sah Herr Meyer, daß der Himmel nicht völlig dunkel war. An zwei Stellen konnte er im tiefen Schwarz des Himmels kleinere, etwas hellere Nebelflecken erkennen. Das aber bedeutete, daß sich das Raumschiff nicht in der Dunkelheit einer kosmischen Staubwolke verloren hatte; es gab ja etwas zu sehen. Nun gingen seine Gedanken ganz schnell. Das Raumschiff steht weit außerhalb unseres Milchstraßensystems, fernab von dessen Sternen, und die zwei Wölkchen sind Milchstraßensysteme. Eines davon vielleicht das unsere. Wir stehen so weit weg, daß ich die Milliarden Sterne dieser Gebilde nicht einzeln erkennen kann, sondern nur in ihrer Gesamtheit als neblige Wölkchen, sagte er sich. Der silbrige Raumfahrer kam mit spöttisch fragendem Gesicht zum Fenster geschwebt. »Wir sind weit außerhalb unserer Milchstraße«, sagte Herr Meyer. Der spöttische Gesichtsausdruck war verschwunden. Der Astronaut nickte, Herr Meyer konnte eine Spur von Anerkennung aus seiner Miene herauslesen.

Im Anflug auf die Milchstraße

Während er zum Fenster hinausblickte, begann der Astronaut zu sprechen: »Wir sind im Raum zwischen den Sternsystemen. Es ist eine leere Einöde, denn zwischen zweien von ihnen liegt meist ein Abstand von einigen Mpc. Das ganze Weltall ist fast leer, denn die Galaxien stehen vereinzelt und voneinander durch Abstände getrennt, die meist sehr groß sind im Vergleich zu ihren Durchmessern. Unser Raumschiff verfügt über Beobachtungsinstrumente aller Art, vom optischen Fernrohr über Radioteleskope zu Röntgenempfängern und Zählrohren. Sie können rasch bewegte Materieteilchen, sogenannte Teilchenstrahlung, wahrnehmen und messen. Wir stehen etwa 1000 Mpc vom Milchstraßensystem entfernt. Dort können Sie es sehen!« Er ging an eine Stelle der Wand, aus der ein Stutzen herausragte, der an das rückwärtige Ende eines kleinen Fernrohrs erinnerte. »Blicken Sie hier durch das Okular. Das Fernrohr ist genau auf unser Milchstraßensystem gerichtet.« Herr Meyer blickte durch. Obwohl sich seine Augen schon an die Dunkelheit gewöhnt hatten, sah er fast nichts. Im Blickfeld war in der Mitte eine etwas hellere Stelle zu sehen. »Das soll unser Milchstraßensystem sein?« fragte er ungläubig. Der Astronaut nickte, und Herr Meyer schaute sich den Fleck im Fernrohr genauer an. Ich sehe nur, daß der Fleck etwas heller ist als die schwarze Umgebung, sagte er sich. Das also sind die vielen Milliarden Sterne, von denen ich jetzt keinen einzigen als Einzelstern erkennen kann. Irgendwo in diesem Wölkchen steht ein winziger Stern, die Sonne, um die die Erde kreist, als kleines Stäubchen. Und irgendwo auf diesem Stäubchen ist mein Bett, in dem ich jetzt liegen sollte. »Unsere Galaxis ist von

Abb. 1.2: Bei der Galaxie M101 blicken wir senkrecht von oben auf die Scheibe. Sie ist nahezu 4 Mpc von uns weg und entfernt sich in jeder Sekunde um 440 Kilometer. Die Galaxie erinnert an ein Spielzeug-Windrad und hat in der berühmten Weltinseldebatte (vgl. Kapitel 5) eine wichtige Rolle gespielt (Aufnahme: K. Birkle, H. Lingenfelder, Deutsch-Spanisches Astronomisches Zentrum).

hier aus kaum auszumachen«, sagte der Astronaut, »wir sind schließlich drei Milliarden Lichtjahre entfernt. Sie erscheint nur noch als winziges nebliges Scheibchen, das vor dem sonst dunklen Hintergrund steht. Wir sehen in den verschiedenen Richtungen des Raumes viele andere solche Scheibchen, manche sind größer und heller als das der Galaxis (Abb. 1.2, 1.3). Jetzt sehen wir sie etwa so groß wie ein Pfennigstück aus 600 Metern Entfernung betrachtet; wir wollen uns dem Gebilde nähern.« Er gab auf einer Computertastatur einige Zahlen ein. Irgend etwas geschah im Bewußtsein von Herrn Meyer. Es war nicht, daß er in Ohnmacht fiel, er schlief auch nicht ein – wie sollte er auch, er schlief ja bereits –, es war nur für einen Augenblick alles so unwirklich*. Aber im nächsten Augenblick war alles wieder in Ordnung, und der Astronaut winkte Herrn Meyer ans Fernrohr. Nun war der erhellte Fleck merklich größer geworden. Das Gebilde, das eine elliptische Form hatte, leuchtete nicht gleichförmig. Bei genauerem Hinsehen konnte man hellere Bänder erkennen, die spiralig von der Mitte ausgehend sich nach außen zu winden schienen. Zwischen ihnen, den Spiralarmen, schien das Scheibchen weniger Licht auszusenden. Auch die Farbe war nicht gleichförmig. Die Spiralarme erschienen mehr weißlichblau, das Zentralgebiet, dort, wo die Spiralarme zu entspringen schienen, war gelblich.

* Wenn wir uns in Gedanken mit einem Raumschiff zwischen den Galaxien bewegen, so schnell, daß wir innerhalb unserer Lebenszeit von Galaxie zu Galaxie gelangen wollen, so muß die Geschwindigkeit sehr groß sein. Nun wissen die Physiker seit Einstein, daß es physikalisch nicht möglich ist, einen Körper auf eine Geschwindigkeit zu bringen, welche die des Lichtes übersteigt. Wenn das Raumschiff, in das Herr Meyer geraten ist, sich innerhalb anscheinend kurzer Zeiten zwischen den Galaxien bewegt, so wollen wir ignorieren, daß dazu Über-Lichtgeschwindigkeiten nötig sind. Das geschieht in unserer Geschichte dadurch, daß Herr Meyer eine Art von Bewußtseinssprüngen erlebt. Schließlich geht es uns hier nur darum, einen Eindruck vom Aufbau des Weltalls zu vermitteln. Und schließlich ist ja alles nur ein Traum.

Im Virgo-Haufen

Eben hatte der Astronaut noch einmal die Steuerungsknöpfe am Computer gedrückt, und als Herr Meyer wieder klar denken konnte, war der Anblick draußen ganz anders. War bisher der ganze Himmel finster, mit nur wenigen kaum auszumachenden Nebelfleckchen, so stand das Raumschiff jetzt mitten unter Galaxien, von denen die größten so groß erschienen wie bei uns der Vollmond am Himmel. Die meisten waren spiralige Gebilde, dazwischen gab es kleinere, deutlich schwächere, die keine Struktur zeigten, und einige sehr große, die als leuchtende Ovale im Raum schwebten, frei von irgendwelcher Spiralstruktur. Bei einigen konnte Herr Meyer einen Streifen erkennen, Galaxien mit dunkler Bauchbinde. »Wir sind in der Mitte eines Galaxienhaufens«, sagte der Astronaut. »Da er von der Erde aus betrachtet im Sternbild Jungfrau (Virgo) steht, nennen die Astronomen ihn den *Virgo-Haufen.* An die 2500 Galaxien haben sich in ihm zusammengeschart. Wir stehen jetzt in seinem dichtesten Teil. Hier sind die Galaxien im Mittel nur 100 kpc voneinander entfernt. Beachten Sie bitte, daß der Abstand des Andromedanebels zum Milchstraßensystem siebenmal so groß ist.« Herr Meyer blickte hinaus, und wohin er auch schaute, sah er zwischen den helleren Galaxien schwächere, kleinere.

»Der Raum zwischen den Galaxien ist aber hier nicht leer«, sagte der Astronaut, »wohin ich auch meine Empfangsgeräte richte, von überall her bekomme ich Röntgenstrahlen von heißen Gasmassen, die in diesem Galaxienhaufen den Raum zwischen den Galaxien erfüllen. Sie können sie nicht sehen, da kein sichtbares Licht von ihnen ausgeht. Jetzt aber zeige ich Ihnen das Prachtstück des Virgo-Haufens«, sagte er, während er wieder an seinen Bedienungstasten drückte.

Da wurde es draußen hell. Sofort wandte sich Herr Meyer, der eben noch den Astronauten beobachtet hatte, wieder dem Fenster zu. Der Himmel war ausgefüllt von einem hellen Fleck, der riesengroß am Himmel stand, sie waren ganz nahe bei einer Galaxie ungeheueren Ausmaßes. Der leuchtende Fleck zeigte ein rötliches Licht. Was aber Herrn Meyer gefangennahm, war die blaue Stichflamme, die aus dem Zentrum des Flecks herauskam und die so lang war, daß sie noch weit über den Rand des rötlichen Fleckes herausragte, hinein in die tiefschwarze Himmelsfläche. Der blaue Strahl schien unbeweglich im Raum zu stehen wie ein erstarrtes Feuer. Er war nicht gleichförmig. Herr Meyer erkannte in ihm helle Knoten, die wie auf einer Perlenkette aufgereiht waren (Abb. 1.3).

Er ging an den Fernrohrstutzen und blickte in die Galaxie. Jetzt konnte er auch die einzelnen Sterne in ihr erkennen. Dabei fiel ihm auf, daß die hellsten alle rötlich waren. Das also gibt der Galaxie die Farbe, dachte er und richtete gleich das Fernrohr auf den blauen Strahl. Er erwartete nun, daß der Strahl aus blauen Sternen bestehen würde, aber da wurde er enttäuscht. Der Strahl zeigte auch im Fernrohr ein gleichmäßiges blauweißes Licht. Er schien aus leuchtendem Gas zu bestehen, nicht aus einzelnen Sternen.

Abb. 1.3: Die Galaxie M87 steht im Galaxienhaufen im Sternbild der Jungfrau. Zusammen mit den Galaxien dieses Haufens entfernt sie sich von uns in jeder Sekunde um 1200 km. Sie zählt zu den elliptischen Galaxien (vgl. S. 216) und zeigt keinerlei Spiralstruktur. Dafür fliegt aus ihrem Zentralgebiet Materie in einem scharfen Strahl nach außen, ein Hinweis darauf, daß in den Zentren von Galaxien ungeheuere Energiemengen frei werden können (Aufnahme: M. Tarenghi, European Southern Observatory).

»Die größte und schönste Galaxie im Virgo-Haufen«, erklärte der Astronaut. »Die Astronomen nennen sie M87*. Auch von zu Hause aus kann man auf Himmelsfotografien den Strahl erkennen. Noch mehr Aufsehen aber erregt die starke Radiostrahlung, die man zu Hause von dieser Galaxie empfängt. Hier in der unmittelbaren Nachbarschaft ist die Radiostrahlung noch viel stärker.«

»Wir durchfliegen jetzt den Virgo-Haufen und steuern auf unser Milchstraßensystem zu. Wir haben noch eine Strecke von 24 Mpc vor uns.« Wieder drückte der Astronaut auf seine Computerknöpfe, dann durfte Herr Meyer an den Fernrohrstutzen. Offensichtlich war das Raumschiff schon wieder näher an unsere Galaxis herangekommen. Der Himmel war wieder dunkel. Die Galaxien des Virgo-Haufens waren schwächer geworden. Sie standen enger zusammengerückt in einer Richtung, von der Herr Meyer annahm, daß das Raumschiff von dort gekommen war.

Der Astronaut erläuterte: »Nun haben wir einen Abstand von 10 Mpc von zu Hause. Wie ein Pfennigstück aus 6 Metern Entfernung erscheint uns unsere Galaxis jetzt mit freiem Auge am Himmel.« Er führte Herrn Meyer an das Fernrohr und zeigte ihm das immer noch sehr schwache Wölkchen. Da ging ein Summen durch den Raum. »Das ist das Zeichen, daß unsere Bordradioteleskope ansprechen, die ich inzwischen auf unser Heimatsystem eingestellt habe. Von dort, von zu Hause, empfangen wir Radiostrahlung in einem weiten Wellenlängenbereich. Sie überdeckt das gesamte UKW-Gebiet und geht nach beiden Seiten noch weit darüber hinaus, von 20 bis 300 Megahertz. Das ›Radiobild‹, das die Radioteleskope enthüllen, zeigt auch deutlich die Spiralstruktur, die Spiralarme sind nicht nur im sichtbaren Licht heller, sie senden auch mehr Radiostrahlung aus als die dazwischenliegenden Bereiche.«

---

* Die Bezeichnung bedeutet, daß es sich um das Objekt Nr. 87 in dem Katalog von nebligen Objekten am Himmel handelt, den der aus Lothringen stammende Astronom Charles Messier (1730–1817) in Paris veröffentlichte.

Die Sterne der Milchstraße treten hervor

»Nun sehen Sie, daß unsere Galaxis zwei Begleitwolken hat, die beiden Magellanschen Wolken, die 52 und 63 kpc von unserem Sonnensystem entfernt sind. Von der Erde aus kann man sie am Südhimmel mit freiem Auge sehen.« Im Fernrohr konnte Herr Meyer deutlich die zwei nebligen Wölkchen erkennen, die das spiralige Gebilde begleiten. Das elliptisch erscheinende Spiralgebilde unserer Galaxis schien übrigens in Wahrheit die Form einer Scheibe zu haben. Herr Meyer konnte nicht sagen, wieso er diese Empfindung hatte. Vielleicht, weil er inzwischen schon viele andere solche Systeme gesehen hatte. Auf einige schaute er vom Raumschiff aus direkt von oben herab, wenn man es so sagen will, obwohl es im Weltall kein Oben und kein Unten gibt. Andere hatte er von der Seite gesehen (Abb. 1.4, man vergleiche auch das Bild im Buchdeckel hinten). Dabei war ihm klargeworden, daß sie fast alle ganz flache Gebilde sind.

Abb. 1.4: Galaxien, die wir von der Seite sehen, lassen erkennen, daß viele von ihnen die Form einer dünnen Scheibe haben (Aufnahme: Palomar Observatory).

Nun drückte der Astronaut wieder auf seine Knöpfe. »Sehen Sie sich unsere Galaxis aus einer Entfernung von einem Mpc im Fernrohr an«, sagte der Astronaut einladend. Herr Meyer sah noch deutlicher, daß er auf eine kreisrunde dünne Scheibe schräg von der Seite blickte. Aber außerhalb der flachen Scheibe schien der Raum nicht leer zu sein. Oder redete er sich das nur ein? Zu beiden Seiten standen winzig kleine neblige Wölkchen. Beim genaueren Hinsehen auf die Spiralarme wurden in den äußeren Armbereichen einzelne Sterne sichtbar. Der milchige, diffuse Schimmer wurde im Fernrohr zu vielen Sternpunkten. Jetzt sah Herr Meyer, daß das Raumschiff auf eine Ansammlung von vielen Milliarden Sternen zugeflogen war. Auch die nebligen Wölkchen zu beiden Seiten der Scheibe wurden im Fernrohr zu Sterngruppen. Sie waren kugelförmige Sternhaufen. Herr Meyer schätzte, daß jeder dieser Kugelsternhaufen aus Tausenden von Sternen bestand. Auch die beiden Magellanschen Wolken waren jetzt als Ansammlungen von unzähligen Sternen zu erkennen.

Wieder betätigte der Astronaut seinen Computer. Nun bedeckte die Scheibe einen immer größer werdenden Teil des tiefschwarzen Himmels. Herr Meyer erkannte, daß außerhalb der Scheibe, in dem Bereich, den die kugelförmigen Sternhaufen einnehmen, die er schon früher gesehen hatte, auch einzelne Sterne stehen, wenn auch lange nicht so dicht wie in der Scheibe. Viele von ihnen fallen durch ihre rote Farbe auf; eine Eigenschaft, die sie mit den hellsten Sternen der Kugelsternhaufen gemein haben.

Deutlich sah er in der Scheibe die Spiralstruktur. »Die Dichte der Sterne ist dort, wo die hellen Spiralarme sind, nicht merklich größer. Es fällt nur auf, daß längs jedes Spiralarms Gruppen von hellen blauen Sternen stehen, die anscheinend in ihrer Nachbarschaft ein nebliges, diffuses Leuchten hervorrufen. Die blauen Sterne und das diffuse Leuchten sind es, was die Spiralarme hervortreten läßt.« Der Astronaut blickte auf einige Registrierstreifen, die er inzwischen aus einer der Meßapparaturen gezogen hatte. »Neben der Radiostrahlung, die sich über einen weiten Frequenzbereich erstreckt, melden unsere Radioteleskope auch noch Strahlung, die ziemlich genau bei einer Wellenlänge von 21 cm liegt.«

»Wir zielen jetzt auf eine Stelle der Scheibe, die etwa 10 kpc vom Zentrum entfernt ist, dorthin, wo unser Sonnensystem steht. Die Stelle, an der wir in die Scheibe eindringen wollen, und ihre Nachbarschaft, wird jetzt deutlich dunkler im Vergleich zum Zentral-

und Randbereich der Scheibe; das können Sie schon mit freiem Auge sehen. Langsam nähern wir uns jetzt weiter der Scheibe, die wie ein riesiger Teller unter uns liegt, und die nun fast den halben Himmel einnimmt.«

Wieder betätigte der Astronaut den Steuerungscomputer. Nun blickte Herr Meyer auf die riesige, aus zahllosen Sternen bestehende bewegungslose Scheibe hinab. Deutlich sah er in ihr einen dunkleren Fleck, die Stelle, auf die ihn der Astronaut vorhin aufmerksam gemacht hatte. Aber wann war eigentlich »vorhin«? Ihm war doch jedes Zeitgefühl abhanden gekommen. Das Fernrohr war gerade auf die dunkelste Stelle der Scheibe gerichtet. Herr Meyer schaute durch. Da erkannte er ein winziges Nebelwölkchen von spiraliger Struktur, ein anderes System in großer Entfernung, das er durch unser Milchstraßensystem hindurch erkennen konnte. Die Milchstraßenscheibe war dort durchsichtig geworden! Er blickte also vorbei an den Sternen unseres Sternsystems hinaus in den Raum und sah weit dahinter ein anderes Spiralsystem. Irgendwie kam es ihm bekannt vor. Wo hatte er dieses System schon einmal gesehen? So schöne Spiralen hatte nicht einmal unser eigenes Milchstraßensystem gehabt, als er es von außen hatte betrachten können. Sein Blick konzentrierte sich immer mehr auf die Spirale. Er sah sie immer deutlicher, fast wie auf einer Hochglanzfotografie. Nein, es *war* eine Fotografie. Er blickte in ein Buch. Er war wieder in seinem Wohnzimmer, in seinem Lehnstuhl. Der Wein war wieder da. Sein Traum war zu Ende.

In der Milchstraße

Setzen wir Herrn Meyers Traum fort, stellen wir uns vor, wir wären im Raumschiff, und dringen wir mit ihm weiter in die Scheibe ein. Kümmern wir uns nicht darum, welche Konsequenzen es hat, wenn wir uns mit unvorstellbaren Geschwindigkeiten bewegen müssen. Die Scheibe hat sich inzwischen in ihrem Innenteil so sehr verdunkelt, daß man zu Recht von einem leuchtenden Ring sprechen kann. Der helle, schimmernde Ring wird immer größer, bis er schließlich den Himmel in zwei gleich große Hälften teilt. Wir sind in der Mittelebene der Scheibe angelangt. Wir sehen Einzelsterne in allen Richtungen. Wir sind mitten unter ihnen. Aus der Scheibe ist das Band der Milchstraße geworden (vgl. die Abbildung im Buchdeckel vorne). Während des letzten Eindringens haben sich mehrere Bordinstrumente gemeldet. Die Auffangzähler an der Außenfläche des Raumschiffes stellen Gasatome fest, Wasserstoff, Helium und Spuren fast aller anderen Atomsorten. Das Gas ist sehr dünn, im Kubikzentimeter haben wir im Durchschnitt nur ein Wasserstoffatom. Die Temperatur liegt bei −180° C. Die Detektoren registrieren aber auch Staubkörner, winzig klein nur, mit Durchmessern von tausendsteln oder zehntausendsteln Millimetern. Die Staubkörner sind sehr viel seltener als die Gasatome. In einer Kugel von einem Radius von hundert Metern finden wir im Mittel gerade zwei dieser winzigen Körnchen.

Inzwischen schlagen die Detektoren für energiereiche Teilchenstrahlung Alarm. Alle zwei Sekunden wird jeder Quadratzentimeter der Außenfläche unseres Raumschiffs von einem hochenergetischen Teilchen getroffen. Meist sind es Protonen, also Wasserstoffkerne, oder auch Heliumkerne, sogenannte Alphateilchen, die mit gewaltiger Energie ankommen. Sie fliegen fast mit Lichtgeschwindigkeit und haben eine ungeheuere Zerstörungskraft: Kein Atomkern überlebt es, wenn er von solch einem energiereichen Teilchen getroffen wird. Nun machen sich die Magnetfeldmeßgeräte bemerkbar. Sie finden ein schwaches Magnetfeld im Raum unserer Milchstraßenscheibe. Seine Stärke ist nur ein Hunderttausendstel der Stärke des Magnetfeldes, das auf der Erde die Kompaßnadeln ausrichtet. Die Magnetfeldlinien der Milchstraße verlaufen ziemlich genau entlang der Spiralarme. Es gäbe noch viel von den Anzeigen unserer Bordapparatur zu berichten. Sie registrieren Röntgenstrahlen, aber hauptsächlich solche, die von einzelnen Sternen kommen, oft in Form von kurzen, regelmäßigen Pulsen, jeder dem anderen vielleicht im Sekundenrhythmus folgend oder noch rascher. Die Radioteleskope messen das gleichförmige Ticken der Pulsare, sterbender Sterne. Aber einzelne Sterne sind für unser Thema nicht so wichtig. Wir interessieren uns hier für das Gesamtbild, das die Milchstraßenscheibe bietet.

Blicken wir doch einfach hinaus durchs Fenster oder nehmen wir ein kleines weitwinkliges Fernrohr, zum Beispiel einen gewöhnlichen Feldstecher, und sehen wir uns den Himmel an. Da ist das Band der Milchstraße, das am Himmel die Bereiche kennzeichnet, wo wir in Richtung der Scheibenkante blicken und besonders viele Sterne sehen. An mehreren Stellen ist das Band gespalten, von einem dunklen Streifen in der Mitte in zwei nebeneinander herlaufende Teilbänder getrennt. Der dunkle Streifen erinnert an den dunklen Mittelstreifen, den Herr Meyer schon gesehen hatte, als er draußen andere Galaxien von der Seite betrachten konnte. Er ist tatsächlich dasselbe. Nahe der Mittelebene haben sich Gas- und Staubmassen angesammelt von der Art Gas und Staub, wie wir sie mit unseren Auffangzählern gefunden haben. Der Staub ist für die dunklen Streifen verantwortlich. Obwohl die kosmischen Staubkörner so winzig sind und so dünn verteilt, sind doch in den großen Räumen unserer Milchstraßenmittelebene so viele, daß sie das Licht der dahinterliegenden Sterne schwächen und Sternleere oder zumindest Sternarmut vortäuschen. Mit starken Teleskopen sieht man auch die dahinterliegenden durch die Staubmassen abgeschwächten Sterne. Ihr Licht ist viel röter als das anderer Sterne – ein untrügliches Zeichen für die davorstehenden absorbierenden Staubmassen. Wir kennen diese Erscheinung von der Erde her. Die untergehende Sonne erscheint gerötet, wenn ihr Licht auf dem Weg zu uns staubreiche, in der Nähe des Horizonts liegende Luftschichten durchdringen muß.

An mehreren Stellen des Milchstraßenbandes sehen wir leuchtende Nebel, meist Gasmassen, die durch helle Sterne zum Leuchten angeregt werden. Herr Meyer hatte schon von außen gesehen, daß sie sich längs der Spiralarme anordnen. Von innen her läßt sich das nicht so leicht erkennen, denn von uns aus gesehen stehen die Spiralarme hintereinander, verdecken sich oft gegenseitig, und es ist unmöglich, ihre räumliche Anordnung zu sehen. Deshalb hat es auch bis in die fünfziger Jahre dieses Jahrhunderts gedauert, bis wir sicher waren, daß unser Milchstraßensystem Spiralen hat. Von anderen Galaxien kannte man die Spiralstruktur seit der Mitte des letzten Jahrhunderts.

Das Zentrum der Milchstraße

Das Milchstraßenband zieht sich nicht gleichförmig über den Himmel. Dort, wo wir in Richtung des Zentrums unserer Scheibe blikken, ist der Sternreichtum am größten, und das milchig weiße Band strahlt am hellsten. Aber das Zentrum der Milchstraße selbst sehen wir nicht. Galaktischer Staub verhüllt es vor unseren Blicken. Man schätzt, daß sichtbares Licht vom Zentrum auf dem Weg zu uns tausendmilliardenfach geschwächt wird. Da ist es aussichtslos, im sichtbaren Licht nach dem Zentrum der Milchstraße Ausschau zu halten.

Sehr langwelliges Licht aber, die sogenannte *Infrarotstrahlung* (vgl. Kapitel 2), kann die Staubwolken leichter durchdringen. Radiostrahlung kann erst recht ungehindert durch die Staubmassen hindurch. Untersuchen wir also das Zentrum der Milchstraße mit diesen Hilfsmitteln. Was können wir erwarten? Ist das Zentralgebiet der Galaxis einfach eine Gegend besonders hoher Sterndichte, das sich zwar quantitativ, aber nicht qualitativ von anderen Gegenden unterscheidet? Oder erwarten wir dort etwas Besonderes, etwas Exotisches?

Lange bevor auf der Erde der Nordpol entdeckt worden war, schrieb Jules Verne seinen Roman »Die Abenteuer des Kapitäns Hatteras«, einen Zukunftsroman, der die erste Nordpolreise zum Inhalt hatte. Damals wußte man noch nicht, wie dieser Punkt der Erde aussieht, ob er sich in nichts von anderen arktischen Gebieten unterscheidet oder ob dort diese durch die Rotation ausgezeichnete Stelle der Erde auch eine bestimmte Formation zeigt. Mußte an dieser besonderen Stelle der Erde nicht auch etwas Besonderes sein? Jules Verne errichtete in seiner Phantasie am Nordpol einen riesigen Vulkan. Später, als man wirklich hinkam, fand man, daß dieser Punkt genauso langweilig – und ungemütlich – war wie die anderen Gegenden der arktischen Landschaft.

Wie ist es nun mit dem Zentrum der Milchstraße? Ist dort etwas Exotisches, ein besonderer Superstern, eine besondere Ansammlung von Sternen, eine besondere Strahlungsquelle?

Wenn wir von der Erde aus am Himmel in Richtung des Zentrums der Milchstraße blicken, schauen wir in die Richtung des Sternbildes des Schützen. Der wissenschaftliche Name ist Sagittarius. Natürlich haben die hellen Sterne, die man zu diesem Sternbild zusammengefaßt hat, nichts mit dem Zentrum unserer Milchstraße zu tun. Sie stehen im Vordergrund, einige von ihnen nur 50 bis 100 pc von uns entfernt, während das galaktische Zentrum hundert- bis zweihundertmal weiter dahinter liegt.

Was verraten uns die Radioteleskope, wenn wir sie auf das Zentrum der Milchstraße richten? Man findet dort mehrere Radioquellen, die stärkste heißt Sagittarius A (Abb. 1.5). Sie erscheint nahezu punktförmig am Himmel. Man schätzt, daß ihr wahrer Durchmesser kleiner ist als der Abstand Sonne – Jupiter. Die Strahlungsleistung im Sagittarius scheint etwa dem Zehnmillionenfachen der

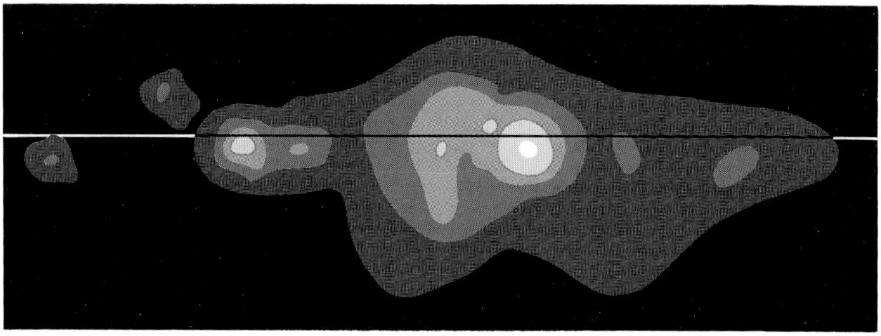

Abb. 1.5: Das Radiobild des Zentralgebietes der Milchstraße (nach Messungen von D. Downes und A. Maxwell). Die Stärke der empfangenen Strahlung ist durch verschiedene Graustufen dargestellt. Der weiße Fleck ist die Quelle Sagittarius A im galaktischen Zentrum. Die horizontale Gerade entspricht der Mittelebene unserer Galaxis. Die Vollmondscheibe hätte im Maßstab dieser Abbildung einen Durchmesser von 25 mm. Das mit dem Auge wahrnehmbare Band der Milchstraße erstreckt sich horizontal entlang der Geraden über das Bild, ist aber so breit, daß es oben und unten über den Bildrand hinausgeht. In die Abbildung im Buchdeckel vorne eingetragen, würde der hier abgebildete Bereich ein Rechteck von 2.5 mm × 1 mm im Zentrum sein.

gesamten Strahlungsleistung der Sonne zu entsprechen. Haben wir im Nabel unserer Galaxis Jules Vernes Vulkan gefunden?

Um das Zentrum der Milchstraße herum stehen Wolken, wie in einem Ring um Sagittarius A angeordnet, die sich dem Radioastronomen dadurch bemerkbar machen, daß sie Radiowellen bei ganz bestimmten Wellenlängen aussenden. Das ist anders als bei der Quelle Sagittarius A, die über einen weiten Wellenlängenbereich sendet. Wie wir im nächsten Kapitel noch sehen werden, ist es aber ein besonderer Glücksfall, wenn der Astronom Strahlungsquellen im Weltall findet, die wie ein Rundfunksender ganz bestimmte Wellenlängen bevorzugen. Man kann dann von der ausgesandten Strahlung einiges über die Materie erfahren, die da strahlt. So verraten uns die Wellenlängen jener Wolken im Zentrum der Milchstraße, daß dort Moleküle sind, die wir von der Erde sehr wohl kennen. Die Wolken enthalten über 40 verschiedene Molekülsorten, darunter die des Wassers und die von Kohlenmonoxid und Formaldehyd. Aus der Stärke der von dort kommenden Strahlung können wir auf die Massen der Wolken schließen und finden, daß im Wolkenring um das galaktische Zentrum das Hundertmillionenfache der Masse unserer Sonne steckt.

Was lernen wir nun aus der Infrarotstrahlung? Beobachtet man die Gegend des Schützen bei einer Wellenlänge von 2.2 tausendstel Millimetern, das entspricht verhältnismäßig langwelliger Infrarotstrahlung, dann erscheint dort, wo wir das Zentrum der Milchstraße vermuten, ein heller Fleck. Das Zentrum der Milchstraße glüht im infraroten Licht. Wahrscheinlich ist es die Strahlung vieler von Staubwolken verdeckter Sterne. Es müssen sich wirklich sehr viele Sterne dahinter verbergen, und sie scheinen sehr dicht zu stehen. Erinnern wir uns, daß in einer Kugel um die Sonne mit einem Radius von einem Lichtjahr kein weiterer Stern steht. Schlagen wir aber um einen Stern in der Nähe des galaktischen Zentrums eine solche Kugel, so haben wir mit ihr an die 120000 Nachbarsterne eingefangen! Stünde man auf einem Planeten, der um solch einen Stern kreist, man sähe am Himmel eine Million Sterne, die mindestens so hell erscheinen wie Sirius, der hellste Stern unseres Nachthimmels. Es würde dort nachts gar nicht richtig dunkel werden, denn die Sterne des Nachthimmels zusammen würden dort zweihundertmal so hell leuchten wie unser Vollmond.

Das also scheint das Zentrum der Milchstraße zu sein: eine ungeheuere Ansammlung von Sternen, vielleicht einige Millionen Sonnenmassen auf engem Raum zusammengepfercht sowie eine geheimnisvolle Quelle intensiver Radiostrahlung. Aber es gibt noch andere Strahlungsarten, die die Staubvorhänge in der galaktischen Scheibe durchdringen und uns vom Scheibenzentrum Nachricht bringen, wenn es uns auch bis heute noch nicht gelungen ist, ihre Botschaften zu deuten.

In den sechziger Jahren lernte man, den Himmel nach Quellen von Röntgenstrahlung abzusuchen. Was haben Röntgenstrahlen, die den meisten von uns nur durch die medizinische Anwendung bekannt sind, mit dem Sternhimmel zu tun? Um möglichst viel über die Welt draußen im Raum zu erfahren, hat man alle Strahlenarten herangezogen, mit denen man umzugehen gelernt hatte. Nach dem letzten Kriege kamen dabei neue Techniken zu Hilfe. Die Hochfrequenztechnik half, die Radiowellen aus dem Weltall für die Forschung nutzbar zu machen. Im Falle der Röntgenstrahlung aber hilft alle Technik am Erdboden nichts. Denn sie kann die unteren Schichten der Erdatmosphäre nicht durchdringen. Man muß erst aus der Atmosphäre hinaus, um kosmische Röntgenstrahlung »sehen« zu können. Nur Meßgeräte, die von Ballons in die Stratosphäre getragen oder von Raketen noch weiter in den Raum hinaus gehievt werden, können die Röntgenstrahlung aus dem Weltall registrieren. Man fand bei der Suche nach kosmischen Röntgenquellen viele Sterne, die Röntgenstrahlung aussenden, *Röntgensterne.* Aber auch das galaktische Zentrum konnte man mit den Röntgen-Meßgeräten studieren. Die Röntgenstrahlen gehen nämlich durch die Staubwolken hindurch, die im sichtbaren Licht das Zentrum der Milchstraße vor unserem Blick verhüllen. Wie für die Radiostrahlung haben wir für die Röntgenstrahlung ein »Fenster«, durch das wir blicken können. Hätten wir Röntgenaugen, dann könnten wir das Zentrum der Milchstraße sehen. Statt der Röntgenaugen benutzen wir komplizierte Röntgenempfänger.

Wie also sieht das Röntgenbild vom Herzen unserer Milchstraße aus? Es erscheint als ein verwaschener heller Fleck, etwa so groß, wie wir den Vollmond sehen. Röntgenstrahlung entsteht im Weltraum, wenn Gasmassen extrem hohe Temperaturen haben. Erblikken wir mit den Röntgenteleskopen im Zentrum der Milchstraße einen kosmischen Feuerball?

Möglicherweise kommt vom galaktischen Zentrum auch noch eine andere Strahlungsart, sogenannte *Gammastrahlung* (vgl. Kapitel 2). Wir kennen sie auf der Erde vom Zerfall radioaktiver Stoffe. Sie ist sehr energiereich, und sie geht durch unsere Körper und durch andere Stoffe viel leichter als die Röntgenstrahlung. Obwohl Gammastrahlung galaktische Staubwolken leicht durchdringen kann, wird sie doch von der Erdatmosphäre aufgehalten, und deswegen kann man auch die Gammastrahlung des Weltraumes nur von Ballons oder von Raketen und Satelliten aus beobachten. In den Räumen unserer Milchstraße wird sie erzeugt, wenn die rasch bewegten Teilchen der kosmischen Strahlung mit anderen – gewissermaßen friedlich dahinfliegenden – Atomen zusammenstoßen. In den siebziger Jahren erhärtete sich der Verdacht, daß wir aus der Richtung des galaktischen Zentrums auch noch verstärkt eine besondere Art von Gammastrahlung empfangen (vgl. S. 67).

Nach allem, was wir bisher erfahren haben, sendet das Zentrum der Milchstraße alle Arten von Strahlung zu uns. Trotzdem können wir uns noch keinen Reim darauf machen, was dort wirklich zu finden ist.

Vorerst wollen wir in die verwirrende Vielfalt von Strahlungsarten, denen wir bisher begegnet sind, etwas Ordnung bringen und uns mit der wichtigsten Art befassen, mit der *elektromagnetischen Strahlung.*

Diese Strahlung ist ein Bestandteil der materiellen Welt. Hier zeigt sich schon die Ungerechtigkeit. Ich habe »materielle Welt« geschrieben, um sie von der geistigen Welt abzusetzen (die allerdings in materiellen Gefäßen, unseren Gehirnen, entstanden ist). Ich habe die aus Strahlung *und* Materie bestehende Welt materiell genannt, die Strahlung dabei ignoriert. Der Grund dafür ist, daß in unserer Welt die Strahlung gegenüber der Materie eine untergeordnete Rolle spielt, so etwa wie der Forschungsetat einer Regierung gegenüber dem Wehretat. Wir werden später (in Kapitel 12) sehen, daß das nicht immer so war (bei der Strahlung, nicht beim Forschungsetat), daß die Strahlung früher einmal die führende Rolle im Weltall spielte. Wahrscheinlich ist die Strahlung sogar die Mutter der Materie.

2 Licht

Wenn Materie vernichtet wird, so besteht der Vorgang bloß in der Loslassung eingesperrter Wellenenergie, die dann durch den Raum eilt. Diese Auffassungen führen das ganze Weltall auf eine Welt potentiellen oder wirklich vorhandenen Lichts zurück, so daß seine ganze Schöpfungsgeschichte mit absoluter Genauigkeit und Vollständigkeit in sechs Worten erzählt werden kann: »Und Gott sprach: es werde Licht.«

James J. Jeans (1877–1946)

Nahezu all unser Wissen vom Weltall bezogen wir bis vor kurzem nur von dem Licht, das, von Sternen vor Jahrtausenden ausgesandt, den leeren Raum zu uns überbrückte.

Wellen im leeren Raum

Manche Dinge, von denen man glaubt, sie seien einem wohlvertraut, werden immer rätselhafter und unverständlicher, je mehr man über sie nachdenkt. Dazu gehört der Begriff des leeren Raumes.

Ich meine dabei nicht Raum, der unendlich ausgedehnt ist und gleichzeitig nichts enthält. Der ist jedem von uns unheimlich, denn wir empfinden, daß wir nur von Raum sprechen können, wenn Gegenstände in ihm oder um ihn sind; Gegenstände, die wir als Meßwerkzeuge benutzen können, um damit den Raum zu vermessen. Ich habe hier etwas viel Einfacheres im Sinn als jenen unbegreiflichen, unendlich ausgedehnten leeren Raum. Ich meine vielmehr einen überschaubaren, kleinen leeren Raum, den wir uns selbst schaffen können, indem wir etwa aus einem Glasgefäß alle Luft herauspumpen. Solch ein leerer Raum, so scheint es, sollte uns keinerlei Überraschungen bieten. Aber man braucht nur in dem Gefäß eine Kompaßnadel aufzuhängen, um zu lernen, was der leere Raum alles kann. Die Nadel richtet sich nach den magnetischen Polen der Erde aus. Das Magnetfeld der Erde erreicht die Nadel auch im leergepumpten Raum. Genauso kann man feststellen, daß der leere Raum auch die elektrische Anziehungskraft nicht abhält (wir kennen die Kraftwirkungen elektrischer Ladungen: ein Kamm zieht beim Kämmen trockenes Haar an). Also schließen wir, elektrische und magnetische Kräfte wirken auch durch den leeren Raum. Dieselben Eigenschaften haben auch die Gravitationskräfte: Die Erde zwingt den Mond in seine Umlaufbahn, obwohl der Raum zwischen den beiden praktisch leer ist. Verstehen aber können wir das nicht. Woher weiß die Magnetnadel im leeren Glasgefäß, daß draußen das Magnetfeld der Erde herrscht? Sie ist doch völlig isoliert. Eine mögliche Wirkung über die Nadelspitze, auf die die Kompaßnadel drehbar aufgesetzt ist, kann man ausschließen, da das Erdmagnetfeld auch im leeren Raum frei fallende Nadeln ausrichtet. Ansonsten sind wir im täglichen Leben gewöhnt, daß Wirkungen nur durch ein Zwischenmedium zu uns gelangen. Das Schallsignal, das durch Luft, Wasser oder Hauswand zu uns kommt, ist ein Beispiel dafür. Eine elektrische Klingel in unserem luftleeren Glas hören wir nicht mehr. Elektrische und magnetische Wirkungen aber gehen durch leeren Raum. Wir alle haben das schon beobachtet: Wir sehen ja Sonne und Mond. Von diesen beiden Himmelskörpern kommt wie von anderen Gestirnen Licht zu uns. Es hat sich über weite Strecken durch den leeren Raum bewegt, ehe es uns erreicht. Nun ist aber das Licht ein Wechselspiel von elektrischen und magnetischen Kräften, die, in den Fernen des Weltraums erzeugt, bis zu uns wirken und in unserem Auge eine Leuchterscheinung hervorrufen. Wenn wir in einer mondlosen Nacht das Wölkchen des Andromedanebels betrachten, dann werden die Stäbchen in unserer Netzhaut von elektrischen Kräften erregt, die an den Oberflächen der Sterne in jener Galaxie vor zwei Millionen Jahren erzeugt worden sind. Diese elektrischen (und magnetischen) Wirkungen sind über eine Entfernung von 670 kpc zu uns gekommen, durch nahezu leeren Raum, und sie werden von uns mit freiem Auge als Licht wahrgenommen.

Was ist es, was da vom Andromedanebel zu uns kommt? Was hat unsere Lichtempfindung mit elektrischen und magnetischen Kräften zu tun? Wir wollen dazu ein Gedankenexperiment machen.

Denken wir uns, wir hätten im leeren Raum eine elektrisch geladene Kugel; sie mag aus Metall sein. Mit Hilfe eines beim Kämmen aufgeladenen Kammes haben wir auf ihr elektrische Ladung angesammelt. Den Kamm haben wir danach entfernt, das heißt in große Entfernung gebracht. Sonst sei der Raum leer, also alle andere Materie sei in großer Entfernung, so daß sie unser Experiment nicht stört. Nehmen wir nun in einem Abstand von 300 km von unserer Kugel ein Elektron an, also eines der Materieteilchen, die normalerweise in der Elektronenhülle unserer Atome herumschwirren, und das wie alle Elektronen von Natur aus eine negative elektrische Ladung besitzt. Da nun unsere beiden Körper, die negativ geladene Kugel und das negativ geladene Elektron, sich gegenseitig abstoßen, wird das Elektron, das selbst in der Entfernung von 300 km noch die abstoßende elektrische Kraft der Kugel spürt, langsam in immer größere Entfernung gedrückt.

Nun versetzen wir die Kugel in eine schwingende Bewegung, so wie es in Abbildung 2.1 gezeigt ist. Dann wird auch das Elektron während seiner Fluchtbewegung zu schwingen beginnen. Die Schwingungsbewegung der Kugel hat sich durch den leeren Raum auf das 300 km entfernte Elektron übertragen. Würde man am Ort des Elektrons eine Kompaßnadel anbringen, so würde übrigens bei geeigneter Aufstellung auch diese schwingen. Wir schließen daraus, daß von der bewegten geladenen Kugel nicht nur elektrische Kraftwirkungen in den Raum hinausgehen, sondern auch magnetische, selbst wenn die unbewegte Kugel vollkommen unmagnetisch ist.

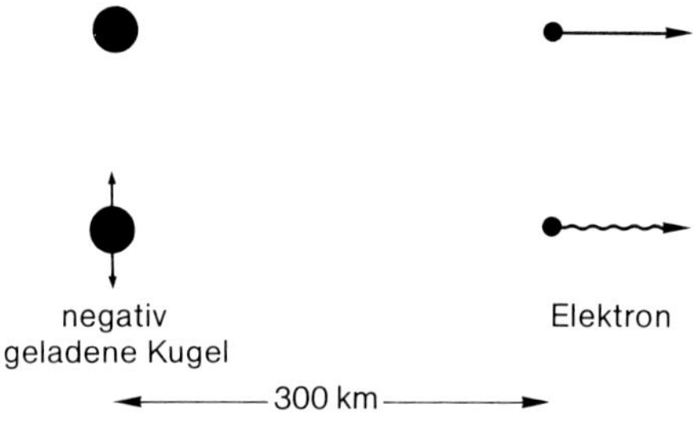

Abb. 2.1: Eine negativ geladene Kugel und ein Elektron, das von Natur aus eine negative Ladung besitzt, stoßen einander ab. Das Elektron fliegt infolge der Abstoßung im Bild nach rechts (oben). Wenn die Kugel in Schwingung versetzt wird, beginnt auch das Elektron bei seiner Bewegung zu schwingen. Es fliegt dann in einer »Wellenlinie« nach rechts (unten). Die Schwingung der Kugel hat sich auf das Elektron übertragen.

Bei einem genaueren Experiment, bei dem wir die zuerst ruhende Kugel in Schwingungen versetzen, könnten wir übrigens feststellen, daß Elektron und Kompaßnadel erst nach einer tausendstel Sekunde zu Schwingungen angeregt werden. Die elektrischen und magnetischen Kraftwirkungen breiten sich nicht unendlich rasch aus! Könnten wir genauer messen, so fänden wir, daß die Wirkung der Kugel auf Elektron und Magnetnadel genau mit Lichtgeschwindigkeit durch den Raum eilt. Unsere schwingende Kugel erzeugt tatsächlich so etwas Ähnliches wie Licht. In jeder Sekunde pflanzt sich ihre Wirkung um 300 000 km in den Raum fort. Deshalb beginnen unser Elektron und unsere Magnetnadel eine tausendstel Sekunde später zu schwingen als die 300 km entfernte Kugel. Die von ihr ausgehende Wirkung nennt man *elektromagnetische Wellen.*

Das Ganze erinnert uns an vertrautere Vorgänge im täglichen Leben. Denken wir uns die Wasseroberfläche eines ruhigen Sees, die kein Windhauch kräuseln möge. Wir sitzen am Bootssteg und lassen einen Fuß knapp über die Wasseroberfläche hängen. In einiger Entfernung schwimme ein Korken. Nun tauchen wir unseren Fuß rhythmisch ins Wasser. Damit erzeugen wir auf der Wasseroberfläche Wellen, die sich mit einer bestimmten Geschwindigkeit ausbreiten. Nach einiger Zeit erreichen sie den Korken, der daraufhin beginnt, sich auf und ab zu bewegen. Unser Wellen erzeugender Fuß entspricht im Experiment der Kugel, der Korken spielt die Rolle des Elektrons. So können wir auch sagen, die schwingende Kugel sende Wellen aus, die sich mit Lichtgeschwindigkeit ausbreiten. Aber *was* schwingt eigentlich bei der elektromagnetischen Welle? Was spielt die Rolle des Wassers, wenn sich die Welle im leeren Raum ausbreitet? Wir ahnen hier, daß das, was wir gedankenlos als leeren Raum bezeichnen, nur weil wir uns alle Materie aus ihm entfernt denken, eine recht komplizierte Sache ist.

Bleiben wir bei dem Beispiel der Wellen an der Wasseroberfläche. Je nachdem, ob wir mit dem Fuß rasch schwingen oder langsam, zwingen wir den Korken zu raschen oder zu langsamen Schwingungen. Die Anzahl der Abwärtsbewegungen unseres Fußes in der Sekunde nennen wir die *Frequenz.* Man kann sich leicht davon überzeugen, daß der Korken mit derselben Frequenz schwingt, mit der sich der Fuß bewegt. Der Abstand zwischen zwei Wellenbergen der sich auf dem Wasser ausbreitenden Welle heißt die *Wellenlänge.* Je größer die Frequenz, um so kürzer die Wellenlänge. Das kann man schon im Experiment am See erkennen.

Um diesen Zusammenhang schärfer zu erfassen, wollen wir zuerst ein Maß für die Frequenz einführen. Denken wir uns, wir hätten ein kleines Gewicht an einer dünnen Schnur von 25 cm Länge hängen. Sobald wir das Gewicht anstoßen, beginnt es hin und her zu pendeln. Es wird in jeder Sekunde gerade eine Schwingung ausführen. Der Physiker sagt dann, das Pendel schwinge mit einer Frequenz von einem *Hertz* (Hz). Der Name kommt von Heinrich Hertz (1857–1894), dem deutschen Physiker, der die elektrischen Wellen entdeckte, von denen in diesem Kapitel die Rede ist. Unser Pendel hat eine recht niedrige Frequenz. Eine Hummel schwingt ihre Flügel in jeder Sekunde etwa vierzigmal hin und her. Das entspricht einer Frequenz von 40 Hertz. Elektrische Wellen haben höhere Frequenzen. Da kennt man Schwingungen, bei denen elektrische Ladungen tausendmal pro Sekunde hin- und herbewegt werden. Man spricht dann von einer Frequenz von einem *Kilohertz* (kHz). Schwingen sie eine Million mal, so spricht man von einem *Megahertz* (MHz). In der Radioastronomie wird auch oft die Frequenz in *Gigahertz* (GHz) angegeben. Ein GHz entspricht 1000 MHz. Wie in Anhang A plausibel gemacht ist, kann man bei elektrischen Wellen aus der Frequenz auf einfache Weise die Wellenlänge bestimmen. Gibt man die Frequenz in Megahertz an und die Wellenlänge in Metern, dann gilt

$$\text{Frequenz} \times \text{Wellenlänge} = 300.$$

Eine elektrische Welle von 10 MHz hat also eine Wellenlänge von 30 Metern (denn $10 \times 30 = 300$). Zu einer Frequenz von 1 kHz (= 0.001 MHz) gehört also eine Wellenlänge von 300 000 Metern (denn $0.001 \times 300\,000 = 300$).

In dem nun folgenden Abschnitt werden die Wellen nicht von einer schwingenden, geladenen Kugel erzeugt, sondern von der Antenne eines Rundfunksenders. Der Sender bewegt Ladungen im Antennendraht hin und her, so wie wir in unserem Gedankenexperiment die geladene Kugel hin- und herbewegt haben. Wir werden erfahren, daß die elektromagnetischen Wellen, die dabei entstehen, sich uns in vielerlei Gestalt zeigen. Strahlungsarten, von denen wir im täglichen Leben nicht ahnen, daß sie irgend etwas miteinander zu tun haben, wie Radiowellen und Sonnenlicht, werden sich als fast das gleiche offenbaren: als elektromagnetische Wellen, die nur verschiedene Frequenz (oder – was dasselbe ist – verschiedene Wellenlänge) haben.

Herr Meyer träumt das elektromagnetische Spektrum

Eines Abends saß Herr Meyer vor seinem Rundfunkempfänger. Es wurde ein öffentliches Konzert übertragen, und da es schon spät war, fielen ihm die Augen zu.

Plötzlich war er mitten unter den Zuhörern im Funkhaus. An dem Applaus der anderen merkte er, daß er gerade noch zum Schluß gekommen war. Man stand auf und eilte zur Garderobe. Herr Meyer ließ sich Zeit und schlenderte im Foyer auf und ab. Da sah er eine Tür, die ihm vorher nicht aufgefallen war. Irgendwie überkam ihn die Neugierde, und er versuchte, die Türklinke zu bewegen. Zu seiner Überraschung war nicht abgeschlossen. Er kam in einen langen, erleuchteten Gang. Schnell machte er die Tür hinter sich zu und ging etwas ratlos den Gang entlang. Eigentlich hätte er zurück müssen, um seinen Mantel zu holen. »Hallo«, flüsterte es da plötzlich. Herr Meyer drehte sich um, und da stand ein kleiner, älterer Herr, mit Nickelbrille und Schnurrbart. »Hallo«, sagte Herr Meyer, »wer sind Sie denn?« »Ich bin hier der Funkingenieur«, sagte das Männchen. »Ich bin für den Sender verantwortlich. Haben Sie schon einmal eine Rundfunksendeapparatur gesehen? Nein? Dann kommen Sie doch bitte mit.« Er führte Herrn Meyer durch eine der Seitentüren in einen Raum voller Apparate mit Anzeigegeräten und rötlich glühenden Rundfunkröhren. Vor einem Tisch mit einem großen Hebel blieben sie stehen. »Von hier aus steuere ich den Sender«, sagte das Männchen. »Hier, mit diesem Hebel, stellt man die Wellenlänge ein, aber daran darf keiner rühren, denn unser Sender muß genau mit einer Wellenlänge von 375 m senden, damit uns alle hören, die ihren Empfänger auf diese Wellenlänge eingestellt haben. Draußen sehen Sie die große Antenne, von der unsere Rundfunkwellen in die Welt gehen.« Der Funkingenieur hatte das Licht im Zimmer abgeschaltet. Nur die Rundfunkröhren glimmten. Durch das Fenster sah Herr Meyer zwei große Antennenmasten sich vor dem dunklen Nachthimmel abheben, und da gerade Vollmond war, sah er auch den Antennendraht, der zwischen den beiden Masten gespannt war. »Heute aber, da Sie hier sind, will ich alle Regeln vergessen. Heute zeige ich Ihnen, was mein Sendeapparat alles kann. Ich gehe jetzt zu kürzeren Wellenlängen.« Damit zog er den Hebel ein wenig zu sich heran. »Jetzt sind wir bei etwa 50 Metern. Mein Sender erzeugt jetzt Kurzwellen.« Dabei zog er weiter.

»Wir wollen schnell über den Bereich der 11-m-Wellen kommen, sonst bringen wir die CB-Funker durcheinander«, sagte er lächelnd. »Jetzt kommen wir in den Bereich der Zentimeter- und Millimeterwellen.« Der Hebel war nun schon ein ganzes Stück aus der ursprünglichen Position heraus. Mein Gott, dachte Herr Meyer, wie findet er wieder auf die alte Wellenlänge zurück? Aber das Männchen verschob weiter. »Nun ist unsere Wellenlänge bei einigen tausendstel Millimetern. Strecken Sie einmal Ihre Hand zum Fenster hinaus.« Herr Meyer öffnete das Fenster und tat, was ihm gesagt worden war, und da spürte er es. Wärme kam von der Antenne auf seine Hand. Es war fast so, als ob er die Hand in das Sonnenlicht hielt. Aber draußen war es ganz dunkel. »Ich mache die Wellenlänge etwas kürzer«, kündigte das Männchen an. Unwillkürlich schaute Herr Meyer nach oben, und da sah er den Draht der Antenne dunkelrot leuchten. »Jetzt beginnt mein Sender Licht zu produzieren. Vorher war es noch Infrarotlicht, also Wärmestrahlung, jetzt haben wir langwelliges, rotes Licht. Ich gehe weiter.« Nun färbte sich der Draht zuerst gelb, dann grün. »Ich verkürze die Wellenlänge immer mehr.« Der Draht wurde blau und violett. »Jetzt habe ich eine Wellenlänge von vier zehntausendstel Millimetern. Bevor ich weitergehe, müssen Sie Ihre Augen schützen. Wir kommen jetzt in den ultravioletten Bereich.« Mit diesen Worten überreichte er Herrn Meyer eine dunkle Brille. Aber Herr Meyer sah die Antenne nicht mehr strahlen, nur sein weißes Hemd leuchtete in der Dunkelheit blau auf. »Wenn ich jetzt weitergehe, müssen wir uns noch mehr schützen. Ich komme jetzt unter ein hunderttausendstel Millimeter. Da beginnt meine Antenne Röntgenstrahlung auszusenden.« Und er brachte zwei dicke, schwere Bleischürzen, wie sie Herrn Meyers Arzt bei Röntgenuntersuchungen immer trug. »Zu sehen ist nichts«, sagte der Funkingenieur, »deshalb gehen wir gleich weiter zu den Gammastrahlen. Ihre Wellenlänge ist noch tausendmal kürzer als die der Röntgenstrahlen.« Herr Meyer schaute zur Antenne, aber der Draht blieb weiterhin dunkel. »Für Gammastrahlen ist unser Auge genausowenig eingerichtet wie für Röntgenstrahlen. Aber jetzt senden wir soviel Energie, daß unser Sender es kaum noch schafft.« Tatsächlich roch es im Raum schon nach verbrannten Kabeln, und aus einem Kasten an der Wand kamen Rauchschwaden. Der Hebel war so weit gezogen wie es ging, und der Ingenieur wollte ihn wieder zurückschieben. Irgend etwas klemmte, und der Rauch wurde stärker. »So helfen Sie mir doch!«, rief das Männchen, aber Herrn Meyers Kräfte reichten auch nicht aus, und der Hebel blieb unbewegt in seiner extremen Stellung. Irgendwo sprühten zischend Funken. Das Männchen war verzweifelt. Eine Katastrophe schien sich anzubahnen. Da erwachte Herr Meyer.

Er saß in seinem Lehnstuhl, Mitternacht war längst vorbei, das Radio war eingeschaltet und stand auf 375 m Wellenlänge. Aber es war nichts zu hören. Er kommt immer noch nicht zurecht, dachte Herr Meyer.

Das Spektrum

Herrn Meyers Traum hat uns gezeigt, daß Radiowellen, Wärmestrahlung, Licht verschiedener Farben, Ultraviolett- und Röntgenstrahlung sowie die energiereiche Gammastrahlung ein und dasselbe sind, nämlich elektromagnetische Strahlung, und daß sie sich voneinander nur durch ihre Wellenlänge unterscheiden.

Den Rundfunksender, der so kurze Wellen wie Wärmestrahlung oder gar Licht aussendet, gibt es allerdings nur im Traum. In Wahrheit werden die elektromagnetischen Wellen verschiedener Länge durch verschiedene Mechanismen erzeugt. Wie immer sie aber entstehen, stets spielen bewegte elektrische Ladungen eine wichtige Rolle, wie in unserem Gedankenexperiment die bewegte elektrisch geladene Kugel.

Der Sender in Herrn Meyers Traum hat in jedem Augenblick bei einer festen Frequenz gesendet. Anfangs war er auf eine Wellenlänge von 375 m eingestellt und strahlte dementsprechend nur bei dieser Wellenlänge. Die zugehörige Frequenz beträgt 801 kHz, also 0.801 MHz. Zeichnen wir seine Sendeleistung für verschiedene Frequenzen in ein Diagramm ein, so erhalten wir ein Bild, wie es Abbildung 2.2 zeigt. Nur bei »seiner« Frequenz von 801 kHz wird Strahlung von dem Sender abgegeben. Eine Darstellung, bei der die Stärke einer Strahlungsquelle für verschiedene Frequenzen abgebildet ist, nennt man ein *Spektrum.* Jeder von uns hat schon einmal ein Spektrum untersucht. Wenn ich am Einstellknopf meines Rundfunkempfängers drehe, durchfahre ich mit dem Empfänger einen bestimmten Frequenzbereich. Komme ich dabei über die Frequenz (oder Wellenlänge) eines Senders, so nimmt mein Gerät besonders viel Energie auf, drehe ich vom Sender weg, verhältnismäßig wenig. Es gibt Empfänger, bei denen ein Anzeigeinstrument die Stärke der

Abb. 2.2: Die Sende-Intensität eines Rundfunksenders bei verschiedenen Frequenzen. Die maximale Strahlungsleistung liegt bei einer bestimmten Frequenz, hier bei 801 kHz (oder – in Wellenlängen ausgedrückt – bei 375 Metern).

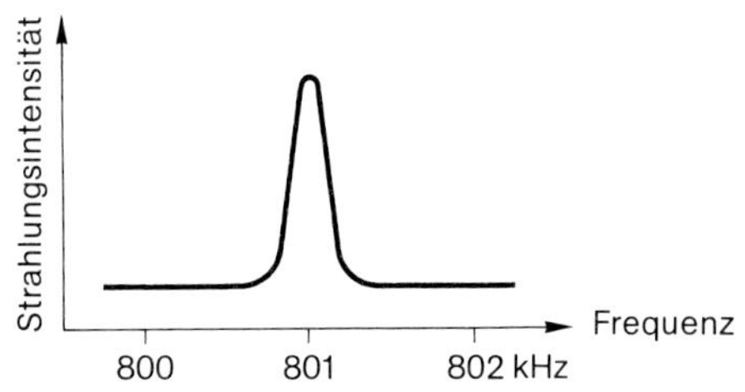

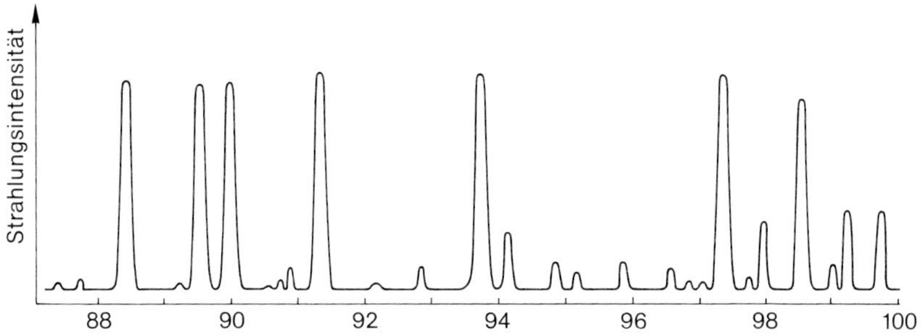

Abb. 2.3: Das Radiospektrum im Norden Münchens. Mehrere verschieden starke UKW-Sender strahlen bei ihren Frequenzen. Die Zahlen am unteren Rand geben die Frequenz in MHz an. Im Bild wächst die Frequenz nach rechts an. Da zu großen Frequenzen kleine Wellenlängen gehören, sind rechts kürzere Wellenlängen als links.

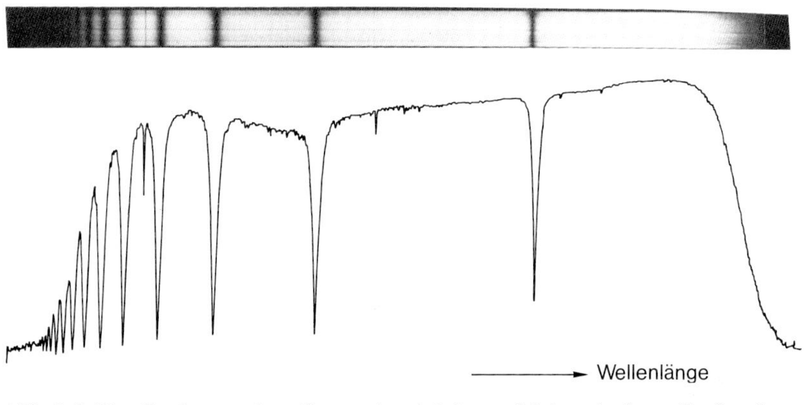

Abb. 2.4: Das Spektrum eines Sterns, im sichtbaren Licht mit einem Spektralapparat aufgenommen (oben, Aufnahme: W. Seitter), ist ein heller Streifen vom violetten Ende (links) zum roten Ende (rechts). Bei mehreren Wellenlängen zeigt die Fotografie dunkle vertikale Striche, sogenannte Absorptionslinien. In der darunter gezeichneten Kurve ist die Stärke des Sternlichts bei den verschiedenen Wellenlängen des darüber abgebildeten Spektrums gezeichnet.

ankommenden Strahlung ablesen läßt. Mit solch einem Gerät ist die Abbildung 2.3 gewonnen worden. Sie gibt die Stärke der Radiowellen im UKW-Bereich im Norden von München wieder. Für verschiedene Frequenzen ist die Intensität der ankommenden Strahlung aufgezeichnet.

Im Bereich des sichtbaren Lichtes werden Spektren in Spektralapparaten hergestellt, bei denen man das von einer Lichtquelle in den Apparat gelangende Licht nach den verschiedenen Wellenlängen ordnet, vom langwelligen roten Licht zum kurzwelligen violetten, alle Farben nebeneinander wie im Regenbogen, nur feiner. Dieser Regenbogenlichtstreifen wird fotografiert. Die fotografische Platte wird also an einem Ende vom roten Licht geschwärzt, daneben vom gelben, vom grünen und schließlich am anderen Ende des Streifens vom blauen beziehungsweise vom violetten. Längs des Streifens kann man die Wellenlänge oder die Frequenz anschreiben. In Abbildung 2.4 ist das Spektrum eines Sterns gezeigt. Das linke Ende gehört zum violetten Licht, das rechte zum roten. Die Wellenlänge steigt also nach rechts an, die Frequenz nach links. Bei diesem Spektrum sieht man schon an der recht komplizierten Struktur, daß Sterne bei verschiedenen Wellenlängen recht verschieden stark strahlen, ja, daß ihre Strahlungsleistung sich in benachbarten Wellenlängen stark unterscheiden kann, sonst sähe man nicht die dunklen, vertikalen Linien, auf die wir weiter unten noch zu sprechen kommen werden. Ein Gasnebel, wie vielleicht der Orion-Nebel, den man am Winterhimmel schon mit freiem Auge unterhalb der berühmten drei Gürtelsterne im Orion erkennen kann, sendet ein ganz anderes Spektrum aus (Abb. 2.5). Es entspricht mehr dem in Abbildung 2.3 dargestellten Spektrum von Rundfunksendern. Über weite Wellenlängenbereiche sendet der Nebel gar kein Licht zu uns, seine Strahlung ist auf ganz wenige Wellenlängen konzentriert. Da im fotografierten Spektrum an diesen Stellen helle Linien erscheinen, spricht man von einem *Linienspektrum.* Die hellen Linien nennt man *Emissionslinien.* Auch die Rundfunksender von Abbildung 2.3 liefern ein Spektrum mit Emissionslinien.

Heiße Gasmassen leuchten nicht nur, sie senden auch im Radiogebiet. Da kommt Strahlung nicht bei festen Frequenzen, sondern über einen weiten Frequenzbereich gleichförmig. Man nennt die ankommende Radiostrahlung deshalb *kontinuierlich.* Das gleiche haben wir auch im optischen Bereich. Alle Sterne senden ein kontinuierliches Spektrum aus, wie etwa ein glühendes Stück Eisen. In

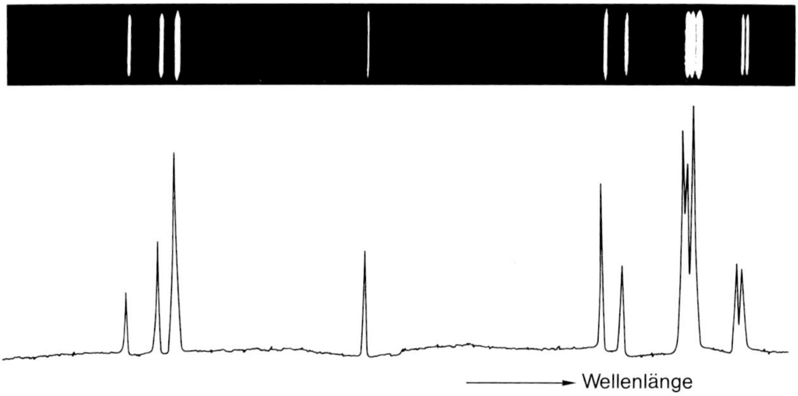

Abb. 2.5: Das sichtbare Spektrum eines Gasnebels (Aufnahme: W. Seitter) ist oben wiedergegeben, darunter die Registrierkurve. Der Nebel sendet nur bei bestimmten Wellenlängen Licht aus. Auf der Aufnahme sieht man daher mehrere sogenannte Emissionslinien. Die Registrierkurve erinnert an das Spektrum der Rundfunksender von Abbildung 2.3.

der Abbildung 2.4 sehen wir im kontinuierlichen Spektrum des Sterns dunkle Linien. Es gibt also bestimmte scharfe Frequenzbereiche, in denen der Stern nur wenig strahlt. Man nennt solche dunklen Linien *Absorptionslinien.* Bei den Frequenzbereichen, die zu diesen Linien gehören, wird Licht auf dem Wege zu uns verschluckt und nach anderen Richtungen ausgestrahlt, so daß es nicht zu uns gelangt.

Wie die Spektrallinien entstehen

Denken wir uns eine Lichtquelle, die ein kontinuierliches Spektrum aussendet. Das Licht möge auf dem Wege zum Beobachter B eine kühle Gaswolke durchdringen (Abb. 2.6). Die Atome in der Wolke haben wie alle Atome die Eigenschaft, daß sie bei ganz bestimmten Wellenlängen Strahlung verschlucken und nach einiger Zeit wieder in alle Richtungen gleichförmig abstrahlen. Etwas von der wieder abgestrahlten Energie wird auch den Beobachter B erreichen, aber viel weniger als ursprünglich auf dem Weg zu ihm war. Er sieht deshalb dunkle Stellen im kontinuierlichen Spektrum der Quelle, bei den Frequenzen, bei denen die Atome der Gaswolke Licht absorbiert haben. Das Spektrum hat für ihn dunkle Absorptionslinien. Jedes Gas, sei es Wasserstoff, Helium oder Eisendampf, prägt so dem Sternspektrum wie einen Fingerabdruck einen charakteristischen Satz von Absorptionslinien auf, der für die Stoffe des Gases charakteristisch ist.

Das Spektrum des Sonnenlichts zeigt zahlreiche Absorptionslinien, das hatte schon 1804 der englische Physiker William Wollaston bemerkt. Genauer untersucht wurden sie dann später von dem niederbayerischen Glasermeisterssohn Joseph von Fraunhofer (1787–1826), der mit einer Spiegelmacher- und Glasschleiferlehre begann und einer der größten Optiker seiner Zeit wurde. Die stärksten Absorptionslinien im Sonnenspektrum und in den Spektren der Sterne heißen noch heute *Fraunhofer-Linien.*

Nun mag man sich an dieser Stelle wundern, daß das Sonnenspektrum Absorptionslinien zeigt, hatten wir doch gesehen, daß sie entstehen, wenn das Licht einer Strahlungsquelle durch das Gas einer Wolke geht. Wo aber steht auf dem Weg von der Sonne zur Erde eine Wolke? Die Erklärung liegt darin, daß die Sonne, wie alle Sterne, eine Atmosphäre hat, die kühler ist als die darunterliegen-

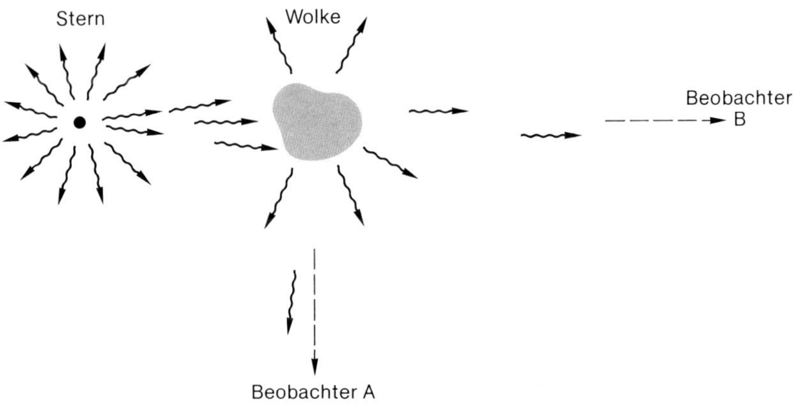

Abb. 2.6: Das Licht eines Sterns trifft auf seinem Weg zu einem Beobachter B auf eine Wolke. Die Atome der Wolke verschlucken Licht bei bestimmten Wellenlängen und strahlen es später nach allen Richtungen wieder ab. Dieses Licht fehlt dem Beobachter B, der an den zu diesen Wellenlängen gehörigen Stellen des Spektrums nunmehr dunkle Linien sieht. Demgegenüber sieht der Beobachter A nur Licht bei den Wellenlängen, bei denen es der Beobachter B vermißt (vgl. hierzu auch Abb. 2.7).

den Schichten. Sie spielt die Rolle der Wolke. Das Sonnenlicht muß erst durch sie hindurch, ehe es sich auf den Weg zu uns machen kann. Dabei filtern die Atome der Sonnenatmosphäre aus dem kontinuierlichen Licht ihre »Lieblingsfrequenzen« heraus, die Fraunhofer-Linien entstehen.

Aber kehren wir zurück zu dem einfachen Bild der absorbierenden Wolke (Abb. 2.6). Wo bleibt die Strahlung, die auf dem Weg zum Beobachter herausgefiltert worden ist? Sie wird von der Wolke nach allen Richtungen abgestrahlt. Ein Beobachter A, der die Wolke nicht vor dem Stern sieht und der deshalb nicht das kontinuierliche Licht des Sterns wahrnimmt, wenn er auf die Wolke blickt, sieht nur Licht bei den Frequenzen, bei denen die Atome der Wolke vorher Licht verschluckt haben (Abb. 2.7). Er sieht im Spektrum helle Linien, wie im Spektrum des Nebels von Abbildung 2.4, die Emissionslinien.

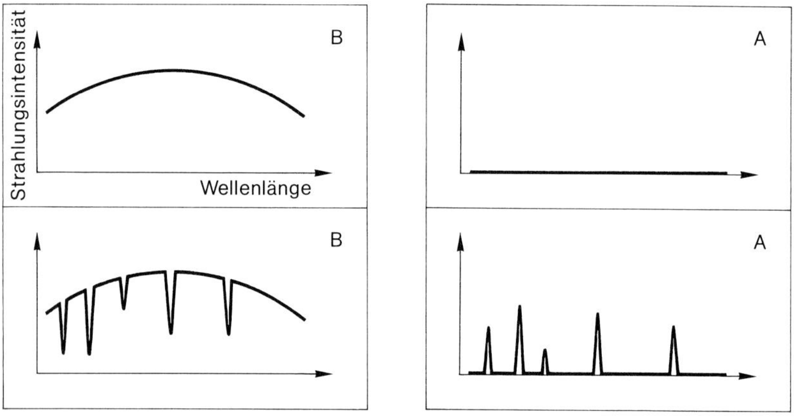

Abb. 2.7: Die Spektren, welche die Beobachter B und A wahrnehmen (vgl. hierzu Abb. 2.6). Der Stern sendet ein kontinuierliches Spektrum aus, das der Beobachter B ungestört wahrnehmen könnte, wenn die Wolke nicht da wäre (links oben). So aber sieht er das kontinuierliche Spektrum von Absorptionslinien durchsetzt (links unten). Wenn der Beobachter A sein Fernrohr nicht auf die Strahlungsquelle gerichtet hat, bekommt er gar kein Licht, wenn keine Wolke da ist (rechts oben). Steht aber (wie in Abb. 2.6) eine Wolke in seiner Blickrichtung, die Sternlicht bei bestimmten Wellenlängen verschluckt und später nach allen Richtungen wieder aussendet, dann erhält der Beobachter A Strahlung bei nur genau diesen Frequenzen. Er nimmt im Spektrum Emissionslinien wahr (rechts unten).

Da jedes Atom einen charakteristischen Satz von Linien im Spektrum erzeugen kann, seien es helle Emissions- oder dunkle Absorptionslinien, kann man die Stoffart an den Wellenlängen erkennen. Die Stärke der einzelnen Linien gestattet auch, die Häufigkeitsverhältnisse der einzelnen Atomsorten zu bestimmen. Man kann so über Tausende von Parsek hinweg wie in einer chemischen Analyse die Stoffe bestimmen, die für die Absorptions- und Emissionslinien in den Sternspektren verantwortlich sind, ohne Proben von ihnen im Reagenzglas zu haben.

Wasserstoff als Rundfunksender

Atome sind komplizierte Gebilde, selbst ein so einfach erscheinendes wie das des Wasserstoffs. Da kreist ein einziges Elektron um einen Atomkern, der nichts weiter ist als ein Proton. Das Elektron hat seine Lieblingsfrequenzen. Kommt Licht, so schluckt es Strahlung von so einer Frequenz und springt auf eine Bahn um den Kern, die weiter außen liegt. Bleibt das Atom sich selbst überlassen, so macht es nach einiger Zeit wieder einen Satz nach innen, auf seine ursprüngliche innere Bahn und strahlt Licht von der gleichen Frequenz wieder ab, die es vorher verschluckt hat. Das Absorbieren und Emittieren von Licht bei bestimmten Frequenzen oder Wellenlängen macht die Absorptions- und die Emissionslinien in den Spektren. Die wichtigsten dieser Linien des Wasserstoffs liegen im sichtbaren Bereich und im ultravioletten. Auch im Radiogebiet kann man Wasserstofflinien beobachten. Sie alle kommen von den Elektronen, die von Bahn zu Bahn springen.

Es gibt aber beim Wasserstoffatom noch einen ganz anderen Strahlungsvorgang, der nichts mit dem Hin- und Herspringen der Elektronen von Bahn zu Bahn zu tun hat. Wenn das Elektron eines Wasserstoffatoms einen leichten Stoß erhält, etwa durch ein nahe vorbeifliegendes Teilchen, kann es Energie von diesem flüchtigen Nachbarn aufnehmen, ohne daß es dabei seine Bahn ändert. Das hängt damit zusammen, daß Elektronen und Protonen eine Eigenschaft haben, die man am einfachsten damit beschreibt, daß man annimmt, die Teilchen rotieren um ihre eigene Achse. Beim Wasserstoffatom sind dann genau zwei Fälle möglich. Entweder rotieren das Proton und das Elektron gleichsinnig (also beide linksherum oder beide rechtsherum) oder in zueinander entgegengesetztem

Abb. 2.8: Die beiden verschiedenen möglichen Drehrichtungen von Proton und Elektron im Wasserstoffatom. Oben: entgegengesetzter Drehsinn; unten: gleicher Drehsinn. Der untere Drehsinn geht aus dem oberen dadurch hervor, daß das Elektron »umkippt«. Dazu ist Energie nötig, die beim »Zurückkippen« als Radiostrahlung von 21 cm Wellenlänge wieder frei wird.

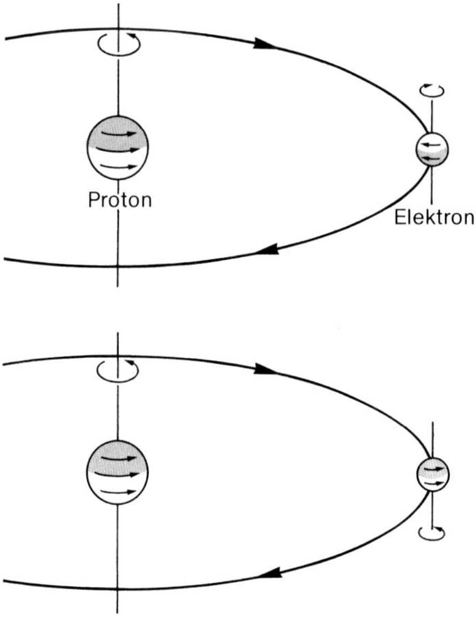

Sinne (etwa das Proton rechtsherum, das Elektron linksherum). Aus dem ungleichsinnigen Fall kann der gleichsinnige werden, wenn das Elektron in seiner Bahn »umkippt« (Abb. 2.8). Um sich aus der ungleichsinnigen Drehrichtung in die gleichsinnige zu kippen, ist allerdings Energie nötig. Die bekommt es entweder bei einem Stoß mit einem benachbarten Atom oder durch Licht, das vorbeikommt. Dann kippt es um, ohne seine Bahn zu verlassen. Nach einiger Zeit kippt es zurück und strahlt die vorher dem inzwischen längst entschwundenen Nachbarn oder dem Lichtstrahl entwendete Energie wieder ab. Diese Strahlung liegt bei einer ganz bestimmten Wellenlänge: bei 21 cm. Das ist zwar viel kürzer als unsere gewöhnlichen Rundfunkwellen, trotzdem kann man diese Strahlung mit Radioteleskopen empfangen.

Wo in unserer Milchstraße auch immer eine Wasserstoffwolke steht, stets stoßen sich ihre Atome gegenseitig, und immer wieder werden Elektronen gekippt und kippen wieder in ihre alte Stellung zurück. In jeder Sekunde sind es Milliarden von Atomen, deren Elektronen gerade zurückkippen. Die Wasserstoffwolke sendet eine Emissionslinie bei 21 cm Wellenlänge aus, also bei einer Frequenz von 1428 MHz. Die Gasmassen der Milchstraße zeigen diese Linienemission. Der Wasserstoff des Gases, das sich zwischen den Sternen der Milchstraße bewegt, »leuchtet« bei der Wellenlänge von 21 cm. Wenn man aber eine helle Radioquelle mit einem kontinuierlichen Spektrum betrachtet, so prägt der interstellare Wasserstoff der Radiostrahlung dieser Quelle auf ihrem Weg zu uns bei 21 cm eine Absorptionslinie auf. Kommt die Strahlung der hinter der Wasserstoffwolke stehenden Strahlungsquelle an den Elektronen der Wasserstoffatome vorbei, nehmen diese sich genau die Strahlung heraus, deren Energie sie zum Kippen brauchen. Das ist aber genau die Strahlung, die sie beim Zurückkippen wieder abgeben. So kann Wasserstoffgas bei 21 cm Wellenlänge eine Emissions- oder eine Absorptionslinie erzeugen. Notwendig ist nur, daß die Wolke nicht so heiß ist, daß alle Wasserstoffatome schon längst zerschlagen worden sind. Das heißt, das Elektron muß noch an den Wasserstoffatomkern gebunden sein. Elektronen, die nicht an ein Proton gebunden sind und Protonen, die ihr Elektron verloren haben, wissen nichts von der 21-cm-Strahlung.

Die 21-cm-Linie des Wasserstoffs hat uns viel über die Bewegungen in unserer Milchstraße geoffenbart. Aber nicht nur Atome, auch Moleküle haben Linien im sichtbaren und im Radiobereich, die in Emission und Absorption auftreten können. Man findet in unserer Milchstraße Wolken, die im Radiogebiet die Linienstrahlung bestimmter Moleküle aussenden. So wissen wir, daß in diesen Wolken, von denen wir nur sehr wenig sehen, neben den Molekülen des Wassers auch die des Alkohols und der Ameisensäure auftreten und Strahlung aussenden. Spektrallinien, sei es im optischen Bereich oder im Radiogebiet, verraten uns nicht nur etwas von der chemischen Natur der Stoffe, in denen sie entstehen, sie geben uns auch Aufschluß über den Bewegungszustand der Materie. Darauf werden wir in Kapitel 3 kommen.

In unserem Gedankenexperiment am Anfang dieses Kapitels sahen wir, daß bei ungleichförmiger Bewegung eines geladenen Körpers, nämlich beim Schwingen unserer Kugel, elektromagnetische Strahlung entsteht. Tatsächlich sind es immer ungleichförmig bewegte Elektronen, die für Licht und Radiostrahlung verantwortlich sind. Das ist auch so bei der häufigsten Strahlungsart im Weltall, bei der *thermischen Strahlung*.

Thermische Strahlung

Denken wir uns eine heiße Gaswolke, bei der die Wärmebewegung ihrer Atome so stark ist, daß sie sich schon längst ihre Elektronenhüllen vollständig oder teilweise gegenseitig abgeschlagen haben. Wir haben dann ein Gemisch vor uns aus positiv geladenen Teilchen, nämlich Atome, denen mehrere oder gar alle Elektronen fehlen, und negativ geladene Elektronen. Wenn unsere Wolke eine Temperatur von etwa 10000 °C hat – das ist die Temperatur von interstellaren Gasmassen in der Nachbarschaft heißer Sterne –, so fliegen die Elektronen mit einer mittleren Geschwindigkeit von 675 km/s durch den Raum. Immer wieder werden sie dabei von anderen Elektronen, vor allem aber durch die positiven Atomkerne oder Atomreste, von ihrer geradlinigen Bahn abgelenkt, umgeleitet oder zurückgestoßen. Die Elektronen bewegen sich also zwangsläufig ungleichförmig. Das aber heißt, daß sie elektromagnetische Strahlung aussenden. Nun ist die Bewegung unserer Elektronen recht regellos, und dementsprechend strahlen sie bei den verschiedensten Wellenlängen. Wenn man eine Wolke mit vielen Elektronen hat, die alle gleichzeitig zur Strahlung beitragen, so wird in jedem Augenblick Strahlung in jeder Wellenlänge erzeugt. Man beobachtet ein kontinuierliches Spektrum.

Wenn unsere Wolke hinreichend dick ist, so daß keine Strahlung ungehindert quer durch sie hindurch kann, ist ihr Spektrum verhältnismäßig einfach. Sie strahlt dann wie jeder heiße Körper. Bei einer bestimmten Wellenlänge hat die Strahlungsintensität ein Maximum, von dem aus nach niedrigeren wie auch zu höheren Wellenlängen die Stärke der Strahlung wieder abnimmt. In Abbildung 2.9 sind die Spektren von zwei Körpern verschiedener Temperatur wiedergegeben. Man sieht: je höher die Temperatur, um so mehr Strahlung wird ausgesandt. Die in Abbildung 2.9 wiedergegebene Gesetzmäßigkeit wurde zuerst von Max Planck (1858–1947) entdeckt. Sie heißt das *Plancksche Strahlungsgesetz.* Es gilt nicht nur für die Strahlung von Gaswolken. Ein Stück Eisen, das bei 800 °C glühend wird, strahlt auch nach diesem Gesetz. Bei dieser Temperatur gibt es besonders viel rotes Licht ab. Wird es weiter erhitzt, so strahlt es nicht nur heller, es verfärbt sich, wird gelb und schließlich hellweiß, weil es nunmehr auch bei höheren Frequenzen im grünen und blauen Spektralbereich mehr abstrahlt, ein Farbgemisch, das uns weiß erscheint. Alle Körper, die wärmer sind als −273 °C, senden elektromagnetische Strahlung nach dem Planckschen Strahlungsgesetz aus. Hat ein Körper eine Temperatur von −273 °C – kälter geht es nicht –, so strahlt er nicht mehr. Die Physiker nehmen deshalb −273 °C als Nullpunkt für eine neue Temperaturskala, die sie nach Lord Kelvin (1824–1907), dem großen englischen Physiker, *Kelvin-Skala* nennen, oft auch *Absolute Temperaturskala.* Danach sind −273 °C gleich 0 Kelvin, abgekürzt 0 K. Bei Temperaturen von Tausenden von Grad ist es ziemlich gleichgültig, ob wir die Celsius-Skala oder die Kelvin-Skala verwenden. Auf den Unterschied von 273 Grad kommt es dann kaum noch an.

Wenn wir einen Körper von 0 K geringfügig erwärmen, sagen wir auf −270 °C oder 3 K bringen, dann strahlt er. Allerdings können wir seine Strahlung nicht mit freiem Auge wahrnehmen. Sein Strahlungsmaximum liegt bei einer Wellenlänge von einem Millimeter. Viel zu langwellig für unsere Augen, viel zu kurzwellig für unsere normalen Rundfunkempfänger. In Kapitel 12 werden wir erfahren, wie man solche Strahlung aus dem Weltraum entdeckte.

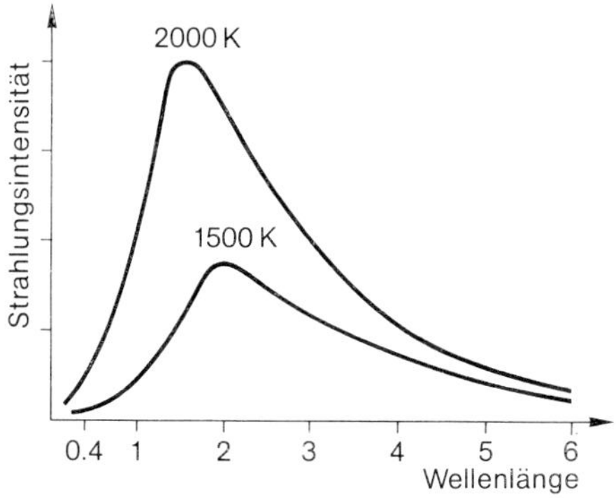

Abb. 2.9: Spektren von strahlenden Körpern verschiedener Temperatur. Je höher die Temperatur, um so stärker die Strahlung und um so höher liegt deshalb die Kurve in der Zeichnung. Nach rechts sind die Wellenlängen in tausendstel Millimetern angegeben. Je heißer ein Körper, um so weiter liegt das Strahlungsmaximum links, bei kürzeren Wellenlängen. Bei den beiden Kurven, die Körpern von 2000 und 1500 K entsprechen, liegt die Strahlung hauptsächlich im infraroten Bereich. Körper von 10 000 K strahlen im sichtbaren Licht besonders stark, Körper von Millionen Grad im Bereich der Röntgenstrahlung. Aber auch bei niedrigen Temperaturen strahlen Körper auf ähnliche Weise. Die Kurve der elektromagnetischen Abstrahlung eines Menschen liegt allerdings im Diagramm wesentlich niedriger. Das Maximum liegt bei einer Wellenlänge von einem hundertstel Millimeter, also beim Wert 10 rechts außerhalb des Bildes. In Kapitel 12 werden wir sehen, daß aus dem Weltall Strahlung zu uns kommt, die thermischer Strahlung eines Körpers von −270 °C entspricht. Da liegt das Strahlungsmaximum bei einem Millimeter (vgl. Abb. 12.1).

Spektren aus den Tiefen des Raumes

Aber kehren wir zurück aus der Kälte zu Temperaturen, bei denen die Strahlung zu sehen ist. Das Maximum der Abstrahlung liegt im sichtbaren Bereich, wenn die Temperaturen bei mehreren 1000 K liegen. So heiß sind die Oberflächen der Sterne. Das ist kein Zufall. Unsere Augen haben sich im Laufe der langen Entwicklung des Lebens so eingerichtet, daß wir gerade in dem Bereich gut sehen, in dem die Sonne stark strahlt. Sterne senden in erster Linie thermische Strahlung aus, und deshalb gilt auch für sie das Gesetz vom glühenden Metall: bei niedrigeren Temperaturen rotglühend, bei hohen blauweiß.

Beobachten wir nun das Spektrum einer fernen Galaxie. Da wir unser Fernrohr nicht auf einen einzelnen ihrer Sterne richten können, sondern immer das Licht von Milliarden Sternen gleichzeitig erhalten, so bekommen wir ein Spektrum, zu dem Milliarden von Einzelsternen beigetragen haben, Sterne von 4000 K bis zu einigen 10 000 K Oberflächentemperatur. So wie wir im Chor die Stimme des einzelnen Sängers nicht heraushören sollten, sondern nur die Gesamtheit der Stimmen wahrnehmen, so sehen wir im Spektrum einer Galaxie nur die Gesamtheit der Spektren vieler Sterne. Aber der Vergleich geht noch weiter. Denken wir uns einen Chor von Sängern, deren Stimmen sämtlich bei einem bestimmten Ton versagen mögen. Wenn dann der (einstimmige) Gesang genau zu dieser Tonhöhe kommt, wird der gesamte Chor still sein. Haben nun alle Sterne in jener fernen Galaxie Wasserstoffatome in ihren Atmosphären, so zeigt das Spektrum jedes einzelnen Sterns die Wasserstoffabsorptionslinien, das heißt bei bestimmten für Wasserstoff charakteristischen Wellenlängen kommt weniger Licht von ihnen. Dann kommt bei diesen Wellenlängen insgesamt von der Galaxie weniger Licht, das heißt im Chor der Spektren der Einzelsterne, also im Spektrum der ganzen Galaxie, erscheinen die Wasserstoffabsorptionslinien. Das gilt nicht nur für Wasserstoff, sondern für alle Atomsorten. Wir sind deshalb in der Lage, auch etwas über die chemische Zusammensetzung der Materie in anderen Galaxien zu erfahren.

Das Überraschende an dem Ergebnis scheint mir, daß es nicht überraschend ist. Wir finden nämlich, daß die Materie in den fernsten Bereichen des Weltalls nicht anders ist als die Materie bei uns. Es gibt nicht nur die gleichen Atomsorten, sie scheinen auch noch im gleichen Mischungsverhältnis aufzutreten, wie etwa in unserer Sonne. Die Materie am Rande der Welt, dort, wo unsere Teleskope kaum noch hinreichen, ist nicht etwa ein besonderer Stoff, sondern ganz gewöhnliche, hausbackene Materie, wie sie uns hier umgibt.

Ein Kilogramm Sonnenmaterie enthält etwa 700 g Wasserstoff und 270 g Helium. In die restlichen 30 g teilen sich die anderen Elemente, unter denen Kohlenstoff und Sauerstoff die häufigsten sind. Im großen und ganzen scheint das auch in den fernsten Galaxien die Normalmischung zu sein. Wie ist das zu erklären? Sind bei der Erschaffung der Welt die chemischen Elemente in einheitlichem Mischungsverhältnis mitentstanden oder haben sie sich im Laufe der Geschichte der Welt in den einzelnen, voneinander getrennten Galaxien nach gleichen Regeln und Gesetzen gebildet? Wir wissen heute, daß in Sternen, vor allem bei Sternexplosionen, Atome umgewandelt werden, und die Frage, ob die verschiedenen chemischen Elemente aus einfacheren bereits bei der Geburt des Weltalls entstanden sind oder später, hat lange die Astrophysiker bewegt. Heute kennt man die Antwort. Wir werden später in Kapitel 12 darauf zurückkommen.

Ein millionstel Gramm Licht

Licht ist nicht immer so harmlos und friedlich, wie man beim Betrachten eines Regenbogens vermutet. Elektromagnetische Strahlung kann uns nicht nur verbrennen, sie besitzt auch Kraft.

Betrachten wir dazu einen Kubikzentimeter Materie im Zentrum der Sonne. Das Gas ist dort so zusammengedrückt, daß in ihm 160 g Materie bei einer Temperatur von 15 Millionen Grad sitzen. Bei dieser Hitze sendet die Materie mit ungeheuerer Leistung thermische Strahlung aus. Strahlung und Materie sind dort in friedlicher Koexistenz, wobei die Strahlung eine untergeordnete Rolle spielt.

Denken wir uns, wir könnten in die Mitte der Sonne einen kleinen Glaswürfel versenken, der innen leer sein möge, und vergessen wir, daß seine Wände bei den hohen Temperaturen schmelzen und verdampfen würden. Da keine Materie durch seine Wände dringen kann, füllt sich der Würfel durch die durchsichtigen Wände hindurch nur mit Strahlung. Um diese eingefangene Strahlung aus dem Innern der Sonne nicht zu verlieren, verspiegeln wir jetzt in Gedanken die Wände. Wenn wir nun den Würfel wieder herausziehen, so bleiben die Lichtstrahlen im Würfel gefangen, da sie von jeder Würfelfläche reflektiert werden, wenn sie nach außen wollen.

Sehen wir uns nun die aus der Sonne geangelte Strahlung in der Mausefalle genauer an. Obwohl viele sichtbare Lichtstrahlen im Würfel sind, haben wir doch hauptsächlich Röntgenstrahlen gefangen. Die thermische Strahlung von 15 Millionen Grad ist hauptsächlich Röntgenstrahlung. Was als nächstes bei unserem Gedankenexperiment auffällt, ist, daß es kaum gelingt, die Strahlung zu bändigen. Die gefangene Strahlung möchte ihr Gefäß zerreißen. Die Würfelflächen müssen einen Druck von 126 Millionen Atmosphären aushalten. Hätte unser Würfel einen nach oben aufklappbaren Deckel, so müßte man jeden Quadratzentimeter der Fläche dieses Deckels im Schwerefeld der Erde mit einem Gewicht von 126000 Tonnen belasten, damit er geschlossen bleibt. So groß ist der Druck, den die gefangene Strahlung ausübt.

Woher kommt es, daß die Strahlung drückt? Nur bei sehr hohen Temperaturen, wie sie im Inneren der Sterne herrschen, wird der Druck der Strahlung merklich. Er rührt daher, daß Strahlung auch Materie ist. Denken wir uns eine offene Tür, gegen die eine Gruppe von Schülern ständig Tennisbälle wirft. Die vielen gleichzeitig zurückprallenden Tennisbälle drücken gegen die Tür und setzen sie in Bewegung. Das rührt daher, daß die Bälle eine Masse haben und bei der Reflexion auf die Tür drücken. Bei Bällen geringerer Masse, etwa bei Tischtennisbällen, wäre der Effekt sehr viel kleiner. Auch unsere Strahlung in der Falle drückt. Jedesmal, wenn ein Lichtstrahl von den spiegelnden Wänden unseres Würfels am Entweichen gehindert und zurückgeworfen wird, drückt er gegen die Außenwand, genau so wie der reflektierte Tennisball gegen die Tür. Denn Lichtstrahlen haben Masse – wenn auch nur geringe. In unserem Würfel haben wir nicht allzuviel Masse eingefangen. Erinnern wir uns, daß im Sonnenzentrum im Kubikzentimeter 160 g Materie sind. Die Strahlung, die wir herausgeholt haben, ist demgegenüber wenig. Nur etwa ein millionstel Gramm »Strahlungsmasse« findet man im Kubikzentimeter.

Die Tatsache, daß die Grenze zwischen elektromagnetischer Strahlung und Materie fließend ist, daß Licht auch Masse ist und umgekehrt, daß man auch Masse verstrahlen kann, weiß man, seit Albert Einstein 1905 seine Spezielle Relativitätstheorie aufgestellt hat. Die Verwandlung von Materie in Strahlung ist für die Gewinnung von Kernenergie wichtig. Dabei zeigt sich, welch ergiebige

Energiequelle man erhält, wenn man Materie in Energie umwandeln kann. Das fand eine grausame Bestätigung. Als im August 1945 die Atombombe über Hiroshima explodierte und Tausende von Menschen starben, wurde insgesamt nur knapp ein Gramm Materie in Strahlung umgewandelt. Weniger als ein Gramm Materie genügte, um eine Stadt zu vernichten und viele ihrer Bewohner.

Da die Sonne in jeder Sekunde Licht und Wärme in Form von Strahlung in den Weltraum abgibt, verliert sie auch Masse. Immerhin wird sie durch ihren Strahlungsverlust in jeder Sekunde um etwa vier Millionen Tonnen erleichtert. Wenn man bedenkt, daß die Sonne schon seit 4½ Milliarden Jahren etwa mit der heutigen Leuchtkraft strahlt, so wundert man sich, daß heutzutage überhaupt noch etwas von ihr übrig ist. Aber der Sonne mit ihrer gewaltigen Masse hat die bisherige Abstrahlung nichts ausgemacht. Sie hat in ihrer Geschichte höchstens drei Zehntausendstel ihrer Masse verstrahlt.

Wenn Masse in Strahlung verwandelt wird, so ist das ein recht ergiebiger Prozeß: Aus wenig Masse wird viel Strahlung. Aber nicht nur Materie kann zu Strahlung werden, das Umgekehrte kann geschehen, Strahlung kann sich zu Materie wandeln.

Strahlung wird zu Materie, Materie wird zu Strahlung

Wie so vieles, was unsere heutige Physik bestimmt, findet man es schon bei Einstein. So verschiedene Dinge wie Masse und Strahlung sind Erscheinungsformen der Energie, die eine ist in die andere umwandelbar. Wie wenig Materie nötig ist, um viel Strahlung zu erzeugen, darüber sprachen wir oben. Das legt nahe, daß man viel Strahlung braucht, wenn man ein wenig Materie erhalten will. Seit dem Jahre 1934 weiß man auch, wie sich Strahlung in Materie verwandelt.

Damals entdeckte man, daß aus hochenergetischer Gammastrahlung Materie entstehen kann. Genauer: Man fand, daß sich in ihr Teilchenpaare bilden, ein Elektron, also ein negativ geladenes Teilchen, und ein sogenanntes *Positron.* Es ist positiv geladen und hat die gleiche Masse wie das Elektron. Aus elektromagnetischer Strahlung können sich also Materieteilchen bilden. Aus Strahlung ist Materie geworden. Auch der umgekehrte Vorgang ist möglich. Begegnen sich ein Elektron und ein Positron, so verstrahlen sie. Sie gehen gemeinsam in einem Blitz von Gammastrahlung auf. Elektromagnetische Strahlung im Gammabereich kann sich also in zwei Teilchen kondensieren, die, wenn sie einander später begegnen, wieder zu elektromagnetischer Strahlung werden. Wir werden sehen, daß der Prozeß der Verwandlung von Strahlung in Materieteilchen am Anfang der Welt eine wichtige Rolle gespielt haben muß, ja, daß möglicherweise alle Materie der Welt von heute aus elektromagnetischer Strahlung entstanden ist, auch die Materie, aus der unsere Körper aufgebaut sind.

In dem Positron, das zusammen mit dem Elektron aus dem Gammastrahlungsblitz geboren wurde, haben wir gleichzeitig eine neue Art von Materie kennengelernt. Gehören die Elektronen bei uns gewissermaßen schon zum täglichen Leben, so sind die Positronen exotische Teilchen. Sobald davon eines in die Nähe eines Elektrons kommt, zerstrahlen sie gemeinsam in einem Gammablitz. Im Positron haben wir das erste Teilchen einer Art Gegenmaterie kennengelernt, die aus Teilchen besteht, die denen unserer gewöhnlichen Materie entgegengesetzt sind. Nicht nur zum Elektron gibt es Antiteilchen, auch die anderen Bausteine der Materie haben ihre Partner in der Gegenwelt. Zum positiven Proton gibt es das negative *Antiproton*, zum Neutron das *Antineutron.* Antiprotonen und Antineutronen können Antiatomkerne bilden, um welche Positronen kreisen, wie die Elektronen um Atomkerne aus Protonen und Neutronen. Das einfachste Atom aus Antiteilchen ist der Antiwasserstoff. Ein Positron kreist um ein Antiproton. Man kann sich eine ganze Welt aus Antimaterie denken, in der es so zugeht wie in der unsrigen, solange die Antimaterie nicht mit Materie in Berührung kommt. Denn treffen Antiteilchen auf Teilchen gewöhnlicher Materie, so verstrahlen sie mit ihnen zu Gammastrahlung.

Man kann sich vorstellen, welch hochbrisanter Stoff diese neue Materie wäre, könnte man sie im großen herstellen. Ein halbes Gramm Antimaterie würde sich, wo immer es aufbewahrt wird, ob in einer Flasche oder in der hohlen Hand, mit einem halben Gramm gewöhnlicher Materie, sei sie vom Flaschenglas, sei sie von der Hand, zu einem Strahlungsblitz von der Stärke der Hiroshimabombe vereinigen.

Glücklicherweise liegt bei uns die brisante Antimaterie nicht so einfach herum. Es ist verwunderlich, daß Antimaterie im Weltall nur ganz sporadisch auftritt. Sie tritt nur vorübergehend auf, wenn hochenergetische Teilchen oder hochenergetische Strahlung sie entstehen läßt, und sie scheint es vorzuziehen, möglichst schnell aus unserer Welt wieder zu verschwinden. Das natürliche Vorkommen der Antimaterie scheint fast Null zu sein. Auf diese verwunderliche Tatsache werden wir noch in Kapitel 12 zurückkommen.

Trotzdem gibt es vielleicht in unserer Milchstraße Positronen in großer Anzahl. Man beobachtete nämlich aus der Richtung des Zentrums der Milchstraße eine Emissionslinie der Gammastrahlung bei einer ganz bestimmten Frequenz*. Woher könnte diese Strahlung kommen? Positronen könnten dafür verantwortlich sein. Wenn nämlich ein Positron im Raum einem Elektron begegnet, so führen die beiden zuerst einen Tanz auf, ehe sie gemeinsam in einem Strahlungsblitz aufgehen. Da das Elektron negativ, das Positron aber positiv geladen ist, so ziehen sich die beiden gegenseitig an und kreisen erst einmal umeinander wie Erde und Mond oder wie zwei Sterne in einem Doppelsternsystem. So wie beim Wasserstoffatom das negative Elektron um ein positives Proton kreist, so kreist hier das Elektron um das Positron. Aber lange währt diese Idylle nicht. Nach weniger als einer millionstel Sekunde verstrahlen die beiden Teilchen. In 25 Prozent der Fälle entstehen dabei zwei Gammablitze von der Frequenz, wie wir sie aus dem Zentrum der Milchstraße zu uns kommend beobachten. Sagt uns die beobachtete Gamma-Emissionslinie, daß sich im Mittelpunkt unseres Milchstraßensystems Materie (Elektronen) mit Antimaterie (Positronen) vereinigt? Wenn ja, woher kommen die Positronen? Es scheint ja dort so unermeßlich viele zu geben, daß wir selbst über die gewaltige Entfernung noch die Gammastrahlen wahrnehmen können. Eine neue Erscheinung, die uns das Zentrum unserer Milchstraße unheimlich macht. Aber ich muß hinzufügen, daß Messungen der Gammastrahlung sehr schwierig sind und daß die Beobachtungen der Gamma-Emissionslinie aus dem Zentrum der Milchstraße noch verbessert werden müssen, ehe sie überzeugen.

Dieses Kapitel handelt von elektromagnetischer Strahlung. Da aber Strahlung auch zu Materie werden kann, handelt es auch von dieser. Die Trennung von Strahlung und Materie hat wahrscheinlich am Anfang der Welt eine große Rolle gespielt.

---

* Wir wollen die Frequenz hier nicht angeben. In MHz ausgedrückt wäre es eine fünfzehnstellige Zahl. Nach einer Maßeinheit der Physiker, die wir hier nicht weiter verwenden wollen, kann man sagen, daß die beobachtete Gammalinie bei 511 Kiloelektronenvolt liegt.

Energie in Licht und Materie

Materie besteht aus Teilchen, den Atomen, die sich meist zu größeren Gruppen zusammentun, den Molekülen. Die Atome selbst sind Gruppen von Elektronen, Protonen und Neutronen. Die Materie besteht also aus kleinen Bausteinen, die ihrerseits wieder aus Unterbausteinen gebildet sind. Aber auch die elektromagnetische Strahlung besteht aus Bausteinen. Ein Lichtstrahl ist aus vielen *Lichtquanten* oder *Photonen* zusammengesetzt. Es ist schwer vorstellbar, daß das Licht einerseits Wellennatur hat, zum anderen auch aus Teilchen besteht. Es hat deshalb Jahrhunderte gedauert, bis wir die Natur des Lichtes verstanden haben. Jedes Photon ist so etwas wie ein einzelner Wellenzug mit einer bestimmten Frequenz. Der Wellenzug hat eine endliche Länge. Wenn wir im Sonnenlicht sitzen, dann treffen uns in jeder Sekunde Milliarden von Photonen verschiedener Frequenz. Wenn das Blatt einer Pflanze vom Sonnenlicht getroffen wird, liefert jedes Photon eine kleine Portion Energie der Sonne in den Zellen der Pflanze ab. Jedes Strahlungsquant enthält Energie.

Auch Elektronen, also Materieteilchen, enthalten Energie. Wenn ein Elektron durch den Raum fliegt, hat es Bewegungsenergie wie jeder bewegte Körper. Wird das Elektron abgebremst, verliert es Bewegungsenergie. Dafür bildet sich ein Photon und trägt diese Energie weg. So entsteht die thermische Strahlung aus der Bewegungsenergie der Elektronen eines heißen Gases. Wenn ein Elektron so weit abgebremst ist, daß es sich relativ zu seiner Umgebung nicht mehr bewegt, ist es mit seiner Bewegungsenergie am Ende. Trotzdem ist es dann nicht energielos. Durchaus nicht, es hat noch einen sehr großen Energievorrat, der damit zu tun hat, daß das Elektron Masse besitzt. Um diese Energie zu befreien, braucht man allerdings ein Antielektron, also ein Positron. Berührt man damit das Elektron, wird auch diese Energie frei, die Energie, die es noch besitzt, selbst wenn es in Ruhe ist. Man nennt daher diese Energie die *Ruhenergie.* Und da Energie und Masse ein und dasselbe sind, kann man auch sagen, es verstrahlt seine *Ruhmasse.* Ein bewegtes Elektron hat also zwei Arten von Masse, die Ruhmasse und eine, die aus der Bewegungsenergie stammt. Die Masse der Bewegungsenergie ist leicht zu verstrahlen, man muß das Elektron nur bremsen. An die Ruhenergie kommt man nur mit Hilfe von Antiteilchen heran.

Licht ist anders. Die Photonen bewegen sich immer mit Lichtgeschwindigkeit, sie lassen sich nicht einfach bremsen und zur Ruhe bringen. Die Energie der Lichtquanten steckt in ihrer Frequenz. Quanten höherer Frequenz haben mehr Energie als Quanten niedrigerer Frequenz. Diesen Satz kann man auch anders sagen: Je größer die Wellenlänge eines Lichtteilchens ist, um so geringer seine Energie, um so kleiner ist auch seine Masse, die man etwa durch den Lichtdruck messen kann. Zwischen Elektronen und Strahlungsquanten besteht also ein großer Unterschied. Wenn ich zu immer langwelligeren, also energieärmeren Lichtquanten gehe, wird ihre Masse immer kleiner. Wenn ich zu immer langsameren Elektronen gehe, verringert sich ihre Masse zwar auch, ich behalte aber die Ruhmasse übrig. Etwas anders ausgedrückt: Lichtteilchen haben keine Ruhmasse. Da unterscheiden sie sich von Protonen, Neutronen und den meisten anderen Elementarteilchen. Man kann also sagen, es gibt in der Natur lichtartige Teilchen, solche mit der Ruhmasse Null, und materieartige Teilchen, solche mit einer endlichen Ruhmasse. Von einem Teilchen weiß man zur Zeit nicht genau, wohin es gehört – es ist das *Neutrino.* Wir werden später in Kapitel 12 sehen, daß es für die Struktur unseres Weltalls von großer Bedeutung ist, ob dieses Teilchen lichtartig oder materieartig ist. Im letzteren Fall hätte es eine endliche Ruhmasse und könnte dann möglicherweise das Schicksal des ganzen Weltalls beeinflussen.

Wir sind von der Milchstraße ausgegangen und sind auf Licht gekommen, weil wir nahezu alles, was wir vom Weltall wissen, ihm verdanken. Nicht nur, daß wir sehen können, was draußen im Raum steht, das Spektrum sagt uns noch mehr. Es enthüllt uns die Natur der in den Sternen leuchtenden Materie und ihre Temperatur. Wie wir im nächsten Kapitel sehen werden, informiert uns die Strahlung im Bereich des Sichtbaren wie die im Radiobereich auch darüber, wie sich die Körper im Weltall bewegen, auch wenn sie so weit draußen stehen, daß sich ihr Ort am Himmel nicht meßbar verändert. Die Strahlung hat uns geholfen, die Bewegung unseres Milchstraßensystems zu erkennen.

So, wie wir unser Milchstraßensystem mit seinen Sternen, Gasnebeln, Spiralarmen und mit seinem geheimnisvollen Zentrum in Herrn Meyers Traum im vorigen Kapitel gesehen haben, scheint es ein unbewegliches Gebilde zu sein. Aber dieser Eindruck ist falsch, denn das Milchstraßensystem ist in ständigem Fluß. Daß wir das nicht direkt wahrnehmen können, liegt an uns. Wir leben zu schnell und zu kurz. Die Milliarden von Sternen, die sich zu dieser flachen Scheibe zusammengefunden haben, ziehen in träger Bewegung ihre Bahnen um das Zentrum. Die Sonne, die wahrscheinlich vor 4.5 Milliarden Jahren entstanden ist, hat seither das Zentrum der Milchstraße schon achtzehnmal umkreist. Da, wo wir heute in der Milchstraßenscheibe stehen, standen wir das letztemal vor 250 Millionen Jahren, zu einer Zeit, als auf der Erde die ersten Nadelhölzer wuchsen. Nun, eine Milchstraßenrotation danach, fürchten wir, daß sie wieder verschwinden.

3 Die Milchstraße im Zeitraffer

»Und hier!«, sagte er, indem er die Hand öffnete, die das Glas hielt. Natürlich fuhr ich zusammen, weil ich erwartete, daß das Glas auf dem Fußboden zerspringen würde. Aber es schien sich nicht zu rühren – bewegungslos hing es in der Luft. »Ein Gegenstand«, sagte Gibberne, »fällt in der ersten Sekunde ungefähr fünf Meter. Aber bisher ist es nur etwa den hundertsten Teil einer Sekunde gefallen – das gibt Ihnen eine Ahnung von der Geschwindigkeit meines Beschleunigers.« Er fuhr mit der Hand ein paarmal um das langsam fallende Glas herum, ergriff es schließlich und stellte es auf den Tisch.

H. G. Wells, »Der neue Beschleuniger«

Sein Traum von der Reise im Raumschiff beschäftigte Herrn Meyer noch an den nächsten Tagen. Die Milchstraße – ob ich sie von außen oder von innen sehe – erscheint recht unbeweglich und unveränderlich, dachte er. Man müßte sie irgendwie im Zeitraffer betrachten können. Da fiel ihm ein, daß er einmal eine Geschichte von H. G. Wells gelesen hatte. Dort war eine Droge, der sogenannte Beschleuniger, beschrieben, die – einmal eingenommen – die inneren Vorgänge im Menschen, den ganzen Metabolismus, aber auch das Tempo der Aufnahme von Reizen, das Denken – schlicht alles – beschleunigt. Wer dieses Mittel nimmt, dem verlangsamt sich relativ zu seinen Empfindungen die Umwelt so, daß ihm nach einiger Zeit alle Menschen fast unbeweglich erscheinen, da sie sich für sein Zeitgefühl extrem langsam bewegen. Für die Milchstraße bräuchte man das Gegenmittel, dachte Herr Meyer, einen Verlangsamer, der unsere inneren Vorgänge verlangsamt, so daß uns langsame äußere Vorgänge rasch abzulaufen scheinen. Könnte ich die Milchstraße nach der Einnahme solch einer Droge betrachten, so würde ich sehen, wie die Sterne sich bewegen.

Es war schon wieder spät abends geworden, nach einem langen Tag voller Arbeit. Er hatte eben noch an die Zeitrafferdroge gedacht, und im nächsten Augenblick wußte er nicht, ob er sie sich nur vorgestellt, oder ob er sie eingenommen hatte. Er war wieder im Raumschiff. Aber diesmal war ihm alles vertraut. Der Astronaut war schon da und lächelte ihm zu.

Novae und Supernovae

Das Raumschiff war diesmal etwas außerhalb der Milchstraßenscheibe, die Herr Meyer vom Fenster aus erblickte. Als durch die Droge sich für ihn das Tempo der Vorgänge in der Milchstraße vertausendfachte und schließlich verhunderttausendfachten, da merkte er, daß einige Sterne ihre Helligkeit rasch wechselnd ändern. Er erkannte Sterne, die regelmäßig pulsieren. Normalerweise werden sie innerhalb von Tagen heller und wieder schwächer, für ihn geschah das nun im Sekundenrhythmus. Aber das waren Helligkeitsänderungen und keine Bewegungen. Die Sternenwelt blieb nach wie vor unbeweglich. Beim genaueren Hinsehen erkannte Herr Meyer, daß immer wieder einzelne Sterne aufleuchteten, im Mittel geschah das im ganzen Milchstraßensystem für ihn alle zehn Sekunden, völlig unregelmäßig einmal an dieser Stelle der Scheibe, einmal an jener. Dabei verstärkte der betroffene Stern für zehn bis zwanzig Sekunden seine Abstrahlung um das Zehn- bis Hunderttausendfache. Dann leuchtete er wieder so, als ob nichts geschehen wäre. Wir beobachten normalerweise diese Erscheinung von der Erde aus von einem ungünstigen Beobachtungsplatz, wo sie uns wegen der undurchsichtigen Staubmassen in der Milchstraßenscheibe meistens entgeht. Immerhin sieht man von uns aus im Mittel zwei solche Ereignisse im Jahr. Man nennt sie *Novae.* Aber blicken wir mit Herrn Meyer geduldig weiter auf die im Zeitraffer beschleunigte Sternenwelt.

Da sah er in der Milchstraßenscheibe einen Stern hell aufleuchten, so daß er während dieser Zeit fast so hell war wie die ganze Galaxis. Es schien Herrn Meyer, als ob der Stern nur 10 bis 20 Sekunden leuchtete, aber das lag an der Verlangsamerdroge. Was er sah, war eine *Supernova,* eine Erscheinung, welche das Novaphänomen weit in den Schatten stellt. Strahlt bei einer Nova einige Zeit nach dem Ausbruch der Stern so wie vorher, als ob nichts geschehen wäre, so scheint es beim Supernovaphänomen den Stern als Ganzes zu zerreißen. Was auch immer mit ihm geschieht, er ist danach nicht mehr das, was er vorher war. Wahrscheinlich enden so alle Sterne, die aus wesentlich mehr Materie bestehen als unsere Sonne.

Wir, die wir von der Erde aus unser Milchstraßensystem ohne die Verlangsamerdroge beobachten, müssen lange warten, bis wir eine Supernova aufleuchten sehen. Die letzten beiden historisch registrierten erschienen in den Jahren 1572 und 1604 am Himmel. Die berühmten Astronomen Tycho de Brahe und Johannes Kepler haben sie gesehen und beschrieben. Viele Supernovaausbrüche in unserem Milchstraßensystem entgingen uns, da sich der Vorgang hinter dichten Staubwolken ereignete. Von mehreren haben wir aber trotzdem Kunde. Das rührt daher, daß die Explosionswolke, in die sich der Stern aufzulösen scheint, noch über Jahrtausende starke Radiostrahlung aussendet. Wir wissen aber schon, daß die Radiostrahlung den Staub durchdringt. Supernovae sieht man auch in anderen Galaxien aufleuchten. So erschien im August 1885 nahe dem Zentrum des Andromedanebels ein Stern, eine Supernova in unserer Nachbargalaxie.

Es hat lange gedauert, bis man erkannte, daß es zwei Sorten von aufleuchtenden Sternen gibt. Die harmlosen Novae, die ihre Leuchtkraft um vielleicht das Zwanzigtausendfache erhöhen, und die Supernovae, die ihre Strahlungsleistung plötzlich mehr als vermilliardenfachen. Der Novaausbruch geht an einem Stern verhältnismäßig harmlos vorüber. Nach einiger Zeit leuchtet er wieder so wie vor dem Ausbruch, als ob nichts gewesen wäre. Die Supernova-Explosion aber scheint das Ende im Leben eines Sterns zu sein.

Die Verwechslung von Novae und Supernovae, die in der Geschichte unseres Verständnisses von der Natur der Spiralnebel eine störende Rolle gespielt hat, ist entschuldbar. Man sieht einem plötzlich aufleuchtenden Stern nicht an, ob er eine Nova oder eine Supernova ist, solange man nicht weiß, wie weit er von uns entfernt steht. Eine nahe bei uns aufleuchtende Nova kann am Himmel sehr viel spektakulärer erscheinen als eine Supernova in großer Entfernung. Erst als man nach der Supernova vom Jahre 1885 im Andromedanebel in unserem Jahrhundert dort auch schwache Novae entdeckte, sah man, daß man in Wahrheit zwei Erscheinungen vor sich hat, die man sauber voneinander trennen muß.

Die rotierende Scheibe

Die Verlangsamerdroge, die für Herrn Meyer die Vorgänge in der Milchstraße hunderttausendmal schneller ablaufen ließ, hatte ihm das Aufleuchten der Novae und Supernovae anschaulich vorgeführt. Ansonsten erschien ihm die Milchstraßenscheibe unbeweglich. Erst als die Droge die Vorgänge um Herrn Meyer etwa neunhundertmilliardenmal beschleunigt hatte, sah er, wie die galaktische Scheibe um ihr Zentrum rotiert. Alle Sterne bewegen sich um den Mittelpunkt, aber es ist keine starre Rotation.

Die weiter außen ihre Bahn ziehenden Sterne brauchen mehr Zeit für einen Umlauf als die in der Nähe des Zentrums. Bei dieser Bewegung zieht die Fliehkraft den Stern nach außen, während ihn die Schwerkraft der inneren Teile der Galaxis zum Zentrum zieht. Durch die Rotation halten sich diese beiden Kräfte das Gleichgewicht. Das ist genauso wie bei der Bewegung der Erde um die Sonne. Die Sonne will uns durch ihre Schwerkraft in sich hineinziehen, die Fliehkraft will uns von der Sonne weg nach außen reißen. Beide Kräfte halten einander die Waage, und so beschreibt die Erde seit eh und je ihre kreisähnliche Bahn um unser Muttergestirn. Genauso kreisen die Sterne in der Scheibe um das Zentrum der Milchstraße.

Die ganze Milchstraßenscheibe rotiert. Herr Meyer sah in ihr die Spiralarme. Auch sie bewegten sich, aber nicht so wie die Sterne. Ihre Bewegung schien starr zu sein. Die Spiralarme drehen sich nicht etwa immer mehr zusammen, so daß sie schließlich wie Zwirn, fast ohne Zwischenraum, dicht aufgespult, erscheinen. Beim genaueren Hinsehen erkannte Herr Meyer: Die Sterne laufen schneller um das Zentrum als die Spiralen, treten an der inneren Seite in die Spiralarme ein und verlassen sie an der äußeren Seite (Abb. 3.1). Mit den Sternen strömen Gas und Staub durch die Spiralarme.

Aber was sind die Spiralarme? Auch das erkannte er beim genaueren Hinsehen. In den Armen leuchteten plötzlich ganze Haufen von hellen blauen Sternen auf wie Leuchtkugeln eines Feuerwerks, und sie illuminierten das benachbarte Gas, das selbst zu leuchten begann: frisch geborene Sternhaufen! Solange unter den neuen Sternen helle blaue waren, erschien die Gegend, in der sie gerade entstanden, heller als die übrigen Bereiche der Scheibe. An dieser Helligkeit hatten sowohl die Sterne wie auch die von ihnen zum Leuchten angeregten Gasmassen ihren Anteil.

Abb. 3.1: Die Bewegung der Sterne relativ zu den Spiralarmen der Milchstraße. Die Sterne der Scheibe bewegen sich nahezu in Kreisbahnen um das galaktische Zentrum, wie durch gekrümmte Pfeile angedeutet ist. Dabei dringen sie an der inneren Seite der Spiralarme (graue Streifen) in die Arme ein und verlassen sie an der anderen Seite. In den Armen entstehen aus den Gasmassen, die mit den Sternen eingetreten sind, neue Sterne, welche die Spiralarme hell leuchten lassen.

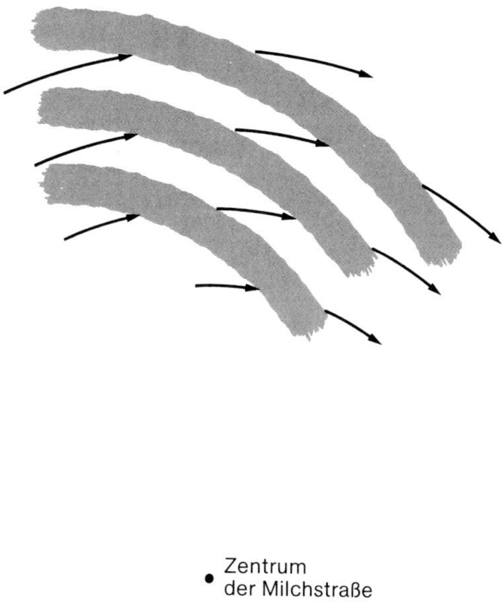

Die Spiralarme sind also die Stellen, an denen im Augenblick neue Sterne gebildet werden. Diese lassen dann den Spiralarm als helles Gebilde hervortreten. Später, schon langsam in ihrer Brillanz nachlassend, treten die noch recht jungen Sterne wieder aus dem Arm aus, während an dessen innerer Kante immer wieder neue blaue Sterne aufleuchten. Die Arme bestehen also nicht immer aus der gleichen Materie, sie sind ein *Zustand.* Ähnlich ist es in einer Gasflamme. Auch sie besteht nicht immer aus den gleichen Atomen, sondern wird durchströmt. In der Flamme ist das Gas gleichfalls in einem besonderen Zustand: Es verbindet sich in ihr gerade mit Sauerstoff und leuchtet deshalb. So sind Spiralarme wie Flammen. Die Sterne geben in ihnen während ihrer Jugendjahrmillionen das Licht ab, das uns die Spiralen in der Scheibe der Milchstraße hell hervortreten läßt. Der innerlich verlangsamte Herr Meyer konnte das deutlich sehen.

Er war von dem sich träge drehenden galaktischen Riesenrad ergriffen und konnte sich nicht von dem Anblick losreißen. Am meisten fesselte ihn das Zentrum. Da er nun von außen auf die Scheibe blickte, drang sein Blick ungehindert bis dorthin vor. Er sah die Millionen Sterne, die wir, wenn wir von der Erde aus beobachten, nur deshalb vermuten, weil wir von dieser Gegend viel Infrarotstrahlung bekommen. Da Herrn Meyers Blick durch keine Staubwolke getrübt war, sah er die Sterne und nicht nur die Infrarotstrahlung des von ihnen aufgeheizten Staubes. Es war ein riesiger Sternhaufen, der sich nicht einmal mit dem Fernrohr des Raumschiffes in Einzelsterne auflösen ließ.

Herr Meyer konnte erkennen, daß in der Nachbarschaft des Zentrums nicht nur die Sterne ihre Kreisbahnen um den Mittelpunkt ziehen, sondern daß auch die Gasmassen in der Mittelebene der Scheibe sich um das Zentrum drehen. Dabei schien es ihm, als ob Gasströme aus der Mitte herauskämen, und dann fiel ihm der Ring von Wolken auf, der das Zentrum umgibt. Er konnte die Gasmassen nur mühsam erkennen, aber deutlich sah er, daß dieser Ring sich ausdehnte und größer wurde. In einem sich drehenden gewaltigen Rauchring strebten die Wolken vom Zentrum nach allen Richtungen der Mittelebene der Galaxis weg, so, als ob sie aus dem Zentrum gekommen wären. Jules Vernes Vulkan rauchte noch.

Zwei Bevölkerungsgruppen

Aber die neunhundertmilliardenfach beschleunigte Scheibe zeigte Herrn Meyer noch eine andere auffallende Erscheinung. Während die Sterne der Milchstraße im Mittel in einer Stunde einen Umlauf vollendeten, blitzten an den verschiedensten Stellen Lichtpunkte auf, insgesamt in jeder Sekunde an die 500, jeder leuchtete nur für weniger als eine zehntausendstel Sekunde auf. Das waren die Supernovae, die explodierenden Sterne. Wohin Herr Meyer auch schaute, überall blinkte es jetzt in der Scheibe der sich träge drehenden Galaxis. Das rotierende Milchstraßenrad blitzte und funkelte. Darüber hinaus, und für Herrn Meyer nur schwer erkennbar, leuchteten zu Millionen in der Sekunde Novasterne auf, jeder einzelne Ausbruch aber – im Gegensatz zu den Supernovae – nur wenig zum Gesamtlicht der Galaxis beitragend.

Da drang plötzlich helles Licht durch das Fenster. Herr Meyer wußte nicht, woher. Plötzlich bewegte sich am Kabinenfenster eine dichte Ansammlung von Sternen vorbei. Es müssen Hunderttausende sein, dachte er. Noch ehe Herr Meyer es sich versah, war der gewaltige Sternschwarm schon weiter weg. Dabei sah er, daß sich auch die Sterne im Innern des Schwarms bewegten. Immer wieder wollte ein Stern dem Schwarm entfliehen, aber wenn er sich zu weit an den Außenrand des kugelig erscheinenden Gebildes gewagt hatte, wurde er wie von einer Kraft zurückgeholt und in eine Bewegung in Richtung der Mitte gezwungen. Herr Meyer hatte einen Kugelsternhaufen am Raumschiff vorbeifliegen sehen (Abb. 3.2). Der Sternhaufen flog auf das Milchstraßensystem zu. Herrn Meyer war klar, daß das Raumschiff, das ja außerhalb der Milchstraßenscheibe schwebte, mitten zwischen den Kugelsternhaufen war (Abb. 3.3). Da sah er die anderen. Ängstlich schaute er sich um, ob nicht ein anderer Sternschwarm dem Raumschiff gefährlich werden konnte.

Die Kugelsternhaufen bewegen sich. Sie stürzen – durch die Schwerkraft getrieben – auf die Scheibe zu und durch sie hindurch!

Abb. 3.2: Der Kugelsternhaufen Omega Centauri steht 5 kpc von uns entfernt im Halo der Milchstraße (Aufnahme: P. E. Nissen, European Southern Observatory).

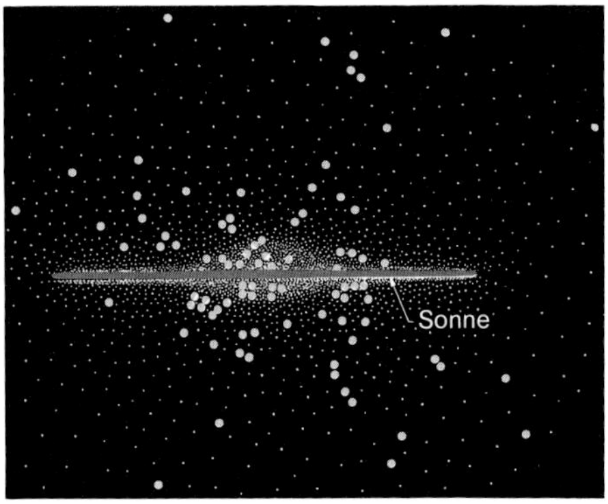

Abb. 3.3: Unser Milchstraßensystem von der Seite gesehen (schematisch). Wir stehen mit der Sonne an der durch einen Pfeil gekennzeichneten Stelle der von Sternen ausgefüllten Scheibe, die wegen ihrer undurchsichtigen Staubschichten nahe der Mittelebene wie zweigeteilt erscheint. Die Scheibensterne bewegen sich in der Scheibe in träger, nahezu kreisförmiger Bewegung um das Zentrum. Daneben füllen Halosterne (dünne einzelne Punkte) einen Kugelbereich aus. Dort stehen auch die Kugelsternhaufen (dicke einzelne Punkte). Die Haloobjekte bewegen sich auf die Scheibenmitte zu, schießen durch die Scheibe hindurch und gelangen so auf die andere Seite, um nach einiger Zeit ihren Flug umzukehren, wieder Kurs auf die Scheibe zu nehmen und auf die andere Seite überzuwechseln. Die hellsten unter den Halosternen sind rot, die hellsten Sterne der Scheibenpopulation rot oder blau.

Herr Meyer erwartete, daß beim Durchdringen der Scheibe Sterne des Kugelsternhaufens mit Sternen der Scheibe zusammenstoßen würden, und er hielt Ausschau danach. Aber er konnte nichts Auffälliges erkennen.

Die Sterndichten, selbst in den bevölkertsten Bereichen der Milchstraße und selbst in den kompaktesten Kugelsternhaufen, sind immer noch so niedrig, daß es praktisch keine Sternzusammenstöße gibt. Die Kugelsternhaufen durchqueren zwar die Scheibe der Milchstraße, doch stößt kein Stern mit einem anderen zusammen. Die Kugelsternhaufen kommen auf der anderen Seite der galaktischen Scheibe wieder heraus, fliegen von ihr weg, bis sie von der Anziehungskraft unseres Sternsystems zur Umkehr gezwungen werden und wieder – diesmal in umgekehrter Richtung – durch unsere Milchstraßenscheibe hindurchpendeln (Abb. 3.3). Herr Meyer sah Kugelsternhaufen aus der Scheibe herausgeschossen kommen und in sie hineinfallen.

Er konnte an den Bewegungen erkennen, daß es in unserem Milchstraßensystem zwei Bevölkerungsgruppen von Sternen gibt. Da sind einmal die Bewohner der Scheibe, die ihre kreisähnlichen Bahnen um das Zentrum ziehen. Zu ihnen gehört die Sonne. Auch die jungen, hellen blauen Sterne in den Spiralarmen zählen dazu und viele der pulsierenden Sterne, die Herrn Meyer aufgefallen waren. In der Scheibe bewegen sich auch die lose zusammenstehenden Sternhaufen wie etwa die mit freiem Auge am Himmel erkennbaren *Plejaden.* Man nennt alle Sterne der Scheibe die *Scheibenpopulation.*

Zum anderen gibt es Sterne, die meist außerhalb der Scheibe stehen, nur gelegentlich von der einen Seite zur anderen überwechseln und sich dabei nur für kurze Zeit in der Nachbarschaft der Scheibensterne aufhalten. Die Kugelsternhaufen, aber auch einzelne Sterne, bevölkern das Raumgebiet zu beiden Seiten der Scheibe. Bis weit hinaus findet man Sterne und Kugelsternhaufen, die wie ein gigantischer Mückenschwarm die Scheibe einhüllen. Das Raumgebiet, das wie eine große Kugel mit dem Scheibenmittelpunkt als Zentrum alle diese Einzelsterne und Kugelsternhaufen enthält, nennt man den *Halo* der Milchstraße, die nicht zur Scheibe gehörenden Sterne die *Halopopulation.* Auch sie enthalten pulsierende Sterne, und auch im Halo blitzen Supernovae auf. Die hellsten Halosterne sind rot, zu den hellsten Scheibenbewohnern zählen neben roten Sternen auch die jungen, blauen Sterne der Spiralarme.

Herr Meyer hatte erkannt, welch ein lebendiges Gebilde unser Milchstraßensystem in Wahrheit ist. Das beschäftigte ihn auch noch, nachdem er aufgewacht war.

Licht- und Radiowellen enthüllen Bewegungen

Denken wir noch etwas über Herrn Meyers letzten Traum nach. Ich habe ihn Dinge sehen lassen, für deren Erkenntnis die Forschung einen langen Weg gegangen ist. Uns sind sie nicht im Traum zugeflogen. Daß wir trotzdem heute über die Bewegung unserer Milchstraßenscheibe recht gut Bescheid wissen, verdanken wir einer wichtigen Eigenschaft der Licht- und Radiowellen, dem *Doppler-Effekt.* Er hat damit zu tun, daß Licht sich nicht mit unendlicher, sondern nur mit endlicher Geschwindigkeit ausbreitet. Man findet ihn nur durch sorgfältige Messung. Würde sich das Licht sehr viel langsamer durch den Raum bewegen, so wäre er jedem von uns geläufig, denn er würde sehr merkwürdige Erscheinungen in unserem täglichen Leben hervorrufen. Ein weiterer Traum von Herrn Meyer wird uns das zeigen.

Herr Meyer auf dem Fahrrad

Herr Meyer erfreute sich seines neuen Buches. Er hatte schon früher einzelne Geschichten von George Gamow über Mr. Tompkins gelesen. Nun hatte er eine vollständige Sammlung vor sich, mit Ergänzungen des Wiener Physikers Roman U. Sexl.

Herr Meyer hatte die erste Geschichte gelesen, die Geschichte von der Stadt, in der die Lichtgeschwindigkeit so niedrig war, daß ihr schon ein Radfahrer nahekommen konnte, wenn er kräftig in die Pedale trat. In der darauffolgenden Nacht radelte Herr Meyer selbst durch diese Stadt. Er war gerade dabei, den bewohnten Bereich zu verlassen und fuhr auf einen Wald am Stadtrand zu. Da fiel ihm auf, daß der Wald nicht grün war, sondern blau. Er fuhr schneller, um zu sehen, welch merkwürdige Baumart dort zu finden sei. Daraufhin wurde der Wald violett. Herr Meyer sah, daß am Waldrand eine Schmiede stand. Der Schmied, auf den er jetzt zufuhr, war im Gesicht blau und schlug in unnatürlich raschem Rhythmus mit seinem Hammer auf ein weißglühendes Stück Metall. Herr Meyer wunderte sich, daß das heiße Eisenstück, dessen Farbe ihn an die von geschmolzenem Stahl erinnerte, nicht flüssig war, sondern offensichtlich fest, denn der Hammer federte bei jedem Aufschlag wieder zurück. Das weißglühende Eisen war anscheinend recht hart. Da blieb Herr Meyer stehen und stieg vom Rad. Sofort verdunkelte sich die Schmiede, der Schmied verlangsamte den Rhythmus seines Schlages, seine Hautfarbe wurde normal, und der Wald im Hintergrund färbte sich dunkelgrün. Das Eisenstück erschien jetzt rotglühend.

Da sah Herr Meyer einen anderen Radfahrer von der Schmiede her auf ihn zukommen. Das Gesicht des Radfahrers leuchtete blaugrün. Das war kein Wunder, denn er trat in raschem Rhythmus in die Pedale. Er blieb vor Herrn Meyer stehen, und im gleichen Augenblick wurde seine Hautfarbe rosa. »Es freut mich, Sie so ganz natürlich zu sehen«, sagte er. »Wenn ich mich mit dem Rad den Menschen nähere, sehen sie immer so blaugrün aus wie Sie eben«, sagte er. Herr Meyer wußte nicht, daß er eben anders ausgesehen hatte. »Übrigens, mein Name ist Tompkins«, sagte der Angekommene. »Sie sehen verwundert aus, wahrscheinlich sind Sie noch nicht so lange hier in dieser Stadt. Mir ging es anfangs auch so. Kommen Sie mit zu mir nach Hause, ich will Ihnen alles erklären.« Damit stieg er wieder auf das Fahrrad, Herr Meyer folgte ihm. Nun fuhren sie beide etwa gleich schnell. Herr Tompkins sah für Herrn Meyer jetzt ganz normal aus, was die Hautfarbe betraf. Nun blickte Herr Meyer zurück zur Schmiede. Diese lag ganz im Dunkeln. Der Schmied zeigte dunkelrote Hautfarbe, das Eisen glühte nicht mehr, der Hammer bewegte sich langsam, der Wald war rot. »Wollen wir eine Wettfahrt machen?« fragte Herr Tompkins, und ohne eine Antwort abzuwarten, fuhr er los. Da sich Herr Meyer in der neuen Umgebung nicht sehr wohl fühlte – die Häuser erschienen ihm am Straßenrand verzerrt und verkantet –, blieb er stehen. Da wurde das, was er von Herrn Tompkins sah – Rücken und Hinterkopf – zusehends dunkler. Es schien auch nicht, als ob Herr Tompkins sich sehr anstrengte, denn er bewegte seine Beine nur langsam. Plötzlich konnte Herr Meyer durch Herrn Tompkins hindurchsehen. Herrn Meyer lief es eiskalt über den Rücken. Auf dem Fahrrad saß nicht mehr Herr Tompkins, sondern ein Gerippe. Deutlich konnte Herr Meyer die Straße vor dem Radfahrer zwischen dessen Rippen hindurchscheinen sehen. Das Skelett radelte weiter. Schließlich wurden auch die Knochen und selbst das Fahrrad durchsichtig. Herr Tompkins war verschwunden. Da wußte Herr Meyer nicht, wohin er ihm in der Stadt nachfahren sollte, und so blieb er ohne Erklärung für seine wunderlichen Erlebnisse. Erst am nächsten Morgen, nach dem Aufwachen, erinnerte er sich, daß der Schlüssel zu seinem Traum in der Lektüre des Abends lag.

Der Doppler-Effekt

Was Herr Meyer geträumt hatte, hängt mit dem schon erwähnten Doppler-Effekt zusammen, der uns sonst kaum auffällt. Wann immer irgendwo Signale in regelmäßigem Zeitabstand ausgesandt werden, hängt der Zeitraum, innerhalb dessen zwei aufeinanderfolgende Signale bei uns eintreffen, davon ab, wie sich der Absender relativ zu uns bewegt. Das gilt für alle Signale, die sich mit einer bestimmten Geschwindigkeit ausbreiten. Es können die einzelnen Wellenberge der Strahlung eines Licht aussendenden Körpers sein, die mit Lichtgeschwindigkeit zu uns kommen, oder die regelmäßigen Verdichtungen der Luft, welche das Martinshorn eines vorbeifahrenden Unfallwagens erzeugt, die uns mit Schallgeschwindigkeit erreichen und die wir als Ton hören. Es können aber auch in regelmäßigem Zeitabstand abgeschickte Brieftauben sein.

Der Vorsitzende des Vereins der Brieftaubenzüchter e. V. war ausersehen worden, seinen Verband bei einem internationalen Treffen der Züchter zu vertreten. Als er sich von seiner Familie verabschiedete, versprach er, jeden Mittag eine Taube mit einem Brief loszuschicken. Dazu nahm er eine genügende Anzahl von Tauben in seinem Auto mit. Pünktlich hatte er jeden Brief fertig und schickte ihn mit einem Tier auf den Weg, jeweils im Abstand von 24 Stunden. Anfangs kamen die Tauben in größerem Abstand als 24 Stunden an, dann für eine Woche recht genau in vierundzwanzigstündigem Abstand. Schließlich kehrten sie in kürzerem Rhythmus in den heimatlichen Taubenschlag zurück. Dann kam der reisende Züchter selbst zu Hause an und fragte als erstes, ob alle Tiere ihren Weg gefunden hätten.

Der Grund dafür, daß die Tauben anfangs in größeren Abständen als 24 Stunden angekommen waren, lag daran, daß jedes Tier, solange sein Herr sich noch auf der Hinreise befand, einen längeren Weg zurückfliegen mußte als das Tier vom Vortage. Während er dann eine Woche lang am Tagungsort verweilte, hatten die ausgeschickten Tauben alle dieselbe Wegstrecke zu fliegen, sie kamen in dem Rhythmus an, in dem sie ausgesandt worden waren. Als unser Reisender schon wieder auf dem Heimweg war, hatte jede Taube eine kürzere Strecke Weg als die vom Vortage, deshalb kamen die Tiere in einem kürzeren Abstand als 24 Stunden an.* Was für Tauben gilt, hat auch für Schall- und Lichtsignale Bedeutung, und es gilt für alle Arten von elektromagnetischen Wellen.

Denken wir uns einen Sender, der elektromagnetische Strahlung einer fest vorgegebenen Wellenlänge aussendet, etwa eine Wasserstoffwolke, die bei einer Wellenlänge von 21 cm strahlt, also bei einer Frequenz von 1428 MHz. In jeder Sekunde erreichen uns also 1428 Millionen Wellenberge. Wenn sich die Quelle auf uns zubewegt, braucht jeder nachfolgende Wellenberg eine kürzere Zeit als der vorangegangene, da er eine kürzere Wegstrecke zurückzulegen hat. Die Wellenberge kommen also in kürzeren zeitlichen Abständen bei uns an. Die Frequenz erscheint uns erhöht. Dasselbe geschieht, wenn wir uns auf die Strahlungsquelle zubewegen. Im tägli-

* Hätte seine Frau die Ankunftszeiten der Tauben genau registriert und hätte sie etwas Mathematik gekonnt, so hätte sie durch Integration herausfinden können, ob ihr Mann sich tatsächlich immer an den Orten aufgehalten hatte, die er in seinen Briefen nannte.

chen Leben spielt das kaum eine Rolle, denn da sind unsere Geschwindigkeiten klein gegenüber der des Lichtes. Anders ist es dagegen in Herrn Meyers und Mr. Tompkins' Traumstadt. Dort ist die Lichtgeschwindigkeit so niedrig, daß ihr schon ein Radfahrer nahekommt. Alle Strahlungsquellen, auf die er zuradelt, erscheinen ihm kurzwelliger; rosa Hautfarbe wird blaugrün und blau, grüne Wälder werden violett. Wenn der Radfahrer sich von ihnen entfernt, wird die Strahlung langwelliger; rosa Hautfarbe wird tiefrot, grüne Wälder werden gelb und rötlich.

So klein dieser Effekt auch im wirklichen Leben ist, er läßt sich messen. Wenn schon nicht bei Radfahrern, so doch bei den Geschwindigkeiten der Materie im Weltall. Die Messung wird besonders leicht, wenn die Strahlungsquelle ein Linienspektrum zeigt. Dann sind zum Beispiel die Linien des sichtbaren Spektralbereichs nach kürzeren (blaueren) oder nach längeren (röteren) Wellenlängen verschoben, wenn sich die Quelle auf uns zu- oder von uns wegbewegt. Das gilt für Emissionslinien wie für Absorptionslinien. Im letzten Fall bestimmt die Bewegung der absorbierenden Materie, ob und nach welchen Wellenlängen etwa im sichtbaren Spektrum die Fraunhofer-Linien verschoben sind.

Die scheinbare Verschiebung der Frequenz einer Strahlungsquelle je nach ihrem Bewegungszustand relativ zum Beobachter hat man nach dem österreichischen Physiker Christian Doppler (1803–1853) den Doppler-Effekt genannt. Mit ihm kann man feststellen, ob sich Sterne oder Galaxien auf uns zubewegen oder von uns weg. Mit ihm wurde auch der Bewegungszustand des Wasserstoffs in der Milchstraße ermittelt.

Nun zum glühenden Stück Eisen in der Schmiede. Wenn man sich auf einen thermische Strahlung aussendenden Körper zubewegt, erscheint die Farbe wegen des Doppler-Effekts mehr zu blau hin verschoben, so als ob der Körper heißer wäre. Dabei zeigt sich eine merkwürdige Gesetzmäßigkeit. Der bewegte Beobachter sieht das ganze kontinuierliche Spektrum durch den Doppler-Effekt so verändert, daß es für ihn *genau* so erscheint wie das eines heißeren Körpers (vgl. S. 141). Deshalb erschien Herrn Meyer das Eisen einmal weißglühend heiß, das andere Mal nur rotglühend und daher kühler, das dritte Mal dunkel und daher noch kühler. Daß ein heißer Körper, der sich von uns wegbewegt, kühler erscheint, wird später in Kapitel 12 eine große Rolle spielen, wenn wir merken, daß wir aus dem Weltall thermische Strahlung empfangen, die einer Temperatur von 3 K entspricht, die aber von einem nahezu mit Lichtgeschwindigkeit wegfliegenden Gas stammt, das etwa eine Temperatur von 3000 K hat.

Nun bleibt noch zu erklären, auf welche gespenstische Weise Herr Tompkins sich aus Herrn Meyers Traum entfernt hatte. Bei der beabsichtigten Wettfahrt erreichte Herr Tompkins nahezu die (für jene Stadt sehr niedrige) Lichtgeschwindigkeit. Die auf ihn zukommenden Lichtstrahlen der vor ihm liegenden Landschaft wurden deshalb durch den Doppler-Effekt für ihn so kurzwellig, daß sie in den Bereich der Röntgenstrahlung kamen. Diese Strahlung aber durchdrang die Weichteile seines Körpers. Für den relativ zum Erdboden ruhenden Herrn Meyer hatte aber diese Strahlung die natürliche Wellenlänge, mit der sie ausgesandt war. Also sah Herr Meyer durch Herrn Tompkins hindurch. Nur die Tompkinsschen Knochen, die von der Röntgenstrahlung nicht durchdrungen worden sind, blieben für Herrn Meyer undurchsichtig. Erst als Herr Tompkins noch rascher fuhr und noch näher an die (niedrige) Lichtgeschwindigkeit herankam, wandelte sich das ihm entgegenkommende Licht für ihn zu Gammastrahlung, und diese ging auch durch seine Knochen. Er war vollständig durchsichtig geworden.

Die Bewegungsverhältnisse in der Milchstraße

Die Verschiebung der Fraunhofer-Linien in den Spektren der Sterne verraten uns, ob der Stern sich auf uns zubewegt oder sich von uns entfernt (Abb. 3.4).

Würde sich das Milchstraßensystem wie eine starre Scheibe drehen, etwa wie eine Schallplatte, so würde jeder Stern in ihr seine Entfernung von uns für immer beibehalten. Also dürfte sich kein Stern auf uns zu- oder von uns wegbewegen. Der Doppler-Effekt würde dann die Spektrallinien der Sterne weder nach Rot noch nach Blau hin verschieben*. In Wahrheit beobachten wir aber mit Hilfe des Doppler-Effektes, daß es in der Milchstraße zwei Hauptrichtungen gibt, aus denen die Sterne systematisch auf uns zukommen, und zwei Hauptrichtungen, in denen sie sich von uns entfer-

* Wir sehen jetzt davon ab, daß die Sterne neben ihrer Umlaufbewegung um das Zentrum der Milchstraße noch kleinere uneinheitliche Bewegungen nach allen Richtungen zeigen.

nen. Das erwartet man aber genau dann, wenn die Scheibe nicht starr rotiert, wie in Abbildung 3.5 gezeigt ist.

Radioquellen im Weltraum haben meist ein kontinuierliches Spektrum. Es ist ein Glücksfall, wenn sie bei einzelnen Frequenzen Emissionslinien haben, etwa weil in der Quelle Moleküle stecken, die gerade bei diesen festen Frequenzen senden. Dann kann man auch hier den Doppler-Effekt ausnützen: Wenn sich die Quelle auf uns zubewegt, so ist die Wellenlänge ihrer Emission zu kürzeren Wellenlängen hin verschoben, wenn sie dagegen von uns wegfliegt, zu längeren.

Blicken wir nun mit einem Radioteleskop auf den sich ausdehnenden Wolkenring, den Herr Meyer in der Nähe des Zentrums erspäht hatte, so muß die Strahlung der Moleküle in dem Teil zwischen Zentrum und uns nach kürzeren Wellenlängen hin verschoben sein und in dem – von uns aus gesehen – hinter dem Zentrum

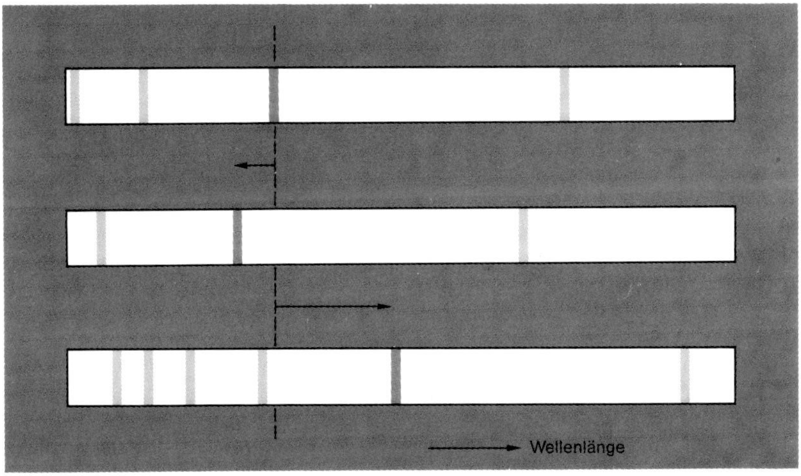

Abb. 3.4: Die Verschiebung von Absorptionslinien im Spektrum infolge des Doppler-Effekts. Oben ist das Spektrum eines Sterns mit Absorptionslinien gezeichnet. Rechts ist das rote Ende, links das violette, darunter das Spektrum, wie es uns erscheint, wenn sich derselbe Stern auf uns zubewegt. Die Linien sind zum violetten Ende hin verschoben. Unten: Die Rotverschiebung der Absorptionslinien, wenn der Stern von uns wegfliegt. Um die Verschiebung der Spektrallinien eines Sterns zu erkennen, muß man das Sternspektrum zusammen mit dem Spektrum eines relativ zum Beobachtungsgerät ruhenden Körpers gleichzeitig aufnehmen (vgl. Abb. 6.1).

stehenden Teil nach größeren Wellenlängen (Abb. 3.6). Die Molekülstrahlung wäre also zur Hälfte zu kürzeren, zur Hälfte zu längeren Wellenlängen verschoben. Tatsächlich hat man solche Doppler-Verschiebungen in den Molekülwolken in der Nähe des Zentrums gemessen. Man schätzt aus der Stärke der Verschiebung, daß sich der Wolkenring mit einer Geschwindigkeit von 150 Kilometern in der Sekunde ausdehnt. Da der Ring einen Radius von etwa 200 pc hat, müssen wir schließen, daß er vor höchstens 1.2 Millionen Jahren ausgestoßen worden ist – ein kurzer Zeitraum für unser Milchstraßensystem, das in Hunderten von Millionen Jahren eine Umdrehung ausführt.

Nicht nur die Moleküle, auch ganz normalen Wasserstoff mit seiner Linie bei 21 cm kann man nutzen, um Bewegungen des Gases in unserer Milchstraße zu studieren. Da der Wasserstoff in der Gas-

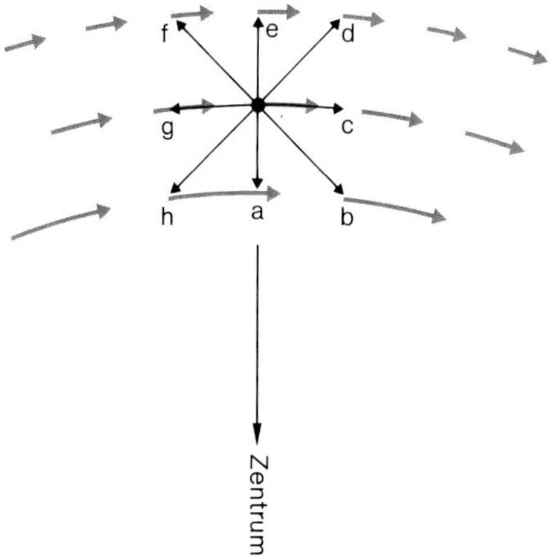

Abb. 3.5: So erkennt man an unseren Nachbarsternen mit Hilfe des Doppler-Effektes, daß die Milchstraßenscheibe nicht starr rotiert. Es sind die Umlaufbewegungen von Sternen in drei verschiedenen Abständen vom Zentrum gezeichnet. Die Sonne (dicker Punkt in der Mitte) vollführt zusammen mit den anderen Sternen, die den gleichen Zentrumsabstand haben, ihren Umlauf auf der mittleren der drei gezeichneten Bahnen. Je kleiner der Radius einer Bahn, um so größer ist die Bahngeschwindigkeit. In den Blickrichtungen a, e bewegen sich die Sterne parallel zu uns, also quer zur Blickrichtung, es gibt keinen Doppler-Effekt. In den Richtungen c, g schauen wir auf Sterne, die dieselbe Umlaufgeschwindigkeit haben wie die Sonne, deshalb bleibt ihr Abstand unverändert, wir finden wiederum keinen Doppler-Effekt. In Richtung h nähern sich die Sterne der Sonne, weil sie eine größere Umlaufgeschwindigkeit haben als diese, also beobachtet man eine Violettverschiebung der Fraunhofer-Linien. In Richtung d nähern wir uns mit der Sonne den dort stehenden Sternen, da wir die größere Bahngeschwindigkeit haben. Also sind die Fraunhofer-Linien dieser Sterne gleichfalls nach Violett verschoben. In den Richtungen b und f entfernen sich die Sterne von uns beziehungsweise wir von ihnen, die Fraunhofer-Linien der Sterne in diesen Richtungen sind rotverschoben.

scheibe unserer Milchstraße mit den Sternen um das Zentrum rotiert, können wir, wie vorher an den Sternen, aus dem Doppler-Effekt der 21-cm-Linie herausfinden, daß die Gasscheibe ebenfalls nicht starr rotiert. Mehr noch, da wir mit der Radiostrahlung bis ins Zentrum der Milchstraße sehen können, sind wir in der Lage, dort nicht nur die Bewegungen der die Molekülstrahlung aussendenden Wolken, sondern auch die des Wasserstoffs zu studieren. So sehen wir am Doppler-Effekt (Abb. 3.7), wie der innerste Teil der Gasscheibe rotiert.

Die Rotationsbewegung der Gase dort verrät uns aber noch mehr. Da für das Gas genauso wie für die Sterne gelten muß, daß sich die Fliehkraft des sich um das Zentrum drehenden Gases und die Anziehungskraft der Massen im Zentrum gerade das Gleichgewicht halten, und da man aus der beobachteten Rotation die Flieh-

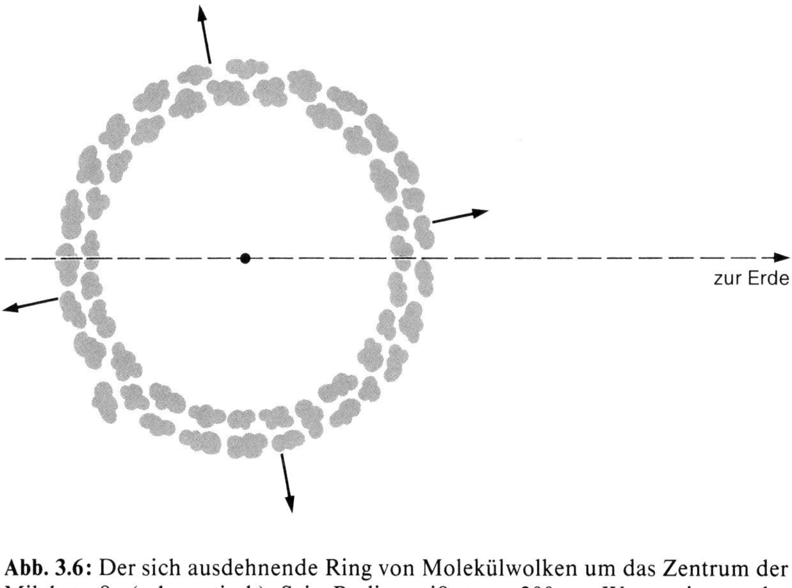

Abb. 3.6: Der sich ausdehnende Ring von Molekülwolken um das Zentrum der Milchstraße (schematisch). Sein Radius mißt etwa 200 pc. Wenn wir von der Erde aus Radioteleskope auf das Zentrum richten, so durchdringt unser »Sehstrahl« zweimal den Wolkenring, einmal dort, wo die Materie auf uns zufliegt, und dann dort, wo die Wolken sich von uns entfernen. Der dabei beobachtete Doppler-Effekt gibt uns für die Wolken durchschnittliche Auswärtsgeschwindigkeiten von 150 km/s.

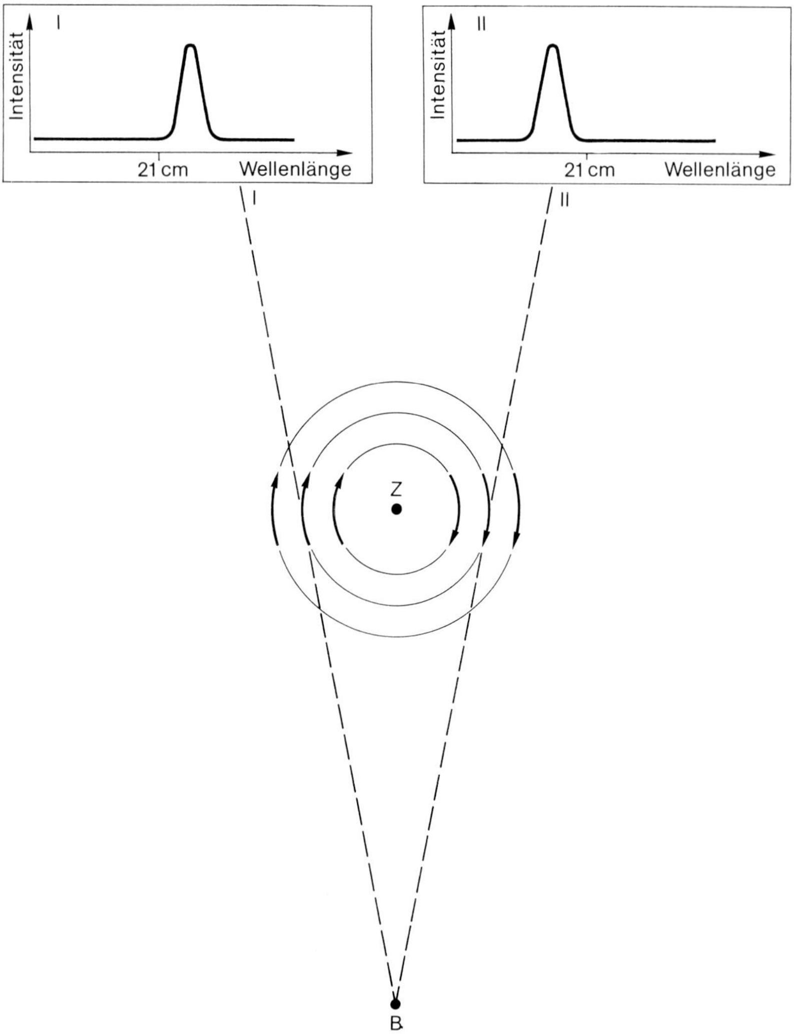

Abb. 3.7: Wie man die Rotation der Gasmassen in der Nähe des Zentrums (Z) unseres Milchstraßensystems erkennt. Wenn die rotierenden Gase bei einer bestimmten Radiowellenlänge, etwa bei 21 Zentimetern, strahlen, so erscheint diese Strahlung dem Beobachter B in der Blickrichtung I, in der er von ihm wegeilende Gase sieht, wegen des Doppler-Effektes langwelliger (vgl. die Tafel links oben), in der Blickrichtung II dagegen kurzwelliger (vgl. Tafel rechts oben).

kraft abschätzen kann, so hat man einen Anhaltspunkt für die Stärke der Anziehungskraft des Zentrums. Daraus erfährt man etwas über die Materiemenge, die im Zentrum angehäuft ist. Mit Sicherheit sind es nicht mehr als 300 Millionen Sonnenmassen. Das ist fast enttäuschend wenig, wenn man beachtet, daß schon im Ring der Molekülwolken etwa 100 Millionen Sonnenmassen stecken. Wenn es so ist, daß die Molekülwolken aus dem Zentrum ausgestoßen worden sind, so scheint sich das Zentrum schon recht stark verausgabt zu haben. Oder bekommt das geheimnisvolle Zentrum von irgendwoher immer wieder Materie nachgeliefert?

4 Die Milchstraße wird ausgelotet

Die weyß Straß.
Circulus lacteus ein figur des himels / ist mehr in Cancro* wann in Capricorno* / un teilt den himel durch die mitte. Er hat vil stern / aber kein sicher zal / darumb wirt er nur die Weisse Straß des himels genannt.
Wer under dem zeychen geporen wirdt / der ist alle zeytte gar arm / kranck un unglückselig.

Regiomontanus, »Kalender von allerhandt artzney ...« Augsburg 1539

Dieses Kapitel handelt von der Bestimmung der Entfernungen kosmischer Objekte. Es enthält viele technische Einzelheiten. Sie sind notwendig, denn wer wissen will, ob die Welt weit draußen zu Ende ist, der muß sagen können, was er mit »weit draußen« meint. Das heißt, er muß eine Vorstellung von den Entfernungen der Sterne voneinander haben, und er muß wissen, wie wir messend in den Raum hinein vorzudringen versuchen.

Wir sehen die Sterne am Himmel als Lichtpunkte, selbst wenn wir die größten Teleskope der Welt zu Hilfe nehmen: Sie bleiben Punkte. Sie erscheinen uns auf die Himmelskugel projiziert, wir sehen nur ein zweidimensionales Bild. Wir können nicht erkennen, welcher Stern nahe bei uns steht, welcher weit draußen. Wenn alle Sterne gleich stark strahlen würden, dann wäre das Leben der Astronomen einfach. Dann gäbe uns ihre Helligkeit, mit der wir sie am Himmel sehen, Auskunft über ihre Entfernungen. Die uns nahen Sterne wären am Himmel hell, die weiter weg stehenden schwach, denn die Helligkeit, mit der uns eine Lichtquelle erscheint – ihre scheinbare Helligkeit –, hängt von ihrer Entfernung zu uns ab. Eine Glühbirne von 60 Watt in einem Meter Abstand gibt ein angenehmes Leselicht, die gleiche Birne auf der Spitze eines nahe

* Gemeint sind die Sternbilder Krebs (Cancer) und Steinbock (Capricornus).

gelegenen Kirchturmes erscheint uns viel schwächer und nützt uns beim Lesen gar nichts.

Die mit zunehmender Entfernung scheinbar schwächer werdende 60-Watt-Birne kann aber zur Entfernungsbestimmung benutzt werden. Ich kann ihr Licht auf einen Belichtungsmesser fallen lassen. Ist die Birne nahe, dann schlägt sein Zeiger stark aus, ist sie weit weg, dann nur schwach. Es gilt eine einfache Regel: Die doppelte Entfernung gibt ein Viertel des Ausschlages, die dreifache ein Neuntel ... Da ich den Ausschlag bei einer bekannten Entfernung, etwa bei zwei Metern, eichen kann, so kann ich nun für jeden Zeigerausschlag die Entfernung der Birne ermitteln: der Belichtungsmesser als Entfernungsmesser. Dabei ist wichtig, daß ich immer gleich leuchtstarke Birnen benutze. Sie sind meine Standardlichtquellen, die mir ihre Entfernung verraten. Hätten alle Sterne gleiche Leuchtkraft, also gleichviel Watt, so könnte ich mit einem sehr empfindlichen Belichtungsmesser – die Astronomen sprechen von einem *Fotometer*, aber das ist praktisch dasselbe – etwas über ihre Entfernungen erfahren.

Aber die Sterne tun uns den Gefallen nicht, alle gleich hell zu sein und uns im Weltall als Standardkerzen zu dienen. Das kann man sofort an den Doppelsternen sehen. Es gibt *Sternpaare* am Himmel, die sich im Laufe der Jahre oder Jahrhunderte umeinander bewegen, Sternpaare, die durch ihre Schwerkraft eng aneinander gebunden sind, so wie der Planet Erde an die Sonne. Sterne, deren Bewegung durch die gegenseitige Anziehungskraft bestimmt ist, können keinen großen Abstand voneinander haben, müssen also nahezu gleich weit von uns entfernt sein. Wenn es nun wahr wäre, daß alle Sterne gleich hell sind, dann müßten – wegen ihres gleichen Abstandes zu uns – beide Sterne auch am Himmel gleiche scheinbare Helligkeit haben. Wir beobachten aber viele solcher Paare, bei denen der eine Stern mehr als tausendmal heller erscheint als der andere. Also müssen sie verschieden stark strahlen. Jeder Versuch, die Sterne nach ihrer Entfernung zu ordnen, der auf der Annahme beruht, alle würden gleichstark strahlen, muß daher fehlschlagen.

Die erste Entfernung eines Fixsterns wurde im Oktober des Jahres 1838 bestimmt. Der Königsberger Astronom Friedrich Wilhelm Bessel konnte nachweisen, daß ein Stern im Sternbild Schwan 3.4 pc entfernt steht. Er nutzte dabei die Tatsache, daß wir uns mit der Erde um die Sonne bewegen und daß wir, wollen wir einen Stern anvisieren, zu verschiedenen Zeiten des Jahres in eine etwas andere

Richtung schauen müssen. Dieser Effekt, die *Parallaxe*, ist bei nahestehenden Sternen größer als bei entfernteren. Wenn man ihn an einem Stern messen kann, so läßt sich mit Hilfe des Erdbahnradius seine Entfernung bestimmen. Die Parallaxe, also die scheinbare Verschiebung des Sterns am Himmel, wird in Bogensekunden gemessen. So entstand die Entfernungseinheit Parsek, die schon im ersten Kapitel auftauchte. Der zu messende Winkel am Himmel ist klein. Bessel mußte bei der Messung der ersten Parallaxe einen Winkel bestimmen, der etwa ein Zehntausendstel des Vollmonddurchmessers war. Man kann mit dieser Methode Entfernungen bis etwa 100 pc messen, aber schon bei mehr als 10 pc werden die so ermittelten Entfernungen recht unsicher, denn die Parallaxen werden immer kleiner und gehen allmählich in den Meßfehlern unter. Die Parallaxenmethode versagt bei großen Entfernungen.

Bei den in kpc zu messenden Entfernungen in unserer Milchstraße kommt man mit dieser Methode nicht sehr weit. Sie spielt bei der Vermessung der Galaxis kaum eine Rolle. Mit ihr können wir höchstens die Umgebung der Sonne untersuchen. Aus diesem Grunde will ich sie hier auch nicht näher erläutern. Erst wenn das zur Zeit im Bau befindliche Space-Teleskop auf seiner Umlaufbahn um die Erde sein wird, kann man eine Renaissance der Parallaxenmethode erwarten (vgl. Anhang C).

Um die Milchstraße auszuloten – und wie wir sehen werden, hängen davon auch unsere Werte für die Entfernungen zwischen den Galaxien ab –, bedient man sich heute eines anderen Verfahrens. Ehe wir dieses aber erläutern, müssen wir uns über die Messung der Geschwindigkeiten der Sterne informieren, denn bei der später zu besprechenden Methode werden die Entfernungen auf dem Umweg über Geschwindigkeitsmessungen bestimmt.

Eigenbewegung der Sterne

Wir sahen schon, daß Halosterne beim Durchdringen der Scheibe der Galaxis an den Sternen der Scheibenpopulation vorbeifliegen. Die Sterne der beiden Bevölkerungsgruppen bewegen sich also gegeneinander. Aber auch die Sterne der Scheibe selbst kommen sich bei ihrer Umlaufbewegung um das Scheibenzentrum näher und entfernen sich wieder voneinander (Abb. 3.5). Der Rotationsbewegung der Scheibe sind darüber hinaus noch kleine ungeordnete Bewegungen überlagert. So stehen die Sterne am Himmel nicht still, sie bewegen sich relativ zueinander.

Wenn wir sagen, daß sich ein Stern am Himmel bewegt, dann meinen wir nicht die tägliche Bewegung, die ihn auf- und untergehen läßt. Wir wissen, daß diese Bewegung nur scheinbar ist, denn wir beobachten den Himmel vom rotierenden Erdkarussell aus. Wir meinen vielmehr, daß sich der Stern in bezug auf die anderen Sterne bewegt. Die Sterne sind also ihrer althergebrachten Bezeichnung »Fixsterne« untreu. Fix, zu deutsch festgeheftet, erscheinen sie nur bei »flüchtigem« Hinsehen, in dem kurzen Augenblick eines Menschenlebens.

Leider können wir an der Himmelskugel nicht mit dem Metermaß herummessen, um festzustellen, ob sich ein Stern bewegt. Wir können nur sehen, daß sich seine Winkelabstände von den anderen Sternen im Laufe der Zeit verändern. Wir können also messen, um einen wie großen Winkel sich ein Stern im Jahrhundert gegenüber den anderen Sternen bewegt (genauer: gegenüber den Sternen, die so weit entfernt sind, daß sie am Himmel praktisch stillzustehen scheinen). Das sind winzige Winkelbeträge, oft nur schwer meßbar. Meist bewegt sich ein Stern langsamer als einer Bogensekunde im Jahrzehnt entspricht. Eine Bogensekunde ist etwa ein Zweitausendstel des Vollmonddurchmessers.

Allerdings kann man das nur durch genaue, über lange Zeiträume angestellte Messungen erfahren, so langsam erscheinen die Bewegungen am Himmel. Die schnellsten Sterne brauchen 1¾ Jahrhunderte, um ihren Ort einen Vollmonddurchmesser weit zu verschieben. Andere brauchen mehr als 20000 Jahre dazu. Man nennt diese Bewegung der Sterne ihre *Eigenbewegung*. Sie läßt sich bei vielen Sternen messen, und es gibt dicke Kataloge, in denen die gemessenen Eigenbewegungen zusammengetragen worden sind.

So klein die Eigenbewegungen auch sind, sie helfen uns doch bei einer wichtigen Beobachtungsaufgabe. Sie helfen uns zu erkennen, welche Sterne irgendwie zusammengehören und welche nicht.

Wir hatten schon früher von Sternhaufen gesprochen, von Gruppen von Sternen, die gleichzeitig am Innenrand eines Spiralarms entstanden sind. Man sieht sie noch heute als sogenannte *offene Sternhaufen* wie die Plejaden, das Siebengestirn, zu dem etwa 120 Sterne gehören. Oft haben sich aber in dem Bereich eines solchen Sternhaufens auch andere Sterne eingeschlichen, Sterne, die ursprünglich nicht zu den Mitgliedern des Sternhaufens gehörten, die aber durch die der Milchstraßenrotation überlagerte unregelmäßige Bewegung sich nun mitten zwischen den Haufensternen herumtreiben. Zum anderen können vor oder hinter dem Sternhaufen Sterne stehen, so daß sie von der Erde aus betrachtet mitten unter den Haufensternen zu sehen sind. Wer also das Sternfeld eines offenen Sternhaufens am Himmel betrachtet, erkennt nicht sofort, welcher Stern zum Sternhaufen gehört und welcher nachträglicher Eindringling, Vorder- oder Hintergrundsstern ist.

Es gibt aber ein fast untrügliches Hilfsmittel, die Guten von den Bösen zu trennen. Die Gaswolke, aus der sich die Sterne des Haufens bildeten, hatte eine bestimmte Bewegung. Diese Bewegung – nach Größe und Richtung – übertrug sich auch auf die Sterne, die aus ihr entstanden sind. Sie bewegen sich daher zueinander nahezu parallel durch die Scheibe. Daß sie ein gemeinsamer Strom von Sternen sind, erkennt man daran, daß sie alle nahezu dieselbe Eigenbewegung am Himmel zeigen, während ein Eindringling durch seine fremde Bewegung auffällt.

Das bedarf einer kleinen Korrektur. So ganz parallel und mit gleicher Geschwindigkeit bewegen sich die Mitglieder eines eben entstandenen Sternhaufens nicht. Der frischgebackene Sternhaufen muß ja an der Rotationsbewegung der Milchstraße teilnehmen, und da in der Milchstraße die vom Zentrum entfernteren Sterne ihren Umlauf in einem größeren Zeitraum vollenden als die dem Zentrum näherstehenden, bewegen sich die Sterne eines in der Milchstraßenebene stehenden Sternhaufens langsam voneinander weg. Der Sternhaufen löst sich auf. Trotzdem kann man den Sternen, auch wenn sie sich längst mit den anderen Sternen der Milchstraßenscheibe vermischt haben, noch den gemeinsamen Ursprung ansehen. Sie zeigen immer noch die Bewegung, die sie von ihrer Mutter-Gaswolke mitbekommen haben. Tatsächlich findet man am Himmel unter den Sternen ganze Gruppen, die – obwohl ihre einzelnen Mitglieder an verschiedenen Stellen des Himmels stehen – eine nach Größe und Richtung nahezu gleiche Eigenbewegung zeigen. Man nennt solche Gruppen *Sternströme*. Was ihre Bewegung betrifft, so verhalten sie sich wie die Sternhaufen, nur daß sie gewissermaßen aufgelöste Sternhaufen sind, verteilt über einen großen Bereich des Himmels, viel mehr durch Eindringlinge mit falscher Geschwindigkeit verunreinigt als die noch jungen Sternhaufen. Aber die Eigenbewegung gestattet, die Spreu vom Weizen zu trennen. Wir werden sehen, daß die gemeinsame Eigenbewegung der

Sternströme ein vorzügliches Hilfsmittel ist, um die Entfernungen in unserer Galaxis festzulegen.

Wenn wir entscheiden wollen, ob ein Stern zu einem Sternhaufen gehört oder nur zufällig in der gleichen Blickrichtung davor oder dahinter steht, sind die Eigenbewegungen der Fixsterne am Himmel recht nützlich. Was wir aus ihnen aber sonst lernen können, ist nur von begrenztem Nutzen. Zum einen wissen wir nicht, mit welcher Geschwindigkeit sie sich in Wahrheit bewegen. Wir sehen nur, um wieviel Bogensekunden sich der Stern im Jahrhundert am Himmel verschiebt. Daraus können wir aber nicht erfahren, mit wieviel Kilometern in der Sekunde er durch die Milchstraßenscheibe fliegt, denn die Eigenbewegung hängt von der Entfernung ab. Ein Zug, der am Bahnsteig in voller Fahrt an uns vorbeifährt, hat eine große Eigenbewegung, wir müssen den Kopf in kurzer Zeit um einen großen Winkel drehen, wollen wir den Lokomotivführer für einige Zeit fixieren. Ein Zug, der mit gleicher Geschwindigkeit am Horizont dahinfährt, zeigt eine geringe Eigenbewegung; wir können ihn längere Zeit anvisieren, ohne den Kopf merklich zu drehen. So ist es auch bei den Sternen. Die nahen zeigen eine größere Eigenbewegung als gleich schnelle entferntere. Wenn man die Entfernung der Sterne kennen würde, dann könnte man tatsächlich aus der Eigenbewegung etwas über die wahre Geschwindigkeit erfahren. Da sind wir wieder bei dem Problem der Entfernungsmessung. Es ginge aber auch umgekehrt. Wenn man die wahre Geschwindigkeit nach Richtung und Größe kennen würde, dann könnte man aus der Eigenbewegung die Entfernung errechnen. Das ist tatsächlich der Weg, der uns weiterhelfen wird. Aber dazu muß man etwas über die wahre Geschwindigkeit der Sterne wissen. Wie man das in einigen Glücksfällen schafft, das werden wir weiter unten sehen. Zu diesem Glück verhelfen uns die Sternströme. Aber vorher müssen wir uns noch mit einer ganz anderen Methode der Geschwindigkeitsbestimmung befassen.

Radialgeschwindigkeiten

Die Methode der Eigenbewegungen versagt, wenn sich ein Stern genau auf uns zu- oder genau von uns wegbewegt. Dann bleibt sein Ort am Himmel unverändert, er bewegt sich nicht seitlich, so daß man seine Bewegung messen könnte, er kommt uns nur näher oder er entfernt sich. Ob er auf uns zufliegt oder sich von uns wegbewegt und mit welcher Geschwindigkeit, kann man dem winzigen Punkt am Himmel nicht ansehen. Gerade in diesem schwierigen Fall hilft uns aber der in Kapitel 3 beschriebene Doppler-Effekt. Aus den Verschiebungen der Fraunhofer-Linien im Spektrum eines Sterns kann man nicht nur erkennen, ob er sich auf uns zubewegt oder von uns weg, man kann sogar seine Geschwindigkeit bestimmen. Die Astronomen nennen die Geschwindigkeit, mit der ein Objekt auf uns zukommt oder sich von uns entfernt, die *Radialgeschwindigkeit.* Alle Sterne, die sich nicht genau quer zu unserer Blickrichtung bewegen, zeigen Radialgeschwindigkeiten.

Seit die Astronomen gelernt haben, aus den Spektren der Sterne ihre Radialgeschwindigkeiten zu erkennen, haben sie die Spektren

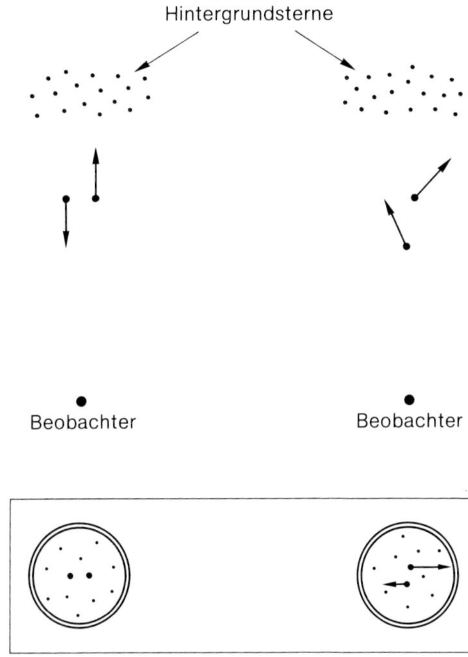

Abb. 4.1: Radialgeschwindigkeit und Eigenbewegung: Wenn sich ein Stern genau auf uns zubewegt, oder genau von uns weg (links), dann scheint er am Himmel stillzustehen (die Kreisscheibe links unten deutet schematisch den Anblick durch das Fernrohr an). Seine Bewegung ist nur am Doppler-Effekt seiner Fraunhofer-Linien im Spektrum zu erkennen. Damit kann man seine *Radialgeschwindigkeit* bestimmen. Wenn er sich nicht genau in unserer Blickrichtung bewegt (rechts), dann sehen wir eine seitliche Bewegung am Himmel relativ zu den Hintergrundsternen, die wegen ihrer großen Entfernung keine seitliche Bewegung zeigen (im Fernrohranblick rechts unten schematisch angedeutet). So messen wir seine Eigenbewegung an dem Winkel, um den er sich am Himmel im Jahrhundert verschiebt. Die tatsächliche Bewegung im Raum ist gewöhnlich weder genau in unserer Blickrichtung noch genau quer dazu, sondern »schief«, eine Kombination aus Radialgeschwindigkeit und Eigenbewegung.

aller helleren Sterne untersucht und dicke Kataloge darüber angefertigt. Im Jahre 1953 erschien ein Katalog mit 15 107 Sternen. Den Rekord hält ein Stern, der uns in jeder Sekunde um 543 Kilometer näherkommt. Ein anderer flieht vor uns mit einem Tempo von 389 km/s.

Nach dem, was wir oben über die Bewegung von Sternhaufen gesagt haben, nimmt es uns nicht mehr wunder, daß die Mitglieder eines Sternhaufens ziemlich genau dieselbe Radialgeschwindigkeit haben. Deshalb kann auch eine Radialgeschwindigkeitsmessung über die Zugehörigkeit eines Sterns zu einem Sternhaufen oder zu einem Sternstrom entscheiden, wenn die Methode der Eigenbewegung versagt.

Durch die Eigenbewegung erfahren wir etwas über die Bewegung eines Sterns *quer* zu unserer Blickrichtung, durch seine Radialgeschwindigkeit etwas über seine Bewegung *in* Blickrichtung (Abb. 4.1).

Zwischen den beiden Verfahren gibt es noch einen wesentlichen Unterschied. Nehmen wir an, ein Stern bewege sich relativ zu uns mit 60 km/s quer zur Blickrichtung und mit 50 km/s von uns weg. Steht der Stern nahe – wir sahen es schon am Beispiel des vom Bahnsteig aus betrachteten Zuges –, wird er eine relativ große Eigenbewegung haben, steht er weit draußen im Raum, so bewegt er sich langsamer am Himmel. Je weiter das Objekt entfernt ist, um so geringer wird seine Eigenbewegung. Und bei der Radialbewegung? Da messen wir unabhängig von der Entfernung eine Rotverschiebung, die 50 km/s entspricht – das Objekt muß nur hell genug sein, damit wir sein Spektrum überhaupt aufnehmen können.

Sternströme

Aus dem weiter oben Gesagten muß man entnehmen, daß sich die Sterne eines Sternhaufens am Himmel parallel zueinander bewegen. Das ist nicht ganz wahr, nicht nur, weil die Sterne noch ihre eigenen kleinen, individuellen Geschwindigkeiten haben, sondern noch aus einem ganz anderen Grund. Nehmen wir an, wir stünden mit unserem Sonnensystem mitten in einem sich an uns vorbeibewegenden Sternhaufen, nähmen selbst aber nicht an seiner Bewegung teil (Abb. 4.2). Alle seine Sterne mögen dieselbe Geschwindigkeit haben. Blicken wir jetzt in die Flugrichtung der sich parallel bewe-

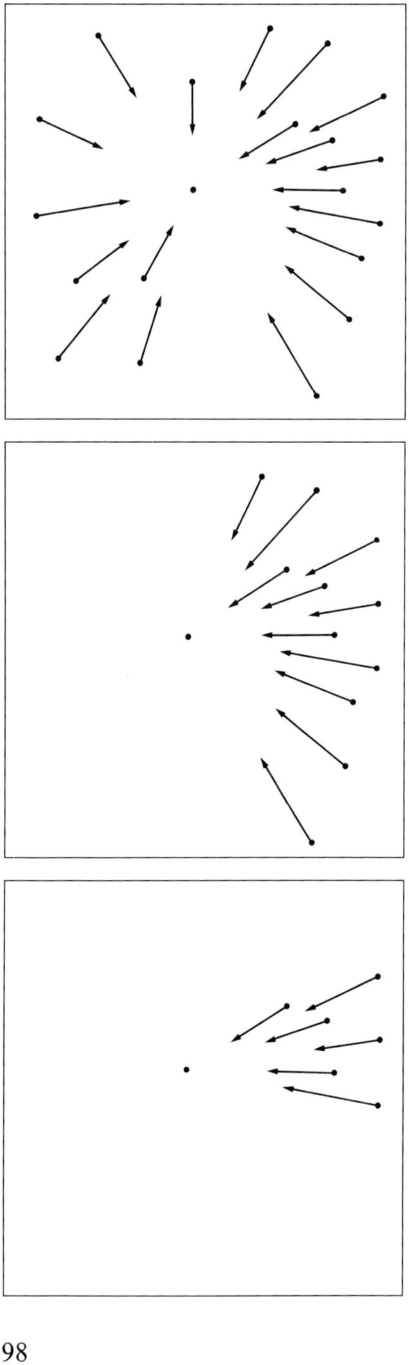

Abb. 4.2: Wenn wir mitten in einer an uns vorbeiströmenden Sterngruppe stünden, würden sich für uns die Bahnen der Sterne in einem Punkt am Himmel schneiden (oben). Das wäre auch so, wenn wir am Rande des Stromes stünden (Mitte), und das gilt auch noch, wenn sich die Sterne der Gruppe in einiger Entfernung an uns vorbeibewegen (unten). Genau diesen Effekt sieht man an der Gruppe der Hyadensterne (vgl. Abb. 4.3).

genden Sterne. Sie beschreiben, wenn wir nur lange genug warten, am Himmel lange Bahnen. Und jetzt kommt der Effekt der parallelen Eisenbahnschienen: Sie scheinen für uns in der Ferne zusammenzulaufen. Der gleiche perspektivische Effekt würde auch die Bahnen der an uns vorbeiziehenden Sterne in einem Punkt am Himmel zusammenlaufen lassen. Dieser Punkt würde am Himmel die Richtung kennzeichnen, in die alle Sterne des Haufens fliegen. Stehen wir außerhalb des Sternhaufens und ziehen seine Sterne seitlich an uns vorbei, dann gibt es genauso einen Punkt des Zusammenlaufens, je weiter aber ein Sternhaufen von uns entfernt ist, um so weniger deutlich ist das Zusammenlaufen der Zielrichtungen.

Es gibt eine Sterngruppe am Himmel, die diese Konvergenz der Flugrichtungen besonders schön zeigt, der Sternhaufen der *Hyaden.* Diesem Sternhaufen verdanken wir die kosmologische Entfernungsskala.

Der Sternhaufen der Hyaden

Sie sind eine weit über den Himmel ausgedehnte Gruppe, die man mit der ausgestreckten Hand nicht ganz abdecken kann. Ihr Zentrum steht im Sternbild Stier, in der Nähe des hellen rötlichen Sterns Aldebaran. In dem Bereich des Himmels, den diese Sterngruppe einnimmt, stehen auch noch andere Sterne, die nichts mit der Hyadengruppe zu tun haben. Durch die Bestimmung der Eigenbewegung lassen sie sich als Fremdlinge erkennen. Bei allen helleren Sternen wissen wir daher, welcher Stern dazugehört und welcher nicht. Aldebaran selbst, der im Vordergrund steht, ist kein Hyadenstern. Bei den Hyaden sehen wir deutlich das Zusammenlaufen der Flugrichtungen! Alle Hyadensterne zielen auf einen Punkt im Sternbild Orion, etwas östlich von dem roten Stern Beteigeuze (Abb. 4.3).

Die Hyadensterne offenbaren uns durch ihren Konvergenzpunkt am Himmel ihre Flugrichtung. Nehmen wir einen einzelnen dieser Sterne heraus. Wir wissen, in welche Richtung er fliegt. Wir kennen ferner seine Radialgeschwindigkeit. Wie in Anhang B genauer erläutert ist, kann man daraus seine wahre Geschwindigkeit in km/s und die Richtung bestimmen. Damit kennen wir auch die Geschwindigkeit in km/s, mit der er sich quer zur Blickrichtung bewegt. Die Eigenbewegung sagt uns, wie groß diese Querbewegung

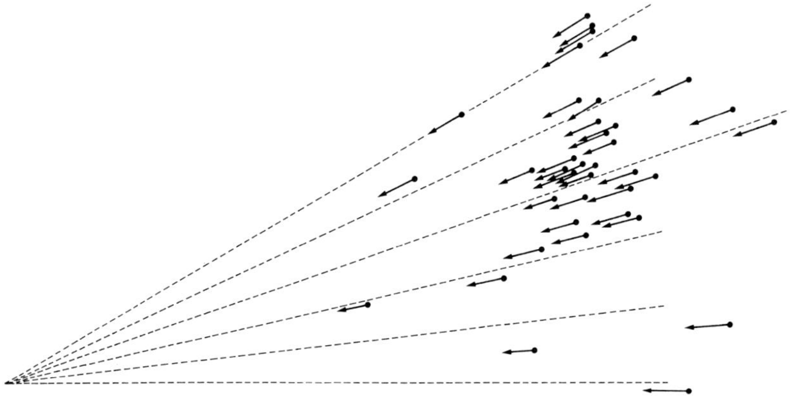

Abb. 4.3: Die Sterne der Hyadengruppe (rechts) bewegen sich am Himmel auf einen Zielpunkt im Sternbild Orion zu. Daraus hat man die Entfernung der Gruppe mit 42 pc bestimmt.

am Himmel erscheint. Daraus folgt seine Entfernung zu 42 pc. Im Prinzip kann man die Entfernung jedes einzelnen Hyadensterns von uns auf diese Weise ermitteln. Der Durchmesser des ganzen Sternstromes ist aber nur 5 pc, so daß man sie alle in grober Näherung als gleich weit von uns entfernt ansehen kann.

Von den Hyaden weiter hinaus in den Raum

Nun haben wir mit den Hyaden Sterne im Abstand von 42 pc. Das ist immer noch so gut wie nichts im Vergleich zu den Dimensionen der Milchstraße. Wozu also so viel Aufhebens? Wie wir sehen werden, ist die Jagd nach Entfernungen im Weltall fast immer eine Jagd nach Standardkerzen. In den Hyaden haben wir jetzt die Entfernung einer Gruppe von etwa 100 Sternen der verschiedensten Sorten. Wir können ihre Spektren aufnehmen und an den Stärken der Linien der einzelnen Elemente Gemeinsamkeiten heraussuchen, können die Sterne in Klassen einteilen. Man findet, daß Sterne der gleichen Klasse auch fast die gleiche Leuchtkraft haben.

Damit haben wir jetzt fast das, was wir uns anfangs wünschten. Dort sahen wir, daß die Entfernungsbestimmung einfacher wäre, wenn alle Sterne gleich hell wären. Das sind sie zwar nicht, wohl aber sind die Sterne gleicher Klassen gleich hell. Wenn ich von einem Stern nun weit draußen ein Spektrum aufnehme und am Fingerabdruck in seinem Spektrum erkenne, zu welcher Klasse er gehört, dann kann ich annehmen, daß er dieselbe Leuchtkraft hat wie ein Hyadenstern, der denselben Fingerabdruck besitzt. In allen Fällen, die man nachprüfen konnte, hat sich das bewahrheitet. So findet man Klassen von Sternen gleicher Leuchtkraft, deren Mitglieder als Standardlichtquellen leuchten. Aus der Leuchtkraft des Sterns einer Klasse und aus der scheinbaren Helligkeit kann man aber seine Entfernung bestimmen. So können wir von den Hyaden aus wieder ein Stück weiter in den Raum vordringen.

Pulsierende Sterne und die kosmische Entfernungsskala

In der Geschichte der Erforschung des Weltalls hat noch eine ganz andere Methode der Entfernungsbestimmung eine Rolle gespielt. Fast war es, als ob uns die Natur ein Geschenk gemacht hätte, um uns die Entfernungsbestimmungen im Weltall zu erleichtern. Denn es schien, als hätte sie einer gewissen Sorte von Sternen eine Art Preisschild umgehängt, an dem man die Leuchtkraft des Sterns ablesen kann, um dann die Größe der Welt allein nach diesen Sternen zu errechnen. Denn wir wissen, daß die Entfernung bestimmt werden kann, wenn man zur Leuchtkraft die scheinbare Helligkeit dazunimmt. So nützlich dies auch war, die Astronomen wurden in eine Falle gelockt, und es bedurfte Jahrzehnte, um wieder herauszufinden. Die Sterne, um die es hier geht, haben die Eigenschaft, daß ihre Leuchtkraft sich im Laufe der Zeit rhythmisch ändert (Abb. 4.4). In Kapitel 3 war schon von ihnen die Rede. Es begann mit der Entdeckung einer Astronomin in Amerika. Miss Henrietta Swan Leavitt kam 1902 an die Harvard-Sternwarte. Ihr Arbeitsgebiet waren die Veränderlichen Sterne. Tausende von Himmelsaufnahmen, immer wieder von allen Feldern des Himmels aufgenommen, standen im Harvard-Plattenarchiv. Durch Vergleich von Aufnahmen, die zu verschiedenen Zeiten von derselben Gegend des Himmels gewonnen worden waren, kann man Sterne herausfinden, die ihre Helligkeit mit der Zeit ändern, sogenannte *Veränderliche Sterne.* Wenn man einmal auf solch einen Stern aufmerksam geworden ist, und sein Verhalten auf allen vorhandenen Platten studiert, kann man herausfinden, von welcher Art seine Veränderungen sind, ob unregelmäßig oder periodisch.

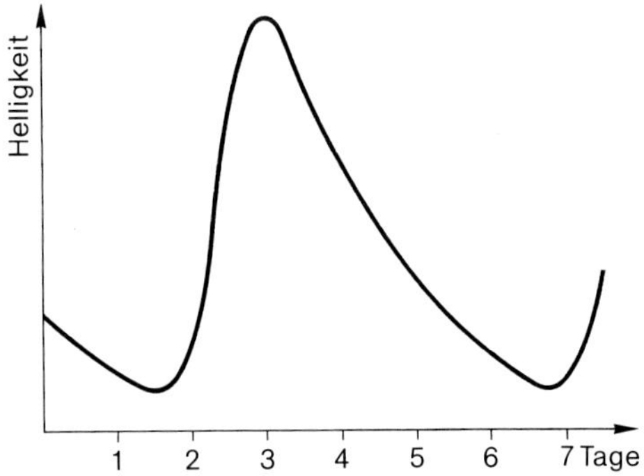

Abb. 4.4: Die Helligkeitsänderung des Sterns Delta Cephei. Nach oben ist die Helligkeit aufgetragen, nach rechts die Zeit in Tagen. Im Rhythmus von 5.4 Tagen wird der Stern heller und schwächer. Delta-Cephei-Sterne haben die wichtige Eigenschaft, daß die mittlere Strahlungsleistung bei Sternen längerer Periode größer ist als bei solchen kürzerer Periode. Es gibt eine einfache Beziehung (Abb. 4.5), die es gestattet, aus der Periode die Strahlungsleistung eines solchen Sterns zu bestimmen. Damit sind die Delta-Cephei-Sterne ideale Standardkerzen für die Bestimmung kosmischer Entfernungen.

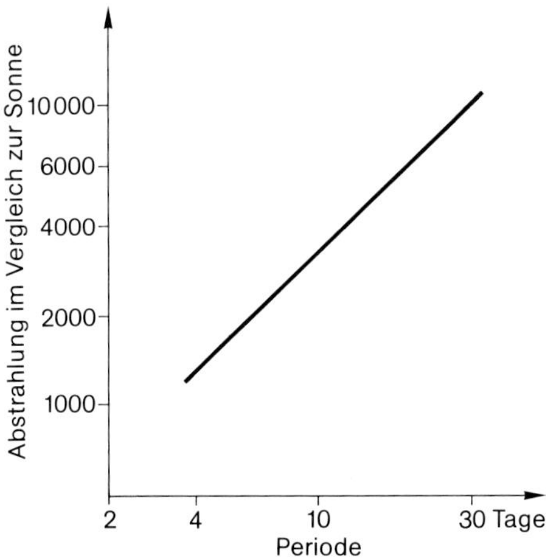

Abb. 4.5: Die Perioden-Leuchtkraft-Beziehung der Delta-Cephei-Sterne. Zu jeder Periode der Helligkeitsänderungen gehört eine ganz bestimmte mittlere Strahlungsleistung. Da man die Periode durch geduldiges Beobachten eines Delta-Cephei-Sterns ermitteln kann, läßt sich für jeden dieser Sterne aus dem Diagramm sofort die mittlere Leuchtkraft bestimmen. Diese gibt zusammen mit der scheinbaren Helligkeit die Entfernung. Ein Fehler in der Eichung dieser Beziehung hat den Astronomen für Jahrzehnte falsche Entfernungen der Galaxien gebracht.

Die Harvard-Sternwarte hatte über viele Jahrzehnte in Peru Aufnahmen von den beiden Magellanschen Wolken gesammelt. Wir wissen schon, es sind zwei kleine Begleitgalaxien, die in etwa 60 kpc Entfernung bei unserem Milchstraßensystem stehen und die im Teleskop in Einzelsterne aufgelöst werden können. Miss Leavitt suchte nach Veränderlichen Sternen in den beiden Wolken. Im Jahre 1908 kam sie mit insgesamt 1777 Veränderlichen Sternen in diesen Systemen heraus. Nur bei 17 von ihnen, die in der Kleinen Magellanschen Wolke standen, war ihr der Nachweis gelungen, daß sie ihre Helligkeit in regelmäßigem Rhythmus ändern. Es waren alle pulsierende Sterne, die sich rhythmisch aufblähen und wieder zusammenfallen, sogenannte *Delta-Cephei-Sterne,* wie man sie schon in den verschiedensten Gebieten unserer Milchstraße gesehen hatte. Der schnellste von Miss Leavitts pulsierenden Sternen änderte sein Licht rhythmisch mit einer Periode von 1.25 Tagen, der langsamste brauchte 127 Tage dazu. Dabei fiel ihr auf, daß die Sterne mit kurzer Periode als lichtschwache Pünktchen erscheinen, während die mit längerer Periode sehr viel heller sind. Es sah so aus, als ob die Regel besteht: Die Delta-Cephei-Sterne mit den längsten Perioden sind auch die hellsten.

Dabei muß man beachten, daß die Sterne – wegen der riesigen Entfernung im Vergleich zum Durchmesser der Wolke – praktisch alle gleich weit von uns entfernt stehen. Das bedeutet dann, daß die Sterne, die scheinbar heller sind, auch in Wahrheit mehr Licht abstrahlen. Wenn sich bestätigt, daß man aus der Periode eines Delta-Cephei-Sterns seine Leuchtkraft bestimmen kann, ist man einen großen Schritt weiter. Denn bis in die fernsten Winkel unserer Milchstraßenscheibe erspähen wir pulsierende Sterne. Wenn man ihre Helligkeitsänderungen geduldig verfolgt, findet man ihre Schwingungsperiode. Wenn es nun eine eindeutige Beziehung zwischen Periode und Leuchtkraft gibt, dann können wir aus der Periode die Leuchtkraft ermitteln und aus der scheinbaren Helligkeit ihre Entfernung. Mit den Delta-Cephei-Sternen hat man dann Standardkerzen im Weltraum, aus deren Helligkeit am Himmel ihre Entfernung bestimmt werden kann. Sie sind Meilensteine im Weltall!

Aber noch war es nicht soweit, noch hatte Miss Leavitt nur 17 Sterne. Vier Jahre später hatte sie mehr Material, und sie fand: Es gibt tatsächlich eine Perioden-Leuchtkraft-Beziehung! Je größer die Periode, um so größer die Leuchtkraft (Abb. 4.5).

Wie weit draußen stehen die Kugelsternhaufen?

Was Miss Leavitt gefunden hatte, war in Wahrheit eine Beziehung zwischen Periode und *scheinbarer Helligkeit.* Was man braucht, um die Delta-Cephei-Sterne für die Entfernungsbestimmung zu nutzen, ist eine Perioden-*Leuchtkraft*-Beziehung. Es fehlte nur noch die Entfernung eines einzigen pulsierenden Sternes, um das Ganze zu eichen. *Welche* Leuchtkraft ein Stern mit einer Periode von, sagen wir, drei Tagen hat, das wußte man noch nicht. Dazu fehlte die Entfernung der Kleinen Magellanschen Wolke. In der Nachbarschaft der Sonne ist kein pulsierender Stern der Parallaxenmethode zugänglich, auch in der Hyadengruppe steht keiner. So hatte man zwar die wunderschöne Gesetzmäßigkeit von Miss Leavitt, aber es fehlte noch der entscheidende Punkt, die Eichung. Da tauchte im richtigen Augenblick ein neunundzwanzigjähriger Astronom auf, Harlow Shapley.

Shapley, Jahrgang 1885, hatte mit 16 Jahren als Reporter bei der Zeitung einer kleinen Stadt im Staate Kansas begonnen, dann verlegte er für kurze Zeit seine Tätigkeit nach Missouri, wo er als Gerichtsreporter arbeitete. Dort ging er im Jahre 1907 an die Universität, weil er Journalismus von Grund auf erlernen wollte. Aber die Schule für Journalismus der Universität sollte erst ein Jahr später eröffnet werden. So sah er sich nach einem anderen Studienfach um. Später schrieb er, daß er beim Blättern durch das Vorlesungsverzeichnis mit seinen vielen Lehrangeboten merkte, daß er »astronomy« leichter aussprechen konnte als »archaeology«. Das nahm ihn angeblich für das Fach ein – und so belegte er Astronomie. Im Jahre 1914 bot man ihm eine Stellung am Mt.-Wilson-Observatorium in Kalifornien, nördlich von Los Angeles, und er nahm an.

Versetzen wir uns in die Situation jener Zeit. Irgendwie ahnte man schon, daß wir in einer flachen Scheibe von Sternen leben, aber es war schwierig, ihre genauen Maße zu finden. Wenn man mit dem Teleskop in irgendeine Richtung blickte, die auf die Milchstraße wies, und wenn man schätzte, bis wie weit hinaus in diese Richtung noch Sterne stehen, so schien es, als ob im Abstand von wenigen kpc die Zahl der Sterne merklich abnahm und man schon am Rande des Systems angelangt wäre. Die Dichte schien nach allen Richtungen der Milchstraßenebene gleich stark abzufallen. Das legte den Gedanken nahe, daß wir mit unserer Sonne im Zentrum der Scheibe stehen und daß die Scheibe selbst einen Durchmesser von höchstens 16 kpc besitzt. Die Dicke nahm man zu 3 kpc an. In diesem Bild waren wir wieder einmal irgendwo in einer Mitte. So wie wir vor Kopernikus in der Mitte des Sonnensystems waren und sich alles einschließlich der Sonne um uns bewegte, so sollten wir jetzt im Zentrum des Milchstraßensystems sein, und Milliarden anderer Sterne sollten ihre Bahnen um uns ziehen.

Das war die Situation, als der junge Shapley auf den Mt. Wilson kam. Miss Leavitt hatte gerade die Perioden-Leuchtkraft-Beziehung für Delta-Cephei-Sterne verbessert. Es fehlte nur noch die Kenntnis der Entfernung eines einzigen Objektes dieser Gruppe von Veränderlichen Sternen. Das paßte nun gut mit den Interessen des Neuen am Mt.-Wilson-Observatorium zusammen. Ihm hatten es die Kugelsternhaufen angetan. Wir hatten schon in Kapitel 1 und 3 gesehen, daß im Halo, außerhalb der Milchstraßenscheibe, Kugelsternhaufen stehen. Darüber hinaus stehen im Halo auch Einzelsterne. Sowohl in den Kugelsternhaufen wie auch unter den Einzelsternen im Halo gibt es viele Veränderliche Sterne, deren Lichtkurven an die der Delta-Cephei-Sterne erinnern. Besonders auffallend ist, daß es unter ihnen viele pulsierende Sterne mit Perioden unter einem Tag gibt. Nach einem solchen Stern, den wir im Sternbild der Leier sehen, hat man sie *RR Lyrae-Sterne* genannt. Man kennt im Halo über 4000 von ihnen. Daneben gibt es noch zahlreiche regelmäßige Veränderliche, deren Perioden in der Gegend mehrerer Tage liegen, so, wie die Perioden von Miss Leavitts Delta-Cephei-Sternen in der Kleinen Magellanschen Wolke. Es lag also nahe, das Problem der Größe unseres Milchstraßensystems mit den Halosternen anzupacken.

Aber vorerst war Miss Leavitts Perioden-Leuchtkraft-Beziehung nicht anwendbar. Noch mußte sie geeicht werden. Shapley benutzte eine besondere Methode dafür. Sie beruht auf einem uns allen geläufigen Prinzip. Denken wir uns, wir würden des Nachts auf einer Wiese stehen und würden in der Entfernung Straßenlaternen sehen. Da wir das Gelände nicht erkennen können und nur die hellen Punkte der Lampe sehen, die vielleicht auch noch verschiedene Strahlungsleistungen haben, so ist es schwierig zu entscheiden, welche der Lampen nahe sind und welche weit entfernt. Das wird sofort anders, wenn wir beim Gehen die Lampen verfolgen. Die in der Nähe stehenden werden sich deutlich verschieben, wir gehen ja nahe an ihnen vorbei, anfangs scheinen sie vor uns zu sein, bald haben wir sie hinter uns gelassen. Die Lampen aber, die in großer Entfernung stehen, wandern nur ganz langsam. Sie scheinen am Horizont stillzustehen. Anders ausgedrückt: Während wir über die Wiese gehen, beobachten wir bei den nahen Laternen eine große Eigenbewegung, bei den entfernteren dagegen eine geringere. Wenn ich eine Gruppe von vielleicht 20 Laternen herausgreife, ihre Eigenbewegung während meiner Wanderung messe und finde, daß sie alle eine große Eigenbewegung zeigen, dann weiß ich, daß ich recht nahe Laternen ausgewählt habe. Wenn ich meine Gehgeschwindigkeit kenne, so kann ich den durchschnittlichen Abstand meiner ausgewählten Laternen bestimmen.

Das gleiche Prinzip läßt sich auch bei Sternen verwenden. Shapley wandte es auf die RR Lyrae-Sterne an. Das waren die pulsierenden Sterne in der Halopopulation, deren Schwingungsperioden unter einem Tag liegen und die so erscheinen, als ob sie kurzperiodische Delta-Cephei-Sterne wären. Mitten zwischen ihnen wandert die Sonne durch den Raum. Sie zeigen deshalb Eigenbewegungen, aus denen Shapley eine mittlere Entfernung dieser Sterne von uns herleiten konnte. Aus dieser Entfernung und aus ihrer scheinbaren Helligkeit konnte er ihre wahre Leuchtkraft abschätzen. Er fand, daß sie alle etwa gleich stark strahlen. Ihre Strahlungsleistung liegt bei etwa dem Hundertfachen der Leuchtkraft der Sonne. Damit war der Nullpunkt der berühmten Perioden-Leuchtkraft-Beziehung von Miss Leavitt festgelegt, so schien es damals zumindest. Da die Kugelsternhaufen ebenfalls solche RR Lyrae-Sterne enthalten, ja auch noch hellere Veränderliche mit größerer Periode, war der Weg frei, die Kugelsternhaufen in bezug auf ihre räumliche Verteilung einer genaueren Prüfung zu unterziehen.

Shapley war einer der ideenreichsten Astronomen seiner Zeit. Gelegentlich ging seine Phantasie mit ihm durch, und der große amerikanische Astrophysiker Henry N. Russell (1877–1957) betonte 1920 in einem Brief bei allem Lob, daß man Shapleys Einfallsreichtum vielleicht etwas bändigen müsse. Es ist heute selbst unter Astronomen wenig bekannt, daß Shapley auf dem Mt. Wilson nicht nur Sterne studiert hatte, sondern auch Ameisen. Noch im Alter wies er gern auf fünf frühere Veröffentlichungen zu diesem Thema hin. Darunter war auch seine Entdeckung, daß die Laufgeschwindigkeit der Ameisen auf dem Mt. Wilson in einfacher Weise von der Lufttemperatur abhängt. Aber zurück zu Shapleys Kugelsternhaufen. Was er fand, warf alle bisherigen Vorstellungen vom Bau unserer Milchstraße um.

Harlow Shapley vertreibt uns aus dem Zentrum der Milchstraße

Shapley war sich ziemlich sicher, daß alle RR Lyrae-Sterne ungefähr die gleiche Strahlungsleistung haben. Es gab genügend von ihnen in den Kugelsternhaufen. Dabei zeigte sich, daß die Sternhaufen, deren RR Lyrae-Sterne recht schwach wirken, am Himmel auch kleiner waren als andere Haufen, deren RR Lyrae-Sterne heller erschienen. Das legte nahe, daß die Haufen, die uns kleiner vorkommen, weiter von uns entfernt stehen. Deshalb ist auch die scheinbare Helligkeit ihrer RR Lyrae-Sterne kleiner. Entferntere Sterne erscheinen eben schwächer als gleich helle nähere. Damit war der Weg frei, das System der Kugelsternhaufen, also den Halo der Milchstraße, auszumessen.

Was zuerst auffällt, ist die Tatsache, daß man in der Gegend, in der die Milchstraße durch das Sternbild Sagittarius geht, viel mehr Kugelsternhaufen sieht als in der Gegenrichtung (Abb. 4.6 und 4.7). Wären wir mit der Sonne im Zentrum der Milchstraße, wie man damals glaubte, und wäre dieses Zentrum der Milchstraße auch gleichzeitig das Zentrum des Halos, dann müßten wir, in welche Richtung wir auch blickten, gleichviel Kugelsternhaufen sehen. Wir sind also ganz sicher nicht im Zentrum des Systems der Kugelsternhaufen. Da Shapley es aber für unsinnig hielt anzunehmen, daß Galaxis und Halo zwei verschiedene Zentren besitzen, so blieb nur die Schlußfolgerung übrig, daß wir auch nicht im Zentrum des Milchstraßensystems sitzen.

Damit war es aber noch nicht genug. Da die RR Lyrae-Sterne alle gleiche Leuchtkraft haben, dienen sie als Standardkerzen. Da die Kugelsternhaufen RR Lyrae-Sterne enthalten, konnte er auch die Abstände der Kugelsternhaufen von uns bestimmen und damit den Durchmesser des Halos. Shapley schätzte ihn damals auf 100 kpc. Wir glauben heute, daß die Kugelsternhaufen in einem kugelförmigen Raumbereich stehen, dessen Durchmesser bei 30 kpc liegt. Dabei nimmt die Dichte, mit der die Haufen im Halo stehen, nach außen hin ab. Je mehr man sich dem Zentrum der Milchstraßenscheibe nähert, um so dichter stehen sie beieinander. Das Zentrum der Milchstraße ist der Ort besonders hoher Kugelsternhaufendichte. Aus der Entfernung der Kugelsternhaufen können wir auch lernen, wie weit wir mit unserer Sonne vom Zentrum der Milchstraße entfernt stehen. Der heute allgemein angenommene Wert liegt bei 10 kpc.

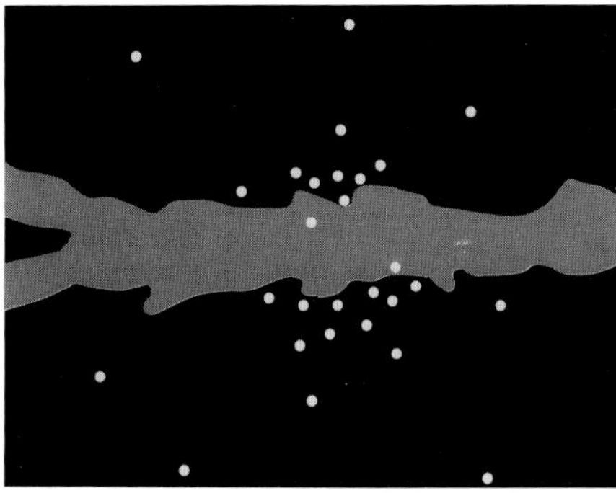

Abb. 4.6: Zu beiden Seiten des Bandes der Milchstraße sieht man in Richtung des Sternbildes Sagittarius (Schütze, in der Bildmitte) besonders viele Kugelsternhaufen (in der Zeichnung schematisch durch helle Punkte dargestellt), in der Milchstraße selbst aber nur wenige. Das rührt daher, daß sie in Richtung des galaktischen Zentrums besonders konzentriert sind, zum anderen, weil das Milchstraßensystem in der Nähe der Mittelebene undurchsichtig ist (vgl. Abb. 4.7).

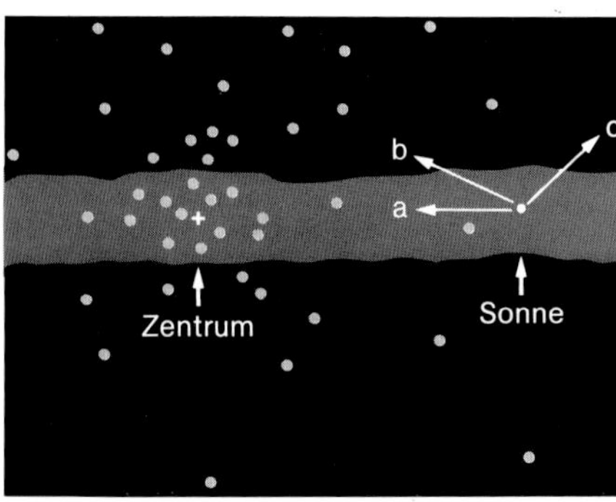

Abb. 4.7: Galaktische Scheibe und Kugelsternhaufen. Wenn wir vom Ort der Sonne aus in die Richtung a blicken, so sehen wir zwar in eine Richtung, in der die Kugelsternhaufen recht dicht stehen. Durch die Absorption des Staubes in der Milchstraßenebene aber reicht unser Blick nicht sehr weit, wir sehen nicht besonders viele. Beim Blick in Richtung b sehen wir aus der Staubschicht hinaus und sehen viele Kugelsternhaufen. Auch in der Blickrichtung c schauen wir aus der Staubschicht heraus, aber es stehen nur wenige Objekte dort, da die Kugelsternhaufen zum galaktischen Zentrum hin konzentriert sind. Viele Kugelsternhaufen sieht man also, wenn man nicht in Richtung des Milchstraßenzentrums blickt, sondern etwas »daneben«, so daß man aus der Staubschicht herausschaut. Die meisten Kugelsternhaufen sind also an den beiden Rändern des Milchstraßenbandes zu sehen, in der Gegend des galaktischen Zentrums, wie in Abb. 4.6 dargestellt ist.

Die Shapleyschen Arbeiten hatten noch ein wichtiges Nebenergebnis. Da in den Kugelsternhaufen auch viele Veränderliche Sterne stehen, deren Perioden bei mehreren Tagen liegen und deren Lichtkurven denen der Delta-Cephei-Sterne stark ähneln, die Miss Leavitt in der Kleinen Magellanschen Wolke fand, lag es nahe, mit Shapley anzunehmen, daß man mit den Halo-Sternen alle pulsierenden Sterne, also auch die von Miss Leavitts Liste, geeicht hat. Das sollte sich als ein schwerer Irrtum herausstellen. Aber dazu mußten erst noch 30 Jahre ins Land gehen.

Die Milchstraße war ausgemessen. Wo immer man einen Kugelsternhaufen beobachtete, die Veränderlichen Sterne in ihm verrieten seine Entfernung. Shapley hatte uns aus dem Mittelpunkt der Milchstraße vertrieben, er hatte uns auch ein größeres, ein besseres Milchstraßensystem geschenkt. Schätzt man den Durchmesser des Halos heutzutage zu 30 kpc, so liegt der Durchmesser der Milchstraßenscheibe bei 25 kpc, ist also wesentlich größer als man vor Shapley geglaubt hatte.

Als der Erste Weltkrieg begann, dachte man noch, wir stünden im Zentrum der Milchstraße. Bei seinem Ende wußte man, daß das falsch ist. (Hätte man die Wahrheit gleich gewußt, es hätte auch nicht viel ausgemacht.) Daß wir nicht im Zentrum der Milchstraßenscheibe stehen sollen, war eine Überraschung. Glaubte man doch triftige Gründe dafür zu haben, daß wir im Nabel der Milchstraße leben. In welche Richtung der Scheibe man auch blickt, es scheint, als ob die Sterne mit wachsender Entfernung immer spärlicher den Raum erfüllen. Es scheint, als ob der Scheibenrand in jeder Richtung gleich weit von uns entfernt ist, so wie es zu erwarten wäre, wenn wir im Zentrum säßen. Aber dieser Schluß ist falsch, vorgetäuscht durch die das Sternlicht absorbierenden Staubmassen in der Milchstraßenscheibe.

Dazu ein Beispiel: Nehmen wir an, wir stünden auf einer Wiese. Es herrsche Nebel und unser Blick reiche nur so weit, wie der Nebel gestattet. Die Sichtgrenze ist dann bei gleichförmig verteiltem Nebel nach allen Richtungen hin gleich weit von uns entfernt. Wir stehen im Zentrum der für uns sichtbaren Welt. Daraus dürfen wir aber nicht schließen, daß wir in der Mitte der Wiese stehen. Wenn sich der Nebel lichtet, erkennen wir vielleicht, daß die Wiese im Süden von einem nahen Wald begrenzt ist, während sie sich nach Norden sehr weit ausdehnt. Der Nebel aber hatte uns vorgespielt, wir seien in der Mitte. So ist es auch in der Milchstraße. In welche Richtung in der Scheibe wir auch blicken, stets schwächen die galaktischen Nebelschleier das Licht der entfernteren Sterne. Wir bekommen das Gefühl, wir seien in der Mitte.

Glücklicherweise stößt unser Blick nicht in jeder Richtung auf Staubvorhänge. Nur in der Nähe ihrer Mittelebene ist unsere Galaxis staubig, und nur wenn wir in Richtung des Randes der Scheibe blicken, wird unsere Sicht begrenzt. Der Staub behindert uns fast nicht, wenn wir aus der Scheibe hinausblicken. Davon hatte Shapley profitiert, denn seine Kugelsternhaufen stehen im Halo. Um auf sie zu schauen, müssen wir unseren Blick aus der Milchstraßenebene herausheben. Der galaktische Staub stört uns dabei nur wenig.

Die Sterne der Hyaden bestimmen die Größe der Welt

Noch heute werden pulsierende Sterne für die Bestimmung der Entfernung der nächsten Galaxien benutzt. Man geht aber für die Festlegung des Nullpunktes der Perioden-Leuchtkraft-Beziehung einen anderen Weg, als ihn Shapley damals gegangen ist. Am einfachsten wäre es, die Hyadengruppe würde einen Delta-Cephei-Stern enthalten. Leider ist das nicht so. Dafür gibt es aber andere Sternhaufen, zu denen pulsierende Delta-Cephei-Sterne gehören. Wenn man nun annimmt, daß in einem solchen Sternhaufen die (nicht pulsierenden) Sterne mit gleichen Spektren die gleiche Strahlungsleistung haben wie die entsprechenden Sterne der Hyaden, dann kann man die Entfernung dieses Sternhaufens über einen Vergleich der scheinbaren Helligkeiten aus der Entfernung der Hyaden ermitteln. Die Entfernung der Hyaden aber ist durch die oben beschriebene Methode der Sternströme bekannt. Also kennt man die Entfernung des anderen Sternhaufens auch und damit des in ihm stehenden Delta-Cephei-Sterns. Damit hat man den Nullpunkt der Perioden-Leuchtkraft-Beziehung.

Da man – wie wir später noch sehen werden – auf den mit Hilfe der pulsierenden Sterne ermittelten Entfernungen der nächsten Galaxien die Methoden zur Bestimmung größerer Entfernungen aufbaut, sieht man, wie unser ganzes Wissen vom Weltall von der Gruppe der Hyadensterne abhängt. Der Astronom, der an den Hyaden dreht, der dreht am ganzen Weltall, zumindest an unseren Vorstellungen von den Entfernungen in ihm!

Ich habe den Weg, wie man von der Entfernung der Hyaden zu der eines Sternhaufens gelangt, der einen pulsierenden Stern enthält, stark vereinfacht beschrieben. In Wahrheit muß man berücksichtigen, daß das Licht vom Sternhaufen und von den Hyaden zu uns durch Staubwolken verschieden stark geschwächt werden kann. Schließlich kommt noch dazu, daß auch die Sternstrommethode die Entfernung der Hyaden nur innerhalb einer gewissen Fehlergrenze liefert und daß sich diese Fehler dann später auf die großen Entfernungen zu den fernsten Himmelskörpern übertragen.

Wir werden in Anhang D genauer sehen, wie man die Hyaden benutzt, um die astronomische Entfernungsskala bis weit in die Tiefen des Weltalls auszudehnen. Die pulsierenden Sterne, die zuerst von Shapley zur kosmischen Entfernungsbestimmung herangezogen worden sind, werden dabei eine wichtige Rolle spielen.

Ich werde im nächsten Kapitel noch mehr von Shapleys Rolle bei der Erforschung des Weltalls berichten, will aber schon hier einiges über das spätere Leben dieses großen Amerikaners sagen.

Im Jahre 1931 ging er an die Harvard-Universität. Während der dreißiger Jahre machte er die Harvard-Sternwarte zu einem außerordentlich anregenden Platz, einem Mekka für junge Astronomen aus der ganzen Welt. Viele der aus dieser Schule hervorgegangenen Gelehrten haben wesentlich zu unserem heutigen Wissen vom Universum beigetragen. Von zweien, Jesse Greenstein und Carl Seyfert, wird später in diesem Buch noch die Rede sein. Vor dem Zweiten Weltkrieg half Shapley aus Europa geflohenen Wissenschaftlern, in den USA Fuß zu fassen. Von Richard Prager, einem aus Berlin geflüchteten jüdischen Astronomen, soll der Ausspruch stammen, daß jede Nacht wenigstens tausend jüdische Wissenschaftler ein Dankgebet sagen für Harlow Shapleys Bemühungen, sie und ihre Familien zu retten. Er war maßgeblich an der Gründung der UNESCO beteiligt. Als 1945 das zweihundertjährige Bestehen der Moskauer Akademie der Wissenschaften gefeiert wurde, vertrat Shapley die Harvard-Universität in Moskau. So war er einer der ersten Amerikaner, die nach dem Krieg in die Sowjetunion kamen. Das war wohl einer der Gründe für den Bannstrahl Senator McCarthys, der 1950 Shapley als einen der fünf vermutlichen Kommunisten bezeichnete, die mit dem State Department in Verbindung stehen. Ein Jahr später wurde Shapley rehabilitiert. Er blieb bis ins hohe Alter aktiv, hielt Vorträge und Vorlesungen, bis er 1972 in Boulder im amerikanischen Bundesstaat Colorado starb.

Harlow Shapley hatte uns an einen Seitenplatz im Milchstraßensystem verwiesen. Er hatte uns gelehrt, über welch großes Raumgebiet sich diese Ansammlung von Milliarden Sternen ausdehnt. Daß es nur eine Insel unter vielen sein soll, die den Weltraum erfüllen, das wollte er lange nicht glauben.

5 Die Weltinseldebatte

Was sind Spiralnebel? Niemand wußte es vor 1900, ganz wenige wußten es im Jahre 1920, nach 1924 wußten es alle Astronomen.

Allan Sandage im Vorwort von »The Hubble Atlas of Galaxies«

Das Bild, das Harlow Shapley gegen Ende des Ersten Weltkrieges von unserem Milchstraßensystem entworfen hatte, halten wir auch heute noch für richtig, wenn auch einige Korrekturen angebracht werden mußten, die vor allem mit der Schwächung des Lichtes entfernterer Sterne durch Staubmassen zusammenhängen. Aber qualitativ hat Shapley recht behalten. Das Zentrum des Halos und das Zentrum der Scheibe sind ein und dasselbe. Wir aber mit unserem Sonnensystem sind nicht an dem Punkt, um den sich alles dreht. Wir stehen zwar in der Scheibe, aber 10 kpc vom Zentrum entfernt, fast draußen vor der Tür. Die Scheibe selbst ist nicht nur mit Sternen ausgefüllt. Die Staubmassen in ihr schwächen das Licht ferner Scheibensterne und lassen sie uns noch entfernter erscheinen. Sie täuschen uns vor, daß von einem bestimmten Abstand an der Raum fast leer ist. In Wahrheit schwächen sie nur das Licht der fernen Sterne so stark, daß es unserer Beobachtung entgeht.

Wir haben inzwischen gelernt, welch buntes Gemisch von kosmischen Körpern die Scheibe und den Halo bevölkert. Da stehen junge Sterne neben solchen, die anscheinend schon am Ende ihres Lebens angelangt sind. Man findet die Überreste von Supernova-Explosionen und kann beobachten, wie Sterne sich gerade aus zusammenfallenden Gas- und Staubwolken neu bilden. Viele Sterne stehen in Paaren, durch ihre gegenseitige Anziehung gezwungen, für immer umeinander zu kreisen. Man sieht die zahllosen Veränderlichen Sterne, die ihr Licht nicht gleichförmig aussenden, sondern einmal stärker, das andere Mal schwächer. Unser Milchstraßensystem mit seinen etwa 100 Milliarden Sternen ist eine vielfältige Welt, die wir auch heute noch nicht in allen ihren Erscheinungen vollständig verstanden haben. Dabei ist sie keineswegs die einzige, sondern nur eine von vielen.

Das Rätsel der Nebelflecken

Man muß nur die Stelle am Himmel finden, dann sieht man in einer klaren mondlosen Nacht schon mit freiem Auge im Sternbild Andromeda ein kleines längliches Wölkchen. Der Feldstecher läßt es noch deutlicher hervortreten. Obwohl es ohne Hilfsmittel zu sehen ist, scheint ihm im Altertum niemand Beachtung geschenkt zu haben. Ein arabischer Astronom, As Sûfi (903–986), der durch sein Sternverzeichnis bekannt geworden ist, erwähnt es beiläufig, aber auch danach wurde es nicht weiter beachtet und schließlich wieder vergessen. Simon Marius aus Gunzenhausen, Hofastronom in Ansbach in Franken, entdeckte es dann 1612 wieder (Abb. 1.1). In den darauffolgenden 100 Jahren wurde das Fernrohr in der Astronomie immer mehr eingesetzt, und man fand weitere Nebelflecken am Himmel. Es war der junge Kant, der 1755 als erster eine Erklärung für die oft kreisrunden, aber meist elliptischen Nebelchen gab. Man wußte damals schon, daß man das Band der Milchstraße am besten dadurch erklärt, daß man annimmt, wir säßen in einem flachen Sternsystem, obwohl man noch keine Ahnung hatte, wie groß sein Durchmesser ist. Nun behauptete Kant, die elliptischen und kreisförmigen Nebelscheibchen am Himmel seien gleichfalls solche Milchstraßensysteme, ähnlich dem unsrigen, und er schrieb in seiner Naturgeschichte des Himmels: ». . . wenn eine solche Welt von Fixsternen in einem so unermeßlichen Abstande von dem Auge des Beobachters, daß sich außerhalb demselben befindet, angeschauet wird, so wird dieselbe unter einem kleinen Winkel als ein mit schwachem Lichte erleuchtetes Räumchen erscheinen, dessen Figur zirkelrund sein wird, wenn es sich dem Auge geradezu darbietet und elliptisch, wenn es von der Seite gesehen wird.«

Während der einunddreißigjährige Kant diese Zeilen in Königsberg schrieb, bereitete sich in Hannover ein siebzehnjähriger junger Mann darauf vor, als Oboist zur königlichen Garde nach London zu gehen: Friedrich Wilhelm Herschel. Nach einem Jahr kehrte er nach Hause zurück, ging dann 1757 wieder nach England und blieb. Anfangs gab er Musikunterricht, dann erhielt er eine Organistenstelle, zuerst in Halifax, dann in Bath. Das Studium der Musiktheorie brachte ihn zur Mathematik, und von da an war es nur noch ein kleiner Schritt zur Optik. Er begann sich für Spiegelteleskope zu interessieren und schliff selbst Teleskopspiegel. Mit 36 Jahren beschloß er, Astronom zu werden.

Die von ihm gebauten Fernrohre gingen bald in die ganze Welt. 1781 entdeckte er den Planeten Uranus. Unsere kosmische Heimat war also noch nicht beim Saturn zu Ende! Seine Teleskope wurden immer besser und größer. Schließlich hatte er – er war inzwischen nach Slough umgezogen – das größte Teleskop der Welt. Ein Fernrohrtubus von 122 cm Durchmesser und 12 m Länge enthielt den Teleskopspiegel. Das Rohr war an einem Holzgerüst aufgehängt. Mit diesem Teleskop durchsuchte Herschel systematisch den Himmel nach Nebelflecken. 1864 veröffentlichte John Herschel – 42 Jahre nach dem Tod seines Vaters – eine Liste von 5097 solcher Nebel, teils von seinem Vater gefunden, teils in den Jahrzehnten danach von ihm selbst. Waren sie alle Milchstraßensysteme, wie Kant vermutet hatte? Heute wissen wir, daß Herschels Katalog alle nebligen Objekte enthielt, die sein Teleskop erkennen ließ. Neben »echten« Galaxien waren auch unserem Sonnensystem räumlich nahestehende Gasnebel darunter, also Gebilde, die von Natur aus einen nebligen Anblick bieten. Daneben enthielt der Katalog Kugelsternhaufen, die Herschels Teleskop nicht in Einzelsterne auflösen konnte, und die ihm deshalb als neblige Flecken erschienen. Herschel war sich nicht ganz sicher, was die von ihm am Himmel gefundenen Nebelflecken wirklich waren. Zuerst glaubte er, daß sie fast alle aus Sternen bestehen, seine Sammlung aber auch einige nahe Gasnebel enthielt. Um 1790 kamen ihm Zweifel, ob er überhaupt Sternsysteme vor sich hatte.

Dessenungeachtet wurde im letzten Jahrhundert Kants unbewiesene These gerne übernommen. Vor mir liegt ein Buch mit dem Titel »Populäre Vorlesungen über die Sternkunde. Gehalten in Nürnberg im Winter 1841 auf 1842 von Dr. Lorenz Wöckel, Professor der Mathematik am k. Gymnasium und Lehrer der Physik an der Handelsgewerbeschule zu Nürnberg«. Da steht es klipp und klar, und den Autor plagen nicht die geringsten Zweifel. »Und so erblicken wir nun den endlosen Raum nach allen Richtungen hin mit zahllosen Milchstraßensystemen erfüllt, deren jedes wieder aus Millionen Sonnensystemen besteht, und finden keine Grenze unseres Messens und Zählens.« Aber der Nürnberger Gymnasialprofessor konnte es nicht beweisen.

Im Jahre 1850 erschien der dritte Band von Alexander von Humboldts »Kosmos«, der Astronomieband des Werkes, das von Humboldt den »Versuch einer physischen Weltbeschreibung« nennt. Auch er stellt die Frage, ob die elliptischen Nebelwölkchen Gasnebel sind oder Gebilde ähnlich unserer Milchstraße. In dieser Diskussion gibt er den elliptischen Nebeln ähnlich dem Andromedanebel, von dem er vermutete, daß er eine Ansammlung von Sternen ist, einen neuen Namen. Er spricht von möglichen *»Weltinseln*, zu deren einer wir gehören«. Hier erscheint zum erstenmal das Wort, das wir noch heute oft benutzen, wenn wir von mit Sternen angefüllten Galaxien sprechen, die in großen Abständen voneinander im sonst nahezu leeren Raum schweben.

Das Wort war da, aber die Frage, ob die elliptisch erscheinenden Nebelflecke wirklich Weltinseln sind, also aus Sternen, vielleicht von Planeten umkreist, bestehen, blieb nach wie vor offen. Niemandem gelang es, etwa den Andromedanebel im Fernrohr in Einzelsterne aufzulösen und damit die Weltinselhypothese zu bestätigen. Als der Musiker und Komponist William Herschel in Slough Nacht für Nacht auf dem Holzgerüst seines Riesenteleskops stehend seiner Schwester Karoline, die ihn sonst bei Konzerten als Oratoriensängerin begleitete, seine Beobachtungen an den vorbeiziehenden Nebelflecken diktierte, stand die Musikwelt Londons noch unter dem Eindruck der Werke Händels und Bachs. William Herschel konnte nicht sagen, was die von ihm katalogisierten matten Flecken am Sternhimmel sind. Es mußte noch eine lange Zeit verstreichen, und als man endlich Gewißheit hatte, da ging schon der Charleston um die Welt.

Die Frage, welche Bewandtnis es mit den Nebelwölkchen hatte, die nun zu Tausenden in den Katalogen zusammengestellt waren, bekam eine neue Wendung, als man in der zweiten Hälfte des 19. Jahrhunderts fotografische Aufnahmen der Objekte erhielt und als man begann, die Spektren der Himmelskörper zu untersuchen. Bald wußte man, daß viele der nebligen Objekte Sternhaufen und daß viele leuchtende Gasnebel sind. Die Spektren der Sternhaufen ähnelten den Spektren der Sterne mit ihren Fraunhofer-Linien. Mit den immer besser werdenden Fernrohren ließen sie sich in Einzelsterne auflösen. Die Gasnebel dagegen zeigten ein Emissionslinienspektrum (Abb. 2.5), ganz anders als die Sternspektren mit ihren Absorptionslinien.

Es blieben aber die elliptisch erscheinenden Flecken übrig, viele von ihnen zeigten eine spiralige Struktur, die auf der Fotoplatte viel deutlicher zu erkennen war als mit dem Auge am Fernrohr. Sie ließen sich nicht in Ansammlungen von Sternen auflösen, zeigten aber ein Spektrum, das an Sterne erinnert, nicht an Gasnebel. Sollte Kants Idee von den Spiralnebeln als ferne Milchstraßen wahr sein?

Was unser Milchstraßensystem ist, war bis zum Ende des Ersten Weltkrieges – dank der bahnbrechenden Arbeiten Harlow Shapleys – klargeworden. Kugelsternhaufen und pulsierende Sterne hatten als kosmische Meilensteine geholfen, die galaktische Landvermessung zu einem gewissen Abschluß zu bringen. Sterne, Gaswolken, Staubschleier, leuchtende Gasnebel und Sternhaufen bilden das flache System der Scheibe. Das Ganze war eingebettet im Mückenschwarm der Kugelsternhaufen, die – früher in den Katalogen mit den Spiralnebeln und den Gasnebeln in einen Topf geworfen – sich inzwischen als Ansammlungen von Hunderttausenden von Einzelsternen zu erkennen gegeben hatten.

Was aber waren die Spiralnebel? Waren sie Weltinseln, vergleichbar mit unserem Milchstraßensystem, so wie es seit Kant immer

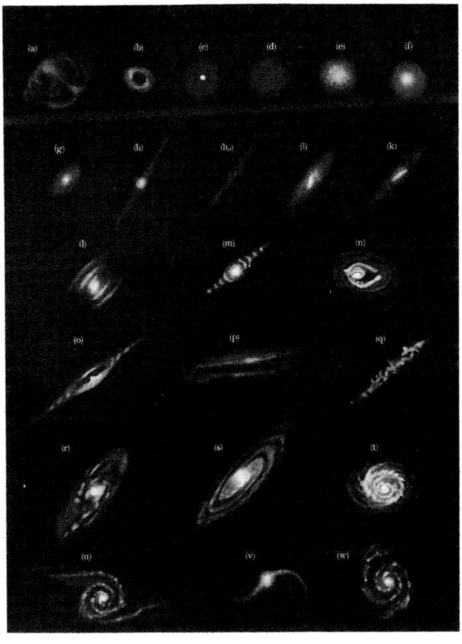

Abb. 5.1: Ein Satz von Zeichnungen von Nebelflecken, die der Heidelberger Astronom Max Wolf (1863–1932) im Jahre 1908 angefertigt hat, um die verschiedenen Nebel zu klassifizieren. In Wolfs Bild stehen noch galaktische Gasnebel und Galaxien einträchtig nebeneinander. Dieses Bild hat Hubble in seine Chicagoer Doktorarbeit (1917) übernommen. Hubbles spätere Klassifikation (Abb. 9.4) enthält nur noch Galaxien.

wieder vermutet worden war? Bis zu Shapleys Zeiten, also während der letzten 200 Jahre, war es nicht möglich gewesen, Kants These zu beweisen, ja sie auch nur mit einem Körnchen neuer Substanz zu stützen. Seit William Herschels Tagen hatte man zwar immer bessere Fernrohre gebaut, aber die Spiralnebel blieben in ihnen neblige Gebilde. Im Jahre 1908 hatte der Heidelberger Astronom Max Wolf eine Serie von Zeichnungen angefertigt, um die Nebelflecken am Himmel zu klassifizieren (Abb. 5.1). In seinen Bildern standen galaktische Gasnebel und Spiralnebel friedlich nebeneinander. Er machte keinen Unterschied zwischen den beiden Arten von Nebelflecken. Selbst als im nächsten Jahr auf dem Mt. Wilson ein neues Spiegelteleskop mit einem Durchmesser von 152 cm in Betrieb genommen wurde, schien sich nichts zu ändern.

In den Nebeln leuchten Sterne auf

Und doch hatte man die Wahrheit fast greifbar vor sich, den Hinweis nämlich, daß die Spiralnebel aus Sternen bestehen. Am 31. August 1885 sah der Observator der Sternwarte in Dorpat, Ernst Hartwig – später sollte er der erste Direktor der Sternwarte in Bamberg werden –, im Fernrohr einen neuen Stern, nahe beim Zentrum des Andromedanebels. Er war so hell, daß man ihn fast mit freiem Auge hätte erkennen können. Dieser Stern war früher nicht dagewesen. In den darauffolgenden Wochen verblaßte er. Bald ging er wieder völlig im nebligen Licht des Andromedawölkchens unter. War das ein Hinweis darauf, daß dort Sterne stehen, von denen einer sich vorübergehend hervorgetan hatte, seine Mitbrüder für kurze Zeit an Helligkeit gewaltig übertrumpfend? Diese Erscheinung kannte man schon aus unserer Milchstraße. Gelegentlich leuchtet auch bei uns ein Stern hell auf und vergeht wieder. (Man erinnere sich an Herrn Meyers Traum in Kapitel 3.) Eine recht eindrucksvolle Erscheinung konnte man am Abend des 29. August 1975 beobachten. Da sah man plötzlich – schon mit freiem Auge – im Sternbild Schwan einen Stern, der dort nicht hingehörte, eine Nova. Aber zurück zum neuen Stern im Andromedanebel.

War die Nova dort ein Hinweis, daß das Nebelwölkchen aus Sternen besteht? Im Prinzip wäre es auch denkbar gewesen, daß es sich um eine Erscheinung in unserem Milchstraßensystem handelte, daß eine Nova in unserem System aufgeleuchtet war, aber zufällig an einer Stelle, hinter der – von uns aus gesehen – der Andromedanebel steht? Anfangs schien es, als ob die Nova im Andromedanebel ein Einzelfall war, dann, zehn Jahre später, leuchtete in einem Spiralnebel im Sternbild Centaurus am Südhimmel ein Stern auf. Miss Williamine P. Fleming (1857–1911), eine Astronomin der Harvard-Sternwarte, entdeckte ihn. Nun war es schon recht unwahrscheinlich, daß innerhalb von zehn Jahren in unserer eigenen Milchstraße zwei Sterne aufleuchten, von denen jeder genau vor einem Spiralnebel steht.

Im Jahre 1917 kam Bewegung in das Gebiet. Der 1.5-m-Spiegel auf dem Mt. Wilson arbeitete nun schon acht Jahre erfolgreich, und sein Erbauer, George Ritchey, beobachtete mit ihm. Da entdeckte er eine Nova im Spiralnebel NGC 6946. Die Bezeichnung besagt, daß es sich um das Objekt Nr. 6946 aus einem berühmten Nebelkatalog handelt, dem New General Catalogue (NGC). Der aus Kopenhagen stammende Direktor des Armagh-Observatoriums in Irland, John Dreyer (1852–1926), hatte ihn im Jahre 1888 veröffentlicht. Es war ein recht schwaches Sternchen, das da in NGC 6946 aufgeleuchtet war, aber es verstärkte doch den Verdacht, daß die Spiralnebel aus Sternen bestehen, die man zwar nicht einzeln sieht, von denen aber gelegentlich einer aufleuchtet und dann als Stern erkennbar wird. Ritchey suchte sofort im Archiv alle früher mit dem 1.5-m-Teleskop von Spiralnebeln gemachten Aufnahmen, und er entdeckte, daß, von allen unbemerkt, im Jahre 1909 zwei Novae im Andromedanebel vorübergehend erschienen waren. Nachdem dies bekannt war, suchte man überall in den Plattenarchiven und fand noch mehr Novae in Spiralnebeln.

Man konnte damals noch nicht wissen, daß es zwei völlig verschiedene Vorgänge gibt, die am Himmel einen Stern aufleuchten lassen. Zwei Vorgänge, die überhaupt nichts miteinander zu tun haben. Im Kapitel 3, in Herrn Meyers Traum, hatten wir in dem Zeitrafferbild von der Milchstraße beide Erscheinungen gesehen: die häufigen Novae und die sehr viel selteneren, dafür aber um so energiereicheren Supernovae. Tatsächlich ist eine Supernova im Maximum ihres Ausbruches etwa zehntausendmal heller als eine Nova. Ernst Hartwig und Williamine Fleming hatten in Spiralnebeln Supernovae hochgehen sehen; was Ritchey dann fand, waren gewöhnliche Nova-Erscheinungen. In beiden Fällen waren aber *Sterne* aufgeleuchtet, ein Hinweis, daß das neblige Wölkchen im Sternbild der Andromeda aus Sternen besteht.

»Körner« im Andromedanebel

Die Lösung des Rätsels der Spiralnebel ist eng mit der Entwicklung der Teleskope verknüpft. Der nächste Schritt in der Entschleierung des Geheimnisses der Spiralnebel war nur möglich durch eine technische Tat: den Bau des 2.5-m-Teleskops für Mt. Wilson.

Es mag dem Außenstehenden so erscheinen, als ob, nachdem das Prinzip des Fernrohres - sei es des Linsenfernrohres oder des Spiegelteleskops - einmal gefunden war, der Bau von Teleskopen eine Routineangelegenheit geworden sei. Größere Teleskope würden zwar teurer, aber mit der Vergrößerung des Teleskopdurchmessers sollten keine neuen prinzipiellen Schwierigkeiten mehr auftreten. Das ist grundfalsch. Nehmen wir ein Spiegelteleskop. Den Spiegel, das Herz des Instruments, stellt man meist aus Glas oder glasartigem Material her. Sein Gewicht wird mit zunehmendem Durchmesser rasch größer. In jeder Fernrohrstellung wirkt seine eigene Schwere in eine andere Richtung, verdrückt und verzieht den Spiegelkörper und mit ihm die verspiegelte Oberfläche. Diese Verformungen müssen durch Gegenkräfte abgefangen werden. Je schwerer der Spiegel wird, um so schwieriger wird es, das ganze Teleskop der Bewegung der Sterne präzise folgen zu lassen. Nur wenn man das Fernrohr dem wegen der Erddrehung bewegt erscheinenden Stern genau nachführt, kann man lang belichtete fotografische Platten erhalten, bei denen die Sterne als scharfe Punkte erscheinen. Nicht nur die eigene Schwere verschlechtert die Abbildungseigenschaften eines Spiegels, er ist um so schwieriger herzustellen, je größer er ist, und er verformt sich dann bei ungleichmäßiger Erwärmung um so leichter.

Im Jahre 1919 nahm man auf dem Mt. Wilson das damals größte Teleskop der Welt in Betrieb, den Hooker-Spiegel, benannt nach einem Geschäftsmann in Los Angeles, der die Unternehmung finanziert hatte. Noch ehe der 1.5-m-Spiegel in Betrieb genommen worden war, hatte man schon 1906 mit der Planung eines 2.5-m-Spiegelteleskops begonnen. Elf Jahre später sollte es fertig sein. Der Spiegel selbst war in Frankreich gegossen worden, seine Oberfläche wurde unter Ritcheys Anleitung in fünfjähriger Arbeitszeit geschliffen.

Kurz nachdem man begonnen hatte, den 2.5-m-Spiegel auf dem Mt. Wilson für wissenschaftliche Arbeiten einzusetzen, kam ein dreißigjähriger Astronom an das Observatorium: Edwin Powell

Hubble (1889–1953). Er stammte aus dem Bundesstaat Missouri. Als die Familie später nach Chicago zog – der Vater war Anwalt bei einer Versicherung –, besuchte er dort die Schule und später die Universität, wo er Physik, Mathematik und Astronomie belegte. Der sportliche junge Mann, der immerhin 188 cm groß war, hatte Erfolg als Boxer der Schwergewichtsklasse. Er muß gut gewesen sein, denn sein Manager versuchte ihn damals zu überreden, gegen den Weltmeister Jack Johnson anzutreten. Aber statt dessen nahm Hubble ein Stipendium an der Universität von Oxford an, um in England Mathematik zu studieren. Doch er änderte seine Pläne und studierte dort Jura. Während dieser Zeit boxte er in einem Schaukampf gegen den französischen Schwergewichtsmeister Georges Carpentier. Nach erfolgreichem Examen kehrte er in die Heimat zurück und eröffnete in Louisville in Kentucky eine Anwaltskanzlei. Doch nach einem Jahr gab er die Juristerei auf und ging wieder nach Chicago, um an der Yerkes-Sternwarte Astronomie zu studieren. Dort promovierte er 1917, und bald darauf bot ihm der Direktor des Mt.-Wilson-Observatoriums eine Stelle an. Doch inzwischen waren die USA in den Ersten Weltkrieg eingetreten, und Hubble meldete sich freiwillig zur Infanterie. Er zog mit dem amerikanischen Expeditionskorps nach Frankreich und blieb nach dem Waffenstillstand bis Herbst 1919 bei den amerikanischen Besatzungstruppen in Deutschland. Dann kehrte er nach Amerika zurück und nahm, inzwischen 30 Jahre alt, die ihm früher angebotene und immer noch freie Stelle auf dem Mt. Wilson an. Dort war zwei Jahre zuvor der 2.5-m-Spiegel getestet worden. Die Fabrik in Frankreich, in der der Glaskern gegossen worden war, lag zwar inzwischen, durch die Ereignisse des Krieges zerstört, in Schutt und Asche, am Teleskop selbst aber waren alle nötigen Prüfungen und Vorarbeiten abgeschlossen. Das Gerät konnte eingesetzt werden. Der neue Mitarbeiter sollte mit dem Instrument bald eine der wichtigsten Fragen der zeitgenössischen Astronomie beantworten.

Mit dem 1.5-m-Spiegel hatte man in den äußeren Spiralen des Andromedanebels eine körnige Struktur entdeckt. Sollte man da vielleicht Sterne sehen? Die frühen Beobachter beschrieben sie nicht als Sterne, sie schienen unschärfer als richtige Sterne. Der schwedische Astronom Knut Lundmark, der 1921 als Gast in Kalifornien arbeitete, spielte mit dem Gedanken, was wäre, wenn die »Körner« im Andromedanebel wirklich Sterne wären, wie die in unserer Milchstraße. Man müßte dann auf eine Entfernung von 300 kpc schließen. Aber man nahm das damals nicht ernst. Schon 1919 hatte Shapley geschrieben: »Mit einer oder zwei möglichen Ausnahmen erscheinen die ›Körner‹ in den Spiralnebeln so neblig, daß man sie nicht als Einzelsterne ansehen darf. Es könnte sein, daß diese nebligen Objekte etwas mit extrem entfernten Sternhaufen zu tun haben.« Aber auch das erschien ihm nicht plausibel. Shapley wurde zum Gegner der Weltinselhypothese.

Ihr Verteidiger saß eine Tagereise nördlich vom Mt. Wilson auf dem Mt. Hamilton, dort steht die Lick-Sternwarte. Heber Doust Curtis (1872–1942) arbeitete dort mit dem 91-cm-Crossley-Spiegelteleskop an Spiralnebeln. Erst mit 28 Jahren war er zur Astronomie gekommen, vorher hatte er alte Sprachen unterrichtet. Nun bewegte ihn die Frage nach der Natur der Spiralnebel, und er hielt sich an die Novae, die man in den Nebeln entdeckt hatte. Inzwischen hatte man weitere Novae in Spiralnebeln aufleuchten sehen. Die Schwierigkeit dabei war aber, daß man zwei Supernovae mit in der Sammlung hatte, die von Hartwig 1885 und die von Miss Fleming von 1895. Man wußte noch nicht, daß Hartwigs und Flemings Sterne etwas Besonderes waren. Wenn man von diesen beiden Ausnahmen absah und die anderen für gleich leuchtkräftig hielt wie die in unserer Milchstraße jährlich auftretenden Novae, dann mußte der Andromedanebel 300 kpc entfernt stehen. Das schien Curtis ein überzeugendes Argument für die Weltinselhypothese. Shapley konterte mit Hartwigs Andromedanova, die – vergleicht man sie mit gewöhnlichen Novasternen in unserer Milchstraße – viel zu hell wäre, wenn sie in jener unglaublichen Entfernung stehen würde (er konnte nicht wissen, daß sie tatsächlich viel heller war). Aber er hatte auch noch einen anderen, für die Weltinselhypothese tödlich erscheinenden Trumpf in der Hand. Es waren die Messungen von van Maanen.

Adrian van Maanen war ein geachteter Beobachter auf dem Mt. Wilson. Seit mehr als einer Dekade hatte er Aufnahmen des Spiralnebels M33 im Sternbild des Dreiecks vermessen, um Eigenbewegungen zu erkennen. Er fand Veränderungen der hellen Knoten in den Armen dieses schönen Spiralnebels, auf den wir fast senkrecht von oben blicken. Es schien, als ob sich die Spiralen um das Zentrum drehten; der Spiralnebel sah wie ein sich drehendes Rad aus! Es gab Knoten in den Armen, die am Himmel in fünf Jahren eine Zehntel Bogensekunde wanderten. Aus der Winkelverschiebung am Himmel kann man die wahre Geschwindigkeit ermitteln, wenn man die Entfernung kennt. Läge M33 so weit draußen im Raum, dort, wo die Curtissche Schule die Spiralnebel ansiedelte, also Hunderte von kpc entfernt, dann wäre van Maanens Beobachtung nur zu erklären, wenn die Spiralarme ihre Bewegung um das Zentrum nahezu mit Lichtgeschwindigkeit ausführen. Das war aber sehr unwahrscheinlich. Unser Milchstraßensystem dreht sich tausendmal langsamer. Also sind die Spiralnebel doch keine Weltinseln?

Der 26. April 1920

An diesem Tag hielt die amerikanische Akademie der Wissenschaften (National Academy of Science) ihre Jahresversammlung in Washington D. C. ab, in den Räumen der ehrenwerten Smithsonian Institution. Für eine Festvorlesung an einem der Abende hatte man schon Anfang des Jahres dem Sekretär der Akademie zwei Themen zur Auswahl vorgeschlagen: die neue Allgemeine Relativitätstheorie von Einstein und die Weltinselhypothese. Die Relativitätstheorie wollte er nicht nehmen, da er fürchtete, daß sie für die Mitglieder der Akademie, die aus allen Gebieten der Wissenschaft kamen, zu schwer verständlich sei. Die Weltinseltheorie schien ihm auch nicht so aufregend zu sein, aber schließlich wurden Shapley vom Mt. Wilson und Curtis, der inzwischen Direktor der Allegheny-Sternwarte in Pittsburgh, Pennsylvania, geworden war, eingeladen. Anfangs gab es noch Meinungsverschiedenheiten über das Thema, Shapley wollte über das Milchstraßensystem sprechen, Curtis hauptsächlich über Spiralnebel, aber schließlich einigte man sich. So kam es dann zu einer berühmten Debatte über die Fragen nach der Größe des Milchstraßensystems und nach der Natur der Spiralnebel. »Man muß sich vorstellen«, schrieben später die Kommentatoren, »daß es ein Ereignis war, so als wären Kopernikus und Ptolemäus einander in einer Diskussion gegenübergestanden.« Tatsächlich behauptete ja Curtis, daß das Weltall nicht nur ein Milchstraßensystem enthält, sondern viele; so viele wie es Spiralnebel gibt. Shapley dagegen, der uns selbst aus der Mitte des Milchstraßensystems entfernt hatte, um uns einen Seitenplatz darin anzuweisen, meinte, daß das Milchstraßensystem als Ganzes so etwas wie der Nabel der Welt sei.

Allan Sandage, einer der großen Galaxien-Forscher unserer Zeit, schrieb über diese vorerst mit einem Remis ausgegangene Debatte:

»Die Argumente, für und wider, wie sie zwischen 1917 und 1921 vorgebracht worden sind, stellen eine höchst interessante psychologische Studie dar. Man wird ihr wohl am gerechtesten, wenn man sagt, daß Shapley viele richtige Argumente benutzt hat, aber zum falschen Ergebnis gekommen ist. Curtis hatte in diesem Fall das bessere Gespür, doch er gebrauchte schwache, gelegentlich sogar falsche Argumente, aber er kam zum richtigen Schluß.«

Shapley beendete seinen Vortrag mit den Worten: »Mir scheint, daß der Augenschein ... der Ansicht widerspricht, daß die Spiralnebel Milchstraßensysteme sind, voller Sterne, vergleichbar dem unseren. Tatsächlich gibt es bis jetzt keinen Grund, die gängige Hypothese abzuändern, wonach die Spiralnebel nicht aus Sternen bestehen, sondern statt dessen wirkliche Nebel sind.« Er bekräftigte dies noch einmal durch mehrere neuere Ergebnisse, die ihm für seine Ansicht zu sprechen schienen. Darunter war auch van Maanens Messung der Rotation des Spiralnebels M101 (Abb. 1.2) durch Eigenbewegungen, bei der die Spiralen nahezu mit Lichtgeschwindigkeit rotieren müßten, stünden sie so weit draußen, wie die Gegenseite annahm. Curtis beendete seinen Vortrag so: »Ich bleibe daher bei meinem Glauben, daß ... die Spiralnebel nicht Objekte innerhalb unserer Milchstraße sind, sondern Weltinseln wie unsere eigene Milchstraße, und daß diese draußen stehenden Milchstraßensysteme uns ein größeres Universum andeuten, in das unser Blick in Entfernungen von zehn Millionen Lichtjahren (3 Mpc) bis zu 100 Millionen (30 Mpc) vordringt.«

Keiner hatte den anderen überzeugt. Die Entscheidung, wer recht hatte, fiel später auf dem Mt. Wilson. Es begann damit, daß man in Spiralnebeln Veränderliche Sterne entdeckte. Zuerst sah John C. Duncan in einem Spiralnebel im Dreieck einige, während er nach Novae suchte. Später kamen mehr. Dann durchsuchte Hubble den Andromedanebel. Zuerst fand er zwei weitere Novae. Bald erkannte er, daß ein dritter Stern, der seine Helligkeit veränderte, ein Delta-Cephei-Stern war. Seine Periode lag bei einem Monat. Hubbles Beobachtungsbuch, in das er alle von ihm gewonnenen Fotoplatten eintrug, weist bei der Platte H335H eine Randbemerkung von seiner Hand auf. Die Aufnahme war am 5. Oktober 1923 vom Andromedanebel (M31) mit 45 Minuten Belichtungszeit gewonnen worden. Hubble schrieb: »Auf dieser Platte ... sind drei Sterne gefunden worden, zwei davon Novae, während einer sich als veränderlich zeigte und später als Cepheid identifiziert wurde – der erste im M31 gefundene.« Sofort bestimmte er seine Periode, ging damit in Shapleys Perioden-Leuchtkraft-Beziehung und fand die Entfernung: 300 kpc (daß diese Beziehung noch einen Fehler enthielt und wir heute glauben, daß die doppelte Entfernung die richtigere ist, konnte Hubble nicht wissen). Damit war klar, daß der Andromedanebel weit außerhalb unserer Milchstraßenscheibe lag, ja auch weit außerhalb des Halobereiches, dessen Durchmesser bei 30 kpc liegt. Der Streit war entschieden. Die Nachricht wurde im Dezember 1924 auf einer Tagung der Amerikanischen Astronomischen Gesellschaft bekanntgegeben. Hubble selbst war nicht anwesend, er hatte aber ein Manuskript eingereicht, das verlesen wurde. Inzwischen hatte er 36 Delta-Cephei-Sterne in Spiralnebeln gefunden. Alle bestätigten die Weltinseltheorie. Unter den Zuhörern saßen auch Shapley und Curtis. Sie werden wohl danach einige Worte miteinander gewechselt haben, leider sind diese der Nachwelt nicht erhalten. Für Shapley war Hubbles Mitteilung keine Überraschung mehr. Hubble hatte ihm schon am 19. Februar 1924 geschrieben: »Es wird Dich interessieren zu erfahren, daß ich im Andromedanebel einen Cepheiden gefunden habe.« Shapley war schon damals sofort klar, daß die von ihm bekämpfte Weltinselhypothese bestätigt und er mit der von ihm selbst geeichten Perioden-Leuchtkraft-Beziehung geschlagen worden war. Von da ab wandte er sich immer mehr dem Studium der »Weltinseln« zu.

Was aber war mit der von van Maanen gemessenen Rotationsbewegung der Spiralnebel M33 und M101? Sollte sich jetzt, nachdem die große Entfernung der Spiralnebel feststand, diese Weltinsel vielleicht doch nahezu mit Lichtgeschwindigkeit drehen? Nein, denn im Laufe der Jahrzehnte hätte sich ihre Bewegung immer leichter messen lassen müssen, weil dann Aufnahmen mit immer größeren dazwischenliegenden Zeitspannen verfügbar wurden. Aber niemand fand an diesen oder an anderen Galaxien wieder Eigenbewegungen. Van Maanens Messungen waren offensichtlich falsch gewesen.

Ich bitte meine Leser um Geduld, wenn ich hier noch einen Augenblick verweile. Adrian van Maanen (1884–1946) stammte aus einer alten holländischen Familie, 1911 hatte er in Utrecht promoviert, nahm ein Jahr später eine Stelle auf dem Mt. Wilson in Kalifornien an und blieb dort bis zu seinem Tode. Er war Spezialist für Parallaxenmessungen (vgl. Anhang C) und für die Bestimmung von Eigenbewegungen der Sterne (vgl. S. 92). Daneben war er an der

Messung von Magnetfeldern auf der Sonne wesentlich beteiligt. Die Messungen von Eigenbewegungen heller Knoten in einigen Spiralnebeln – man konnte damals die Nebel ja noch nicht in einzelne Sterne auflösen – lagen also ganz auf der Linie seiner Arbeiten. Wenn ich oben schrieb, seine Messungen wären falsch gewesen, so muß ich hinzufügen, daß bis heute noch nicht vollständig aufgeklärt worden ist, was er falsch gemacht hatte. Daraus schließe ich, daß er keineswegs leichtfertig gehandelt hat. Er muß bei dem von ihm benutzten Material wohl einen Effekt übersehen haben, der seine Messungen systematisch verfälschte. Daß Wissenschaftler Fehler machen, geschieht oft. Daß van Maanens Fehler aber heute in einschlägigen Werken und Lehrbüchern immer wieder erwähnt wird, liegt an der Art, wie wissenschaftliche Leistungen heutzutage gewertet werden.

Bei einem Forschungsergebnis beachtet man vor allem die geistige Leistung. Aber auch die Bedeutung des Gebietes, in dem sie vollbracht wird, spielt eine wichtige Rolle. Ernst Hartwigs Supernova im Andromedanebel (vgl. S. 118) ist ein Beispiel dafür. Neben vielen wichtigen Arbeiten hat Hartwig auch einen entscheidenden Beitrag zum Verständnis einer besonderen Art von Veränderlichen Sternen geliefert, den sogenannten Bedeckungsveränderlichen. Das weiß heute kaum noch ein Astronom, obwohl wir, unbewußt, auf seine Idee ständig zurückgreifen. Daß er aber zufällig beim Betrachten des Andromedanebels einen neuen Stern sah, das steht in jedem Buch über die Geschichte der modernen Astrophysik. Denn dieser entpuppte sich später als die erste Supernova in einer anderen Galaxie. Das aber war nicht Hartwigs Verdienst. Nicht allein die geistige Leistung, sondern auch die spätere Bedeutung bringt dem Entdekker Zinsen ein. Van Maanen mußte den umgekehrten Effekt erleben. Sein Fehler spielte eine so entscheidende Rolle in der Weltinseldebatte, daß er mehr zitiert wird als seine positiven Leistungen. Wenn heute auf van Maanens wissenschaftliches Werk geblickt wird, dann schaut man mit dem Vergrößerungsglas auf seinen Fehler bei der Rotationsbewegung der Galaxien. Das ist die Tragik des Adrian van Maanen, von dem Shapley in seinen Lebenserinnerungen schrieb: »Er war charmant, ein Junggeselle, er und ich waren Freunde, ich weiß nicht, warum ... Ich glaube, wir fanden zueinander, weil er ein aufgeschlossener Mensch war und weil ich es mochte, wenn er lustig war.«

Im Jahre 1924 war es also heraus: Die Spiralnebel sind Weltinseln, sind Milchstraßensysteme wie das unsere, mit all der Vielfalt an Erscheinungen, die wir in ihm beobachten. Aber trotzdem war die Welt noch nicht in Ordnung. Als 15 Jahre später Shapley die Medaille einer astronomischen Gesellschaft verliehen wurde, schrieb Hamilton M. Jeffers in seiner Laudatio: »Es gibt immer noch Anzeichen dafür, daß unser Milchstraßensystem ungewöhnlich ›einmalig‹ ist, nämlich größer als alle anderen Systeme draußen.« Im September 1932 tagte die Internationale Astronomische Union in Cambridge, Massachusetts, und Sir Arthur Eddington, der große Astrophysiker aus Cambridge, England, hielt eine öffentliche Vorlesung. ». . . wenn die Spiralnebel Inseln sind, so ist unsere eigene Milchstraße ein Kontinent«, sagte er. Und weiter: »Mir ist der Gedanke durchaus nicht sympathisch, daß wir zur Aristokratie des Universums gehören sollten.«

Walter Baade schiebt den Andromedanebel in größere Entfernung

Erst 20 Jahre später sollte die astronomische Welt lernen, daß unsere Milchstraße im Universum keine Vorrechte genießt. Es war wieder eine Tagung der Internationalen Astronomischen Union, auf der die Neuigkeit bekannt wurde. Das war 1952 in Rom. Es war ein Wahlamerikaner aus Nordrhein-Westfalen, der in Rom für eine Überraschung sorgte und zeigte, daß unsere Milchstraße im Weltall keine Aristokratin ist, sondern eine einfache Bürgerin. Gleichzeitig beseitigte er noch einen anderen Schönheitsfehler in unserem Weltbild, auf den wir im nächsten Kapitel noch kommen werden.

Im Jahre 1926 wurde einem deutschen Astronomen ein Rockefeller-Stipendium gewährt. Der aus Schröttinghausen stammende Walter Baade hatte in Münster und Göttingen studiert und hatte eine Stelle an der Sternwarte in Hamburg-Bergedorf. Bei seinem durch das Stipendium finanzierten Amerika-Aufenthalt kam er auch auf die Lick-Sternwarte und auf den Mt. Wilson. Wahrscheinlich war der Besuch des Mt.-Wilson-Observatoriums für sein Leben entscheidend. Fünf Jahre später berief man ihn an diese Sternwarte. Er blieb dort, bis er in den Ruhestand versetzt wurde, dann zog er in die Heimat zurück; 1960 starb er in Göttingen.

Sein ganzes Leben bewegte Baade die Frage, welche Sorten von Sternen in den verschiedenen Sternsystemen vorkommen. Er war es, der als erster bemerkte, daß im Halo der Milchstraße, in dem die

Kugelsternhaufen stehen, auch Einzelsterne zu finden sind, und daß es sich dabei um die gleichen Arten von Sternen handelt, die man auch in den Kugelsternhaufen sieht. Er bemerkte weiter, daß demgegenüber die Sterne in den Spiralen anders sind. In den Spiralarmen sind die hellsten Sterne blau oder rot, bei den Halosternen dagegen sind die hellsten Sterne immer nur rot. Das konnte er besonders gut im Andromedanebel sehen. Dort blickt man von außen auf das Sternsystem und sieht viel mehr, als wenn man die Struktur unserer eigenen Milchstraße von unserem Standort, also von innen her, zu erkennen sucht. »Eine mit Wald bedeckte Region«, schrieb Baades Kollege Olin C. Wilson einmal, »kann man von der Luft aus besser übersehen, als von einem Standort mitten zwischen den Bäumen.« Baade entdeckte so, daß es im Andromedanebel und in der Milchstraße zwei *Populationen* von Sternen gibt: die Sterne der Scheibenpopulation und die der Halopopulation. Wir haben in Kapitel 3, in Herrn Meyers Traum, bereits von dieser Erkenntnis Walter Baades Gebrauch gemacht.

Baade untersuchte auch die Delta-Cephei-Sterne im Andromedanebel, die Hubble entdeckt hatte. Dabei kam ihm sehr zustatten, daß während des Zweiten Weltkrieges die Stadt Los Angeles verdunkelt war und er daher mit dem 2.5-m-Spiegel schwächere Sterne fotografieren konnte, als dies zu normalen Zeiten möglich war. Den nächsten Schritt in der Erforschung der Veränderlichen Sterne in der Andromedagalaxie konnte er tun, als im November 1948 der 5-m-Spiegel in Betrieb genommen wurde. Dieses Teleskop war schon 1923 vom damaligen Direktor des Mt.-Wilson-Observatoriums, George Ellery Hale, geplant worden. Erst zehn Jahre nach seinem Tod sollte es fertig werden. Mit diesem Spiegelteleskop am Gipfel des 1706 m hohen Palomar Mountain hatte Baade ein Instrument zur Verfügung, das die Auffangfläche des bisher größten Teleskops der Welt, des 2.5-m-Spiegels, um das Vierfache übertraf. Obwohl der Berg südlich von Los Angeles steht, gehörte das neue Teleskop doch mit zur Mt.-Wilson-Sternwarte, die nunmehr in Mt.-Wilson- und Palomar-Observatorien umbenannt wurde.

Baade ging sofort an die Arbeit. Er hatte abgeschätzt, daß er damit die RR Lyrae-Sterne im Andromedanebel finden müßte. Aber diese Veränderlichen Sterne erschienen nicht auf seinen Aufnahmen. Irgend etwas stimmte nicht. Dabei hatte er doch die Entfernung des Andromedanebels genau nach der Hubbleschen Methode festgelegt, hatte die Perioden der dort stehenden Delta-Cephei-

Sterne bestimmt. Die von Shapley geeichte Perioden-Leuchtkraft-Beziehung hatte ihm dann die Strahlungsleistung jener Sterne geliefert, und diese hatte er mit ihrer scheinbaren Helligkeit verglichen. Etwa 300 kpc waren als Entfernung herausgekommen, wie bei Hubble. Bei dieser Entfernung sollte das neue Teleskop die RR Lyrae-Sterne zeigen, die zu Hunderten in den Kugelhaufen dort stehen und wahrscheinlich ebenso häufig unter den Einzelsternen im Halo dieses Sternsystems zu finden sind. Aber die RR Lyrae-Sterne im Andromedanebel blieben unsichtbar.

Baade fand die Lösung des Rätsels, und seine schon vorher gewonnene Erkenntnis von der Verschiedenheit der Populationen gab ihm den Schlüssel dazu. Shapley hatte die Perioden-Leuchtkraft-Beziehung nach RR Lyrae-Sternen geeicht, also nach Halosternen. Bei der Bestimmung der Entfernung des Andromedanebels aber hatte Baade wie alle anderen Astronomen vor ihm pulsierende Sterne in den Spiralarmen des Andromedanebels herangezogen, also Scheibensterne. Wer aber sagt denn, daß die pulsierenden Sterne der Scheibe derselben Perioden-Leuchtkraft-Beziehung genügen wie die des Halos? Die genauere Untersuchung ergab tatsächlich, daß ein pulsierender Stern der Scheibenpopulation viermal heller ist als ein pulsierender Stern der Halopopulation gleicher Periode. Die Perioden-Leuchtkraft-Beziehung der Scheibenpopulation mußte nun neu geeicht werden. Also mußten alle Entfernungen, die mit pulsierenden Sternen der Scheibenpopulation gewonnen worden waren, und das waren die Entfernungen des Andromedanebels und die einiger anderer naher Spiralnebel, revidiert werden. Das Ergebnis war, daß nunmehr alle Entfernungen zwischen den Galaxien verdoppelt werden mußten. Das Universum war doppelt so groß geworden.

Nun war die Welt wieder in Ordnung. Schien es vorher so, als ob unser Milchstraßensystem das größte ist, so waren jetzt alle Galaxien weiter von uns weggerückt, waren also größer, als man vorher gedacht hatte. Unser System stellte sich jetzt als eines heraus, das weder durch besondere Größe noch durch irgendeine andere hervorstechende Eigenschaft aus dem Rahmen fällt. Aber wir sind der Zeit vorausgeeilt.

Noch sind wir im Jahre 1924. Hubble hatte die Weltinseltheorie bestätigt. Die Zeit war nun reif für die größte kosmologische Entdeckung der ersten Hälfte dieses Jahrhunderts, und wieder sollte Hubble die Hand dabei im Spiel haben.

6 Die Welt fliegt auseinander

> Die Einhelligkeit, mit der die galaktischen Systeme davonlaufen, sieht fast danach aus, als hätten sie eine ausgesprochene Antipathie gegen uns. Wir begreifen nicht, warum man uns meidet, als sei unsere Insel eine Pestbeule im Universum.
>
> *Sir Arthur Eddington (1882–1944)*

Versetzen wir uns in die Situation des Jahres 1924. Hubble hatte eben Delta-Cephei-Sterne im Andromedanebel gefunden und die Entfernung bestimmt. Curtis hatte in der Frage der Weltinseln über Shapley gesiegt. Das Weltall war nunmehr ausgefüllt mit Galaxien, deren nächststehende wir als Spiralnebel am Himmel erkennen können. Das Olberssche Paradoxon (vgl. Einleitung) war wieder da in voller Pracht. Denn, wenn die Welt seit eh und je gleichförmig mit unbewegt stehenden Galaxien ausgefüllt ist, dann müssen wir, in welche Richtung wir auch unseren Blick zum Himmel wenden, auf eine Galaxie schauen und in ihr auf die leuchtende Oberfläche eines Sterns. Sollte unser Blick auf die Galaxie aber alle ihre Sterne verfehlen und durch sie hindurchgehen, so müßten wir auf eine dahinter stehende Galaxie blicken und auf die leuchtende Oberfläche einer ihrer Sterne, oder auf die eines Sterns einer noch weiter dahinter stehenden Galaxie. Wo immer wir hinblicken würden, wir sähen letztlich auf eine Sternoberfläche, und unser Nachthimmel wäre hell leuchtend wie die Scheibe der Sonne.

Auf den ersten Blick scheint es, als ob man leicht um das Olberssche Paradoxon herumkäme. Das schien auch Olbers selbst so, er gab seiner Abhandlung schon damals den Titel: »Über die Durchsichtigkeit des Weltraums«. Er glaubte, der dunkle Nachthimmel wäre ein Hinweis darauf, daß der Weltraum zwischen den Sternen mit Materie gefüllt wäre, wenn auch vielleicht in ungeheuerer Verdünnung, die das Licht von sehr fernen Sternen stark abschwächt. Obwohl unser Blick am Himmel fast immer auf eine Sternoberfläche fällt, die so heiß ist wie die Oberfläche der Sonne, durch die dazwischen stehende Materie erschiene sie so abgeschwächt, daß sie den Himmel nicht merklich aufhellt.

Heute, da wir dunkle Wolken im Weltraum beobachten, die das Licht der dahinter stehenden Sterne deutlich schwächen, könnten wir geneigt sein, Wilhelm Olbers zuzustimmen. Aber so schnell sind wir noch nicht aus dem Schneider. Wenn nämlich die Welt seit unendlicher Zeit mit Sternen und absorbierenden Wolken ausgefüllt wäre, würde die dunkle Materie die Energie der fernen Sterne aufsammeln, ehe sie uns als Licht erreicht. Da aber Energie nicht einfach verlorengehen kann, muß sich jede Wolke dabei erwärmen, sie würde langsam aufgeheizt werden. Dieser Prozeß ginge so lange, bis die Wolkenmaterie dieselbe Temperatur hätte wie die Sternoberflächen. Dann aber würden die Wolken genauso strahlen wie die Sterne, und wir hätten wieder den gleißend hellen Himmel. Auch wenn absorbierende Wolken das Licht ferner Galaxien abschwächen würden, säße uns das Olberssche Paradoxon nach wie vor im Nacken.

Die Lösung kam im Jahre 1929, denn die Goldader, die sich den kalifornischen Astronomen mit ihren neuen Großteleskopen eröffnet hatte, war noch nicht erschöpft.

Die großen Geschwindigkeiten der Spiralnebel

Während man in Kalifornien auf dem Mt. Wilson bei Los Angeles und auf dem Mt. Hamilton bei San Francisco Material sammelte, um herauszufinden, ob die Spiralnebel Galaxien sind oder nicht, hatte auf dem Lowell-Observatorium in Flagstaff in Arizona Vesto M. Slipher (1875–1969) mit dem dortigen 60-cm-Spiegelteleskop Spektren von Spiralnebeln aufgenommen. Als ersten nahm er sich den hellsten vor, den Andromedanebel. Da selbst dieser recht lichtschwach erscheint, brauchte er nahezu sieben Stunden Belichtungszeit. Im Spätherbst und Winter des Jahres 1912 erhielt er in vier Nächten vier brauchbare Spektren und wollte aus ihnen die Radialgeschwindigkeit des Andromedanebels finden. Da die Spektren der Spiralnebel dunkle Absorptionslinien zeigen wie die Sterne (heute wissen wir ja, daß wir von den Spiralnebeln nur das überlagerte Licht von Milliarden Sternen bekommen), wollte er nachsehen, ob diese Linien beim Andromedanebel nach Rot oder nach Blau hin verschoben sind, ob also das Gebilde von uns wegfliegt oder auf uns zu. Dazu verglich Slipher die erhaltenen Spektren mit solchen, die er mit demselben Teleskop und mit demselben Spektralapparat vom Planeten Saturn erhalten hatte. Saturn reflektiert das Sonnenlicht, sein Spektrum ist also angenähert das eines gewöhnlichen Sterns. Da sich Saturn relativ zur Erde bewegt, zeigt das Saturnspektrum einen Doppler-Effekt. Slipher kannte aber die Relativgeschwindigkeit zwischen Erde und Saturn und konnte das berücksichtigen. Beim Vergleich stellte er fest, daß sich der Andromedanebel mit 300 km/s uns nähert. »Das ist die größte Geschwindigkeit, die bisher beobachtet wurde«, schrieb er. Man muß beachten, daß damals niemand genau wußte, was der Andromedanebel in Wahrheit ist. So versuchte sich Slipher in Gedanken auch mit einer Erklärung von Hartwigs Andromedanebel-Nova von 1885. Wenn der Nebel mit solch einer Geschwindigkeit durch den Raum fliegt, schloß er, dann ist er damals vielleicht mit einem Stern zusammengestoßen, und das gab die Leuchterscheinung. Das schrieb Slipher acht Jahre vor der Curtis-Shapley-Debatte! Noch war die Möglichkeit nicht ausgeschlossen, daß die Spiralnebel in unserem Milchstraßensystem herumvagabundierende Gebilde sind. Wenn sie sich mit Geschwindigkeiten bewegen, wie man sie bisher noch bei keinem Stern gemessen hatte, könnten sie einen Stern, der ihnen im Wege steht, über seine Normaltemperatur hinaus erhitzen.

Aber Sliphers weitere Arbeiten sollten bald Argumente für die Weltinselhypothese liefern. Er dehnte seine Untersuchungen zu lichtschwächeren Spiralnebeln aus. Das bedeutete längere Belichtungszeiten. Oft waren Zeiten bis zu 40 Stunden nötig; das ging nicht in einer Nacht. So belichtete er die Nacht hindurch, schloß dann die Kassette, welche die Fotoplatte enthielt, richtete am nächsten Abend das Teleskop auf dasselbe Objekt und zog den Kassettendeckel heraus, um weiter zu belichten. Das ging oft mehrere Nächte lang.

Im Jahre 1917 veröffentlichte er eine neue Messung, bei der er eine Radialgeschwindigkeit von 1120 km/s gefunden hatte. Dieses Nebelwölkchen, bei dem man deutlich die Spiralen sehen kann, fliegt mit ungeheuerer Geschwindigkeit nicht auf uns zu, wie der Andromedanebel, sondern von uns weg! Die Fraunhofer-Linien in Sliphers Spektren waren alle nach längeren Wellen verschoben, dorthin, wo im Spektrum die rote Farbe liegt. In den darauffolgenden Jahren stellte sich heraus, daß fast alle Spiralnebel in Sliphers

Spektren deutliche Verschiebungen der Fraunhofer-Linien nach längeren Wellenlängen hin zeigten. Da man keine andere Erklärung für diese Erscheinung hatte, als anzunehmen, daß der Doppler-Effekt die Rotverschiebung bewirkt, und diese Nebel sich von uns wegbewegen, mußte man schließen, daß die gemessenen Spiralnebel mit Geschwindigkeiten bis zu 1800 km/s von uns wegfliegen.

Die ungeheueren Radialgeschwindigkeiten, welche die amerikanischen Astronomen bei immer mehr Spiralnebeln fanden (Abb. 6.1), ließen auch ihre europäischen Kollegen nicht ruhen. Ihnen standen keine vergleichbaren Großinstrumente zur Verfügung, und die klimatischen Bedingungen in Europa sind nicht so, daß sich so große Geräte in Mittel- oder Nordeuropa lohnen würden.

Schon 1913 hatte Max Wolf von der Sternwarte am Königstuhl bei Heidelberg, angeregt durch Sliphers Messungen vom Vorjahre, die Radialgeschwindigkeit des Andromedanebels zu messen versucht. Er fand eine extrem hohe Annäherungsgeschwindigkeit von 400 km/s. Dann untersuchte er weitere Spiralnebel und fand bei dreien, daß sie sich von uns wegbewegen. Da er schon für den Andromedanebel einen zu hohen Wert erhalten hatte, traute er den anderen Zahlenwerten für die Fluchtgeschwindigkeiten nicht. »Unser Spektrograph und unser Klima«, schrieb er, »sind dieser Aufgabe leider nicht gewachsen.«

Um so mehr verfolgte man in Europa die Veröffentlichungen aus Amerika und pflegte auch sonst einen regen Nachrichtenaustausch. Der große dänische Astronom Ejnar Hertzsprung hatte schon eine Woche nachdem Slipher sein Ergebnis über den Andromedanebel veröffentlicht hatte, an ihn geschrieben: »Mir scheint, daß mit dieser Entdeckung die große Frage, ob die Spiralnebel zum Milchstraßensystem gehören oder nicht, mit großer Sicherheit so beantwortet ist, daß sie nicht dazu gehören.« Man beachte, daß die endgültige Antwort erst 13 Jahre später durch Hubbles Entdeckung der Cepheiden im Andromedanebel gegeben worden ist. Aber es erschien Hertzsprung unwahrscheinlich, daß sich in unserer Milchstraße Körper mit 300 km/s gegeneinander bewegen. Knut Lundmark, der schwedische Astronom aus Uppsala, der sich Anfang der zwanziger Jahre als Gast in Kalifornien aufhielt – ich erwähnte ihn schon in Kapitel 5 –, war sogleich in der Streitfrage nach der Natur der Spiralnebel involviert und wurde zu einem Verteidiger der Weltinselhypothese.

Zu dieser Zeit arbeitete in Kiel Carl Wilhelm Wirtz (1876–1939).

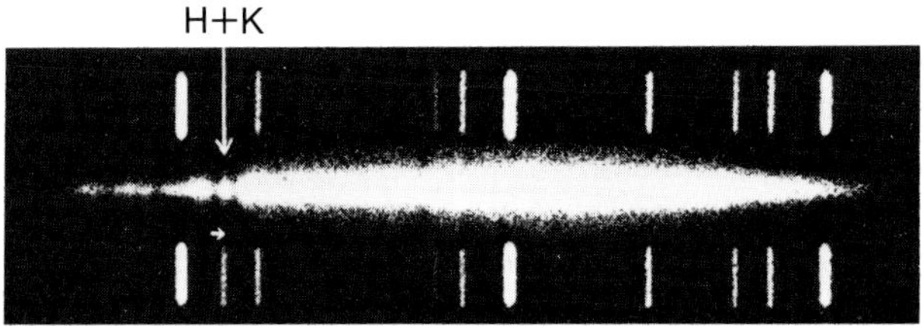

1200 km/s

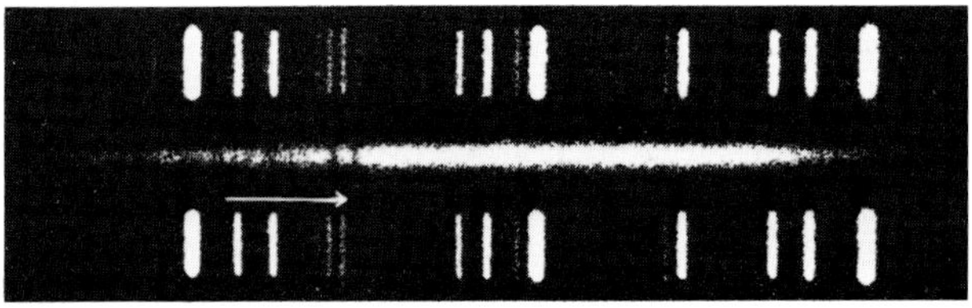

15 000 km/s

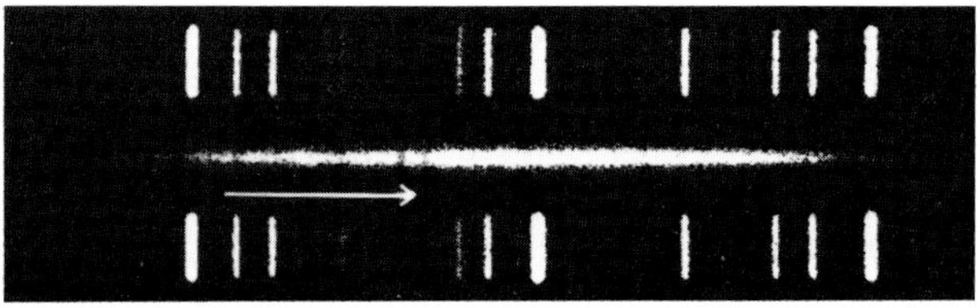

22 000 km/s

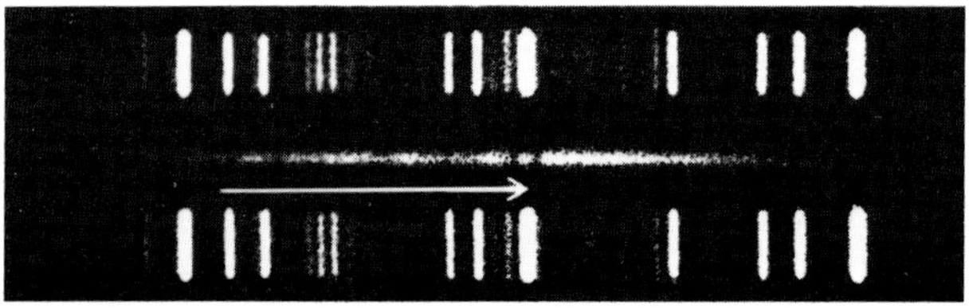

39 000 km/s

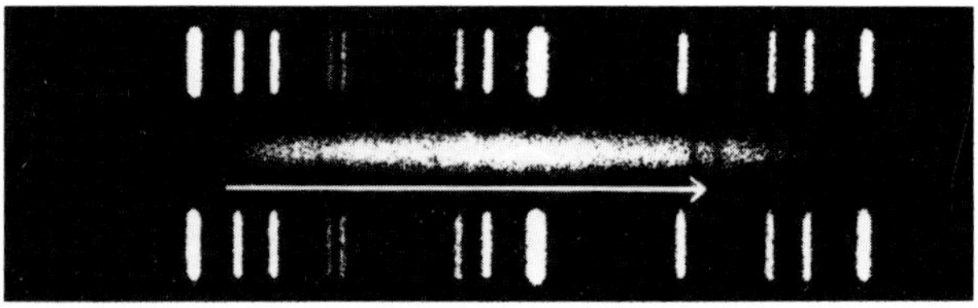

61 000 km/s

Ihn beunruhigten die großen Radialgeschwindigkeiten, die Slipher gemessen hatte, und er versuchte aus ihnen irgendwelche Gesetzmäßigkeiten herauszulesen. Er fragte sich, ob die Nebel, deren Spiralen sich von uns aus gesehen rechtsherum winden, oder die mit Linksdrehung bevorzugt von uns wegfliegen. Auch die Frage, ob diejenigen, bei denen wir senkrecht auf die Scheibe blicken, andere Geschwindigkeiten zeigen als die, welche wir von der Seite sehen, wurde diskutiert. Er fand keine einfachen Regeln. Nun blieb noch die Frage, ob die entfernteren sich schneller bewegen als die nahen. Das war schwieriger herauszufinden, denn vor 1924, also bevor Hubble den ersten Delta-Cephei-Stern im Andromedanebel gefunden hatte, wußte man nicht, wie man etwas über die Entfernung der Spiralnebel erfahren konnte. Eine schwache Hoffnung ergab sich, die Weiten zu den Spiralnebeln abschätzen zu können. Wenn alle Spiralnebel ungefähr gleich groß sind, dann müssen uns am Himmel die entfernteren kleiner erscheinen als die näheren. Also versuchten Lundmark einerseits und Wirtz andererseits aus dem spärlichen Material herauszufinden, ob die am Himmel kleiner erscheinenden Spiralnebel ein anderes Verhalten zeigen als die größeren. Wirtz glaubte eine Gesetzmäßigkeit gefunden zu haben, und er schrieb im März 1924 in den »Astronomischen Nachrichten«, es bliebe »kein Zweifel, daß die positive Radialbewegung der Spiralnebel mit zunehmender Entfernung ganz wesentlich anwächst«. (Die Astronomen haben sich darauf geeinigt, daß sie eine Radialbewegung positiv nennen, wenn sie von uns weg gerichtet ist, die Ent-

Abb. 6.1: Die Rotverschiebung im sichtbaren Licht in den Spektren von fünf Galaxien. Die Spektren sind jeweils die hellen horizontalen Streifen in der Mitte. Da sie von schwachen Objekten aufgenommen sind, kann man nur wenige Details erkennen. Am deutlichsten sieht man den Effekt bei zwei Fraunhofer-Linien, die von Atomen des Elements Kalzium herrühren, zwei Einbuchtungen, im obersten Spektrum links mit H + K gekennzeichnet. Bei dieser Galaxie, die sich »nur« mit 1200 km/s von uns wegbewegt, macht der Doppler-Effekt nur eine geringe Rotverschiebung. Sie ist durch einen kleinen horizontalen Pfeil angedeutet. Nach unten zu sind Spektren von Galaxien mit größerer Fluchtgeschwindigkeit abgebildet. Dementsprechend stehen die beiden Fraunhofer-Linien immer weiter nach dem roten (rechten) Ende des Spektrums hin verschoben, wie die weißen Pfeile jeweils andeuten. Die dicken hellen vertikalen Linien zu beiden Seiten jedes Spektrums sind Emissionslinien eines relativ zur Aufnahmeapparatur ruhenden Gases, die es erleichtern, die Verschiebungen der Absorptionslinien der Galaxien zu messen (Aufnahme: Palomar Observatory).

Abb. 6.2: Das Hubblesche Gesetz. Je größer die Entfernung (nach rechts aufgetragen), um so größer ist die Fluchtgeschwindigkeit (nach oben aufgetragen). Die hier dargestellte Beziehung entspricht dem in diesem Buch benutzten Wert von 50 für die Hubblesche Zahl, nicht dem ursprünglich von Hubble ermittelten Wert von 500 (zur Geschichte dieser Zahl vgl. Abb. 6.6).

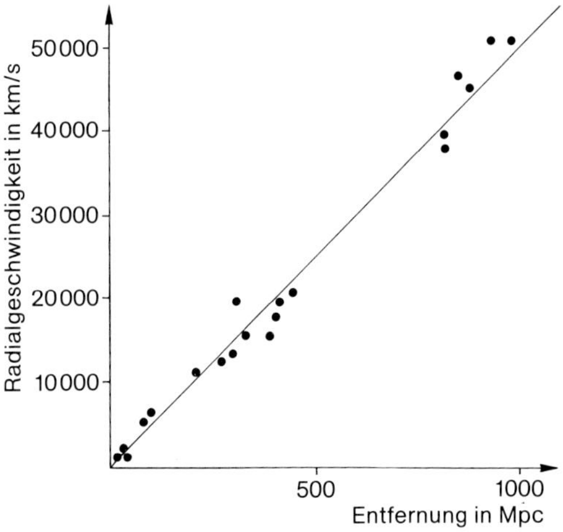

fernung also zunimmt, negativ im anderen Falle. Der Andromedanebel hat demnach eine negative Radialgeschwindigkeit, er bewegt sich ja auf uns zu.)

Die Spiralnebel fliegen mit immer größerer Geschwindigkeit von uns weg, je weiter draußen sie stehen, das war Wirtz' Behauptung. Carl Wilhelm Wirtz stammte aus Krefeld.Er hatte in Bonn Astronomie studiert, dort und an einer Sternwarte in Wien gearbeitet, an der Seefahrtsschule in Hamburg unterrichtet, bis er Observator in Straßburg wurde. Als das Elsaß zu Frankreich kam, mußte er Straßburg verlassen. Er wurde Professor für Astronomie in Kiel. 1937 wurde ihm sein Lehrauftrag aus politischen Gründen entzogen. Nach einer halbjährigen Amerikareise starb er 1939 in Hamburg. Daß Lundmark und Wirtz die bevorstehende Entdeckung ahnten, aber nur Vermutungen äußern konnten, lag daran, daß sie keine Möglichkeit hatten, mit großen Teleskopen zu beobachten, um die Entfernungen der Spiralnebel zu ermitteln.

Hubble hatte inzwischen versucht, nachdem er die Entfernung des Andromedanebels bestimmt hatte, auf dem Mt. Wilson auch die Entfernungen der anderen Spiralnebel zu ermitteln. In einer 1929 erschienenen Arbeit mit dem Titel »Eine Beziehung zwischen Entfernung und Radialgeschwindigkeit bei extragalaktischen Nebeln« kam er mit einer Sensation heraus: Je weiter eine Galaxie von uns entfernt ist, mit um so größerer Geschwindigkeit fliegt sie von uns weg. Die Beziehung, die er gefunden hatte, war denkbar einfach: doppelte Entfernung, doppelte Fluchtgeschwindigkeit, dreifache Entfernung, dreifache Geschwindigkeit ... *Die Fluchtgeschwindigkeit ist proportional der Entfernung* (Abb. 6.2)! Der Proportionalitätsfaktor dieser Beziehung heißt seither die *Hubble-Zahl*, sie wird meist mit H abgekürzt. Damit läßt sich Hubbles Entdeckung so schreiben:

$$\text{Fluchtgeschwindigkeit} = H \times \text{Entfernung.}$$

Als Hubble diese einfache Gesetzmäßigkeit erkannte, standen ihm nur die Radialgeschwindigkeiten von 46 Galaxien zur Verfügung: 41 davon stammten von Slipher. Noch weniger Material hatte er für die Entfernungen. Nur von 24 Objekten hatte er geschätzte Werte. Um handliche Zahlen zu haben, wird in der Hubbleschen Beziehung die Fluchtgeschwindigkeit meist in km/s angegeben, die Entfernung in Mpc. Mit diesen Maßeinheiten lag der von Hubble bestimmte Zahlwert für H bei 500. Eine Galaxie, die ein Mpc von uns entfernt ist, fliegt demnach mit einer Geschwindigkeit von 500 km/s von uns weg, eine, die 10 Mpc weit draußen steht, mit 5000 km/s. Bis auf einige wenige ganz nahe stehende Galaxien fliegen sie alle nach dem Hubbleschen Gesetz von uns weg, die entfernteren schneller als die näheren.

Bei den 24 Objekten, aus denen Hubble sein Gesetz von der Fluchtbewegung der Galaxien hergeleitet hatte, waren die Radialgeschwindigkeiten von vieren durch Milton L. Humason bestimmt worden, seit 1928 hatte Hubble einen neuen Mitarbeiter von unschätzbarem Wert. In unserer Sammlung von Außenseitern, die später der Galaxienforschung Impulse gaben, hatten wir schon einen Musiker, einen Gerichtsreporter, einen Lehrer für alte Sprachen und einen boxenden Juristen. Nun betritt ein Maultiertreiber die Szene.

Humason hatte keine Ausbildung als Wissenschaftler. Sein Kontakt mit der Astronomie entstand, als er mit Maultieren Lasten auf den Mt. Wilson brachte. Er begann, sich für die Tätigkeit der Leute auf dem Berg zu interessieren. Bald avancierte er zum Hausmeister des Observatoriums, kurz darauf zum Nachtassistenten. Dann half er den Astronomen beim Beobachten. Seine Arbeit beeindruckte Shapley und die anderen so, daß man ihm eine feste Stelle als Astronom gab.

Humason sammelte Spektren von Galaxien, für die Hubble Entfernungen bestimmt hatte. Obwohl der 2.5-m-Spiegel damals das größte Teleskop der Welt war, mit überragender Lichtstärke, mußte er trotzdem bei den lichtschwächsten Spiralnebeln seines Beobachtungsprogrammes 50 bis 100 Stunden Belichtungszeit in aufeinanderfolgenden Nächten zusammenstückeln. Einige der Spiralnebel waren so schwach, daß er sie mit dem Auge im Okular gar nicht sehen konnte, sie waren nur von lang belichteten Himmelsaufnahmen her bekannt. So mußte er das Okular des Sucherfernrohres verschieben und einen benachbarten hellen Leitstern im Fadenkreuz halten, dessen Abstand vom Spiralnebel er von Aufnahmen kannte. Er stellte die Apparatur also gerade so ein, daß der Spiralnebel im Spektrografenblickfeld stand, wenn er mit dem Sucherokular in die richtige Richtung danebenzielte. Humason hatte die Gabe, aus einem Teleskop noch das letzte herauszuholen.

Von Humason erzählt man sich im Zusammenhang mit der Weltinseldebatte eine aufschlußreiche Geschichte. Um 1920 gab Shapley Humason einige Platten vom Andromedanebel, damit er dort nach Veränderungen suche. Als Humason ihm die Platten zurückbrachte, hatte er auf ihnen einige Punkte markiert. Er sagte, dies wären Delta-Cephei-Sterne. Daraufhin wischte Shapley die Markierungen weg und belehrte Humason, der ja keine Astronomieausbildung genossen hatte, warum man in dieser Nebelwolke keine Delta-Cephei-Sterne erwarten kann.

Hatte Humason vier Jahre vor Hubble die ersten Cepheiden im Andromedanebel entdeckt? Beide Beteiligten sind heute tot. Wir haben nur die Anekdote, die auf mehreren amerikanischen Sternwarten erzählt wird. Anfang der siebziger Jahre darauf angesprochen, konnte sich der damals schon sehr alte Shapley nicht mehr erinnern, er meinte aber, daß es sich in etwa so abgespielt haben könnte.

Im Jahre 1931 bestimmten Hubble und Humason den Wert der Hubble-Zahl mit 558.

Sind wir in der Mitte der Welt?

Im ersten Augenblick hat man das Gefühl, daß an uns etwas Besonderes sein muß: Alles scheint gerade von dem Punkt wegzulaufen, an dem wir uns befinden. Eddingtons am Eingang dieses Kapitels zitierter Satz bezieht sich darauf.

Wir haben keinen Grund zu glauben, wir wären in der Mitte der Welt. Ich will das hier mit einem Vergleich erläutern. Denken wir uns einen Hefeteig, fertig vorbereitet für einen großen Kuchen, also mit Rosinen drin und bei einer Temperatur, bei der die Hefe den Teig aufgehen läßt. Versetzen wir uns in die Lage einer bestimmten Rosine. Während der Teig langsam sein Volumen vergrößert, bemerkt sie, daß sich alle anderen Rosinen von ihr entfernen. Bei den nahen merkt sie es kaum, die weiter entfernten Rosinen aber bewegen sich mit größerer Geschwindigkeit. Mehr noch, es besteht eine einfache Beziehung zwischen der Geschwindigkeit, mit der sich eine Rosine von ihr wegbewegt, und der Entfernung: doppelte Entfernung, doppelte Geschwindigkeit ... Die Rosine beobachtet in bezug auf ihre Mitrosinen eine Art Hubblesches Gesetz. Darf sie daraus schließen, daß sie in der Mitte des Teiges sitzt? Nein, denn *jede* Rosine wird finden, daß sich alle anderen von ihr wegbewegen und daß Fluchtgeschwindigkeit und Entfernung zueinander proportional sind.

Es geht uns mit den Galaxien im Weltraum genauso. Obwohl es so aussieht, als ob sie sich alle gerade von uns wegbewegen, so dürfen wir nicht daraus schließen, daß wir die Rosine in der Mitte der Welt sind.

Expansionsbewegung und Olberssches Paradoxon

Warum ist es nachts dunkel? Es mag sein, daß wir in jeder Richtung letztlich auf eine Sternoberfläche blicken. Aber die Welt dehnt sich aus. Je entfernter der Stern ist, auf dessen Oberfläche unser Blick fällt, mit um so größerer Geschwindigkeit fliegt er von uns weg. Jedes Lichtquant von dort ist durch den Doppler-Effekt gerötet, ist energieärmer geworden. Wir wollen diese Erscheinung den *Verrötungseffekt* nennen.

Bisher haben wir hauptsächlich davon gesprochen, daß die Spektrallinien eines von uns wegfliegenden Körpers eine Rotverschiebung zeigen. Der Verrötungseffekt kommt durch die Rotverschiebung aller Lichtquanten des kontinuierlichen Spektrums eines von uns wegfliegenden leuchtenden Körpers zustande. Er ist nichts anderes als die in Kapitel 3 besprochene Erscheinung, wonach ein glühendes Stück Eisen kühler, somit röter als sonst erscheint, wenn man sich von ihm entfernt.

Es gibt aber noch einen anderen Effekt. Wenn ein Körper, der sich nicht bewegt, in jeder Sekunde eine Million Lichtquanten in unsere Richtung aussendet, erhalten wir in jeder Sekunde ebenso viele Lichtquanten. Wenn er sich aber von uns wegbewegt, hat jedes nachfolgende Lichtquant einen größeren Weg zurückzulegen als die vorher abgesandten. Deshalb wird es länger brauchen und etwas später ankommen. Die Lichtquanten kommen also in größeren Zeitabständen an, als sie ausgesandt worden sind, genau wie die Brieftauben des sich von zu Hause entfernenden Reisenden (vgl. S. 82). Das aber bedeutet, daß wir – abgesehen davon, daß jedes einzelne Lichtquant röter, also energieärmer ankommt, als es ausgesandt wurde – in jeder Sekunde weniger Quanten empfangen, als in der gleichen Zeit auf den Weg geschickt worden sind. Wir wollen das den *Verdünnungseffekt* nennen. Beide Effekte schwächen das Licht der Galaxien um so stärker, je weiter sie draußen im Raum stehen, denn um so schneller fliegen sie – nach Hubble – von uns fort (Abb. 6.3). Sehen wir zum Nachthimmel, dann blicken wir tatsächlich in jeder Richtung auf Galaxien und in ihnen auf die Oberflächen von Sternen (Abb. 6.4). Die Lichtquanten von entfernteren

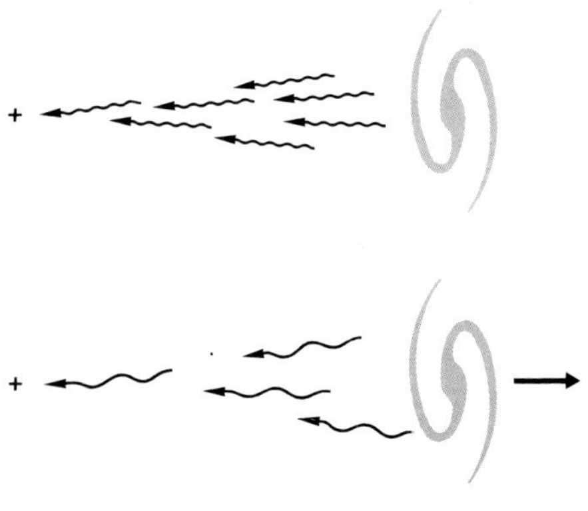

Abb. 6.3: Verrötungs- und Verdünnungseffekt bei einer von uns wegfliegenden Galaxie. Wir stehen bei dem kleinen Kreuz links. Oben: Von einer Galaxie kommen Lichtquanten (gewellte Pfeile) mit bestimmten Wellenlängen bei uns an. Der Einfachheit halber sind nur Quanten gleicher Wellenlänge gezeichnet. Wenn sich die Galaxie von uns wegbewegt (unten), dann kommt jedes einzelne Lichtquant mit größerer Wellenlänge bei uns an (das heißt, es erscheint uns röter). Außerdem kommen in jeder Sekunde weniger Lichtquanten (das heißt, die Strahlung erscheint uns verdünnt).

Galaxien erscheinen uns langwelliger und daher energieärmer, und sie kommen in größerem zeitlichen Abstand an. Die Strahlung von ihnen ist also viel mehr geschwächt. Wenn wir nachts auf den Himmelshintergrund schauen, sehen wir eben nicht das Licht unzähliger ferner Sterne, die unbewegt stehen, sondern die Überlagerung des Lichtes der Sterne vieler entfernter, wegfliegender Galaxien. Ihr Licht ist durch die Fluchtbewegung geschwächt (Abb. 6.5). Oft wird behauptet, daß diese Abschwächung des Lichtes wegfliegender Galaxien den Nachthimmel dunkel macht. Der an der Universität von Massachusetts in den USA lehrende Kosmologe Edward R. Harrison hat aber einen einfachen Beweis dafür gegeben, daß dieser Effekt den sonnenhellen Nachthimmel nur geringfügig verdunkeln würde.

Verrötungs- und Verdünnungseffekt erklären eine Erscheinung, die wir im Zusammenhang mit einem von Herrn Meyers Träumen erwähnt haben (vgl. S. 83). Betrachte ich nämlich einen Körper von sagen wir 2000 K, so zeigt er ein Spektrum, wie es in Abbildung 2.9 gezeichnet ist. Bewegt sich aber der strahlende Körper mit großer Geschwindigkeit von mir weg, dann gaukeln mir Verdünnungs- und Verrötungseffekt vor, sein Licht sei schwächer und langwelliger. Der Körper erscheint mir kühler. Entfernt er sich von mir mit 84 000 km/s, so beobachte ich das Licht eines strahlenden Körpers von 1500 K. Obwohl er in Wahrheit ein Spektrum besitzt, das der oberen Kurve in Abbildung 2.9 entspricht, nehme ich wegen der großen Geschwindigkeit, mit der er sich von mir entfernt, das Spektrum der unteren Kurve wahr.

Verdünnung und Verfärbung des Lichtes der Sterne wegfliegender Galaxien schwächen das Licht nicht stark genug, um eine Erklärung für den dunklen Nachthimmel zu geben. Aber kommt es überhaupt auf das Sternlicht an? Wenn wir in immer größere Entfernungen blicken, sehen wir immer weiter in die Vergangenheit zurück, in eine Zeit, in der es vielleicht noch gar keine Galaxien und noch gar keine Sterne gab. Dort fällt unser Blick auf Materie, die noch in ihrer ursprünglichen Form ist. Wenn diese Materie dunkel war, so blicken wir heute an vielen Sternen und Galaxien vorbei in die strukturlose dunkle Materie vom Anfang der Welt. Es könnte sein, daß darin der Grund liegt, warum es nachts dunkel ist. Deshalb werden wir auf das Olberssche Paradoxon noch einmal in Kapitel 12 zurückkommen, wenn wir mehr über die Materie wissen, die strukturlos am Anfang der Welt entstand.

Abb. 6.4: Das Olberssche Paradoxon mit dem Himmel voller Galaxien. Wenn die Galaxien seit unendlicher Zeit unbewegt gleichförmig verteilt im unendlichen Raum stünden, wäre der Himmel so hell wie die Sonnenscheibe.

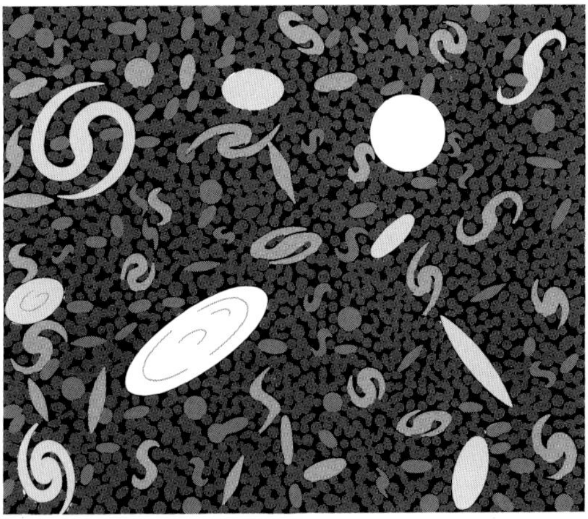

Abb. 6.5: Verrötungs- und Verdünnungseffekt schwächen das Licht der sich von uns wegbewegenden Galaxien. Die entferntesten (im Bild die kleinsten) fliegen mit der größten Geschwindigkeit von uns fort. Ihr Licht ist daher am stärksten geschwächt.

Wann fing es an?

Wenn sich alle Galaxien voneinander entfernen, so kann man in Gedanken in die Vergangenheit zurückgehen, in Zeiten, als sie noch enger beieinander standen. Wie weit kann man zurückgehen? Wann waren alle Galaxien beieinander? Wann war jene gewaltige Explosion, jener Urknall, mit dem alles begann? Nehmen wir der Einfachheit halber an, die Fluchtgeschwindigkeit zwischen zwei Galaxien war immer dieselbe, so können wir herausfinden, wann in der Vergangenheit sie beisammen gewesen sein müssen. Wir kennen ja Entfernung und Geschwindigkeit. Entfernung *durch* Geschwindigkeit ergibt die *Zeit.* Aus dem von Hubble und Humason bestimmten Zahlwert für die Hubble-Zahl folgt, daß die Urexplosion vor 1.8 Milliarden Jahren stattgefunden haben muß. Sollte die Welt tatsächlich vor 1.8 Milliarden Jahren ihren Anfang gehabt haben? Das schafft neue Probleme.

Es gibt verschiedene Methoden, das Alter der Erde abzuschätzen. Radioaktive Elemente, die langsam in andere zerfallen, sind langlebige Uhren. Während die Zeit fortschreitet, zerfällt das eine Element, und die anderen, die Zerfallsprodukte, reichern sich an. Daraus können wir abschätzen, wann die ersten radioaktiven Elemente in der Erdkruste erstarrten. Demnach bekam die Erde vor etwa vier Milliarden Jahren ihre feste Kruste. Die Hubblesche Expansion ergibt aber eine viel kürzere Zeit. Eddington schrieb damals etwas bestürzt über die Schnelligkeit, mit der das Weltall auseinanderfliegt: »Wir erwarteten keine Unwandelbarkeit; aber wir waren doch darauf gefaßt, eine größere Beständigkeit zu finden als unter irdischen Bedingungen. Und nun scheint es fast, als wandelten die Himmel sich schneller denn die Erde.«

Geowissenschaftler begannen, die Astronomen ob ihrer obskuren Ergebnisse scheel anzublicken. Was ist das für eine Wissenschaft, die behauptet, das Weltall sei jünger als die Erde? Die Lösung lag im Fehler der Entfernungsbestimmung, die noch auf Shapleys alter Perioden-Leuchtkraft-Beziehung für Delta-Cephei-Sterne beruhte. Wir hatten gesehen, daß es erst 1952 Baade gelang, die Eichung dieser Beziehung in Ordnung zu bringen. Alle Entfernungen zwischen den Galaxien waren in Wahrheit etwa doppelt so groß wie vorher angenommen. Da die mit Hilfe des Doppler-Effekts bestimmten Radialgeschwindigkeiten durch Baades Revision der Entfernungen nicht beeinflußt wurden, hieß das, daß die

Hubble-Zahl nur etwa halb so groß war, das daraus bestimmbare Weltalter damit doppelt so groß. Mit Hilfe von Baades neuer Entfernungsskala bestimmte man 1952 die Hubble-Zahl neu mit 290, was einem Weltalter von etwa 3.5 Milliarden Jahren entsprach. Das war schon nicht mehr in so krassem Widerspruch zu dem, was die Geowissenschaftler haben wollten.

Auch in der Zeit nach 1952 hatte die Hubble-Zahl eine recht wechselvolle Geschichte (Abb. 6.6). Cepheiden eignen sich nämlich nur bis hinaus zu etwa 4 Mpc als Entfernungsindikatoren. Steht ein Spiralnebel weiter draußen, können wir von der Erde aus seine Cepheiden nicht mehr einzeln erkennen. Ihr Licht geht im allgemeinen verwaschenen Leuchten des Nebels unter. Auch Novae, die man in den näheren Galaxien aufleuchten sieht und von denen man erhofft, daß ihre Maximalhelligkeit von Galaxie zu Galaxie nicht allzu verschieden ist, so daß sie als Standardkerzen dienen können, sind in entfernteren Galaxien nicht mehr als Einzelsterne auszumachen. So muß man sich neue Standardlichtquellen suchen. Bei den Galaxien, deren Entfernungen noch mit Hilfe der Cepheiden be-

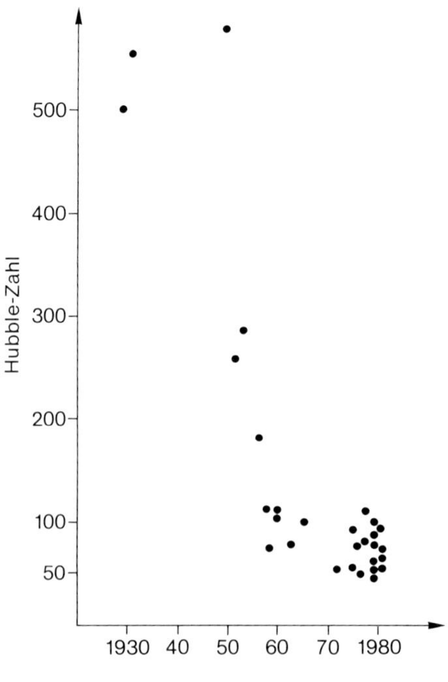

Abb. 6.6: Die wechselvolle Geschichte der Hubble-Zahl. War ihr ursprünglicher Wert 550 und mehr, so ist sie seit etwa 1950 merklich kleiner geworden. Heute sind die Werte 50 und 100 im Gespräch und alles, was dazwischen liegt.

stimmt werden können, kann man sie eichen. So kann man die hellsten Sterne jeder Galaxie nehmen. Es zeigt sich, daß in all den Galaxien, in denen wir es nachprüfen können, weil wir von ihnen Cepheidenentfernungen haben, die hellsten Sterne ungefähr gleiche Strahlungsleistung haben. Noch besser eignen sich die Supernovae als Standardkerzen. Sie werden im Maximum der Explosion so hell, daß man sie bis weit hinaus in den Raum sieht. Mit ihnen kommt man bis etwa 150 Mpc. Weiter hinaus helfen uns keine sternartigen Objekte mehr. Wie man die Vermessung der Welt trotzdem noch weitertreiben kann, werden wir später in Anhang D sehen.

Bei den Galaxien bis zu 4 Mpc war durch Baades Korrektur von 1952 die Entfernungsskala festgelegt. Bei den Astronomen ist fast in Vergessenheit geraten, daß bereits im Jahre 1950 Alfred Behr eine Korrektur der kosmischen Entfernungsskala vorgeschlagen hat. Damals schickte er von Freiburg im Breisgau aus eine Arbeit an die Redaktion der »Astronomischen Nachrichten«, in der er vorschlug, die von Hubble genommenen Entfernungen um das 2.2fache zu vergrößern und für die Hubble-Zahl den Wert 260 zu nehmen. Dabei fußte er auf der Hubbleschen Entfernung des Andromedanebels und zeigte Fehler beim Übergang zu entfernteren Galaxien auf. George Gamow schrieb 1951 sein populäres Buch »The Creation of the Universe«. Er arbeitete noch mit dem Hubble-Humasonschen Wert für die Hubble-Zahl und diskutierte die Widersprüche, die daraus und aus den geophysikalischen Altersbestimmungen folgten. Aber er kannte schon Behrs Korrektur, und er sah in ihr einen Ausweg aus der Diskrepanz. Gamow konnte noch nicht ahnen, daß seine Rechnungen schon bald revisionsbedürftig werden sollten. Im nächsten Jahr fand Baade, daß der Andromedanebel doppelt so weit entfernt ist, als Hubble angenommen hatte. Die Behrsche und die Baadesche Korrektur zusammen vergrößerten die Welt nun um den Faktor vier. Das Weltalter lag damit bei sieben Milliarden Jahren. Die Astronomen spötteln: Der liebe Gott hat das Weltall erschaffen, aber Behr und Baade haben es vervierfacht.

Die wechselvolle Geschichte der Hubble-Zahl nach 1952 rührte daher, daß man bei den Standardlichtquellen für größere Entfernungen (vgl. Anhang D) Fehler machte. So hat es erst eine Weile gedauert, bis man merkte, daß das, was man in entfernten Galaxien für die hellsten Sterne hielt, in Wahrheit Gaswolken sind, von jungen Sternen zum Leuchten angeregt. Das hatte aber keinen Einfluß auf die Entfernung des Andromedanebels, da seine Entfernung auf der Cepheidenmethode beruht, und an der hat seit 1952 niemand mehr merklich gerüttelt.

Heute pendelt der Wert der Hubble-Zahl zwischen 50 und 100 hin und her. Allan Sandage von den Mt.-Wilson- und Palomar-Observatorien und der Schweizer Astronom Gustav Tammann haben kürzlich in einer sorgfältigen Analyse den Wert der Hubble-Zahl zu 50 bestimmt. Mit diesem Wert wollen wir in diesem Buch immer rechnen, wenn es darum geht, aus Radialgeschwindigkeiten Entfernungen herzuleiten und umgekehrt. Der Hubble-Zahl vom Werte 50 entspricht ein Weltalter von 20 Milliarden Jahren. Sollte sie dagegen den Wert 100 haben, dann wären die Spiralnebel schon vor zehn Milliarden Jahren beisammen gewesen. Nun scheinen die Astronomen mit den Geowissenschaftlern in Einklang zu stehen. Aber sie selbst haben inzwischen Methoden entwickelt, das Alter von Sternen und Sterngruppen zu bestimmen. Den Altersrekord scheinen die Kugelsternhaufen zu halten. Erst kürzlich hat der an der Yale-Universität arbeitende kanadische Astronom Pierre Demarque in einer eingehenden Untersuchung abgeschätzt, daß einige von ihnen etwa 16 Milliarden Jahre alt sein müssen. Das wäre mit dem Sandage-Tammannschen Wert von 50 für die Hubble-Zahl noch vereinbar.

So wäre die Welt wieder in Ordnung, gäbe es nicht Gerard de Vaucouleurs. Der 1918 in Paris geborene Wahlamerikaner lehrt an der Universität von Texas in Austin. Er hat sich der mühevollen Aufgabe unterzogen, die kosmische Entfernungsskala festzulegen. Dabei geht er unabhängig von Sandage und Tammann vor. Bis zu Entfernungen, bei denen man Cepheiden sehen und mit ihnen Entfernungen festlegen kann, stimmen Sandage und Tammann beide mit de Vaucouleurs überein. So gibt es zum Beispiel Übereinstimmung bei der Entfernung des Andromedanebels. Dann aber werden die Sandage-Tammann-Entfernungen doppelt so groß wie die de Vaucouleursschen. Wie weit ist der Virgo-Haufen von uns entfernt? »24 Mpc«, rufen Sandage und Tammann wie aus einem Munde, »12 Mpc«, sagt de Vaucouleurs. Dementsprechend hat seine Hubble-Zahl den Wert 100. Wenn dieser Wert der richtige ist, dann kommen wir mit unseren Vorstellungen vom Alter der Welt in Schwierigkeiten. Denn dann wären die Kugelsternhaufen älter als das Weltall. Auf die Probleme, die uns große Zahlenwerte für die Hubble-Zahl bringen, werden wir in Kapitel 8 zurückkommen.

Wenn man die wechselvolle Geschichte der Hubble-Zahl verfolgt, die auf verschiedenen Zahlenwerten für die Entfernungen der entferntesten Galaxien beruht, dann sieht das Ganze für einen Außenstehenden schon wie eine recht unsichere Angelegenheit aus. Man stelle sich einen Schneidermeister vor, dem ein Astronom bei der Anprobe gesteht, daß es leider nicht möglich sei, die Maße des Weltalls genauer als bis auf den Faktor zwei angeben zu können. Was wäre, wenn der Schneidermeister auch nicht genauer arbeiten könnte? Für den Anzug, dessen einer Ärmel nur bis zum Ellenbogen reicht, während ein Hosenbein beim Gehen wie eine Schleppe nachschleift, würde sich der Astronom bedanken. Von seinem Schneider verlangt er eine etwa hundertfach höhere Genauigkeit, als sie ihm selbst im Weltall möglich ist. Es geht aber zur Zeit eben nicht genauer. Wir kleben an der Oberfläche unseres Planeten und versuchen mit den raffiniertesten Tricks, Entfernungen in Bereichen festzulegen, die uns für immer unzugänglich sind. Aber unsere Tricks sind nicht immer gut genug.

Das Wichtigste an der von Hubble entdeckten Galaxienflucht ist nicht der genaue Zahlenwert der nach Hubble benannten Zahl. Vergegenwärtigen wir uns die Tragweite der Hubbleschen Entdeckung. Zum erstenmal war 1929 von astronomischer Seite der Hinweis gekommen, daß das Weltall nicht seit unendlicher Zeit besteht, daß statt dessen vor einer langen, aber *endlichen* Zeit ein Ereignis stattgefunden haben muß, das wir vielleicht als die Entstehung des Universums bezeichnen können! Endlichkeit statt Unendlichkeit, das ist begrifflich ein Unterschied wie Tag und Nacht. Wenn das Weltall seit unendlicher Zeit besteht, können wir in Gedanken in die Vergangenheit zurückgehen, Jahrmillionen und Jahrmilliarden im Geiste überspringend, ohne daß wir uns dabei dem Anfang der Welt auch nur ein bißchen nähern würden. Dann läge der Akt der Schöpfung in unendlich weiter Vergangenheit. Man könnte mit Recht sagen, die Welt sei niemals entstanden, sie sei schon immer dagewesen. Nun kam der Hinweis, daß das Weltall vor einigen Milliarden Jahren entstanden ist. Das Ereignis liegt zwar sehr weit zurück, aber es ist ein endlicher Zeitraum, der uns davon trennt. Jedes Jahr, das wir in Gedanken in die Vergangenheit zurückgehen, bringt uns dem Moment der Schöpfung näher.

Die sich ausdehnende Welt mit einem Anfang vor endlicher Zeit hat uns Edwin Hubble gelehrt. In den Jahren danach blieb er der Galaxienforschung weiter treu (wir werden in Kapitel 9 noch mehr von seiner Arbeit erfahren).

Er muß immer eine große Distanz zu seinen Mitmenschen gehabt haben, der aus Missouri stammende Hubble mit der Oxford-Ausbildung. Shapley, den er mit seinem Beweis der Weltinselhypothese schwer getroffen hatte, hat ihn nie recht gemocht. »Wir haben uns nur selten besucht«, schrieb Shapley später in seinen Lebenserinnerungen über die gemeinsame Zeit am Mt.-Wilson-Observatorium. ». . . Er sprach mit einem dicken Oxford-Akzent. Dabei stammte er aus Missouri, nicht weit von meinem Geburtsort, und wahrscheinlich konnte er den Dialekt von Missouri, aber er sprach ›Oxford‹ . . . Die Damen um ihn liebten den Hauch von Oxford sehr.« Shapley soll auch gesagt haben: »Wenn man Hubble nachts weckt, dann spricht er sicherlich so wie ich.«

Als Amerika in den Zweiten Weltkrieg eintrat, meldete sich Hubble wieder zum aktiven Dienst. Er wurde aber nur im Heimatdienst eingesetzt und arbeitete in der militärischen Forschung. Nach dem Kriege kehrte er zum Mt.-Wilson-Observatorium zurück. Im Jahre 1953, während er sich auf vier Beobachtungsnächte auf Palomar Mountain vorbereitete, starb er plötzlich an Gehirnschlag.

In seinem Nachruf erinnerte sich Humason seines ersten Zusammentreffens mit Hubble: »Er fotografierte am Newton-Fokus des 1.5-m-Spiegels, stehend, während er das Teleskop führte. Seine große, lebhafte Figur, die Pfeife im Mund, hob sich deutlich gegen den Himmel ab. Ein Windstoß schlug seinen Militärmantel um seinen Körper und blies von Zeit zu Zeit Funken aus der Pfeife in die Dunkelheit des Kuppelraumes . . . Die Zuversicht und die Begeisterung, die er in jener Nacht zeigte, waren typisch für die Art, wie er alle seine Probleme anpackte. Er war selbstsicher, er war sich im klaren, was er tun wollte und wie.«

Galaxien, die auf uns zukommen

Die erste Radialgeschwindigkeit, die Slipher an einem Spiralnebel gemessen hatte, war die der Andromedagalaxie, die mit 300 km/s auf uns zuschießt; ein Gegenbeispiel zum Hubbleschen Gesetz, das wir eben so hochgelobt haben?

Einige wenige Galaxien, durchweg solche, die sehr nahe stehen und deshalb auch nur eine relativ geringe Fluchtbewegung haben sollten, scheinen von der Hubbleschen Relation abzuweichen. Alle Galaxien, die weit genug entfernt sind, fliegen von uns weg. Woher kommt das außergewöhnliche Verhalten der nahen? Das läßt sich einfach erklären. Wir messen von der Erde aus, die sich mit der Sonne und den Nachbarsternen mit einer Geschwindigkeit von 250 km/s um das Zentrum der Milchstraße bewegt. Blicken wir auf einen Spiralnebel, auf den wir infolge unserer Umlaufbewegung um das Milchstraßenzentrum zufliegen. Nehmen wir erst einmal an, er würde an der Hubbleschen Fluchtbewegung gar nicht teilnehmen. Dann würde es uns, die *wir* uns auf ihn zubewegen, erscheinen, als käme *er* auf uns zu. Wenn wir jetzt annehmen, daß er an der Hubble-Bewegung teilnimmt, und wenn der Spiralnebel recht nahe steht, so daß er nur eine geringe Fluchtgeschwindigkeit hat, kann es immer noch so scheinen, als ob er sich auf uns zubewegen würde. Tatsächlich zeigen die meisten der sich scheinbar auf uns zubewegenden Galaxien eine *Flucht*bewegung, wenn man die Erdbewegung von der gemessenen scheinbaren Geschwindigkeit abzieht. Es bleiben aber noch einige Fälle sich uns nähernder Galaxien übrig.

Sie gehören zu unseren unmittelbaren Nachbarn. Die Milchstraße, der Andromedanebel, die Magellanschen Wolken und noch mindestens 15 andere Galaxien bilden ein Untersystem von etwa zwei Mpc Durchmesser. Sie sind einander so nahe, daß ihre gegenseitige Anziehung ihre Bewegung beeinflußt. Außerdem scheinen alle Galaxien neben der Hubbleschen Fluchtbewegung noch kleine zusätzliche, regellose Bewegungen zu zeigen. Bei nahen Galaxien, die noch sehr geringe Hubble-Geschwindigkeiten haben, überwiegen dann die regellosen Geschwindigkeiten. Nehmen wir eine Galaxie, die 1 Mpc von uns entfernt steht. Nach der Hubbleschen Beziehung müßte sie sich mit 50 km/s von uns wegbewegen. Wenn nun ihre Geschwindigkeit infolge der regellosen Bewegungen der Galaxien größer ist, und wenn diese zufällig in unsere Richtung weist, nähert sie sich uns. Aber das sind Feinheiten, die nur bei nahen Galaxien eine Rolle spielen, bei entfernteren überwiegen die Hubbleschen Geschwindigkeiten, und alles entfernt sich von uns.

Sieht man also von einigen Ausnahmen in unmittelbarer Nähe ab, so erscheint die Expansion eine recht fundamentale Eigenschaft unserer Welt zu sein. Wie fundamental ist sie? Wird vielleicht alles größer, wachsen Sterne und Planeten und mit der Erdoberfläche die Grundstücke? Werden unsere Häuser langsam größer, und wachsen auch wir mit dem Weltall? So ungeheuer die Fluchtgeschwindigkeiten der fernen Galaxien auch sind, für die von uns gewohnten Größenverhältnisse wäre die Expansion unmerklich. Der Mensch würde im Jahr um weniger als ein zehnmillionstel Millimeter wachsen. Der Abstand Sonne – Erde würde sich in 1000 Jahren um 8 km vergrößern. Wenn sonst alle physikalischen Konstanten unverändert blieben, würde sich die Jahreslänge in 1000 Jahren um zwei Sekunden vergrößern, ein verschwindend winziger Effekt!

Aber auch wenn wir nach ihm suchten – wir würden wohl nichts finden. Es scheint grundsätzlich so zu sein, daß die Expansionsbewegung des Weltalls nicht etwa von einer aller Materie innewohnenden Abstoßungskraft herrührte, die alles auseinandertreiben würde, auch die Atome unseres Körpers. Es scheint sich vielmehr um Anfangsschwung zu handeln, den alle Materie mitbekommen hat. Als sich in den auseinanderfliegenden Massen Klumpen bildeten, aus denen Galaxien und Sterne wurden, hielt die Schwerkraft sie gegen die Hubble-Bewegung zusammen. Galaxien, ja sogar Galaxiengruppen halten zusammen, werden nicht größer, dehnen sich nicht aus. Sie fliegen als ganze Gebilde voneinander weg.

Zweifel an der Fluchtbewegung

Seit der Entdeckung der Rotverschiebung in den Spektren der Galaxien kamen immer wieder Zweifel auf, ob sie auch wirklich als ein Zeichen für eine Fluchtbewegung gedeutet werden darf. Schließlich beobachtet man nur eine Verschiebung der Fraunhofer-Linien und keine Bewegung selbst. Es gibt keinen anderen Hinweis darauf, daß sich das Weltall ausdehnt. Alle unsere Argumente für eine Expansion müssen über die Hürde der Deutung mit Hilfe des Doppler-Effekts. Vieles wurde versucht, für die Rotverschiebung eine andere Erklärung zu geben. Hier ist ein Beispiel.

»Ermüdet« vielleicht das Licht auf seinem langen Weg zu uns, wird es energieärmer und damit röter? Will man mit dieser Hypothese leben, muß man annehmen, daß eines der fundamentalsten Naturgesetze nicht streng gilt: der Satz von der Erhaltung der Energie. Man muß sich dann wundern, warum man ihn sonst so genau erfüllt sieht. Vielleicht geht die Energie nicht wirklich verloren, sondern wird irgendwo in anderer Form aufbewahrt? Wahrscheinlich ist der Raum zwischen den Galaxien nicht völlig leer, vielleicht stoßen die Lichtquanten auf ihrem Weg zu uns mit Teilchen, vielleicht mit Elektronen zusammen, geben diesen jeweils einen leichten Stoß und fliegen danach mit etwas verminderter Energie weiter, also mit etwas längerer, zum Roten hin verschobener Wellenlänge. Die Energie würde dann in der nach dem Stoß etwas vergrößerten Geschwindigkeit des Elektrons stecken. Das Lichtquant wäre danach energieärmer, und der Satz von der Erhaltung der Energie wäre nicht verletzt.

Man kennt den Vorgang der Kollision eines Lichtquants mit einem Teilchen, etwa einem Elektron, recht gut vom Experiment her. Man weiß, daß dabei das Lichtquant nicht nur etwas Energie verliert, sondern daß es durch den Stoß auch etwas aus seiner ursprünglichen Flugrichtung gebracht wird. Und damit kommt die Schwierigkeit: Ein Lichtquant von einer fernen Galaxie müßte auf seinem Weg zu uns sehr oft mit einem Elektron zusammengeraten, um einen beträchtlichen Teil seiner Energie loszuwerden. Bei jedem Stoß hätte es auch ein wenig seine Richtung verändert. Längst müßte es so weit abgelenkt worden sein, daß es aus einer von der ursprünglichen merklich verschiedenen Richtung zu uns kommt. Alle Lichtquanten, die uns von einer Galaxie erreichen, müßten aus einem größeren Winkelbereich bei uns ankommen, die Galaxie erschiene über einen großen Fleck am Himmel verschmiert. Das ist aber nicht der Fall. Wenn auch die Galaxie am Himmel ein verwaschenes Bild zeigt, sehen wir doch das Licht jeder Supernova, die in ihr aufleuchtet, gestochen scharf. Die Elektronen haben es nicht merklich abgelenkt, also können sie seinen Lichtquanten auch keine Energie weggenommen haben.

Alle Versuche, der kosmischen Rotverschiebung eine andere physikalische Erklärung zu geben, sind bisher fehlgeschlagen, obwohl Physiker von höchstem Ansehen, darunter Max Born (1882–1970), sich daran versucht haben.

Trotzdem geben Astronomen ihren an die Spiralnebelflucht glaubenden Kollegen immer wieder Nüsse zu knacken. Da fand man auf den Aufnahmen zum Beispiel Galaxienpaare, die miteinander zusammenzuhängen scheinen. Die beiden Nebelflecken scheinen auf der Platte wie durch einen schwach leuchtenden Steg miteinander verbunden. Und doch haben sie völlig verschiedene Rotverschiebungen, stehen daher bei der Doppler-Effekt-Deutung nach dem Hubbleschen Gesetz in großer Entfernung hintereinander und können also nichts miteinander zu tun haben. Was aber sollen dann die beobachteten Lichtbrücken zwischen ihnen?

Der Astrophysiker Geoffrey Burbidge äußerte oft die Ansicht, daß wir vielleicht bei der Deutung der Rotverschiebung auf andere

Weise als die herkömmliche auf ein ganz neues Naturgesetz stoßen werden. Das wäre natürlich schön, wenn wir Astrophysiker den Physikern, die uns heute immer noch wegen des alten Fehlers bei der Entfernungsbestimmung der Galaxien hänseln, eine Lektion erteilen könnten! Aber es gibt bisher keinen echten Hinweis dafür, daß die Rotverschiebung nicht vom Doppler-Effekt herrührt.

Was steht weiter draußen?

Slipher hatte um 1925 in seiner Sammlung von Galaxienspektren eines mit einer Rotverschiebung, die einer Fluchtgeschwindigkeit von 1800 km/s entspricht, das sind 0.6 Prozent der Lichtgeschwindigkeit. Im Jahre 1931 hatten Hubble und Humason in ihrer Liste eine Galaxie, die sich mit 6.7 Prozent der Lichtgeschwindigkeit von uns wegbewegte, 1935 fand Humason eine mit 14 Prozent, dann entdeckte man einen entfernten Haufen von Galaxien mit 20 Prozent. Im Jahre 1978 lag der Geschwindigkeitsrekord bei etwas über der halben Lichtgeschwindigkeit. Das Objekt muß, wenn man für die Hubble-Zahl den Wert 50 annimmt, 3000 MpC von uns entfernt stehen. Zehn Milliarden Jahre ist das Licht von jenem Sternsystem schon unterwegs gewesen, wenn es in unsere Spiegelteleskope fällt. Als es sich in jener fernen Welt auf den Weg machte, gab es weder Sonne noch Erde. Wir werden später (in Kapitel 11) sehen, daß es noch viel weiter draußen Himmelskörper gibt, von deren Existenz man erst seit dem Jahre 1963 etwas weiß.

Nach dem Hubbleschen Gesetz bewegt sich eine Galaxie, die 6000 Mpc entfernt ist, gerade mit Lichtgeschwindigkeit von uns weg. Aber schon Galaxien, die nicht ganz so weit entfernt sind, können wir nicht wahrnehmen. Wegen der Verrötung infolge des Doppler-Effekts und wegen des Verdünnungseffekts der Lichtquanten ist ihr Licht mit unseren Instrumenten nicht mehr meßbar. Je näher Galaxien der kritischen Entfernung von 6000 Mpc stehen, um so mehr ist ihr Licht geschwächt. Von Galaxien bei der kritischen Entfernung kommt auch nicht mehr das schwächste Signal zu uns und von den weiter draußen stehenden erst recht nicht. Durch die Expansion der Welt ist uns eine natürliche Grenze des Sehens gegeben. Unser Blick reicht nicht über die Entfernung von 6000 Mpc hinaus. Wie ein Horizont schließt sich dort eine Kugel um uns, und von der Außenwelt nehmen wir nichts wahr.

Ist es sinnvoll zu fragen, wie jene Welt aussieht, in die unser Blick nicht vordringen kann? Ob es in ihr auch Galaxien gibt? Diese müßten sich dann mit Geschwindigkeiten von uns wegbewegen, welche die des Lichtes überschreiten. Steht das im Widerspruch zur Physik, nach der Überlichtgeschwindigkeiten verboten sind?

Aber nicht nur die Frage, bis zu welchen Geschwindigkeiten das Hubblesche Gesetz gilt, bringt uns in Verständnisschwierigkeiten. Auch die Frage, wie es draußen weitergeht, ob der Raum bis ins Unendliche mit Galaxien angefüllt ist, wie immer sie sich auch bewegen mögen, bringt begriffliche Probleme. »Einmal muß es doch zu Ende sein«, denkt man sich, »und wenn es so ist, wie sieht die Grenze des Weltalls dann aus?« Unwillkürlich kommt man auf Fragen, wie der Raum denn da draußen beschaffen ist. Das aber bedeutet, daß man etwas über die Geometrie unseres Raumes wissen will. Wie schon bei der Frage nach der Endlichkeit des Weltalls kommt man gleich wieder auf unanschauliche Vorstellungen und Begriffe, die der Mathematiker zwar bändigen, mit denen der Laie aber wenig anfangen kann. Glücklicherweise gibt es einen leichteren Zugang zu den geometrischen Begriffsbildungen, die zur Beschreibung der Natur des Raumes, in dem wir leben, notwendig sind: die Geometrie der Flächen. Was wir bei unserem dreidimensionalen Raum nur schwer anschaulich erfassen, ist uns bei Flächen aus der täglichen Anschauung vertraut. Wir verlassen nunmehr vorläufig den Bereich der beobachtenden Astronomie. Der größte Teil des nächsten Kapitels spielt in einem vereinfachten Weltall, in der Flächenwelt.

7 Urknall in Flachland

Ich nenne unsere Welt Flächenland – nicht, weil wir sie so nennen, sondern um euch, meinen glücklichen Lesern, die ihr das Privileg genießt, im Raume zu leben, ihre Natur besser erklären zu können.

Edwin A. Abbott, »Flächenland« *

In unseren Gedanken über die Struktur des Weltraumes stoßen wir auf Schwierigkeiten. Nicht nur, daß sich seine unermeßlichen Weiten unserer Vorstellungskraft entziehen, auch wenn man uns sagt, unser Raum sei in sich gekrümmt, läßt uns unsere Anschauung im Stich. Was aber eine gekrümmte Fläche ist, das weiß jeder von uns, auch wenn ihm ein dreidimensionaler gekrümmter Raum Schwierigkeiten bereitet. Vieles, was Mathematiker von der Struktur unseres dreidimensionalen Raumes nur mit komplizierten Formalismen zeigen können, wird uns unmittelbar einsichtig, wenn wir Flächen, also zweidimensionale Räume, betrachten. Flächen erscheinen uns ungleich einfacher als Räume – oder anders ausgedrückt: Vor Flächenwelten sind wir ungleich intelligenter als vor unserer eigenen dreidimensionalen Welt. Das wollen wir uns in diesem Kapitel zunutze machen.

Herrn Meyers Traum von Flachland

Es war wieder abends, als Herr Meyer in seinem Wohnzimmer im Lehnstuhl saß, vor ihm der große Tisch, auf dessen blanker Platte ein Pfennigstück liegengeblieben war. Daneben seine Visitenkarte. Obwohl er sehr müde war, sah er deutlich das kreisrunde Geldstück und den rechteckigen dünnen Karton. Nur mühsam konnte Herr

* Edwin A. Abbott, Flächenland. Ein mehrdimensionaler Roman, verfaßt von einem alten Quadrat. Stuttgart 1982

Meyer sich wachhalten, und langsam rutschte er in seinem Stuhl immer tiefer. Er registrierte schwach, während er in schrägem Winkel auf die Tischplatte blickte, wie der Pfennig Ellipsenform annahm und die Umrisse der Karte zu einem Parallelogramm wurden. Langsam rutschte er weiter, bis seine Augen auf der Höhe der Tischplatte waren. Der Pfennig, den er jetzt genau von der Seite sah, erschien nur noch als eine kurze gerade Strecke. Auch die Visitenkarte war nur noch ein Linienstück.

Obwohl Herr Meyer fast schon schlief, kam ihm plötzlich der Gedanke, daß die Ebene der Tischplatte vielleicht eine Welt sei, in der es nicht nur flache Gegenstände gibt, wie Visitenkarten, sondern vielleicht auch flache Lebewesen. Er starrte weiter auf die Tischkante mit den beiden Strecken von Pfennigstück und Visitenkarte. Aber da war noch ein drittes Streckenstück – und das bewegte sich! Einmal erschien es ihm länger, dann wieder kürzer, dann schob es die Visitenkartenstrecke etwas beiseite und setzte seinen Weg fort. Plötzlich hatte er das Gefühl, das bewegliche Ding käme genau in sein linkes Auge. Da schreckte er hoch.

Nun sah er alles wieder von oben, das kreisrunde Pfennigstück, das Rechteck der Karte – und auch noch das bewegliche Gebilde, das vorher noch nicht da war und das nun in der Ebene der Tischplatte herumzuschwimmen schien. Er erkannte Arme, Beine und Augen. Es ist flacher als eine Wanze, dachte Herr Meyer. Die Tischplatte vor mir ist eine bewohnte Welt wie die unsrige. Wir Menschen leben in einer dreidimensionalen Welt. Jeder Gegenstand hat Ausdehnungen nach drei Richtungen: Länge, Breite und Höhe. Jetzt sehe ich eine zweidimensionale Welt vor mir, Gegenstände und Lebewesen, die wie zwischen Glasplatten gepreßt nur zwei Dimensionen zur Verfügung haben. Nur Länge und Breite bilden ihren Raum. Wer in dieser Welt lebt, sieht den Himmel nicht als Kugel über sich, sondern als geschlossenen Kreis um sich herum. Planeten sind nicht Kugeln, auf deren Oberfläche man leben kann, sondern Kreisscheiben, die in der Fläche liegen und auf deren Umfang flache Lebewesen Lebensraum finden.

Inzwischen war es im Zimmer dunkler geworden, doch von der Tischplatte schien ein schwaches Leuchten auszugehen. Die leuchtende Platte schien sich weit durch das Wohnzimmer, ja sogar über dessen Wände hinaus bis ins Unendliche auszudehnen. In der Ferne sah er zahllose Flächenstücke sich bewegen. Ich sehe hier eine zweidimensionale Welt mit all ihrer Vielfalt, dachte er. Ich sehe sie von außen, denn ich blicke von außen auf die Ebene, sehe, daß das Pfennigstück rund ist und die Karte rechteckig. Er wollte nun wieder eintauchen in die flache Welt, wollte zumindest mit seinen Augen dazugehören, alles so sehen wie die flachen Lebewesen.

Vorsichtig rutschte er in seinem Lehnstuhl wieder tiefer, bis seine Augen genau in der leuchtenden Ebene waren, die sich ihm nun als leuchtende Kreislinie darbot, die seinen Kopf umgab. Ich sehe einen Himmelskreis. Ich sehe die Welt so, wie sie den flachen Lebewesen erscheint! dachte er begeistert.

Da fiel er unter den Tisch und wachte auf.

Die Welt der Flachmänner

Ich will Sie, liebe Leser, jetzt in diese Fabelwelt entführen, in die Welt der zweidimensionalen Lebewesen. Wir leben im dreidimensionalen Raum. Wanzen sind flach und sind daher fast zweidimensional. Aber auch sie erstrecken sich nach drei Dimensionen, wenn auch in eine nur wenig. Wir können uns aber auch echt zweidimensionale Lebewesen vorstellen, in einer flachen Welt, ihren Lebensraum auf eine Ebene beschränkt. Sie bestehen aus zweidimensionalen Atomen, die sich zu flachen Molekülen zusammentun, um flache Muskelfasern und scheibenförmige Blutkörperchen zu bilden.

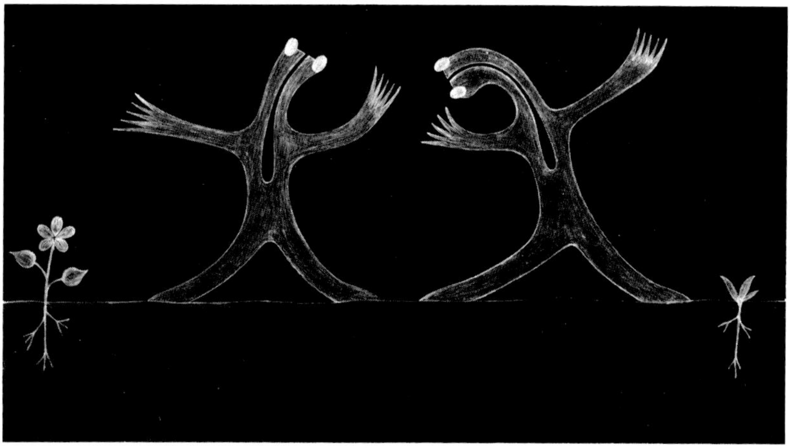

Abb. 7.1: Die Leute von Flachland.

Ihr flaches Hirn kennt nichts als die Ebene. Ihren Blick und ihr Denken nur auf ihre Lebensebene gerichtet, haben sie keine Vorstellung von einer möglichen Außenwelt, in die sie sich nicht hinausbewegen können.

Unsere Flachmänner leben auf ihrem Planeten, den wir in Anlehnung an unsere Welt »Erde« nennen wollen. Dieser Planet ist eine Kreisscheibe. Sie leben auf ihrem Umfang, so wie wir auf der Oberfläche unserer Erdkugel leben. Die Masse ihrer Erde wird durch die Schwerkraft zusammengehalten, die auch das Volk der Flachmänner an die Umfangslinie ihrer Erdscheibe fesselt.

Sehen wir uns das Volk der Flachmänner genauer an (Abb. 7.1). Wegen der ihnen fehlenden dritten Dimension ist manches bei ihnen anders als bei uns. So können sie zum Beispiel keinen durchgehenden Verdauungskanal haben, denn er würde jedes Lebewesen sogleich in zwei Teile zertrennen, die nicht mehr miteinander zusammenhängen: Die Flachmänner würden zerfallen. Deshalb muß die Nahrung nach der Verdauung dort wieder hinaus, wo sie vorher hereingekommen ist. Der Mund muß bei ihnen zweierlei Funktionen ausüben. Uns mag das unappetitlich erscheinen, aber das ist nur eine Frage der Gewöhnung, und die Flachmänner kennen nichts anderes.*

Ein schwieriges Problem war bei ihnen die Fortbewegung auf ihrem Planetenumfang, vor allem, als immer mehr Flachmänner ihren Planeten bevölkerten: Wollten sie von einer Stelle zur anderen kommen, stand ihnen häufig ein anderer Flachmann im Wege, an dem sie nicht einfach vorbeigehen konnten. »Vorbeigehen« gibt es in Flachland ja nicht. Sie mußten über ihn hinwegklettern oder -springen. Sie verbesserten in ihrer Entwicklungsgeschichte ihre Sprungfähigkeiten immer mehr, bis sie schließlich fliegen konnten; und damit war das Problem des Reisens auf dem Planetenumfang ein für allemal gelöst. Ohne einen anderen zu stören, konnten sie nun weite Reisen zurücklegen, ja sogar ihren Planeten umrunden. Das war natürlich nur möglich, weil ihre Planetenscheibe von einer ringförmi-

* Nachdem ich mir die in der Abbildung dargestellte Form des Körperbaus der Flachmänner ausgedacht hatte (es gibt vielerlei Möglichkeiten, den Körper der Flachmänner zu entwerfen), drängte sich mir auch die Frage nach dem Sexualleben der Leute in Flachland auf. Das ist gar nicht so einfach, denn fast immer ist bei ihnen ein Arm oder ein Bein im Wege. (Wenn man länger darüber nachdenkt, lernt man erst unsere dritte Dimension schätzen.) Aber irgendwie geht es, und die Flachmänner haben Kinder und vermehren sich rasch.

Abb. 7.2: Flachmänner auf dem Umfang ihrer Planetenscheibe.

gen Lufthülle umgeben war. Die Moleküle der Luft wurden durch die Erdanziehung am Entweichen gehindert, und in ihr konnten die Flachmänner atmen und fliegen (Abb. 7.2).

Die ersten Überlegungen zu Lebewesen in einer zweidimensionalen Welt gehen wohl auf Edwin A. Abbott (1838–1926) zurück, dessen Novelle »Flatland« eine flache Welt beschrieb, in der Lebewesen von der Form geometrischer Figuren wohnen. Dann wurde die Idee von anderen aufgegriffen. Heute gibt es auf der anderen Seite des Atlantik Wissenschaftler, angeführt von dem Computer-Spezialisten Alexander K. Dewdney in Kanada, die sich als Hobby mit der Welt der zweidimensionalen Lebewesen beschäftigen. Eine Physik der flachen Atome mit einem entsprechenden periodischen System der chemischen Elemente ist genauso ausgearbeitet wie eine Technik, die vom zweidimensionalen Wasserhahn über den Verbrennungsmotor zum zweidimensionalen Klavier reicht, natürlich alles nur zum Spaß. Der Übergang von unserer dreidimensionalen Welt zur zweidimensionalen ist nicht eindeutig. Es sind viele Welten in zwei Dimensionen denkbar, die in ihren Grundzügen unserer dreidimensionalen Welt ähneln. Die Welt der Flachmänner*, die ich

* Daß ich in unserer Zeit der Gleichberechtigung meine zweidimensionalen Lebewesen Flach*männer* nenne und die Flach*frauen* nicht erwähne, hängt damit zusammen, daß sich mir das Gefühl aufdrängt, als sei mit diesem Wort ein Mangel angedeutet.

hier beschreibe, habe ich einerseits so gewählt, daß die Lebewesen so menschenähnlich sind, wie es geht, und zum anderen so, daß sich in ihr die begrifflich schwierigen Sachverhalte unserer Kosmologie einfach und anschaulich am Beispiel ihrer zweidimensionalen Kosmologie verstehen lassen. Das ist ja der Sinn der Sache: Wir wollen von den Flachmännern etwas über unser Weltall wissen.

Die Astronomie einer flachen Welt

Die Erdscheibe kreist um eine riesige Sonnenscheibe, und da sie sich dabei um ihren Mittelpunkt dreht, entstehen auf der Flacherde Tag und Nacht. Anfangs dachten die Flachmänner, ihre Erdscheibe stünde still und die Sonne würde sich täglich einmal um sie herumbewegen. Bald hatten sie heraus, daß sich die Erde zusammen mit einigen anderen Lichtpunkten, die sich merkwürdig am Himmel bewegten, und die sie »Planeten« nannten, in kreisähnlichen Bahnen um die Sonnenscheibe bewegt. Um die Erdscheibe kreist auch ein Mond, natürlich auch eine Scheibe. Da Erde, Mond und Sonne alle in ein und derselben Fläche sind – wo sollten sie sonst sein in der flachen Welt –, gibt es bei jedem Mondumlauf eine Sonnen- und eine Mondfinsternis.

Wenn wir hier von Erscheinungen am Himmel der Flachmänner sprechen, so müssen wir uns aber vergegenwärtigen, daß dieser Himmel ganz anders aussieht als unserer. Wir sehen den Himmel als eine große Kugel in weiter Ferne. Da die Flachmänner nur in ihrer Ebene schauen können, sehen sie nur eine *Himmelslinie.*

Wenn nach Sonnenuntergang ein Flachmann zum Himmel blickt, so sieht er ihn als einen gewaltigen Halbkreis, der sich von einem Horizontpunkt zum anderen erstreckt. Auf diesem Halbkreis funkeln – wie Perlen an einer Kette aufgereiht – die hellen Lichtpunkte der Sterne, Perlen von verschiedener Helligkeit und Farbe. Gegen Morgen beginnt der Nachthimmel in der Nähe des östlichen Horizontpunktes sich zu erhellen, die Sterne verblassen, und bald steigt das helleuchtende Linienstück der Sonne auf: Der Tag ist angebrochen.

Durch die Bewegung der Erdscheibe um die Sonnenscheibe verschieben sich die von den Flachmännern beobachteten nahen Sterne etwas gegenüber den in größerer Entfernung stehenden. Die Flachmänner können *Parallaxen* (vgl. S. 92 und Anhang C) messen und damit die Entfernungen der nächsten Sterne aus der ihnen inzwischen längst bekannten Distanz Erde – Sonne bestimmen. In dem Bereich ihrer Welt, den sie mit Hilfe der Parallaxenmethode vermessen konnten, standen Delta-Cephei-Sterne. Bald hatten die Flachmänner heraus, daß es für diese Art von Veränderlichen Sternen eine Perioden-Leuchtkraft-Beziehung gibt. Rasch hatten sie diese geeicht und konnten bis weit hinaus in ihrer Flächenwelt Entfernungen festlegen.

So fanden sie, daß alle als einzelne Punkte wahrnehmbaren Sterne den Raum nur bis zu einer Entfernung von einigen 10 bis 20 kpc ausfüllten. Weiter draußen schienen keine Sterne zu stehen. Die Flachmänner hatten ihre Galaxis entdeckt. Sie hatten es schwerer als wir, da sich ihr System nicht als ein Band am Himmel abbildete, so wie bei uns die Milchstraße. Sie mußten ihr System allein durch Entfernungsmessungen erkunden (Abb. 7.3). Da die einzelnen Sterne aber in einer Richtung ihres Himmelskreises dichter standen als in den anderen, erschlossen sie, daß sie mit ihrer Sonnenscheibe nicht im Mittelpunkt des Sternsystems stehen, daß das Zentrum viel mehr in der Richtung zu suchen sei, wo die Sterne besonders dicht gedrängt sind. So fanden sie über ihre Galaxie heraus, was bei uns Shapley durch Entfernungsbestimmung an Kugelsternhaufen erkannt hatte.

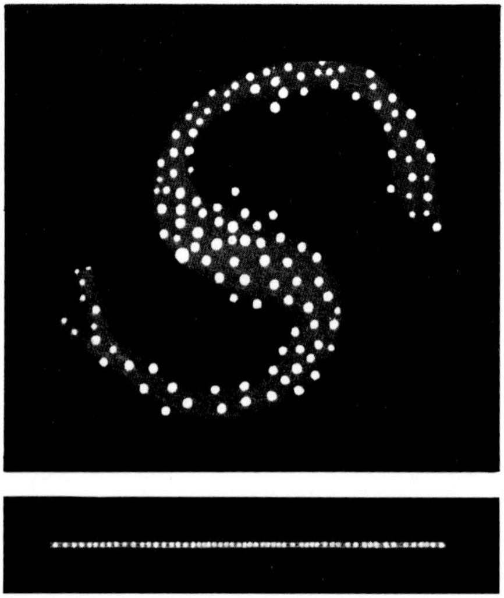

Abb. 7.3: Oben: eine Galaxie in der Flachwelt von außen betrachtet. Unten: dieselbe Galaxie, wie sie die Flachmänner auf ihrer Himmelslinie sehen.

Bald kamen sie auch darauf, daß ihre Galaxie nicht die einzige ist. Schon seit langem waren ihnen auf ihrer Himmelslinie diffuse Linienstückchen aufgefallen. Mit dem Fortschritt der Beobachtungstechnik lösten sich diese Nebelchen in einzelne Sterne auf. Die Flachmänner erkannten, daß ihre Galaxis nur eine von unzähligen Weltinseln ist, die jede aus Hunderten von Milliarden Sternen bestehen. Je weiter die Flachastronomen in den Raum hinausblickten, um so mehr Weltinseln tauchten auf. Die Flachmänner lernten, daß alles, was sie bisher kannten, Erde, Mond und Sonne, ja selbst die vielen Sterne, ein Nichts waren im Vergleich zu diesen unzählig vielen Weltinseln. Dort sahen sie Supernovae aufleuchten wie in ihrem eigenen System, und sie entdeckten Cepheiden mit ihren rhythmischen Helligkeitsänderungen, die ihnen bei der Entfernungsbestimmung halfen: Die nächste Weltinsel lag bei etwas weniger als einer Million pc, aber die meisten lagen viel weiter draußen in der Fläche.

Ein flacher Wilhelm Olbers hatte sie auf das Paradoxon hingewiesen, das man erhält, wenn man annimmt, daß die Flachwelt seit eh und je unbeweglich mit Sternen ausgefüllt ist, so daß man, in welche Richtung man auch zur Himmelslinie blickt, letztlich immer auf den Umfang eines Sterns schauen müßte. Ihr Nachthimmel dürfte eigentlich nicht dunkel sein, sondern müßte sich als helle Linie von Horizontpunkt zu Horizontpunkt erstrecken, so hell wie die kurze Sonnenlinie, die man tagsüber erblicken kann.

Die Lösung des Paradoxons kam, als die Flachmänner ihren Hubble hervorbrachten, der mit Hilfe des Doppler-Effekts feststellte, daß die Welt als Ganzes sich ausdehnt. Je weiter eine Galaxie vom Sonnensystem der Flachmänner oder – was praktisch dasselbe ist – je weiter sie von der Heimatgalaxie der Flachmänner entfernt ist, mit um so größerer Geschwindigkeit fliegt sie weg. Die Verrötung des Lichts und der Verdünnungseffekt schwächen das Licht der entfernten Galaxien etwas ab. Blicken die Flachmänner aber in große Entfernungen, dann schauen sie in die Vergangenheit zurück, als es noch keine Sterne gab. Deshalb ist ihr Nachthimmel dunkel und nicht mit Sternen ausgefüllt.

Aus Entfernung und Geschwindigkeit der Galaxien konnten sie den Anfang der Welt errechnen. Sie kamen auf einen Augenblick, der etwa 15 Milliarden Jahre zurücklag, und sie schlossen, daß vor dieser Zeitspanne alle Galaxien, ja überhaupt alle Materie ihrer flachen Welt ungeheuer dicht beisammen war. In einer gewaltigen Explosion wurde alles auseinandergeschleudert, und der Schwung war dabei so groß, daß die Galaxien von Flachland auch heute noch auseinanderfliegen. Die Flachmänner hatten den Urknall entdeckt, aber verstanden hatten sie ihn noch lange nicht.

Geometrie in Flachland

So weit ihre Fernrohre reichten, sahen die Flachmänner ihre Welt mit Galaxien erfüllt. Natürlich sahen sie die entfernteren nur schwach, wegen der Abschwächung durch die Fluchtbewegung. Wenn sie aber neuere, stärkere Teleskope in Betrieb nahmen, so konnten sie entferntere Gebiete ihrer Flächenwelt erkunden. Immer fanden sie, daß es in den neu zugänglich gewordenen Bereichen ihrer Weltfläche genauso aussah wie in ihrer eigenen Nachbarschaft. So langweilig auch die Welt im Großen zu sein schien, die Flachmänner bewegte immer wieder die Frage, was wohl noch weiter draußen sei und ob die Welt irgendwo doch ein Ende haben könnte.

Die wichtigsten und tiefsten Gedanken zu dieser Frage hatten die Mathematiker unter den Flachmännern. Aber weil sie die Ergebnisse ihres Denkens nur schlecht anderen verständlich machen konnten – so tief waren ihre Gedanken – und weil ihre Ergebnisse,

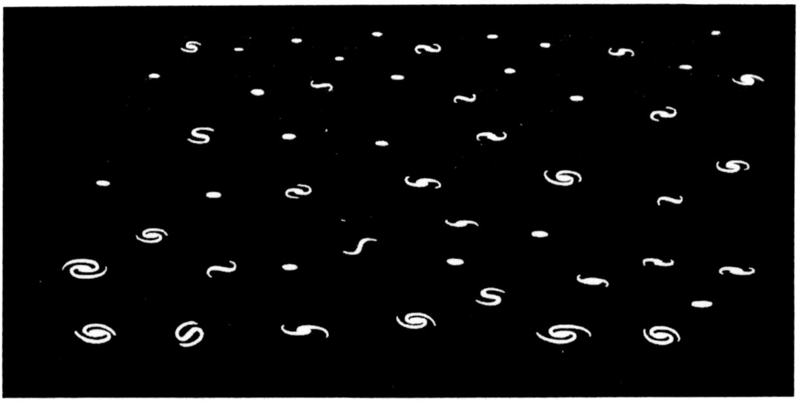

Abb. 7.4: Flachland als Ebene mit flachen Galaxien. Hier ist ein endliches rechteckiges Stück von ihr dargestellt, von außen, schräg von der Seite gesehen.

wenn überhaupt, nur von ihren Kollegen verstanden wurden, so wußten die meisten Flachmänner nicht, worüber ihre flachen Mathematiker nachdachten. Die Hauptschwierigkeit lag darin, daß die Flachmänner nur in ihrer flachen Welt zu denken gewohnt waren. Ihre Anschauung war nur in ihrer Weltfläche geschult, und so gab es für sie nichts außerhalb ihrer Welt. Ihr Denken konnte sich nicht aus ihrer Flächenwelt erheben.

Wir haben ihnen gegenüber einen ungeheueren Vorteil. Unsere Anschauung ist am dreidimensionalen Raum geschult, wir sind weder körperlich noch in unserem Denken an eine Flächenwelt gebunden. Wir sehen die Probleme der Flachmänner gewissermaßen von außen. Wir sehen Dinge anschaulich, zu deren Erläuterung die Flachmathematiker endlose Formeln benötigten.* Für einen Flachmann ist selbst der Einfältigste von uns ein kleiner Einstein. Sehen wir uns also die Flachwelt von außen an.

Da liegt die Welt der Flachmänner vor uns, eine weite Fläche (Abb. 7.4), hauptsächlich leer, bis auf vereinzelte Galaxien, die voneinander wegstreben. Die Flachwelt verdünnt sich immer mehr. Unsere Flachmänner haben eine Ahnung davon, wie ihre Welt beschaffen ist. Sie haben ja den Raum in der Nachbarschaft vermessen, und dazu haben sie die Wissenschaft der Geometrie entwickelt. Ihre Geometrie, die heute schon jedes Flachmännchen in der Schule lernt, ist die zweidimensionale, welche wir in unserer Welt die ebene *euklidische Geometrie* nennen, und die auch wir in der Schule gelernt haben. Sie ist für uns einfacher als die Geometrie des Raumes, aber den Flachmännern macht auch sie genug zu schaffen. Schon allein ein Dreieck begreifen sie nur schwer. Sie können es ja nie von oben sehen, sondern immer nur von der Seite, als Geradenstück, nie als Fläche, so wie wir von einem undurchsichtigen Körper immer nur die Oberfläche sehen, nie das ganze Volumen. Trotzdem sind die Flachmänner mit den Dreiecken zurechtgekommen. Sie haben Längen von Dreiecksseiten ausgemessen, haben Dreieckswinkel mit Hilfe von (flachen) Winkelmessern bestimmt und bemerkt, daß alle Dreiecke, welche Form sie auch haben mö-

* Schreiben ist in einer flachen Welt wesentlich schwieriger als bei uns. Man muß in einer Art Morse-Code die Zeichen Punkt, Strich und Zwischenraum auf einen Faden setzen. Die Fäden können danach ziehharmonikaartig gefaltet werden. Man öffnet sie wie wir unsere Bücher, und jede beliebige Stelle des Textes ist leicht zugänglich. Dieses System hat die ursprüngliche Methode, die Fäden spiralig aufgewickelt zu speichern, schon frühzeitig verdrängt.

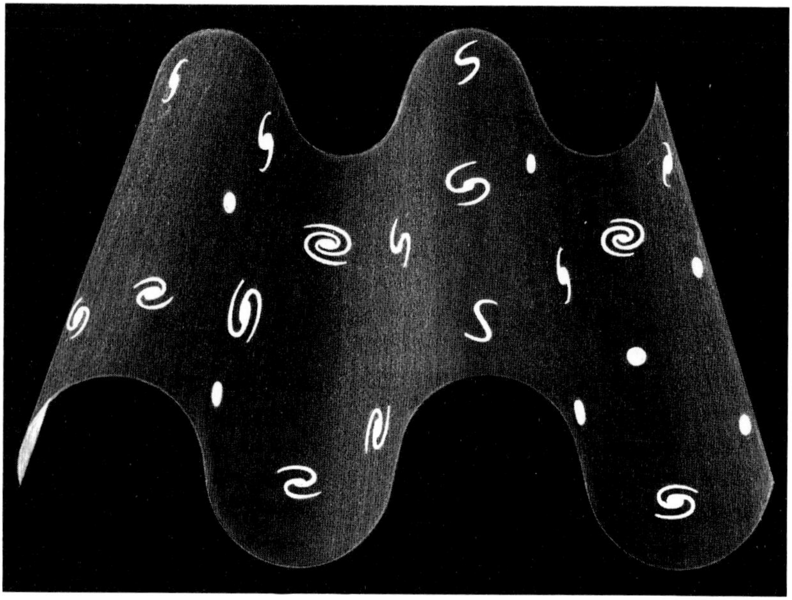

Abb. 7.5: Flachland als Wellblechwelt. Die Galaxien mit ihren (flachen) Bewohnern liegen in der gewellten Fläche. Sie können sich nur in dieser Fläche bewegen. Licht kann sich nur in dieser Fläche ausbreiten und kommt meist auf Wellenlinien zum Beobachter. Bewohner dieser Welt können aber – wie im Text erläutert – ihre Welt nicht von einem ebenen Weltall unterscheiden, wie es in Abbildung 7.4 dargestellt ist.

gen, ob spitz- oder stumpfwinklig, dieselbe Winkelsumme besitzen, nämlich 180 Grad.

Leben also die Flachmänner in einer Ebene, so wie wir es uns gerade vorgestellt haben, weil in ihrer Welt die Regeln und Sätze der ebenen euklidischen Geometrie gelten? Keineswegs! Wir wollen uns das in Abbildung 7.5 ansehen. Dort ist eine Flächenwelt dargestellt, die keine Ebene ist, sie ist wie Wellblech gebogen. Welche Geometrie gilt in diesem merkwürdigen Weltall?

Wir müssen uns zum besseren Verständnis darüber klarwerden, daß für die Flachmänner nur das gilt, was sie wahrnehmen können, was in irgendeiner Weise ihr Leben beeinflußt. Da sie sich nicht aus ihrer Welt erheben können, wissen sie nichts von der welligen Struktur ihres Weltalls, zumindest nicht durch die einfache Anschauung. Wie aber steht es mit ihrer Geometrie? Können sie durch

Vermessung ihrer Welt nach Art der Geometer Klarheit verschaffen, ob ihre Welt eben oder krumm ist?

Nein, sie werden die Krümmung der Wellblechwelt nie erkennen. Um das zu verstehen, müssen wir beachten, daß man, ohne irgend etwas zu verzerren, die Wellblechwelt in eine ebene Welt geradebiegen kann. Solange ich nichts dehne und zerre, sondern nur biege, ändere ich nichts an der Geometrie. Die Dreiecke haben in der Wellblechwelt die Winkelsumme von 180 Grad*. Wenn auch die Seiten von außen gesehen mit dem Wellblech auf und ab gehen, die Flachmänner der Wellblechwelt können das nicht erkennen. Für sie sind die auf und ab gehenden Dreiecksseiten das geradeste, was es gibt, und vom Prozeß des Geradebiegens merken die Flachmänner auch nichts. Denn die Bewegung geht dabei in der dritten Dimension vor sich, für die ihnen kein Sinn gewachsen ist. Innerhalb ihrer Fläche bewegt sich dabei nichts. So erkennen die Wellblechflachmänner ihre Welt nicht als verbogen, sondern als eben. Nur uns Außenstehenden erscheint sie krumm. Wir wollen das etwas präziser ausdrücken und als *innere Krümmung* einer Fläche bezeichnen, was man von der Krümmung durch Messungen herausfinden kann, die allein in der Fläche ausgeführt werden. Die Flachmänner können nur die inneren Eigenschaften ihrer Welt herausfinden, da sie nur in dieser Welt messen können. Daß Wellblech gewellt und nicht eben ist, erkennen *wir* nur dadurch, daß wir Längen entweder mit einem Längenmaß oder intuitiv durch Schätzungen mit dem Auge messen, Längen, die sich außerhalb der gewellten Fläche durch den dreidimensionalen Raum erstrecken. Da man durch innere Messungen keine Krümmung feststellen kann, sagen wir, die innere Krümmung der Wellblechfläche sei gleich Null. Da wir aber durch Messungen außerhalb der Fläche oder durch einfaches Betrachten von außen

---

* Dreiecksseiten sind gerade. Was bedeutet das in einer krummen Welt? Wir sind gewohnt, daß die gerade Strecke die kürzeste Verbindung zwischen zwei Punkten ist. Das gilt auch in krummen Welten, wie etwa in der Wellblechwelt. Wenn ich in ihr drei Punkte habe, so kann ich diese mit Linien verbinden, die ganz in der Welt verlaufen, mit der gewellten Fläche also auf und ab gehen und gleichzeitig in der Fläche die kürzesten Verbindungen sind. Dreiecke auf einer Kugelfläche werden von gebogenen Kreislinien als Seiten gebildet, sogenannten *Großkreisen.* Sie stellen die kürzesten Verbindungslinien zwischen zwei Punkten auf der Kugel dar. Piloten fliegen längs Großkreisen von einem Ort zum anderen, um mit möglichst wenig Treibstoff auszukommen. Von außen (genauer: von außerhalb der Kugelfläche) erscheinen diese Linien krumm. In der Kugelfläche sind sie aber das geradeste, was man sich denken kann.

doch feststellen können, daß die Wellblechfläche nicht eben ist, sagen wir, die Fläche habe zwar keine innere, zeige aber eine *äußere Krümmung.*

So wissen die Flachmänner nicht – und sie werden es prinzipiell nie erfahren –, ob sie in einer glatten ebenen Welt oder in einer buckligen Wellblechwelt zu Hause sind. Sie werden sich darob nicht grämen, denn für sie ist beides dasselbe.

Vielleicht wird alles am Beispiel einer *Zylinderwelt* noch deutlicher. Sie ist in Abbildung 7.6 dargestellt. Hier ist die zweidimensionale Welt eine Zylinderfläche, so etwa wie ein Papierrohr, aus einem ebenen Stück Papier durch Zusammenrollen hergestellt. Zeichnen wir vorher ein Dreieck auf das noch ebene Papier. Da es beim Aufwickeln nicht gedehnt und gezerrt wird, sondern nur gebogen, bleiben alle Längen des Dreiecks unverändert. Auch die Winkel ändern sich nicht. Auf der fertigen Zylinderfläche ist die Geometrie dieselbe wie in der Ebene, auch auf dem Zylinder gilt die ebene euklidische Geometrie.

Es war sehr schwer für die Flachmänner, als ihnen ihre Mathematiker den Begriff der äußeren Krümmung verständlich machen wollten. Als sie aber erfuhren, daß es für sie völlig gleichgültig sei, ob sie in einer Ebene oder in einer Wellblechwelt leben oder vielleicht in einer Zylinderfläche, da fanden sie das Ganze nicht mehr aufregend und wollten auch gar nicht mehr wissen, wo sie denn nun wirklich leben. Aber dann erklärten ihnen die Mathematiker noch eine weitere Eigenschaft der Zylinderwelt.

Da sich auch das Licht in einer zweidimensionalen Welt immer in dieser Fläche bewegen muß, so kann es geschehen – wir Dreidimensionalen sehen das sofort anschaulich –, daß ein Lichtstrahl in der Zylinderwelt, wenn er nur in die richtige Richtung ausgesandt wird, wieder an seinen Ausgangspunkt zurückkehrt. Oder anders ausgedrückt: Ein Flachmann, der in eine bestimmte Richtung schaut, kann, wenn es nur die richtige ist (von jedem Beobachtungsort hat der Flachmann genau zwei solche Richtungen), und wenn er lange genug wartet (auch in Flachland kann das Licht nicht schneller gehen als mit Lichtgeschwindigkeit), seinen eigenen Hinterkopf erspähen. Das war nun wieder etwas, was für die Flachmänner große begriffliche Schwierigkeiten bereitete, denn sie hatten ja keinen Sinn dafür zu verstehen, daß (von außen gesehen) das Licht in einem Kreis an den Ausgangsort zurückkommt.

Die Astronomen von Flachland nahmen die Denkmodelle der

Abb. 7.6: Flachland als Zylinderwelt. Lichtstrahlen, die ein Beobachter wahrnimmt, kommen meist entweder längs einer geraden Linie (A) oder längs einer sich um die Zylinderachse windenden Spirallinie (B) aus dem Unendlichen zu ihm. Es gibt aber eine Beobachtungsrichtung, aus der Licht kommt, das im Kreise um die Zylinderachse gegangen ist (C). Blickt der Beobachter in diese Richtung (oder in die Gegenrichtung), dann kann er seinen eigenen Hinterkopf sehen.

Flachmathematiker nicht allzu ernst. Nicht, weil noch keiner von ihnen mit dem Fernrohr seinen eigenen Hinterkopf je erspäht hatte, sie hatten triftigere Argumente, warum sie die Zylinderwelt nicht liebten. Das erkennt man am besten wieder von außen. Beobachtet man in der Flachwelt das Weltall nach allen Richtungen hin, nimmt man Licht wahr, das aus unendlicher Entfernung kommt, und das nicht nur, wenn man in die Richtung blickt, die parallel zur Achse des Zylinders ist. Auch die Lichtstrahlen, die in fast jede andere Richtung in der Fläche gehen, winden sich unendlich oft als Spiralen um die Zylinderachse. Wir könnten in fast jeder Richtung in der Zylinderwelt bis ins Unendliche schauen. Aber es gibt Ausnahmen. Von jedem Beobachtungsort gibt es zwei »Hinterkopfrichtungen«. Das Licht aus diesen Richtungen kommt nicht von den unendlichen Weiten der Fläche, sondern hat sich im Kreis bewegt. Es hat eine ganz andere Geschichte als Licht, das aus dem Unendlichen kommt. Irgendwie, meinten die Astronomen von Flachland, müßte man diese beiden Spezialrichtungen schon erkennen können, irgend etwas sollte schon anders sein an jenen beiden Hinterkopfpunkten des Himmelskreises. Man fand aber keinerlei Besonderheit. Im Gegenteil, je sorgfältiger man den Himmelskreis absuchte, um so deutlicher wurde, daß jede Stelle so war wie jede andere. Es schien keine besonderen irgendwie ausgezeichneten Richtungen zu geben. Deshalb erhoben die Flachastronomen es zu ihrer Forderung, daß für ihr Weltall nur *die* Flächenformen in Betracht gezogen werden sollten, bei denen das Licht, das aus einer Richtung kommt, kein anderes Schicksal hinter sich hat als das Licht aus einer anderen Richtung. Sie forderten, daß das Weltall *isotrop* sein soll. Das heißt: Keine Richtung soll ausgezeichnet sein. Die Zylinderwelt war damit tot.

Es blieben aber die unendlich ausgedehnte ebene Fläche, zusammen mit anderen Flächen, die von außen verschieden erscheinen, sich aber, was die inneren Eigenschaften betrifft, nicht von ihr unterscheiden. Es sind Flächen, wie die Wellblechwelt, die keine innere Krümmung aufweisen. Damit hatten die Flachastronomen die Spekulationen der Flachmathematiker abgetan, die Welt war wieder einfach, ohne Hinterköpfe am Himmel. Aber die Mathematiker schlugen zurück.

Echt gekrümmte Flächen

In ihren Formalismen – fast allen anderen Flachmännern unverständlich – erkannten die Mathematiker, daß unendlich viele andere Flächenwelten denkbar sind, und daß gar kein Grund besteht, Flachland für nur eine einfache Ebene oder für irgendeine andere damit gleichwertige Fläche ohne innere Krümmung zu halten. Für die Ebene sprach allerdings, daß in Flachland die Winkelsumme im Dreieck 180 Grad beträgt, schlicht, daß in Flachland die euklidische Geometrie gilt. Das hatte man schon in der Schule beim Flach-

Abb. 7.7: Auf einer Kugelfläche hat ein Dreieck, dessen Seiten kürzeste Verbindungslinien der Eckpunkte sind, eine Winkelsumme, die 180 Grad übersteigt. Die Winkel am Äquator sind beide rechte Winkel. Sie allein geben zusammen schon 180 Grad. Dazu kommt aber noch der Winkel am Nordpol.

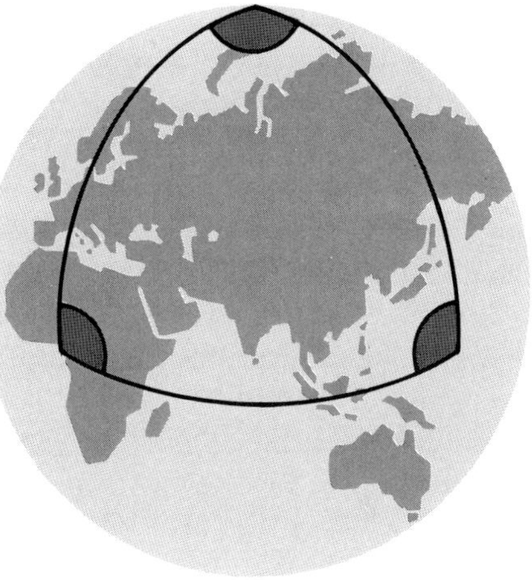

lehrer gelernt und nachgemessen. Aber war das wirklich wahr? Experimentell hatte man es nur an kleinen Dreiecken im Klassenzimmer geprüft. Im kleinen Klassenzimmer hat der Lehrer immer recht. Aber galt das ganz allgemein? Die Sorgen der Flachmathematiker können wir Dreidimensionalen besser verstehen, wenn wir auf der Erdoberfläche Dreiecke zeichnen, wenn wir also drei Punkte fixieren und sie mit kürzesten Linien, etwa durch gespannte, auf der Erdoberfläche liegende Schnüre verbinden. Für kleine Dreiecke, wie wir sie etwa auf einem Sportplatz auslegen können, läßt sich leicht nachprüfen, daß die Winkelsumme 180 Grad ist. Denkt man sich aber größere Dreiecke ausgelegt, so wird die Winkelsumme auf der gekrümmten Kugeloberfläche größer. Das wird sofort klar, wenn ein Dreieckspunkt der Nordpol ist, die beiden anderen aber auf dem Äquator liegen (Abb. 7.7).

Wäre die Welt der Flachmänner eine Kugelfläche, würden zwar kleine Dreiecke in guter Näherung die »richtige« Winkelsumme haben, größere Dreiecke aber eine größere. Diese für uns noch recht anschauliche Tatsache verstanden die Flachmänner nur schwer, weil sie nicht aus ihrer Fläche herausdenken konnten. Aber sie begriffen: Es gibt Welten, in denen nur in kleinen Raumgebieten die Geometrie so ist wie in der Schule. Konstruiert man aber geometrische Figuren über weite Bereiche, dann kann man merken, ob die Fläche, in der man lebt, gekrümmt ist. Hier handelt es sich um die Bestimmung der *inneren* Krümmung, denn große Dreiecke kann man allein durch Messungen *innerhalb* der Fläche auf ihre Winkelsumme hin prüfen. Leider waren die Flachmänner an ihren Planeten gebunden, ihre Raumfahrt hatte sie gerade erst zu ihrer Mondscheibe gebracht. So konnten sie keine großen Dreiecke ausmessen und wußten nicht, ob sie in einer ebenen oder krummen Welt lebten. Welche Fläche im uferlosen Ozean denkbarer krummer Flächen war nun ihre Welt?

Die Flachastronomen schränkten die Möglichkeiten wieder einmal ein. Wie vorher bei der Argumentation gegen die Zylinderwelt versicherten sie, daß nach ihren Beobachtungen die Welt bis in die größten, gerade noch beobachtbaren Entfernungen völlig gleich beschaffen ist, daß dort dieselben Galaxien und in ihnen die gleichen Sterne stehen wie in der Nachbarschaft ihrer Heimatgalaxie. Würde man ihre Galaxie dorthin bringen, so würde sie sich auch dort von den anderen nicht wesentlich unterscheiden. Schlicht, die Welt ist überall gleich gebaut. Wenn sie schon unbedingt krumm sein muß, dann muß sie überall gleich krumm sein.

Mit diesem Argument, das sie das *kosmologische Prinzip* nannten, schlossen sie fast alle krummen Raumformen aus, zum Beispiel die Eifläche. Die innere Krümmung in ihr ist an den beiden »Polen« verschieden, und sie ist anders am »Äquator« des Eies. Konstruiert man zwei gleich große Dreiecke an verschiedenen Stellen der Schale, so sind die Winkelsummen verschieden. Versucht man ein Flächenstück, das wie eine Kappe auf dem »spitzen« Ende sitzt, an die Oberfläche angeschmiegt, zum anderen Ende des Eies zu schieben, so muß es zerreißen. Die Krümmung der Eifläche ist nicht konstant. Das kosmologische Prinzip schließt daher diese Fläche aus: Flachland sollte keine Eifläche sein.

So schien es, als ob neben der Ebene die Kugel die einzige Fläche ist, die keine Extrabuckel hat. Bei ihr haben alle Dreiecke gleicher Größe an jeder Stelle der Welt dieselbe Winkelsumme. So ließen sich die Flachastronomen überzeugen, daß sie, wenn schon nicht in einer Ebene, so doch vielleicht in einer riesigen Kugelfläche lebten, in der alle sichtbaren Galaxien und noch viele mehr, von denen sie wahrscheinlich noch gar nichts wußten, Platz haben (Abb. 7.8). Und wenn man es recht betrachtet, so unterscheidet sich in einem kleinen Bereich ihrer Oberfläche die Kugel nur geringfügig von der Ebene. Deshalb gilt in kleinen Bereichen der Kugelwelt die ebene euklidische Geometrie. Aber ganz so einfach war es nicht. Die Welt war jetzt nicht mehr unendlich groß wie die Ebene. Darüber hinaus kehrt jeder Lichtstrahl, nachdem er einmal um die Kugel herumgegangen ist, wieder an seinen Ursprungsort zurück. In welche Richtung ihrer Himmelslinie die Flachmänner auch blickten, immer mußten sie gewärtig sein, nach hinreichend langer Zeit ihren eigenen Hinterkopf zu erkennen.

Die Kugelwelt erfüllte aber ansonsten alle Ansprüche der Flachastronomen. Sie war nicht nur homogen, sondern auch isotrop. Nicht nur, daß von jeder Stelle aus betrachtet die Welt den gleichen Anblick bot, auch von einer Stelle aus in jede Richtung schauend hatte man immer denselben Anblick. Da die Flachmänner die Spiralnebelflucht kannten, so bedeutete das, falls sie wirklich in einer Kugelfläche lebten, daß die ganze Kugelwelt sich ausdehnt und daß deshalb die Galaxien sich voneinander entfernen, wie Farbtupfen auf einem Luftballon, der aufgeblasen wird.

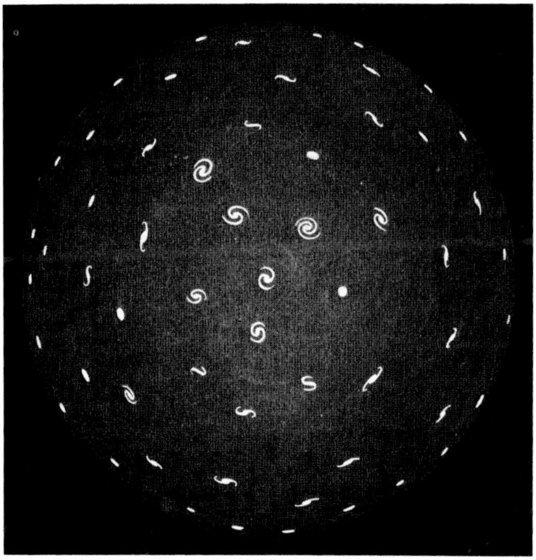

Abb. 7.8: Flachland als Kugelwelt. Die (flachen) Galaxien liegen in einer Kugelfläche. Lichtstrahlen gehen in der Fläche in Kreisen um den (außerhalb von Flachland liegenden) Mittelpunkt der Kugel und kehren an ihren Ausgangspunkt zurück. Dreiecke haben Winkelsummen größer als 180 Grad (vgl. Abb. 7.7). Der Lebensraum der Flachmänner in diesem Weltall ist endlich. Es gibt aber keine Grenze, an der ihre Welt zu Ende wäre. Die Flachmänner wissen nichts von dem Raum, den ihre Kugelwelt einschließt, und nichts von dem, der sie umgibt.

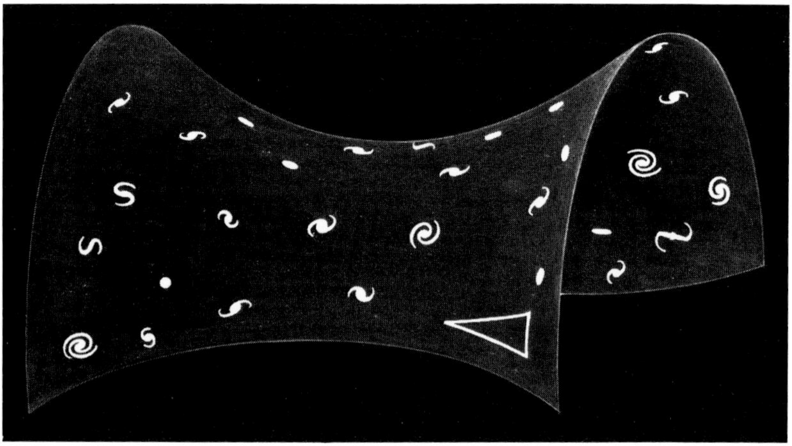

Abb. 7.9: Flachland als Sattelfläche. Zum Unterschied von der Kugelwelt ist hier der Lebensraum der Flachmänner, wie im Falle einer ebenen Welt, unendlich groß. Die Abbildung zeigt nur ein Teilstück der Sattelwelt. Die Winkelsumme von Dreiecken liegt unter 180 Grad, wie in der unteren rechten Ecke angedeutet ist.

So bewegte die Flachmänner zunächst die Frage: Ebene oder Kugel? Die Kugel bereitete dabei ihrem geringen geometrischen Vorstellungsvermögen schon recht große Schwierigkeiten. Da kamen die Mathematiker mit einer neuen Möglichkeit, welche die Flachmänner in noch größere Vorstellungsschwierigkeiten brachte. Selbst wir Dreidimensionalen kommen damit nicht leicht zurecht.

Die Kugel ist eine Fläche mit einer konstanten inneren Krümmung. Ein Flächenstück, an einer Stelle angepaßt, läßt sich ohne Verzerrung an jede andere Stelle schieben. Die Winkelsumme im Dreieck ist größer als 180 Grad. Man nennt die Kugel eine Fläche *konstanter positiver Krümmung.* Nun kamen die Mathematiker mit einer neuen Fläche. Auch bei ihr läßt sich ein einmal angepaßtes Flächenstück mühelos an jede andere Stelle schieben. Kleine Dreiecke haben – wie bei der Kugel – eine Winkelsumme von angenähert 180 Grad, große Dreiecke aber weichen in der Winkelsumme davon ab. Im Gegensatz zur Kugel ist sie aber nicht größer, sondern kleiner als 180 Grad. Man spricht von einer Fläche *konstanter negativer Krümmung.* Sie läßt sich leider in unserem dreidimensionalen Raum nicht so schön darstellen wie die Kugel. Man sieht ihr gar nicht an, daß sie konstante innere Krümmung hat. Das liegt daran, daß wir bei dieser Fläche nur die äußere Krümmung wahrnehmen und nicht erkennen, daß die innere Krümmung, und das ist das einzige, was in ihr lebende Flachmänner interessiert, überall dieselbe ist. Die konstante innere Krümmung merkt man nur, wenn man den Verschiebungstest mit einem angepaßten, biegsamen Flächenstück macht. Wir können im Dreidimensionalen lediglich ein Stück dieser in Wahrheit unendlichen Fläche darstellen. Es sieht aus wie ein Gebirgssattel und man nennt das Gebilde *Sattelfläche* (7.9). In ihr haben die aus kürzesten Verbindungslinien gebildeten Dreiecke eine Winkelsumme unter 180 Grad.

Wenn Flachmänner in solch einer Welt leben, dann erscheint ihnen das Weltall von jeder Stelle aus betrachtet gleich (homogenes Weltall), und von jeder Stelle aus bietet ihnen die Welt in jeder Richtung dasselbe Bild (isotropes Weltall). Die Expansion geht wieder in der ganzen Fläche vor sich, die Sattelfläche als Ganzes dehnt sich aus, und mit ihr fliegen die Galaxien auseinander.

Andere Flächen konstanter innerer Krümmung konnten ihnen die Mathematiker nicht liefern. So standen die Flachmänner vor der Frage: Ebene, Kugel oder Sattelfläche? Die Entscheidung konnten eigentlich nur große Dreiecke bringen, die aber konnte niemand vermessen.

Ist unser dreidimensionaler Raum krumm?

Es geht uns gar nicht so viel anders als den Flachmännern. In unserem dreidimensionalen Raum scheint dieselbe Geometrie zu gelten wie in der Schule, die euklidische. Die Winkelsumme im Dreieck ist 180 Grad, wie es sich gehört. Dürfen wir daraus schließen, daß wir in einer Art ebener dreidimensionaler Welt leben, so wie Flachmänner in einer ebenen Flächenwelt?

Wir wissen es nicht, wir können keine großen Dreiecke vermessen, bei denen etwa ein Eckpunkt auf der Erde, der zweite im Zentrum des Andromedanebels und der dritte vielleicht bei einer fernen Galaxie liegt. Wir wissen daher nicht, wie groß die Winkelsumme in einem so großen Dreieck ist. Ist sie vielleicht größer als 180 Grad? Dann leben wir in einer Welt, die, wie bei den Flachmännern in der Kugelwelt, positive Krümmung hat. Oder geht es uns so wie den Flachmännern in der Sattelfläche mit ihren Dreiecken mit Winkelsummen unter 180 Grad? Es fällt schwer, sich vorzustellen, daß unser Raum irgendwie krumm sein soll. *Worum* soll er denn gekrümmt sein, fragen wir uns, und die Anschauung gibt uns keine Antwort. Genauso geht es den Flachmännern, wenn sie sich vorstellen sollen, daß ihre Fläche krumm ist. Ihnen fehlt die anschauliche Vorstellung von der dritten Dimension, so wie uns die Vorstellung einer vierten Raumdimension fehlt, in der vielleicht unser dreidimensionaler Raum sich krümmt. Wir sind in derselben Lage wie die Zweidimensionalen. Mathematiker können mit höherdimensionalen Räumen arbeiten, unsere Anschauung aber versagt.

Als der große Carl Friedrich Gauß (1777–1855) an der hannoveranischen Landesvermessung arbeitete, bestimmte er bei dem größten ihm zur Verfügung stehenden Dreieck die Winkelsumme. Eine Ecke war der Hohe Hagen bei Göttingen, die andere der Brocken und die dritte der Inselsberg. Er fand jedoch keine meßbare Abweichung von der durch Euklid vorgeschriebenen Winkelsumme. So einfach läßt sich eine eventuell vorhandene Raumkrümmung also nicht bestimmen. Welche Krümmung unser Raum auch hat, so krumm ist er nun auch wieder nicht. Obwohl Gauß seine Messung auf der Erdoberfläche durchgeführt hat (wo sonst hätte er arbeiten sollen?), prüfte er damit nicht die Frage, ob ein großes Dreieck aus kürzesten Linien auf der Kugelfläche der Erde eine Winkelsumme von mehr als 180 Grad hat, das wußte er längst. Er hatte für die Dreieckspunkte Berge gewählt, die ihn mit seinen Meßgeräten aus der Kugelfläche der Erde heraushoben in den dreidimensionalen Raum. Seine Messung sagte daher nichts über die innere Krümmung der Oberfläche der Erde, sondern über die innere Krümmung des (dreidimensionalen) Raumes, der die Erde beherbergt.

Nachdem die Mathematiker mögliche gekrümmte Raumformen untersucht hatten, machte man sich im letzten Jahrhundert Gedanken, ob wir in einer ebenen oder in einer krummen Welt leben.

Es war wie bei den Flachmännern. Da der Raum anscheinend überall gleichartig mit Galaxien erfüllt ist und da er auch nach allen Richtungen, in die man blicken konnte, gleich aussieht, so lag es nahe anzunehmen, daß er homogen und isotrop ist, also ein Raum von konstanter Krümmung. Wie bei den Flächen, so gibt es auch bei den krummen dreidimensionalen Räumen nur drei Typen.

Da ist zuerst der euklidische Raum, der ebenen Fläche entsprechend. Alle Dreiecke sind so, wie sie sein sollen, mit 180 Grad als Winkelsumme. Es ist der einfachste Raum, den man sich denken kann, der Raum, wie man ihn sich früher schon vorgestellt hatte, als unser Denken noch nichts von der Möglichkeit krummer Räume ahnte.

Die andere mögliche Raumform entspricht der Kugelwelt der Flachmänner. Im Großen ist die Geometrie anders, die Dreiecke haben größere Winkelsummen, so wie auf der Kugeloberfläche. Und noch eine andere Eigenschaft besitzt dieser Raum: Er ist endlich. So wie die Kugelfläche aus endlich viel Quadratmetern besteht, so besteht der positiv gekrümmte Raum aus endlich viel Kubikmetern. Wenn ich mich in ihm immer in eine Richtung bewege, komme ich schließlich an meinen Ausgangsort zurück, so wie auf der Erdoberfläche ein Flugzeug wieder an den Ausgangspunkt zurückkommen kann, ohne daß der Pilot eine Schleife zu drehen braucht. Das muß in unserem positiv gekrümmten Raum auch für Lichtstrahlen gelten. Wenn ich also lange genug in irgendeine Richtung schaue, sehe ich möglicherweise in den Tiefen des Raumes meinen eigenen Hinterkopf. Auf diese Möglichkeit hat schon Hermann von Helmholtz (1821–1894) hingewiesen, mit einem belustigten Augenzwinkern. Wenn wir in einem Raum von konstanter positiver Krümmung leben, dann ist das uns insgesamt zur Verfügung stehende Volumen endlich. Wir können aus dieser endlichen Welt nicht heraus, wie die Flachmänner nicht aus ihrer Kugelfläche herauskönnen. Wir sagen, wir leben in einer *geschlossenen Welt.*

Eine andere Denkmöglichkeit für unseren dreidimensionalen Raum entspricht der Sattelflächenwelt der Flachmänner. Auch hier ist die Geometrie nicht euklidisch. Große Dreiecke unterschreiten in ihrer Winkelsumme die obligatorischen 180 Grad. Solch eine Welt ist jedoch nicht geschlossen. Wer in eine Richtung losmarschiert, kommt nie zurück, genau wie einer, der das in einer Sattelfläche tut. Das Volumen des Weltraumes ist unendlich groß, wir nennen die Welt *offen.*

In welch einer Welt leben wir nun? Man weiß es bis heute noch nicht. Wir werden im folgenden sehen, wie man sich an die Beantwortung dieser für unsere Vorstellung vom Weltall wichtigen Frage herantastet.

Geister aus der vierten Dimension

Gedanken über eine vierte Dimension waren im letzten Jahrhundert sehr verbreitet. Von der vierten Dimension aus betrachtet spielen wir vielleicht die klägliche Rolle, in der uns Dreidimensionalen die Flachmänner erscheinen. Ich will hier den Leipziger Astrophysiker Friedrich Zöllner (1834–1882) erwähnen. Ihm verdanken wir wichtige Beiträge zur Astrophysik. Bekannt ist noch heute das von ihm erfundene Meßgerät zur Bestimmung von Sternhelligkeiten am Himmel, das Zöllnersche Fotometer. Er war der erste, der über die Möglichkeit nachdachte, ob wir vielleicht in einem Weltall positiver Krümmung wohnen, der Kugelwelt der Flachmänner entsprechend. Er lebte aber nicht nur zu der Zeit, in der die Astrophysik durch die Einführung der Spektralanalyse einen ganz neuen Zugang zu den Sternen bekam. Es war auch die Zeit, in der in England der Physiker und Chemiker Sir William Crookes in seinen Gasentladungsröhren merkwürdige Leuchterscheinungen wahrnahm. Wie Geistererscheinungen leuchtete es in den stromdurchflossenen Röhren auf. Was er sah, konnte er nicht verstehen. In eben dieser Zeit interessierte man sich auch für Spiritismus. Zöllner war einer von denen, die versuchten, spiritistische Phänomene wissenschaftlich zu prüfen. Er war ein Vorläufer unserer heutigen Parapsychologen.

Ich erwähne das hier, weil Zöllner glaubte, daß viele unerklärbare Phänomene, wie die Crookesschen Leuchterscheinungen, das Entfernen von Gegenständen aus geschlossenen Gefäßen oder das Entwirren von verknoteten Seilen, wie es noch heute von Zauberkünstlern vorgeführt wird, über die vierte Dimension ablaufen. Ich kann einen in Flachland in einem Rechteck gefangenen flachen Sträfling von der dritten Dimension her aus seinem Gefängnis herausheben und daneben hinsetzen, ohne ihn durch die Gefängnistür zu transportieren. Zöllner meinte, genauso könnten auch vierdimensionale Lebewesen Gegenstände aus geschlossenen Gefäßen entfernen oder Knoten, die man im dreidimensionalen Raum nicht lösen kann, über die vierte Dimension öffnen.

Er setzte sich damit starken Angriffen aus. Man warf ihm Unseriosität vor, sein wissenschaftliches Ansehen litt stark. Bald schien es, als ob die Welt vergessen hatte, daß Zöllner Dank gebührt für sehr wichtige astronomische Arbeiten, auf denen noch Generationen aufbauen sollten. Es erfüllt mich mit Genugtuung zu wissen, daß viele seiner damaligen Gegner inzwischen vergessen sind. Jeder Astronom dagegen kennt noch heute Zöllners Namen – trotz seiner vergeblichen Versuche, okkulte Erscheinungen mit naturwissenschaftlichen Methoden anzugehen.

Nachdem wir gesehen haben, daß wir in ganz verschiedenen Raumformen leben können, zum Beispiel in Kugel- oder Sattelwelten, an die mancher vorher nicht gedacht hat, drängt sich die Frage auf, in welcher Welt wir denn nun wirklich sind. Gibt es eine Möglichkeit zu unterscheiden, ob wir in einer offenen oder in einer geschlossenen Welt leben? Diese Frage haben wir mit unseren gedachten zweidimensionalen Brüdern gemein. Es wird sich herausstellen, daß ihre Beantwortung ganz eng mit der von Hubble entdeckten Expansionsbewegung des Weltalls zusammenhängt.

8 Urschwung und Schwerkraft

Irgendwann nach dem Ersten Weltkrieg hing unter den Vorlesungsankündigungen am Schwarzen Brett in der Münchner Sternwarte in Bogenhausen auch der Hinweis auf die Übungen, die Hugo von Seeliger, der Direktor, abhielt: »Übungen zum Aufbau der Welt«, mit der Ergänzung: »Nur für Fortgeschrittene«.
»Gott sei Dank!« hatte am nächsten Tag ein Student unter den Zusatz geschrieben.

Wir können in Gedanken die Erde verlassen, weit hinausfliegen über das Sonnensystem und unsere Milchstraße hinaus und über die Welt als Ganzes nachdenken. Aber immer werden wir uns damit abfinden müssen, daß unsere Körper an der Erdoberfläche kleben und wir nur von hier oder von unserer unmittelbaren Nachbarschaft aus das Weltall betrachten können. Eigentlich sollten wir angesichts dieser aussichtslosen Situation die Waffen strecken, mit denen wir das unermeßlich weite Weltall zumindest in Gedanken erobern wollen. Aber der Drang zum Nachdenken über die Welt läßt sich nicht unterdrücken. So suchen wir Hilfsmittel, die uns weiterhelfen können, trotz unserer unvorteilhaften Startbedingungen. Am weitesten bringt uns der Glaube, daß die Welt im großen und ganzen überall so aussieht wie bei uns. Das ist das kosmologische Prinzip.

So wie hier, ist es überall in der Welt

Ohne kosmologisches Prinzip sind für die Lebensfläche der Flachmänner viele Formen denkbar. Sie könnte uns Dreidimensionalen vorkommen wie die hügelige Fläche einer Sandwüste mit ihren Dünen, wie die Form der Alpen oder wie die Oberfläche eines aufgeblasenen riesigen Gummitieres. Es wäre aber auch denkbar, daß die Flachmänner in einer Weltfläche leben, die eine Ebene ist, so weit sie auch blicken können, dann aber, in großer Entfernung, in Bereichen, zu denen die Flachmänner keinen Zugang haben, zu einem Gebirge ansteigt. Die Flachmänner haben beschlossen, solche Welten auszuschließen, indem sie annehmen, daß ihre Welt überall gleich ist. Das ist ihr kosmologisches Prinzip. Sie glauben, daß die innere Krümmung ihrer Weltfläche überall dieselbe ist. Sie haben guten Grund dazu. Zum ersten kommt ihnen ihr Weltall, wohin sie auch schauen, gleichartig vor. Das heißt, ihre Welt erscheint ihnen isotrop. Aber mehr noch, so weit sie auch blicken, sie sehen flache Galaxien derselben Art. Es scheint ihnen so, als ob ihre Flächenwelt an jeder Stelle gleich beschaffen ist. Das gibt ihnen das gute Gefühl, daß es in ihrer Welt keine ausgezeichnete Stelle gibt. Sie sind nicht an einem bevorzugten Platz aufgewachsen. Wenn ich sage, daß ihnen das ein gutes Gefühl vermittelt, meine ich damit, daß solch eine Welt für die Flachmänner philosophisch befriedigend ist. Nachdem sie ein Kopernikus der flachen Welt gelehrt hatte, daß sie nicht im Zentrum ihres Sonnensystems stehen, und ihr Shapley, daß ihre Heimat auch nicht im Zentrum ihrer eigenen Galaxis liegt, da erwarteten sie auch gar nicht, daß der Schöpfer sie im Zentrum des Weltalls oder an einer anderen bemerkenswerten Stelle angesiedelt hat. Sie nehmen an, ihr Weltall sei homogen. Dann aber muß die innere Krümmung ihrer Weltfläche überall dieselbe sein.

Das Weltbild der Flachmänner ist damit wesentlich einfacher geworden. Die Zahl der möglichen Weltflächenformen ist drastisch reduziert. Es bleiben nur Ebene, Kugel und Sattelfläche übrig. So schön diese Vereinfachung für die Flachmänner ist, sie ist leider nicht zwingend. Sie haben zwar die Isotropie ihrer Welt beobachtet, ihre Homogenität vermuten sie nur. Es ist so, als würden die Holländer schließen, daß es auf der Erde kein Hochgebirge gibt, denn andernfalls würden sie ja an einer besonders ausgezeichneten Stelle des Globus leben, nämlich dort, wo keine Berge sind.

Um es noch einmal klarzustellen: *Isotrop* heißt, daß das Weltall den Flachmännern stets den gleichen Anblick bietet, in welche Richtung sie auch von ihrem Planeten aus blicken. *Homogen* ist ihr Weltall, wenn es an jeder Stelle, selbst an der von ihnen entferntesten, gleichartig beschaffen ist, also zum Beispiel überall dieselbe innere Krümmung hat. Aus der Tatsache, daß das Weltall von einem Beobachtungsplatz aus isotrop erscheint, folgt aber noch nicht, daß die Welt homogen ist. Wie die Flachmänner können auch wir in unserem dreidimensionalen Raum nicht streng schließen, daß unser

Weltall homogen ist, nur weil es von unserem Platz aus betrachtet isotrop erscheint.

Wenn wir davon sprechen, daß die Welt der Flachmänner (ähnlich unserer dreidimensionalen Welt) in jeder Blickrichtung denselben Anblick bietet, so ist das nicht ganz richtig. Ein Flachmann kann in seine Weltfläche hinaussehen und vielleicht eine nahe Galaxie erblicken. Sein Blick kann aber auch an ihr vorbei in die Weiten der Fläche dringen, in eine Richtung, in der selbst stärkste Teleskope nichts zeigen. Der Anblick ist nicht in jeder Richtung genau gleich. Es gibt Flächenbereiche, in denen die Galaxien dicht stehen, und öde, leere Bereiche, in denen man fast keine findet. Was hat es also für eine Bewandtnis mit der Gleichförmigkeit ihres Weltalls? Was sie meinen, ist, daß die Flachwelt im Großen gleichförmig ist. So wie die Oberfläche einer Apfelsine unter der Lupe Poren und Runzeln zeigt, im Großen gesehen aber glatt und gleichmäßig erscheint, so treten die Unregelmäßigkeiten in der Verteilung der Galaxien nur in relativ kleinen Bereichen auf. Über größere Bereiche hinweg betrachtet, erfüllt aber alle Materie im Mittel die Fläche recht gleichmäßig. Das bedeutet, daß ihre Weltfläche nur im Großen gleichförmig beschaffen ist, beim genaueren Hinsehen aber Unregelmäßigkeiten zeigt. Über größere Bereiche stehen die Galaxien gleichmäßig verstreut in der Fläche. Die Flachmänner wissen nicht sicher, ob die Welt in den Entfernungen, die sich ihrer Beobachtung entziehen, so beschaffen ist wie bei ihnen. Aber es ist für sie beruhigend zu wissen, daß sie an keiner irgendwie ausgezeichneten Stelle des Weltalls leben.

Wenn wir fragen, wie unser dreidimensionaler Weltraum beschaffen ist, so sind wir in derselben Lage. Wir beobachten die Isotropie des Weltalls mit großer Genauigkeit, wie später in Kapitel 12 noch deutlicher wird. Aber beobachten wir auch die Homogenität? Im Weltraum gibt es Bereiche, in denen viele Sterne zu finden sind, nämlich die Galaxien, während der Raum zwischen ihnen leer zu sein scheint. Mehr noch, die Galaxien klumpen sich zu Galaxienhaufen und Galaxiensuperhaufen zusammen, wie wir in Kapitel 9 sehen werden. Trotzdem glauben wir, daß über große Raumbereiche das Weltall gleich dicht mit Materie angefüllt ist, denn die größten beobachtbaren Strukturen erfüllen das Weltall gleichförmig. Zum anderen ist das Hubblesche Expansionsgesetz gerade so beschaffen, daß von jeder Stelle der Welt aus der Eindruck entsteht, von dort flöge alles nach allen Richtungen hin gleichmäßig vom Beobachter fort, und er wäre in der Mitte. In Kapitel 6 hatte ich das am expandierenden Rosinenteig erläutert. Danach haben Beobachter an verschiedenen Stellen der Welt den gleichen Anblick von der Nebelbewegung – ein weiteres Argument für das kosmologische Prinzip. Dazu kommt unser Wunsch, an keiner ausgezeichneten Stelle der Welt zu leben. Deshalb wollen wir die Homogenität des Weltalls glauben, obwohl wir von der Beobachtung her keinen strengen Beweis haben. Denn es scheint sinnvoll zu sein, den nicht ganz zwingenden Schluß zu wagen: Wenn die Welt schon in jeder Richtung, in die wir blicken, im großen und ganzen gleich aussieht, dann wird sie schon auch überall gleich sein. Haben wir uns einmal zu diesem Prinzip durchgerungen, wird alles sehr viel einfacher: Unser Raum muß überall dieselbe innere Krümmung haben. Was Gummitierflächen und der Oberfläche der Alpen im Dreidimensionalen entspricht, ist damit ausgeschlossen. Übrig bleiben die drei Raumformen, die den drei Flächenformen Ebene, Kugel, Sattel entsprechen. Wenn es nur eine dieser Formen sein kann, welche ist es nun? Wir werden sehen, daß die Antwort bis heute nicht feststeht.

In welch einer krummen Welt leben wir?

Wegen unserer Unfähigkeit, im Weltraum große Wegstrecken zurückzulegen, etwa den Raum zwischen Galaxien zu durchqueren, wird es nichts mit dem Vermessen großer Dreiecke. So können wir nicht klären, ob unser Raum eben ist oder krumm. Es gibt aber eine andere Methode, die wir von der Erde aus benutzen können, um nach der Raumkrümmung zu suchen.

Wenn die euklidische Schulgeometrie im Raum richtig ist, dann gilt gleichzeitig auch ein anderer Sachverhalt. Ich denke mir um meinen Beobachtungsort eine große Kugel. Diese Kugel hat ein Volumen, das wir nach einer Schulformel berechnen können. Ich will diese Formel hier nicht hinschreiben, da wir sie gar nicht in ihrer vollen Pracht brauchen. Es genügt, für das folgende zu wissen, daß von zwei Kugeln die mit dem doppelten Radius das achtfache Volumen hat, eine weitere mit dreifachem Radius hat das siebenundzwanzigfache, so wie wir es gelernt haben: Das Volumen geht mit der dritten Potenz des Radius. Wenn diese Regel für große Kugeln im Weltraum erfüllt ist, dann dürfen wir schließen, daß wir in einem ungekrümmten Raum leben. Leider können wir von richtig großen

Kugeln das Volumen nicht bestimmen, und so sind wir wieder beim Anfang. Aber der Raum ist nicht leer, sondern angefüllt mit Galaxien. Nehmen wir an, sie mögen recht gleichförmig im Raum verteilt sein, dann enthält die Kugel, die das achtfache Volumen hat (also die Kugel mit doppeltem Radius), auch achtmal so viel Galaxien. Wenn wir also die Entfernungen aller Galaxien kennen würden, dann könnten wir zählen, wie viele von ihnen näher als – sagen wir einmal – 500 Mpc sind. Damit finden wir die Zahl der Galaxien in einer Kugel vom Radius 500 Mpc. Zählen wir noch einmal neu und nehmen alle die, welche näher als 1000 Mpc von uns entfernt stehen. In dieser neuen Zählung sind natürlich die vorher gezählten, näheren, mit enthalten. Die zweite Kugel hat nun aber den doppelten Radius der ersten. Also sollte sie eigentlich achtmal so viele Galaxien enthalten. Wenn unsere Zählungen tatsächlich innerhalb gewisser Fehlergrenzen dieses Ergebnis zeigen, dann können wir hoffen, daß die Schulgeometrie auch bis in Entfernungen von 1000 Mpc gilt.

In einer zweidimensionalen Welt ist das noch anschaulicher. In der Ebene denken sich die Flachmänner Kreise um ihren Heimatort geschlagen (Abb. 8.1a). Der Kreis mit dem doppelten Radius hat die vierfache Fläche und enthält viermal so viele Galaxien. Das Zählen von Galaxien einmal bis zu einer bestimmten Entfernung, das nächstemal zur doppelten, gibt den Flachmännern die Möglichkeit nachzuprüfen, ob zur doppelten Entfernung die vierfache Zahl von Galaxien gehört, wie man in einer ebenen Welt erwartet.

Was aber, wenn die Flachmänner in einer geschlossenen Kugelwelt leben, in einem Raum konstanter positiver Krümmung? Dann wächst die Kreisfläche langsamer mit dem Radius als in der Ebene (Abb. 8.1b). Anders in einer Sattelflächenwelt! Da wächst die Kreisfläche rascher mit zunehmendem Radius als beim Kreis in der Ebene (Abb. 8.1c). Durch Auszählen von Galaxien bis zu großen Kreisen von verschiedenem Radius könnten die Flachmänner die Krümmung ihrer Weltfläche erkennen.

Wir sind in derselben Situation. Durch Abzählen von Galaxien innerhalb verschieden großer Kugeln könnten wir entscheiden, ob wir in einem Raum konstanter positiver oder negativer Krümmung leben oder in einem euklidischen Raum ohne Krümmung (Abb. 8.2). Leider ist es nicht ganz so einfach. Wir kennen eben die Entfernungen der Galaxien nicht genau genug. Nur wenn man annimmt, daß alle Galaxien gleich hell sind, kann man aus der scheinbaren

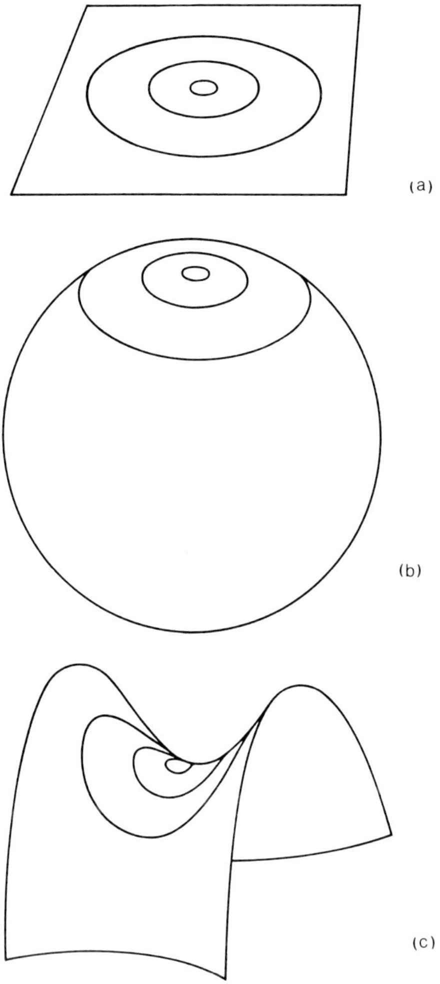

Abb. 8.1: Wenn Flachmänner die Galaxien ihrer Welt zählen. In einer ebenen Welt (a) gehört zum doppelten Radius die vierfache Fläche. In einer Fläche konstanter positiver Krümmung (b, Kugel) wächst die Kreisfläche mit dem Radius schwächer an als in der Ebene. Das merkt man, wenn man eine (ebene) Kreisscheibe aus Papier auf der Fläche eines Globus anpassen will. Das Papier faltet sich, weil auf der Globus-Oberfläche ein Kreis weniger Fläche hat als ein ebener Kreis von gleichem Radius. In einer Fläche konstanter negativer Krümmung (c, Sattelfläche) wächst die Kreisfläche mit dem Radius stärker als in der Ebene. Will man eine ebene Papierkreisscheibe an die Sattelfläche anschmiegen, dann reißt sie, weil in dieser Welt ein Kreis mehr Fläche enthält als ein ebener Kreis von gleichem Radius.

Helligkeit auf ihre Entfernung schließen. Eine doppelt so weit entfernte Galaxie erscheint viermal so schwach, eine dreifach so weit entfernte neunmal so schwach . . . Man kann die Zunahme der Zahl der Galaxien mit der Entfernung und die Abnahme ihrer scheinbaren Helligkeit mit der Entfernung kombinieren. Daraus folgt, daß die Zahl der Galaxien mit abnehmender scheinbarer Helligkeit wächst. Für jeden Raum kann man die Zunahme der Zahl der Galaxien mit abnehmender Helligkeit berechnen. Ich nehme zum Bei-

Abb. 8.2: Die Zunahme des Volumens einer Kugel mit zunehmendem Radius in verschiedenen Raumformen. Die untere Kurve gibt das Kugelvolumen für eine geschlossene Welt (Raum konstanter positiver Krümmung), die obere für eine Welt konstanter negativer Krümmung, ähnlich der Sattelflächenwelt der Flachmänner. Dazwischen liegt die Kurve, die das Volumen einer Kugel in einer ebenen (euklidischen) Welt für verschiedene Kugelradien wiedergibt.

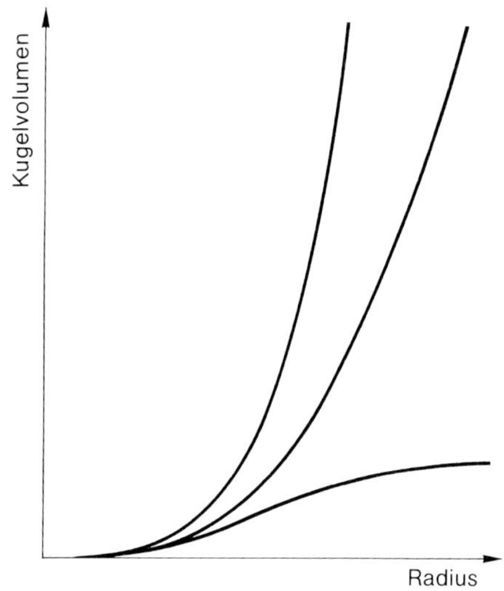

Abb. 8.3: Wenn alle Galaxien gleich stark strahlen würden, dann würde die Zahl der Galaxien, die heller erscheinen als eine bestimmte Grenzhelligkeit, mit abnehmender Grenzhelligkeit zunehmen. Denn in größeren Entfernungen (in denen uns die Galaxien schwächer erscheinen) gibt es mehr Galaxien (im Diagramm stehen links die fernen, rechts die nahen Galaxien). Wie die Zahl der Galaxien, die scheinbar heller sind als eine bestimmte Grenzhelligkeit, zunimmt, wenn man die Grenzhelligkeit herabsetzt, hängt von der Art des Raumes ab, in dem wir leben. Hier ist die Beziehung für einen ebenen (euklidischen) Raum dargestellt. Im Prinzip könnte man durch Nebelzählungen die Art unseres Raumes bestimmen.

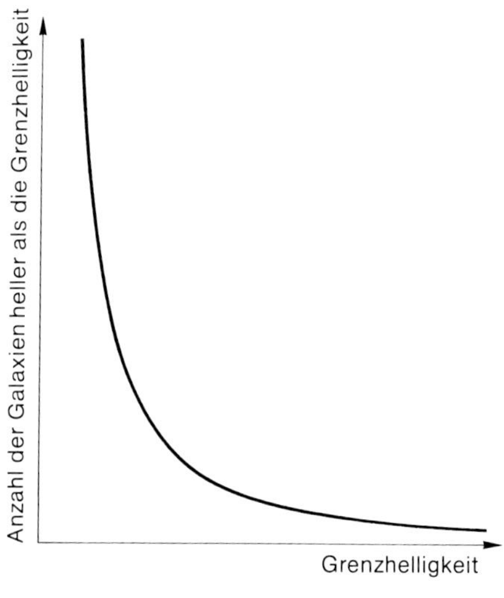

spiel eine bestimmte Helligkeit, die ich die *Grenzhelligkeit* nennen will, und zähle alle Galaxien, die am Himmel heller sind. Dann wähle ich eine andere Grenzhelligkeit und zähle wieder alle dazu helleren Galaxien. Zum Beispiel folgt in einem euklidischen Raum ein einfaches Gesetz für die Zahl der Galaxien, die heller sind als eine bestimmte Grenzhelligkeit. Es ist in Abbildung 8.3 wiedergegeben. So müßte es in einem ebenen Raum sein. In den beiden gekrümmten Raumformen hat man nicht nur eine andere Zunahme der Zahl der Galaxien mit zunehmender Entfernung, auch die Abschwächung der scheinbaren Helligkeit mit der Entfernung erfolgt anders. Beides zusammen ergibt andere Beziehungen zwischen der Grenzhelligkeit und der Zahl der dazu helleren Galaxien. Wenn auch die Galaxien nicht alle gleich hell sind, so unterscheiden sich ähnlich gebaute nicht allzusehr in ihrer wahren Strahlungsleistung. So kann man im Prinzip durch Galaxienzählungen die Krümmung des Raumes bestimmen.

Aber auch hier gibt es wieder eine Schwierigkeit. Selbst wenn alle Galaxien exakt gleich hell wären, so nehmen sie doch an der Hubbleschen Fluchtbewegung teil und erscheinen daher wegen des Doppler-Effekts und wegen des Verdünnungseffektes schwächer. Neben dem Schwächerwerden wegen der zunehmenden Entfernung haben wir auch ein Schwächerwerden infolge der Fluchtbewegung. Aber damit sind wir noch nicht am Ende der Schwierigkeiten. Das Licht, das wir zu einer bestimmten Zeit wahrnehmen, war seit Jahrmilliarden unterwegs. Was wir heute an Galaxien am Himmel sehen, gibt uns nicht ihre Verteilung, so wie sie heute ist, ja nicht einmal die Verteilung zu einem früheren Zeitpunkt. Denn da das Licht von verschiedenen Galaxien verschieden lang unterwegs war, sehen wir die entfernteren in einem früheren Stadium als die nahen. Strahlten sie früher in ihrer Jugend heller oder schwächer?* Unser

---

* Wenn wir Entfernungen von Objekten weit draußen im Raum dadurch berechnen, daß wir die Radialgeschwindigkeit durch die heutige Hubble-Zahl dividieren, so machen wir möglicherweise einen Fehler, weil das Licht von diesen Objekten zu einer Zeit ausgesandt worden ist, als die Expansion der Welt vielleicht anders war. Da wir so gut wie nichts über die Veränderung der Expansion im Laufe der Geschichte des Weltalls wissen, werden unsere Entfernungen um so unsicherer, je weiter draußen das Objekt steht. In diesem Buch haben wir eine bestimmte mit den Beobachtungen vereinbare Verzögerung der Expansion angenommen und mit dieser konsequent alle Entfernungen aus der Rotverschiebung berechnet.

Anblick des Himmels ist ein Gemisch aus Bildern, die zu verschiedenen Epochen des Weltalls gehören. Was wir heute sehen, ist durch die Entfernung und durch die Fluchtbewegung, welche die Entfernung in jedem Augenblick vergrößert, verfälscht. Es ist, als ob wir das Weltall in einem Zerrspiegel sehen, der uns nicht zeigt, wie es wirklich aussieht.

Wenn wir also wissen wollen, wie unser Raum in seiner Struktur im Großen beschaffen ist, dann müssen wir schon die Fluchtbewegung mit in unsere Betrachtungen einbeziehen. Das Problem wird wieder um einen Schritt komplizierter.

Die gebremste Explosion

Jedes Gramm Materie übt Anziehungskraft auf die Massen seiner Umgebung aus: die Schwerkraft. Die am nächsten im Raum befindliche Materie spürt sie am stärksten, mit zunehmender Entfernung wird sie schwächer. Wieder einmal gilt in guter Näherung: doppelte Entfernung – ein Viertel der Schwerkraft ... Wir werden durch die Schwerkraft der Erde auf dem Boden gehalten. Was uns aus der Hand rutscht, fällt unweigerlich nach unten. Die Sonne zieht die Erde an. Jeder Stern in unserer Galaxis spürt die Anziehungskraft aller anderen. Alle Sterne unserer Galaxis üben auch eine Anziehungskraft auf die des Andromedanebels aus und die Andromedanebelsterne auf die Sterne in unserer Milchstraße. Galaxien ziehen sich gegenseitig an. So sehr auch die Schwerkraft mit der Entfernung schwindet, so sind doch die Kräfte zwischen den Galaxien ungeheuerlich. Die Anziehungskraft zwischen einer weit draußen in 1000 Mpc Entfernung stehenden Galaxie und der unsrigen läßt sich gar nicht mit irdischen Maßstäben anschaulich machen. Vergleiche ich sie mit der Kraft, mit der die Erde eine Tonne Stahl an den Boden fesselt, dann muß ich das Stahlgewicht mit einer siebenstelligen Zahl multiplizieren, um die Kraft zu erhalten, mit der unsere Galaxis vergeblich jene ferne Galaxie an der Fluchtbewegung zu hindern versucht. Die Kräfte sind trotz der Entfernungen deshalb so groß, weil Galaxien so viel Masse enthalten.

Wenn wir also die Spiralnebel auseinanderfliegen sehen, so müssen wir erwarten, daß die Anziehungskräfte wie Gummifäden sie beieinander halten wollen. Sie arbeiten der allgemeinen Expansion entgegen.

Wenn die Galaxien am Anfang der Welt in jener sagenhaften Urexplosion ihre Fluchtgeschwindigkeit erhalten haben und seither voreinander Reißaus nehmen, so müssen wir doch erwarten, daß die ursprüngliche Geschwindigkeit durch die gegenseitige Schwereanziehung zwischen den Galaxien gebremst wird. Die Galaxien müssen langsamer werden. Der Schwung, mit dem die Materie der Welt aus dem Urknall herausgekommen ist, läßt nach.

Hier tritt eine begriffliche Schwierigkeit auf, der ich öfters in den Diskussionen nach meinen Vorträgen begegnet bin. Wir haben gesehen, daß nach dem Hubbleschen Gesetz die entfernteren Galaxien schneller von uns wegfliegen als die nahen. Das besagt aber nicht, daß eine bestimmte Galaxie schneller wird, wenn sie in weiter von uns entfernte Bereiche kommt. Jede Galaxie wird im Laufe der Zeit langsamer.

Daß eine Bewegung infolge der Schwerkraft gebremst wird, ist uns wohlbekannt. Denken wir uns einen Stein auf der Erdoberfläche, den wir mit Schwung senkrecht nach oben werfen. Die Geschwindigkeit, die wir ihm beim Wurf mitgegeben haben, verringert sich, während unser Geschoß nach oben steigt. Schließlich steigt es nur noch langsam, um dann seine Bewegung umzukehren und wieder zurückzufallen. Denken wir uns, wir könnten den Stein mit mehr Schwung nach oben werfen, so daß er von Anfang an mit mindestens 11 km/s fliegt. Kein Arm, kein Geschütz kann einem Geschoß diese ungeheuere Geschwindigkeit geben, aber in Gedanken können wir es uns vorstellen (bei Weltraumraketen wird ein so großer Schwung allmählich erzeugt). Auch dann verlangsamt sich das Geschoß, aber es fällt nicht wieder herunter. Es erreicht sehr schnell große Höhen, wo es merklich von der Erde entfernt ist und wo die Schwerkraft geringer ist als am Boden. Ihre Bremswirkung ist nicht mehr so stark. Das Geschoß wird dann zwar auch verlangsamt, aber es steigt weiter in immer größere Höhen, dorthin, wo die geschwächte Schwerkraft die Bewegung nicht mehr umkehren kann: Das Geschoß entfernt sich auf Nimmerwiedersehen in den Weltraum. So erkennen wir am Beispiel des Steins, daß die Schwerkraft eine ursprüngliche Bewegung in ihrer Richtung umkehren kann, wenn die Anfangsgeschwindigkeit zu niedrig war oder die Schwerkraft zu groß ist. Wir haben aber auch den anderen Fall kennengelernt: Ist die Anfangsgeschwindigkeit groß genug oder die Schwerkraft klein, geht die Bewegung für immer weiter, trotz der bremsenden Wirkung der Schwerkraft.

Dasselbe gilt für die auseinanderfliehenden Galaxien. War der ursprüngliche Schwung groß genug oder ist die wechselseitige Anziehung klein genug, werden die Galaxien für immer voneinander wegfliegen. War aber die ursprüngliche Explosion zu zaghaft oder ist die wechselseitige Schwereanziehung zu groß, dann wird die Fluchtbewegung der Galaxien im Laufe der Zeit so stark gebremst werden, daß sich die Bewegung schließlich umkehren wird und die Galaxien wieder aufeinander zufliegen. Ihre Spektrallinien erscheinen uns dann nicht mehr nach Rot verschoben, sondern nach Blau. Schließlich werden sie einander immer näher kommen, und alles wird in einem Brei von unendlicher Dichte enden, in einer gewaltigen Implosion.

Welche der beiden denkbaren Möglichkeiten ist unserem Weltall beschieden? Falls es ihm bestimmt ist, wieder zusammenzufallen, so können wir sicher sein, daß wir einige Zeit nach der Umkehr der Fluchtbewegung den sicheren Tod finden werden, denn bald schwächt dann keine Fluchtbewegung das Licht der fernen Galaxien, das Olberssche Paradoxon verwandelt sich in harte Wirklichkeit. Die Galaxien werden alle zur Helligkeit des Nachthimmels beitragen, jede Stelle des Himmels wird so heiß strahlen wie die Sonnenscheibe und heißer. Nirgendwo im Weltall, in keiner Galaxie, wird es ein kühles Plätzchen geben, keine abgeschirmte Nische, in der Leben überdauern kann.

Expandierende Flächenwelten

Sehen wir uns das Ganze noch einmal in der für uns anschaulicheren Welt der Flachmänner an. In welcher Fläche sich das Ganze auch abspielt, ob in der Ebene, der Kugelfläche oder in der Sattelfläche: Die Abstände zwischen den Galaxien in diesen Flächen werden immer größer. Die Galaxien rutschen in der Ebene voneinander weg, so als würde die ebene Fläche ständig vergrößert. In der Kugeloberfläche erscheint es, als ob der Radius der Kugel mit der Zeit wächst, wie bei einem Luftballon, den ich aufblase. Auch die Sattelfläche mit ihren Galaxien vergrößert sich immer mehr. In allen drei Fällen wirkt die Schwerkraft unserer Flachgalaxien nur in der Flächenwelt, denn außerhalb der Fläche gibt es nichts. Aber die Schwerkraft in der Fläche wirkt gegen die Ausdehnung, und in allen drei Fällen kann man die Frage stellen, ob die Expansionsbewegung immer weitergeht oder ob sie sich umkehrt, ob letzten Endes alles wieder in sich zusammenfällt.

Es ist eine Frage der Mechanik, wie im Fall unseres geworfenen Steins von vorhin, und eine Frage der Schwerkraft. Die Physiker von Flachland haben lange Zeit gebraucht, um die Schwerkraft zu verstehen. Den entscheidenden Schritt hat dabei ein einzelner Flachmann vollzogen, der Einstein der flachen Welt. Er fand das Geheimnis der Schwerkraft in Flachland. Wie kommt es, fragte er, daß eine Galaxie eine andere über weite Entfernungen hinweg anziehen kann? Was ist anders an der Weltfläche in der Nachbarschaft einer Galaxie, in dem Gebiet, in dem man die Schwerkraft merkt, anders als in anderen Bereichen unseres Flachlandes, weitab von anziehender Materie? Viele verschiedene bis dahin noch nicht verstandene physikalische Erscheinungen gaben ihm den Schlüssel in die Hand. Er kam zu einer Antwort, die kein Flachmann bis dahin vermutet hatte. In der Nachbarschaft einer Masse, von der ein Schwerefeld ausgeht, ist die Weltfläche gekrümmt! Was heißt das? Denken wir uns die Flachwelt im Großen als eine Ebene, ausgefüllt mit Galaxien. Am Ort einer jeden beult sie sich ein klein wenig aus. Nicht nur dort, wo die Galaxie steht, sondern auch noch weit hinaus ist die Fläche leicht verbeult. Bringen wir nun in diese ausgebeulte Flächenwelt eine zweite Galaxie, die auch ihrerseits die Fläche verbeult, dann ziehen sich die beiden Beulen an. Schwerkraft ist weiter nichts als Verbeulung der Weltfläche. Daraus entwickelte der Einstein Flachlands seine Gravitationstheorie. Es zeigte sich, daß man mit der Physik der verbeulten Fläche viele Beobachtungen, bei denen die Schwerkraft eine Rolle spielt, besser erklären konnte als mit der herkömmlichen Gravitationstheorie.

Auf den ersten Blick brachte die Theorie der verbeulten Flächen in der Kosmologie aber nicht viel Neues. Auch hier stellte sich heraus, daß das Weltall sich ausdehnen kann und wieder zusammenfallen, so wie ein Stein nach oben fliegen und wieder herunterfallen kann. Die Beulen brachten nichts Neues. Der wesentliche Fortschritt hatte mit der Raumform als Ganzes zu tun.

Betrachten wir die Materie kurz nach dem Anfang der Welt. Ob die gegenseitige Anziehung später wichtig wird, hängt von der Dichte ab, denn je dichter die Materie beieinander steht, um so größer die Schwerkraft. Es hängt aber auch von der Geschwindigkeit ab, von dem Schwung, den die Materie hat. Ist er groß, kann selbst bei großer Dichte die Schwerkraft nie gewinnen. Das Schicksal der

Welt hängt von der Anfangsdichte und von der Anfangsenergie ab. Flachlands Einstein und seine Nachfolger fanden nun folgende einfache Regeln: Ist der Urschwung zu klein (oder die Anfangsdichte zu groß), so daß letztlich die Schwerkraft immer gewinnen wird und der Expansion der Flächenwelt eine Kontraktion folgt, dann ist die Fläche schon von der Geburt der Welt her eine von konstanter positiver Krümmung. Die Welt ist dann eine Kugelwelt mit endlicher Oberfläche.

Ist der Urschwung groß (oder die Dichte zu klein), so daß die Schwerkraft nie gewinnen wird, dann ist die Welt eine Sattelfläche, also ein Raum konstanter negativer Krümmung. Dazwischen liegt ein Kompromiß. Wenn die Schwerkraft gerade fast den Urschwung umkehren kann, es aber doch nicht schafft, so daß sich die Welt immer langsamer, aber doch ewig ausdehnt, dann ist die Welt eine ebene Fläche.

Wenn wir hier von drei Flächen konstanter Krümmung sprechen, so ist das nur genähert richtig. Die Schwerkraft der Galaxien und in den Galaxien die Schwerkraft der Sterne und ihrer Planeten erzeugen kleine Beulen, etwa in der Kugelfläche, wenn es sich um die Kugelwelt handelt. Sie stellen so eine Art Rauhigkeit in der sonst gleichförmig gekrümmten Kugelfläche dar.

Von Flachland zu unserer Welt

In unserer dreidimensionalen Welt fliegen die Galaxien auseinander, anscheinend noch immer getrieben von dem ursprünglichen Schwung, mit dem die Materie aus dem Urknall herauskam, nur geringfügig verlangsamt durch die gegenseitige Anziehung. Wir haben den Vorgang erst besser verstehen gelernt, seit uns Albert Einstein in seiner Allgemeinen Relativitätstheorie die Eigenschaften der Schwere verständlicher gemacht hat. *Schwerkraft ist Raumkrümmung.* Es ist so, wie wir es schon in der Flächenwelt sahen, nur ist die Krümmung für uns nicht anschaulich faßbar. Aber der Raum ist nicht nur in der Nähe von gravitierenden Körpern verbeult, sondern er kann als Ganzes eine der drei schon oben diskutierten Raumformen besitzen. Die Relativitätstheorie lehrt uns, daß die Stärke des Urschwungs, mit dem die Materie aus der Urexplosion herauskommt, auch gleichzeitig die Raumform bestimmt. Dieser Zusammenhang zwischen Urschwung und Raumform, auf den wir im folgenden ausführlich eingehen werden, folgt allerdings aus einer vereinfachten Form der Relativitätstheorie. Wie wir später auf Seite 197 sehen werden, ist eine geringfügig kompliziertere, auch schon auf Einstein zurückgehende Form dieser Theorie denkbar, in der der hier diskutierte einfache Zusammenhang nicht mehr besteht. Aber lassen wir uns davon hier nicht verwirren und folgen wir der »einfachen« Allgemeinen Relativitätstheorie.

In ihr gilt: Bei geringerem Schwung hat der Raum eine konstante positive Krümmung, und seine Expansionsbewegung wird immer langsamer werden und sich schließlich umkehren, die Welt wird dann wieder in sich zusammenfallen. War der Urschwung dagegen sehr groß, wird die Welt sich für immer ausdehnen, und ihre geometrische Form ist die eines Raumes konstanter negativer Krümmung. So verkoppelt Einsteins Theorie zwei Dinge, die auf den ersten Blick nichts miteinander zu tun haben, die *Raumkrümmung* und den *Verlauf der Expansionsbewegung.*

Diesen Verlauf kann man anschaulich darstellen, indem man den Abstand von zwei Materieteilchen im Weltall zu verschiedenen Zeitpunkten zeichnet. Das ist in Abbildung 8.4 geschehen. Zu Be-

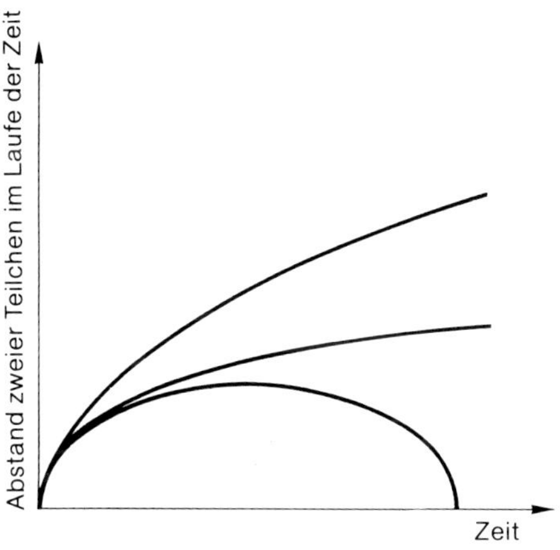

Abb. 8.4: Die drei Typen von Expansionsbewegung der Welt, dargestellt durch den Abstand zweier Materieteilchen mit zunehmender Zeit. Anfangs sind die beiden Teilchen zusammen, ihr Abstand ist Null. Dann entfernen sie sich voneinander, ihr Abstand wächst. In der oberen Kurve war der Schwung beim Urknall so groß, daß sie für immer auseinanderfliegen. Bei der unteren Kurve kehrt sich die Expansionsbewegung der Welt um und wird zu Implosionsbewegung. Nach Einsteins Relativitätstheorie in ihrer einfachsten Form ist der Raum im Fall der in der unteren Kurve wiedergegebenen Bewegung von positiver Krümmung, der Kugelwelt der Flachmänner entsprechend. Die Welt ist geschlossen. Im Fall der oberen Kurve ist die Welt von negativer Krümmung, der Sattelflächenwelt der Flachmänner entsprechend. Die Welt ist offen. Dazwischen ist die Abstandsänderung von zwei Teilchen in einer ungekrümmten (ebenen) Welt dargestellt.

ginn der Welt war dieser Abstand null. Er vergrößerte sich anfangs mit unendlicher Geschwindigkeit. Dann aber setzte die Verzögerung infolge der gegenseitigen Anziehung ein, die Bewegung wurde langsamer. Die Verlangsamung kann so stark sein, daß nach einiger Zeit die Teilchen wieder aufeinander zufliegen. Wie wir schon wissen, geschieht das in einem Raum konstanter positiver Krümmung, in einer geschlossenen Welt also. Der Abstand der beiden Teilchen kann sich aber auch für immer weiter vergrößern, der Raum hat dann eine konstante negative Krümmung, entspricht in der Flächenwelt also der Sattelfläche. Dazwischen gibt es den Fall, daß der Abstand sich zwar vergrößert, diese Vergrößerung aber immer langsamer vor sich geht und das Zusammenfallen gerade vermieden wird. Das ist das Zwischending zwischen den beiden vorher genannten Fällen, die Raumkrümmung ist null, der Raum ist »eben«.

Wenn wir also in der Lage wären, die Raumkrümmung zu messen, dann könnten wir auch das weitere Schicksal unserer Welt voraussagen. Wir hatten schon gesehen, daß es damit aber nicht weit her ist. Eine weitere Möglichkeit wäre, die *Verzögerung* zu messen. Es scheint auf den ersten Blick unmöglich zu sein, denn wer könnte schon so lange warten, bis sich die Rotverschiebung der Galaxie in Abbildung 1.2 merklich verringert hat. Glücklicherweise ist das auch nicht nötig, denn es hilft uns die Tatsache, daß wir, wenn wir nur weit genug in den Raum hinausschauen, in die Vergangenheit blicken. Nehmen wir zuerst an, das Licht möge sich mit unendlicher Geschwindigkeit bewegen, wir sähen also alle Galaxien heute so, wie sie heute auch sind. Wir würden dann genau das Hubblesche Gesetz beobachten: doppelte Entfernung, doppelte Fluchtgeschwindigkeit ... Berücksichtigen wir dagegen, daß das Licht einige Zeit braucht, um zu uns zu kommen, dann sehen wir eine entfernte Galaxie nicht so, wie sie heute ist. Wir sehen sie, wie sie war, als das Licht von ihr ausgesandt wurde. In einem Weltall mit verzögerter Expansionsbewegung sehen wir die Galaxie zu einer Zeit, als die Welt noch jünger war und daher schneller expandierte. Je weiter wir in den Raum hinaussehen, um so mehr muß es uns erscheinen, als ob die entfernten Galaxien sich schneller wegbewegen als nach dem Hubbleschen Gesetz mit der heutigen Hubble-Zahl. Die entfernten Galaxien fliegen ja nach einem früheren Hubbleschen Gesetz, zu dem eine größere Hubble-Zahl gehörte. Der zu erwartende Effekt ist in der Abbildung 8.5 dargestellt. Wie man sieht, muß man in dieser Beziehung den wirklichen Abstand der Galaxien von uns kennen – und das ist der Hauptunsicherheitsfaktor. So ist es um die experimentelle Bestimmung der Verzögerung nicht gut bestellt.

Wenn wir die Verzögerung nicht messen können, wohl aber die Hubblesche Zahl haben (leider kennen wir auch sie nicht genau), dann würde uns die Dichte der Materie in der Welt immer noch einen Schritt weiterhelfen. Schließlich wird die Verzögerung ja durch die gegenseitige Anziehung der Massen des Weltalls bestimmt, und diese wiederum hängt von der Dichte der Materie ab. Die Kosmologen vereinfachen sich das Leben dadurch, daß sie die Materie, die in Galaxien vereinigt ist, in Gedanken gleichmäßig über das ganze Weltall verschmieren. Da der Raum zwischen den Galaxien sehr groß ist, kommt dann etwa ein Wasserstoffatom auf 8 m^3. Leider kennt man auch diese Zahl nicht sehr genau. Sonst könnte man aus dem Schwung, mit dem die Galaxien heute auseinanderfliegen, also aus der Hubbleschen Zahl, sowie aus der durch die Materiedichte gegebenen Schwerkraft berechnen, ob die Fluchtbewegung gewin-

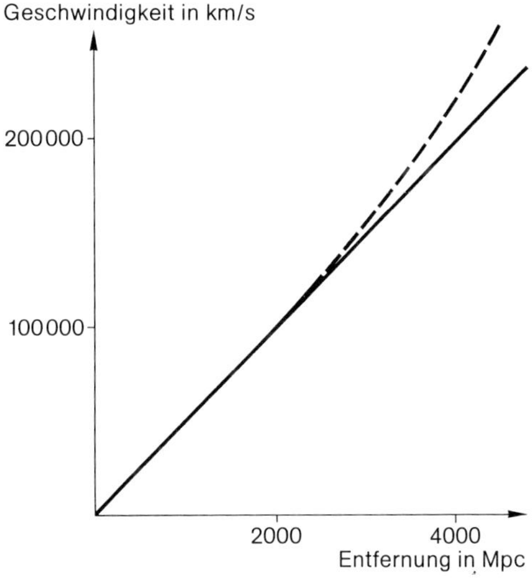

Abb. 8.5: Im Prinzip beobachtbare Abweichung vom Hubbleschen Gesetz. Wenn die Hubble-Zahl im Laufe der Zeit unverändert bliebe, würden wir ein strenges Hubblesches Gesetz beobachten: doppelte Entfernung, doppelte Fluchtgeschwindigkeit. Die Galaxien lägen alle auf der eingezeichneten Geraden. Nun sehen wir aber die entfernten Galaxien zu einem früheren Zeitpunkt. Wenn die Expansion verzögert ist, die Hubble-Zahl also mit der Zeit kleiner wird, dann sehen wir entfernte Galaxien zu einer Zeit, als die Hubble-Zahl noch größer war. Entferntere Galaxien würden also eine höhere Geschwindigkeit zeigen als im Fall ungebremster Expansion. Sie lägen vielleicht auf der gestrichelten Kurve oberhalb der Geraden – ein Zeichen für die Änderung der Hubble-Zahl. Leider fehlen uns für diesen Test heute noch genauere Entfernungsangaben für die ferneren Galaxien.

nen kann oder nicht. Im ganzen liefert uns die Mechanik der (einfachen) Einsteinschen Theorie einen mathematischen Zusammenhang zwischen den drei Größen: Dichte der Materie im Weltall, Hubble-Zahl und Verzögerung. Kennen wir zwei davon, können wir die dritte berechnen. Man bekommt dann als Beigabe auch noch die Struktur des Raumes, lernt also, ob er offen ist oder geschlossen. Leider kennen wir keine einzige, geschweige denn zwei dieser Größen genau genug, um die dritte und damit die Struktur unseres Raumes zu bestimmen.

Von unserer Unfähigkeit, die für die Festlegung unseres Universums notwendigen Größen genau genug zu messen, dürfen wir uns aber nicht den Blick trüben lassen für die grandiose Erkenntnis, daß wir im Prinzip die Struktur unseres Raumes und die damit verkoppelte künftige Geschichte der Materie der Welt erkunden können.

Ehe wir weitergehen, möchte ich noch auf eine gedankliche Schwierigkeit hinweisen. Dazu betrachten wir die Abbildung 8.4. Dort ist der Abstand zweier Materieteilchen dargestellt, der am Anfang von null beginnend immer größer wird. Die Einsteinsche Theorie verlangt, daß beim Urknall alle Materieteilchen mit unendlicher Geschwindigkeit voneinander wegfliegen. Das ist beunruhigend, auch wenn der Augenblick des Urknalls etwas so Besonderes ist und wir uns nur über die Zeit danach Gedanken machen sollten. Es bleibt, daß die Materieteilchen auch gleich danach immer noch mit Überlichtgeschwindigkeit auseinanderflogen. Weiß man doch seit Einsteins Spezieller Relativitätstheorie, daß Geschwindigkeiten, welche die des Lichtes übersteigen, verboten sind – zumindest ist das der allgemeine Glaube. Hören wir aber doch einmal genau hin, was Einstein sagte: Wenn ich von einer Stelle des Raumes ein Lichtsignal aussende und ihm einen materiellen Körper nachschicke, dann wird es mir nie gelingen, dem Körper eine solche Geschwindigkeit zu geben, daß er das Signal je einholt. Gegen dieses Prinzip wird aber bei der Bewegung aus dem Urknall heraus nicht verstoßen!

Da helfen uns wieder die Flachmänner. Betrachten wir zum Beispiel die kugelförmige Weltfläche der Abbildung 7.8. In ihr können zwei Flachmänner versuchen, voreinander noch so schnell Reißaus zu nehmen – sie werden nie die Lichtgeschwindigkeit erreichen. Das wissen sie selbst, seit sie ihren Speziellen Einstein hatten. Wenn aber ihre Kugelflächenwelt wie ein Luftballon, den man aufbläst, immer größer wird, treibt es die nebeneinanderstehenden Flachmänner wie von selbst auseinander. Wenn nun die Luftballonflächenwelt mit hinreichend großer, nahezu unendlicher Geschwindigkeit aufgeblasen wird, dann treibt es auch die Flachmänner mit Überlichtgeschwindigkeit auseinander. Sie bewegen sich nicht aus eigener Kraft, sondern gewissermaßen infolge höherer Gewalt. Daß die Luftballonwelt sich dabei nahezu mit unendlicher Geschwindigkeit ausdehnt, ist ein Vorgang im dreidimensionalen Raum, für den die zweidimensionale Physik der Flachmänner nicht gilt. Ihr Einstein der Allgemeinen Relativitätstheorie ist also nicht in Widerspruch zu dem der Speziellen. Ganz analog, nur jeweils in Räumen um eine Dimension erweitert, müssen wir uns die Überlichtgeschwindigkeiten am Anfang unserer dreidimensionalen Welt vorstellen.

Ich bin öfters nach Vorträgen der Vorstellung begegnet: Wenn auch die Expansion des Weltalls keinen Punkt auszeichnet (vgl. dazu S. 139), geschieht dies aber doch durch den Urknall. Er muß ja an einem bestimmten Platz stattgefunden haben. Das wäre dann eine besondere Stelle im Weltall, ein Ort, auf den wir mit dem Finger zeigen und sagen könnten: »Dort fing alles an.« Dem ist aber nicht so.

Betrachten wir wieder die zweidimensionale Welt konstanter positiver Krümmung, die Kugelwelt der Abbildung 7.8. Beim Urknall hatte sie den Radius Null, war also ein Punkt. Seither hat sich die Kugelfläche ständig vergrößert. Die Flachgalaxien jener Flachwelt sind gleichmäßig auf der sich ausdehnenden Kugeloberfläche verteilt und entfernen sich seit dem Urknall ständig voneinander. Trotzdem gibt es auf der Kugel keinen besonderen Punkt, den man als das Zentrum der Explosion bezeichnen kann. Wenn schon überhaupt von einem Zentrum die Rede sein soll, dann höchstens vom Mittelpunkt der Kugel. Dieser liegt aber nicht auf der Kugelfläche, existiert also nicht für die an ihre Flächenwelt gebundenen Flachmänner. Sie können nicht mit dem Finger auf ihn zeigen. So wäre es auch, wenn unser dreidimensionaler Raum von positiver konstanter Krümmung wäre. Wenn man dann schon unbedingt von einem Mittelpunkt der Explosion sprechen will, dann läge dieser außerhalb unserer Welt, irgendwo in der vierten Dimension, was immer das auch bedeuten mag. Auf jeden Fall können wir nicht mit dem Finger auf ihn zeigen.

Ähnlich wäre es auch, wenn die Flachmänner den Urknall in einer ebenen Welt erleben würden oder in einer Sattelwelt. Nehmen wir der Einfachheit halber eine ebene Fläche an. Beim Urknall war die Materie aller Flachgalaxien beieinander. Das aber bedeutet, daß die Flachmaterie an jeder Stelle der Ebene beliebig dicht zusammengedrückt war. Jeder Quadratzentimeter der (ebenen) Weltfläche enthielt unendlich viel Materie, die Anfangsdichte war unendlich. Dann begann alles auseinanderzufliegen, aber es gab in der Weltebene keinen besonderen Punkt, von dem aus sich alles wegbewegte. Vielmehr flog alles von jedem Punkt weg. Genauso ist es im dreidimensionalen Fall. Anfangs war alle Materie beliebig dicht gepreßt, aber schon von Anfang an war die Welt unendlich groß. Dann begann alles voneinander wegzufliegen, ohne daß es einen ruhenden Mittelpunkt gab. Wir hatten das schon auf Seite 139 bei dem Vergleich mit dem Rosinenteig gesehen. Im Fall von Sattelwelten geht es wie bei den ebenen Welten, ist die Raumdimension nun zwei oder drei. Der Urknall schafft keinen besonderen Punkt, den man als die Mitte der Explosion bezeichnen kann. Auch der Urknall macht keinen Nabel der Welt.

Gravitationsabstoßung?

So liefert uns Einsteins Gravitationstheorie eine einfache, wenn auch nicht einleuchtende Eigenschaft des Weltalls, die man vereinfacht zusammenfassen kann in der Formulierung: Sage mir, mit welchem Schwung die Welt auseinanderfliegt, und ich sage dir, ob sie offen ist oder geschlossen.

Leider ist es nicht ganz so einfach. Über unserem Verstehen der Gravitation schwebt drohend eine mögliche Komplikation, die schon auf Einstein zurückgeht. Und das kam so. Nachdem 1915 Albert Einstein seine Allgemeine Relativitätstheorie vollendet hatte, wandte er sie auf das Weltall als Ganzes an. Man schrieb das Jahr 1917, das war zwölf Jahre vor Hubbles Entdeckung der Spiralnebelflucht, und man erwartete, daß eine vernünftige Welt in sich ruht.

Schon vor Einstein hatten sich mehrere Astronomen, darunter auch der am Beginn dieses Kapitels erwähnte Hugo von Seeliger, mit der Frage befaßt, warum die Welt nicht einfach in sich zusammenstürzt, getrieben durch die wechselseitigen Anziehungskräfte ihrer Massen. Man hatte darüber gegrübelt und auch daran gedacht, daß die Gravitation vielleicht nur bei kleinen Abständen der Körper eine Anziehung hervorruft, über die Weiten des Weltalls hinweg aber abstoßend wirkt. Nun hatte Einstein eine neue, bessere Gravitationstheorie geschaffen. Aber auch in ihr gab es nur Gravitationsanziehung. Die Frage war also immer noch da: Warum fällt die Welt nicht in sich zusammen wie ein Kartenhaus?

Der Laie hat oft eine falsche Vorstellung davon, wie moderne physikalische Theorien entstehen. Meist beginnt man mit einfachen Formeln, die man erfindet, um Meßreihen mathematisch zu erfassen. Dann lernt man, daß die Grundbegriffe, die man bisher benutzt hat, nicht sinnvoll sind, und verbessert sie. So hat bei Einsteins Spezieller Relativitätstheorie eine wichtige Rolle gespielt, daß der Begriff »gleichzeitig« unklar war. Was heißt das eigentlich genau, wenn man sagt, zwei an verschiedenen Orten eintretende Ereignisse seien *gleichzeitig*? Das führte darauf, daß Einstein eine wichtige Ausbreitungseigenschaft des Lichtes, das sogenannte Prinzip der Konstanz der Lichtgeschwindigkeit, erraten hatte. Die Spezielle Relativitätstheorie, inzwischen durch zahlreiche Experimente bestätigt, ist von Einstein letztlich erraten worden. Als er versuchte, in dieser Richtung weiterzugehen, stieß er auf Probleme bei der Frage nach der Ausbreitung des Lichtes in Schwerefeldern. Damit kam er zu dem Gedankengebäude, das man die Allgemeine Relativitätstheorie nennt. Mit ihr hat er uns ein ganz neues Verständnis der Gravitation beschert. Beim letzten Schritt, in dem er dann als Krone seiner Gravitationstheorie die nach ihm benannten Feldgleichungen aufstellte, da hat er wieder geraten. Er wollte möglichst einfache Gleichungen haben, die das bisher Bekannte in guter Näherung enthalten, und dabei hat er sich von Gesichtspunkten der Einfachheit und Schönheit leiten lassen. Etwas mehr wissenschaftlich ausgedrückt heißt das, daß sein Formalismus gewisse Symmetrie-Eigenschaften haben sollte. Er war mehrfach zu Gleichungen gelangt, die ihm gefielen, bis er sie durch andere ersetzte, die ihm noch besser gefielen. In seiner Fassung der Theorie vom Jahre 1915 hatte er einen Abschluß erreicht. Daß sie im großen und ganzen richtig ist, wissen wir heute, denn sie hat Voraussagen gemacht, die sich inzwischen bestätigt haben. Alles schien damals in Ordnung zu sein. Nur ein ruhendes Weltall lieferten seine Gleichungen nicht.

Wir brauchen uns nicht zu wundern, daß es so ist. Zwar beschrieben Einsteins Gleichungen die Gravitation besser, als es die Schulphysik der damaligen Zeit tat, aber nach wie vor war die Gravitation eine *Anziehungskraft.* Das heißt, alle Galaxien müssen sich gegenseitig anziehen. Wenn man dann aber in Gedanken mit einer

Welt beginnt, bei der alle Galaxien zueinander in Ruhe sind, dann würden sie sich sofort, durch ihre gegenseitige Anziehung getrieben, aufeinander zubewegen. Die Welt würde in sich zusammenstürzen, es sei denn, man beginnt von vornherein mit einer sich ausdehnenden Welt. Dann wäre es möglich, daß sie sich für immer ausdehnt oder daß sie später wieder in sich zusammenfällt. In Abbildung 8.4 haben wir ja diese möglichen Bewegungszustände gezeigt. Eine ruhende Welt gibt es da nicht (bei ihr wäre der Abstand zweier Materieteilchen für immer konstant, das wäre in Abbildung 8.4 eine horizontale Gerade). Das ist nicht verwunderlicher als die Tatsache, daß es bei uns auf der Erde zwar leider immer wieder geworfene Steine gibt, aber keinen einzigen, der ruhend in der Luft schwebt.

Das Gleichnis hilft uns, Einstein dorthin zu folgen, wo er damals nach einem Ausweg suchte. Nehmen wir an, zwischen Erde und Stein gäbe es nicht nur die bekannte Anziehungskraft. In größerer Entfernung würde sich vielmehr auch eine Abstoßung bemerkbar machen, die mit zunehmendem Abstand Stein – Erde schließlich die Schwereanziehung überwinden könnte. Dann wäre ein im Schwerefeld der Erde ruhender Stein denkbar, gerade in dem Abstand, bei dem sich Anziehung und Abstoßung die Waage halten (Abb. 8.6).

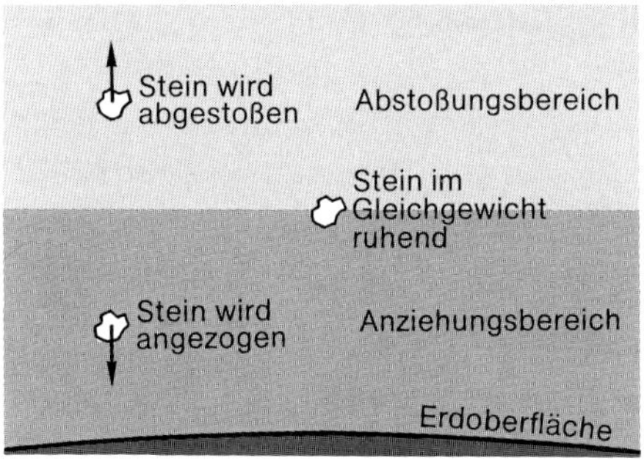

Abb. 8.6: Wenn zur Anziehung, welche jeden Stein zu Boden fallen läßt, eine Abstoßung käme, die bei größerem Abstand zwischen Stein und Erdoberfläche stärker wäre als die Anziehungskraft, dann würden nur Steine in Erdbodennähe nach unten fallen, Steine in größerer Höhe nach oben. Dazwischen gäbe es eine bestimmte Höhe, bei der ein Stein gerade schwebt. Die beiden Bereiche, in denen Anziehung beziehungsweise Abstoßung überwiegt, sind dunkel- bzw. hellgrau getönt.

Als Einstein nun in seinen Gleichungsformalismus blickte, entdeckte er, daß er zur Schwereanziehung zweier Körper noch eine weitere Kraft hinzufügen konnte, die einer Schwereabstoßung bei großen Entfernungen entsprach. Seine Gleichungen verloren dabei nicht an Schönheit und Symmetrie und fast nichts an ihrer Einfachheit. Nachträglich erscheint es sogar verwunderlich, daß er die Gravitationsabstoßung nicht gleich mitentdeckt hatte.

So wie bei einer zusätzlichen Gravitationsabstoßung ein über der Erde ruhig schwebender Stein möglich ist, so fand Einstein sogleich, daß ihm die Gravitationsabstoßung ein ruhendes, geschlossenes Universum lieferte. Man muß aber beachten, daß aus Einsteins Theorie die Gravitationsabstoßung nicht zwangsläufig folgt. Sie paßt zur Theorie, stört gewissermaßen nicht, aber man kann aus ihr weder schließen, daß sie da sein muß, noch wie stark sie ist. Er hatte sie nur in seiner Theorie eingeführt, um eine ruhende, nicht zusammenfallende Welt zu erhalten. Das betonte er im letzten Satz seiner Arbeit von 1917.

Als man von Hubble lernte, daß sich das Weltall ausdehnt, wurde Einstein bewußt, daß er die Abstoßung gar nicht brauchte. Schließlich war sie ja von ihm eingeführt worden, um ein eventuell ruhendes Weltall zu erklären. Im übrigen war dieses ruhende Weltall nicht viel mehr wert als der ruhig über der Erde zwischen Anziehung und Abstoßung schwebende Stein. Ziehen wir ihn nämlich in Gedanken ein kleines Stück näher an die Erde, dann wird die Schwerkraft die (nur bei größeren Entfernungen überwiegende) Abstoßung besiegen, und der Stein fällt zu Boden. Heben wir ihn aber aus der Gleichgewichtslage ein wenig nach oben, so wird die Abstoßung gewinnen und ihn in den Raum schieben. So ist es auch mit Einsteins ruhendem Weltall. Es ist instabil, das heißt, die geringste Störung läßt es in sich zusammenfallen oder löst eine ewige Expansionsbewegung aus. Die Einsteinsche Abstoßung (wissenschaftlicher ausgedrückt, das *kosmologische Glied* in Einsteins Feldgleichungen) war also von wenig Nutzen. Sie lieferte kein verläßliches ruhendes Weltall, aber man brauchte sowieso keines mehr. Trotzdem sind wir nicht sicher, ob es sie nicht doch gibt. Da sich die Abstoßung nur über kosmische Distanzen bemerkbar macht, können wir sie nicht im Laboratorium messen.

Der einfache Zusammenhang zwischen ewiger Expansion und offener Welt einerseits und späterem Kollaps und geschlossener Welt andererseits gilt leider nur dann, wenn es keine Einsteinsche

Abstoßung gibt. Trotzdem bleibt bestehen, unabhängig von der Gravitationsabstoßung, daß die Materiedichte und die Hubble-Zahl im wesentlichen die Raumform bestimmen. Da auch schon ohne Gravitationsabstoßung eine offene Welt für immer expandiert, tut sie das erst recht mit ihr. Anders kann es erst werden, wenn die Theorie ohne Abstoßung ein zusammenfallendes Weltall liefert. Dann könnte die Abstoßung die Implosion verhindern.

Ehe wir weitergehen, möchte ich aber noch auf eine andere Möglichkeit hinweisen. Wir kennen den Zahlenwert des kosmologischen Gliedes nicht, ja nicht einmal sein Vorzeichen. Deshalb wissen wir auch nicht, ob es statt der Abstoßung über kosmologische Entfernungen nicht vielleicht eine *kosmologische Anziehung* gibt, die über die Weiten des Weltalls die bekannte Gravitationsanziehung noch verstärkt. Wenn es sie gibt, dann könnte auch ein offenes Weltall wieder zusammenstürzen. Aber wir sind von der kosmologischen Abstoßung ausgegangen. Sie wird wichtig, da möglicherweise andere Beobachtungen uns zwingen, an eine über große Entfernungen abstoßende Kraft zu glauben.

Ist das Ei älter als die Henne?

Wir hatten in Kapitel 6 gesehen, daß wir mit einem Wert von 50 für die Hubble-Zahl ein Weltalter von 20 Milliarden Jahren erhalten. Die ältesten Kugelsternhaufen in unserer Milchstraße scheinen 16 Milliarden Jahre alt zu sein. Damit wäre alles in Ordnung. Die Bestimmung des Wertes der Hubble-Zahl hängt aber an der kosmischen Entfernungsskala. Die de Vaucouleurssche Schule will eine Hubble-Zahl vom Werte 100 (vgl. S. 146). Wenn sich die Welt so rasch ausdehnt, dann kann sie nicht älter sein als zehn Milliarden Jahre. Wenn also die Vertreter der raschen Expansion recht haben sollten, dann müßten die Sterne in den Kugelsternhaufen älter sein als die ganze Welt – das Ei älter als die Henne, die es gelegt hat. Noch wissen wir nicht, welcher Wert der Hubble-Zahl der richtige ist. Wir sollten uns aber zumindest in Gedanken auf den Ernstfall vorbereiten.

Einen Ausweg würde die Einsteinsche Abstoßung bieten. Der belgische Abbé Georges Lemaître (1894–1966) hatte in den dreißiger Jahren expandierende Weltmodelle mit der Theorie untersucht, die Einsteins Gravitationsabstoßung enthält. Unter ihnen gibt es einen Typ von Expansion, der uns aus der Ei-Henne-Verlegenheit helfen würde. In Abbildung 8.7 ist der Abstand zweier Materieteilchen im Laufe der Zeit dargestellt. Anfangs geht alles so wie bei den Lösungen der Abbildung 8.4, die ohne Abstoßung gerechnet sind. Die Teilchen fliegen nach dem Urknall auseinander. Ihre Geschwindigkeit verringert sich, denn ihre gegenseitige Anziehung bremst sie. Fast bleiben sie stehen. Dann aber, wenn sie weit genug voneinander entfernt sind, wird die Abstoßung wichtig. Sie überwiegt schließlich, und alles fliegt weiter auseinander. Wenn wir uns mit unserer Welt in dieser Phase befinden, so erhalten wir aus den heutigen Bewegungsverhältnissen den Eindruck, die Urexplosion hätte erst kürzlich begonnen. Unser Irrtum beruht darauf, daß wir

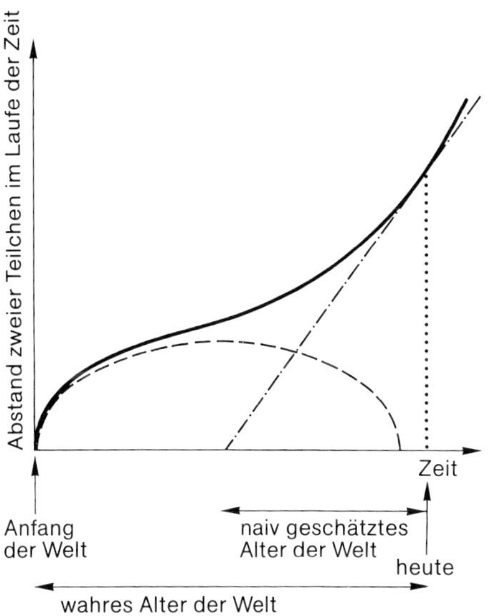

Abb. 8.7: Die Expansion der Welt, dargestellt durch den Abstand zweier Materieteilchen im Laufe der Zeit, wie in Abbildung 8.4; hier aber für den Fall Einsteinscher Abstoßung. Beinahe würden sich die beiden aus dem Urknall kommenden Teilchen infolge der Schwerkraft wieder einander nähern (gestrichelte Kurve). Aber nach einiger Zeit gewinnt die Abstoßung, und sie fliegen für immer auseinander. Nehmen wir an, wir beobachten heute das Weltall in dieser Phase der Expansion, dann würden wir den Eindruck haben, die Welt wäre viel jünger (die strichpunktierte Gerade zeigt auf den naiverweise vermuteten Weltanfang), während die Welt in Wahrheit viel älter sein kann, als man auf Grund der heutigen Expansionsbewegung vermutet.

vergessen, daß es in der Vergangenheit eine Zeitspanne gegeben hat, in der die Welt sich nur sehr langsam ausdehnte, damals, als Anziehung und Abstoßung für längere Zeit miteinander rangen.

So könnte uns die Einsteinsche Abstoßung eine Welt liefern, in der die Sterne älter sind als der Zeitraum, den wir naiv aus der gegenwärtigen Expansion errechnen. Aber wir müßten dafür zahlen. Wir müßten dann nämlich an die Einsteinsche Abstoßung glauben. Dann ginge der schöne Zusammenhang zwischen Raumkrümmung und Expansion verloren, wonach offene Welten nie wieder zusammenfallen können, alle geschlossenen aber letztlich doch in einer Implosion enden. Es könnte dann auch für immer expandierende geschlossene Welten geben und offene, die wieder in sich zusammenfallen.

Der ballonfahrende Russe und Einsteins Rechenfehler

Ich habe von den denkbaren zeitlichen Veränderungen des Weltalls gesprochen, so wie sie etwa in den Abbildungen 8.4 und 8.7 zum Ausdruck kommen und wie sie aus der Allgemeinen Relativitätstheorie folgen, habe aber neben Einstein lediglich Lemaître genannt. Es waren aber mehrere, die nach Einsteins kosmologischer Arbeit von 1917 darangingen, die neue Theorie auf das Weltall anzuwenden. Die in den genannten Abbildungen dargestellten Ergebnisse waren nicht schlagartig da. So wäre zum Beispiel der holländische Astronom Willem de Sitter (1872–1935) zu nennen und auch der Russe Alexander Alexandrowitsch Friedman. Von ihm will ich hier stellvertretend für alle anderen berichten, einerseits weil er der erste war, der Bewegung in das Weltall brachte, andererseits, weil er von Einstein nicht immer gut behandelt worden ist.

Im Juni 1922 sandte Friedman ein Manuskript unter dem Titel »Über die Krümmung des Raumes« an die Redaktion der »Zeitschrift für Physik«. Es war in den Jugendjahren der Sowjetunion. Im gleichen Jahr wurde Stalin von dem schon kranken Lenin zum Generalsekretär der Kommunistischen Partei ernannt. Friedman gab als seinen Wohnsitz noch Petersburg an. Zwei Jahre später sollte die Stadt in Leningrad umbenannt werden. Einstein hatte fünf Jahre zuvor sein geschlossenes statisches Weltmodell gefunden. Die Einsteinsche kosmologische Gravitationsabstoßung war allgemein anerkannt. Man brauchte sie ja, um die offensichtlich ruhende Welt zu erklären, die Expansion der Welt sollte Hubble erst sieben Jahre später entdecken.

Friedman fand nun, daß es eine geschlossene, gleichförmig mit Materie erfüllte Welt gibt, die sich aus einer Urexplosion heraus entwickelt. Erst expandiert sie, dann fällt sie wieder in sich zusammen. Er hatte die untere der drei Kurven der Abbildung 8.4 entdeckt. Zwei Jahre später sollte er das expandierende offene Weltall, der oberen Kurve entsprechend, finden.

Ursprünglich war Friedman Mathematiker. Seine erste mathematische Veröffentlichung schrieb er mit 17 Jahren. Bald aber nahm ihn die Meteorologie gefangen, und gleichzeitig erwachte sein Interesse für die Luftfahrt. Um eine Sonnenfinsternis im August 1914 zu beobachten, stieg er mit einem lenkbaren Luftschiff auf. Im Krieg war er bei der russischen Luftwaffe an der Front und studierte vom Flugzeug aus die Wirkung von Bomben. Später unterstand ihm die Flugnavigation an allen Fronten des Zarenreiches. Auch nach der Revolution brauchte man ihn. 1918 leitete er in Moskau die Abteilung Luftvermessung.

Als die Allgemeine Relativitätstheorie bekannt wurde, nahm Friedman sie rasch in sich auf. In dieser Zeit entstand die Arbeit, von der oben die Rede war. Wie originell der Physiker aus Petersburg war, erkennt man an der Reaktion Einsteins, der keinen Grund sah, vom statischen, unbewegten Weltall abzulassen. So schrieb er eine halbseitige »Bemerkung«, die noch im Jahre 1922 in der »Zeitschrift für Physik« erschien. Er bezog sich gleich im ersten Satz auf Friedmans Arbeit: »Die in der zitierten Arbeit enthaltenen Resultate bezüglich einer nichtstationären Welt schienen mir verdächtig . . .«. Mit »nichtstationär« meinte Einstein dabei »zeitlich veränderlich«, also etwas anderes als sein statisches Weltall. Er argumentierte, daß letztlich sein statisches Weltall das richtige Ergebnis seiner Theorie und Friedman einem Trugschluß aufgesessen sei. Aber er mußte sich rasch korrigieren und im Mai 1923 alles wieder zurücknehmen. Da erschien in der gleichen Zeitschrift von ihm eine »Notiz«, diesmal nur aus acht sauertöpfischen Zeilen bestehend. »Ich habe in einer früheren Notiz an der genannten Arbeit Kritik geübt. Mein Einwand beruhte aber . . . auf einem Rechenfehler.« Beinahe wäre die »Notiz« zwei Zeilen länger geworden. Einsteins Originalmanuskript ist heute noch zugänglich, und so wissen wir, daß dort noch ein letzter Satz steht: Friedmans Lösung sei zwar mathematisch korrekt, physikalisch aber bedeutungslos. Glücklicherweise hat Einstein diesen Satz wieder gestrichen, bevor das Manuskript in Druck ging.

Trotz seiner hervorragenden Beiträge zur Kosmologie beschäftigte sich Friedman vornehmlich mit der Erdatmosphäre. Er schrieb Anweisungen, wie man mit Hilfe von Drachen meteorologische Meßinstrumente in höhere Luftschichten bringen kann. Er selbst war in dem Ballon, der im Juli 1925 die damalige Rekordhöhe von 7400 Metern erreichte und 10 Stunden, 20 Minuten oben blieb. Zwei Monate später starb er, siebenunddreißigjährig, an Typhus. Er hatte am Schreibtisch gezeigt, daß unser Universum im Prinzip sowohl sich ausdehnen wie auch zusammenfallen kann, und damit hatte er Einstein auf dessen ureigenstem Gebiet belehrt. Die Entdeckung der Expansion des Weltalls hat er nicht mehr erlebt.

Die Theorie vom stationären Universum

Nach dem Zweiten Weltkrieg haben Hermann Bondi, Thomas Gold und Fred Hoyle in England eine ganz andere kosmologische Theorie entwickelt, eine expandierende Welt ohne Urknall. Sie gehen ebenfalls davon aus, daß das Weltall im großen und ganzen homogen ist. Wo immer man hinblickt: Galaxien von gleicher Art, teilnehmend an der gleichmäßigen Expansionsbewegung. Man kann die Homogenität des Raumes auch ausdrücken in der Form: Von jeder Stelle des Raumes aus betrachtet erscheint das Weltall im großen und ganzen gleichartig. Wir sprachen vom kosmologischen Prinzip. Die englischen Astrophysiker gingen noch einen Schritt weiter. Sie forderten, daß das Weltall von jeder Stelle aus betrachtet auch zu *jedem Zeitpunkt* den gleichen Anblick bietet. Das ist etwas Neues. Sie nannten es das *perfekte kosmologische Prinzip.* Wenn es wahr ist, hat es einschneidende Konsequenzen für unsere Welt.

Nach unserer Beobachtung verdünnt sich die Materie der Welt. Die mittlere Dichte der Welt wird kleiner, denn die Galaxien fliegen auseinander. Wenn aber die Welt zu jedem Zeitpunkt den gleichen Anblick bieten soll, dann muß ihre mittlere Dichte immer dieselbe bleiben. Während also Materie in Form von Galaxien ständig von uns wegfliegt, muß gleichzeitig bei uns Materie aus dem Nichts heraus geschaffen werden, so daß die weggeflogene Materie wieder nachgeliefert wird. Nun mag man sagen, daß die Erschaffung von Materie aus dem Nichts einen recht handfesten Eingriff in unsere

Physik darstellt. Wenn man genauer nachrechnet, ist er nicht so stark. Es würde genügen, wenn im Liter Raumvolumen alle 500 Milliarden Jahre ein Wasserstoffatom entstünde, das würde bereits den Abfluß der Materie durch die Expansion decken. So genau kennen wir die Physik nicht, um gegen diese geringfügige Materie-Erschaffung etwas einwenden zu können. Nehmen wir also vorerst an, Materie möge tatsächlich im Raum aus dem Nichts heraus entstehen.

Das Prinzip, wonach die Welt zu jedem Zeitpunkt den gleichen Anblick bieten soll, hat noch zwei weitere Konsequenzen. Die erste Konsequenz bezieht sich auf die Raumkrümmung. Nehmen wir an, unser Raum sei nicht euklidisch, er habe also positive oder negative konstante Krümmung. Das würde bedeuten, daß ein Dreieck, sagen wir mit drei gleichen Seiten von je 1 Mpc Länge, eine Winkelsumme hat, die nun größer oder kleiner als 180 Grad ist. Nehmen wir weiter an, wir lebten in einer Welt ähnlich der Kugelwelt der Flachmänner. Während sich der Kugelradius der expandierenden geschlossenen Flächenwelt mit der Zeit immer mehr vergrößert, wird jedes Teilstück der Kugelfläche immer ebener. Dann würde sich auch die Winkelsumme in unserem Dreieck immer mehr 180 Grad nähern. Das ist aber im Widerspruch zum perfekten kosmologischen Prinzip, wonach die Welt zu allen Zeiten gleich erscheinen soll, also auch die Winkelsumme der Dreiecke von 1 Mpc Seitenlänge immer dieselbe sein muß. Nur in einer euklidischen Welt ist die Winkelsumme von vornherein 180 Grad, und sie bleibt es auch bei der Expansion. Also fordert das vollkommene kosmologische Prinzip, daß wir in einer ebenen Welt leben.

Die beobachtete Spiralnebelflucht muß aber in der Theorie des stationären Universums mit dem perfekten kosmologischen Prinzip vereinbar sein. Daraus folgt – und damit sind wir bei der zweiten Konsequenz –, daß die Geschwindigkeit, mit der sich zwei Galaxien voneinander entfernen, immer größer wird, daß wir also keine *Verzögerung,* sondern eine *Beschleunigung* haben. Um das einzusehen, denken wir uns zwei Galaxien, die eine im Abstand von 1 Mpc von uns, die andere im Abstand von 2 Mpc. Bei der Hubbleschen Zahl von 50 wissen wir, daß die erste mit 50 km/s von uns wegfliegt, die zweite mit 100 km/s. Nun warten wir, bis die erste sich so weit entfernt hat, daß sie im Abstand von 2 Mpc von uns steht. Da das Weltall dann wieder genauso aussehen soll wie heute, muß sie sich mit 100 km/s von uns wegbewegen, sie muß also schneller geworden sein. Wir haben damit eine sich beschleunigt ausdehnende

Welt. Das liegt am perfekten kosmologischen Prinzip. Früher (S. 187) hatten wir gesehen, daß das Hubblesche Gesetz damit verträglich ist, daß jede Galaxie ihre Fluchtgeschwindigkeit von uns im Laufe der Zeit verringert. Denn die ganze Expansion wird langsamer und die Hubble-Zahl damit immer kleiner. Jetzt, im stationären Universum, darf die Hubble-Zahl sich nicht mit der Zeit ändern. Dann aber muß, wie oben erläutert, die Fluchtbewegung zweier Galaxien voneinander immer schneller werden.

Das ist also das Weltbild des stationären Universums: Wasserstoffatome und vielleicht auch noch Atome anderer Elemente entstehen, bilden in den ungeheueren Räumen eines ebenen Weltalls Gaswolken, die zusammenfallen und Galaxien formen. Diese bewegen sich mit einem für alle Zeit gültigen Wert der Hubble-Zahl auseinander. Die Geschwindigkeit, mit der zwei bestimmte Galaxien auseinanderstreben, wird im Laufe der Zeit immer größer, bis die Lichtgeschwindigkeit überschritten wird und sie sich aus den Augen verloren haben.

Es ist hier hervorzuheben, daß in der Theorie des stationären Universums nicht befriedigend erklärt wird, woher die Materie kommt, die ständig entsteht, und woher die Kräfte kommen, welche die Materie mit immer größerer Geschwindigkeit auseinandertreiben. Man geht von der Forderung aus, daß die Welt überall und zu allen Zeiten gleich aussehen soll, und hofft, daß die Physik ihre Gesetze danach einrichten wird. Wir werden noch sehen, daß es von der astronomischen Beobachtung her wichtige Argumente gegen die Theorie des stationären Weltalls, die sogenannte *steady-state-Theorie*, gibt.

Im Jahre 1965 kam von der Beobachtung her ein neuer Hinweis, daß es tatsächlich einen Urknall gegeben hat. Das machte alle Weltmodelle ohne Urknall unpopulär. Wir werden in Kapitel 12 darauf zurückkommen. Viele bedauerten, daß die Theorie des stationären Universums aufgegeben werden mußte. Die Kosmologen gewöhnten sich wieder daran, mit dem Urknall zu leben. Manchem fiel das nicht leicht. Dennis Sciama, Professor an der Universität in Cambridge, schrieb im Herbst 1967: »Ich muß sagen, daß mir der Verlust der Theorie des stationären Weltalls großen Schmerz bereitet hat. Sie zeigte einen Glanz und eine Schönheit, die der Architekt des Universums aus unerfindlichen Gründen anscheinend übersehen hat. Tatsächlich ist das Weltall eine Stümperei . . .«

9 Im Reich der Nebel

Die größte Anhäufung von Nebelflecken des ganzen Firmaments findet sich in der *nördlichen Hemisphäre.* Es ist dieselbe verbreitet: durch die beiden Löwen; den Körper, den Schweif und die Hinterfüße des Großen Bären; die Nase der Giraffe; den Schwanz des Drachen; die beiden Jagdhunde; das Haupthaar der Berenice ...; den rechten Fuß des Bootes und vor allem das Haupt, die Flügel und die Schulter der Jungfrau. Diese Zone, welche man die *Nebel-Region der Jungfrau* genannt hat, enthält ... ⅓ der gesamten Nebelwelt.

Alexander von Humboldt, »Kosmos«, 1850

Was immer damals, vor vielleicht 15 bis 20 Milliarden Jahren, geschehen ist, die Materie der Welt fliegt seither auseinander. Wir wissen, daß die Geschwindigkeit, mit der alles aus der Urexplosion herausgeflogen kommt, die Struktur des Raumes bestimmt. Sie entscheidet also darüber, ob unser Weltall geschlossen ist oder nicht. Was aber hat es zu bedeuten, daß die wegfliegende Materie den Raum nicht gleichmäßig erfüllt, sondern in Form von Klumpen, die wir Galaxien nennen? Der ganze Raum ist ja fast leer: Die Materie ist in Form von Spiralnebeln konzentriert, die sich wie Schneeflokken durch den Raum bewegen. Zwischen ihnen scheint nichts zu sein oder zumindest nichts, was sich uns deutlich zu erkennen gibt. Warum ist die Materie in Form von Galaxien ausgeflockt?

Auch wenn wir in das Innere eines Sternsystems schauen, finden wir gleichfalls hauptsächlich leeren Raum, während die Materie zum größten Teil in den Sternen konzentriert ist. Wie auch die Materie beim Urknall entstand, heute ist sie hauptsächlich in den Sternen gesammelt, die sich wiederum lose zu größeren Einheiten, den Galaxien, zusammentun, zwischen denen der Raum fast leer erscheint. Wie kam es dazu?

Wie aus der Materie in den Galaxien Sterne werden, glauben wir heute einigermaßen zu verstehen. Wir sehen an einigen Stellen unserer Milchstraße, wie die Sternbildung vor sich geht. Ausgedehnte Gas- und Staubmassen beginnen plötzlich, sich zusammenzuziehen, und werden durch die Schwerkraft dieser eben gebildeten Materiekonzentration weiter in sich zusammengedrückt. Teilbereiche der in sich zusammenstürzenden Wolke bilden noch einmal Teilwolken, die wieder zusammenfallen, bis schließlich ein ganzer Schwarm von Sternen entstanden ist. Als Herr Meyer in Kapitel 3 die Milchstraße im Zeitraffer sah, fiel ihm auf, daß die Sterne nicht gleichmäßig in der ganzen galaktischen Scheibe, sondern hauptsächlich in den Spiralarmen entstehen. Tatsächlich fallen auf den Aufnahmen von Spiralnebeln die einzelnen Spiralarme nur dadurch auf, daß in ihnen junge, gerade erst entstandene Sterne leuchten.

Sollte man nicht erwarten, daß ein Prozeß ähnlich dem der Bildung von Sternen in den Galaxien auch die Galaxien aus der aus dem Urknall herauskommenden Materie entstehen ließ? Wenn vielleicht am Anfang die Materie die Welt einigermaßen gleichförmig erfüllte, sollten dann nicht zufällige Dichteschwankungen die benachbarte Materie anzuziehen versucht und sich damit verstärkt haben? Und sollten nicht auf diese Weise Gaswolken entstanden sein, die, durch ihre eigene Schwerkraft getrieben, weiter zusammenfielen, um Galaxien zu bilden? Nach einiger Zeit war alle Materie in Galaxien konzentriert, in denen wiederum Sterne entstanden. Da die ursprüngliche Materie von der Urexplosion her auseinanderflog, so fliegen die daraus entstandenen Galaxien weiter auseinander. Denn ihre gegenseitige Anziehungskraft konnte die Fluchtbewegung bis heute noch nicht merklich vermindern.

Innerhalb einer Galaxie aber reicht die gegenseitige Schwereanziehung der Sterne aus, um sie zu hindern, voneinander wegzufliegen. In den Galaxien ist der beim Urknall mitgegebene Schwung, der eigentlich die Materie auseinanderzutreiben versucht, durch die wechselseitige Schwereanziehung der Sterne gebändigt. Die Galaxien wachsen nicht mit der Expansion des Weltalls mit.

Können wir aus der Existenz der Galaxien etwas über jene frühe Zeit erfahren, in der sich aus einer den Raum recht gleichförmig erfüllenden Gasmasse erste Flocken gebildet haben, aus denen die Spiralnebel wurden? Wann in der Weltgeschichte war das? Wir wissen aus der Radioaktivität der Erdkruste, daß unser Planet etwa vier Milliarden Jahre alt ist; die Sonne ist nicht viel älter. Es gibt in unserem Milchstraßensystem Sternhaufen, die 16 Milliarden Jahre alt sind (vgl. S. 146). Also muß auch unsere Galaxis mindestens so alt sein. Aus der Galaxienflucht müssen wir schließen, daß die Urexplosion vor 15 bis 20 Milliarden Jahren stattgefunden hat. Also müssen auch schon recht frühzeitig die ersten Sterne und Sternhaufen entstanden sein, nachdem sich Materieflocken von der Masse der Galaxien aus der dem Urknall entstammenden Materie in diesen Gasballen herausgebildet hatten.

Galaxien rotieren

Kurz nachdem Slipher am Flagstaff-Observatorium in Arizona die Radialgeschwindigkeit des Andromedanebels gemessen hatte, fand er, daß eine Galaxie, die wegen ihres Aussehens »Sombrero« genannt wird und mit einer Geschwindigkeit von 1000 km/s von uns wegfliegt (Abb. 9.1), keine einheitliche Radialgeschwindigkeit besitzt. Die eine Seite scheint schneller von uns wegzufliegen als die andere. Er schloß daraus, daß diese Galaxie sich um ihre eigene Achse dreht. Denn wenn eine Galaxie von uns wegfliegt und gleichzeitig rotiert, dann bewegen sich wegen der Rotationsbewegung

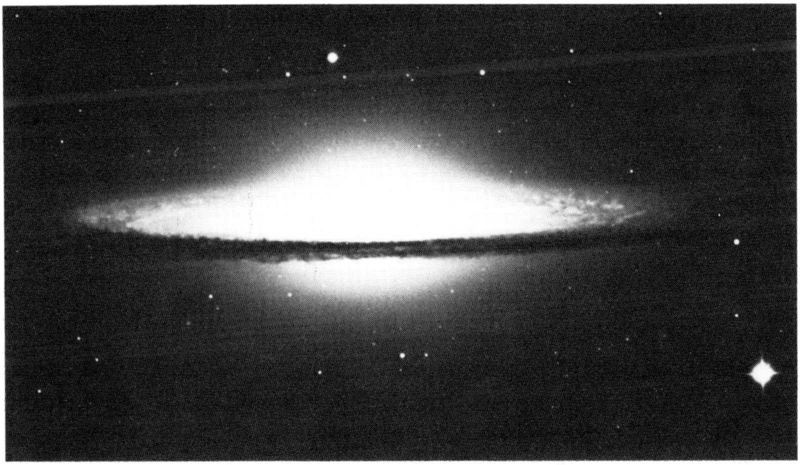

Abb. 9.1: Die Sombrero-Galaxie im Sternbild der Jungfrau fällt besonders durch ihren dunklen Äquatorstreifen auf, der von absorbierenden Staubmassen herrührt. Sie ist wesentlich kleiner als unser Milchstraßensystem, nur 8 kpc ist ihr Durchmesser (Aufnahme: S. Laustsen, European Southern Observatory).

Teile von ihr schneller von uns weg als andere (Abb. 9.2). Rotationsbewegungen scheinen bei vielen Galaxien eine wichtige Rolle zu spielen. Auch unsere Galaxis rotiert, das hatten wir schon in unserem Zeitrafferbild in Kapitel 3 gesehen.

Die Sonne bewegt sich mit den Sternen der Scheibe um das Zentrum der Milchstraße. Die Umlaufdauer beträgt etwa 250 Millionen Jahre. Diese Rotationsbewegung hat sich so eingestellt, daß sich, genau wie bei der Bewegung der Planeten um die Sonne, zwei Kräfte gerade die Waage halten: die Fliehkraft, die jeden Stern nach außen zum Rand der galaktischen Scheibe schleudern will, und die Schwerkraft, die ihn in Richtung des Zentrums der Milchstraße zu ziehen versucht. Man kann dieses Gleichgewicht zwischen Fliehkraft und Schwerkraft benutzen, um die Masse der Milchstraße abzuschätzen. Da wir den Abstand der Sonne zum Zentrum kennen, es sind etwa 10 kpc, so können wir aus der Umlaufgeschwindigkeit der Sonne um das Zentrum die Fliehkraft bestimmen. Wir können dann fragen, wieviel Masse uns in Richtung des Zentrums ziehen muß, um die Sonne trotz ihrer Fliehkraft auf eine Kreisbahn zu zwingen. Diese ungenaue Überlegung – der genaue

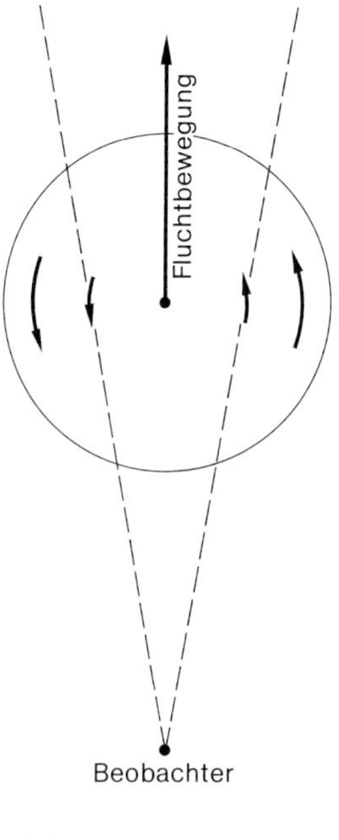

Abb. 9.2: Ein Beobachter sieht eine von ihm wegfliegende Galaxie von der Seite (etwa wie in Abb. 1.4). Er kann die Bewegung nur am Doppler-Effekt erkennen und stellt fest, daß die eine Hälfte der Galaxie (im Bild die rechte) mit größerer Radialgeschwindigkeit von ihm wegfliegt, da dort Fluchtbewegung und Rotation in die gleiche Richtung zielen. Die andere Hälfte (im Bild die linke) hat für ihn eine geringere Radialgeschwindigkeit, da Flucht- und Rotationsbewegung gegeneinander gerichtet sind.

Wert hängt davon ab, *wie* die Masse im Raum verteilt ist – führt uns auf etwa 100 bis 200 Milliarden Sonnenmassen.

Nach diesem Prinzip und mit einer etwas verbesserten Methode kann man auch die Massen anderer Galaxien bestimmen. Nehmen wir an, wir sehen eine Galaxie von der Seite, etwa so, wie in der Abbildung 1.4 angedeutet ist. Wenn wir mit Hilfe des Doppler-Effektes ihre Fluchtgeschwindigkeit bestimmen, so gibt uns das Hubblesche Gesetz die Entfernung. Wenn wir aber die Spektren der Galaxie auf beiden Seiten vom Zentrum aufnehmen und die Rotverschiebungen der Spektrallinien messen, so finden wir etwas verschiedene Radialgeschwindigkeiten und können daraus die Rotationsbewegung der Galaxie bestimmen. Dann läßt sich die Fliehkraft in einem bestimmten Abstand vom Zentrum berechnen. Daraus folgt die Schwereanziehung, die dieser Fliehkraft das Gleichgewicht hält. So erfahren wir etwas über die Massen anderer Galaxien. In den meisten Fällen scheinen in einer Galaxie 10 Milliarden bis einige 100 Milliarden Sterne von der Masse der Sonne vereinigt zu sein. Im Andromedanebel stehen etwa 400 Milliarden Sonnenmassen.

Warum rotieren Galaxien? Wer hat diese voneinander wegfliegenden Feuerräder in Schwung gesetzt? Es scheint, als ob die im Raum verteilten Galaxien keine bevorzugte Richtung ihrer Rotationsachsen haben. Wir wissen, daß ein sich selbst überlassener Körper weder aus dem Nichts heraus zu rotieren beginnen kann, noch – wenn er von Anfang an rotiert – seinen Drall so ohne weiteres wieder loswird. Wenn wir es etwas exakter ausdrücken wollen und die Sprache unseres Physiklehrers verwenden: Ein sich selbst überlassener Körper behält seinen Drehimpuls bei. Galaxien haben Drehimpuls. Sie müssen ihn also schon von Anfang an mitbekommen haben, Drehimpuls aus der Frühzeit der Welt. Was versetzte damals die Materie der Welt in Drehung, wer hat gerührt?

Wahrscheinlich steckt nichts allzu Tiefes dahinter, daß Galaxien rotieren. Es genügt anzunehmen, daß die Materie, aus der sich die Galaxien bildeten, in einer recht unregelmäßigen Bewegung war, die sich der Expansionsbewegung überlagerte. Wenn sich dann in dieser bewegten Masse Teile aussondern, um zu Galaxien zusammenzufallen, so wird die Bewegung in jeder Teilmasse auch ein wenig Drehimpuls mitbekommen. Denken wir uns zur Veranschaulichung die unregelmäßige Bewegung des Wassers in einem Gebirgsbach, und schöpfen wir ein Glas daraus. Zuerst wird das Wasser im

Glas die turbulente Bewegung im Bach noch widerspiegeln, aber die raschen und kleinräumigen Bewegungen werden bald durch die Reibung langsamer werden. Nach einiger Zeit wird die Flüssigkeit im Glas nur noch eine Rotationsbewegung zeigen. Mit dem Wasser haben wir auch Drehimpuls geschöpft. Wiederholen wir das Experiment, geschieht wieder das gleiche, nur kann es diesmal sein, daß die am Schluß übriggebliebene Rotation jetzt andersherum verläuft als beim ersten Versuch. Die geschöpfte Menge hat jetzt einen anderen Drehimpuls mitbekommen. So lernen wir aus der Rotation der Galaxien, daß die Materie, aus der sie entstanden ist, damals nicht nur expandierte, sondern sich auch noch turbulent bewegte.

Da wir oben sahen, daß die Rotation ein wichtiges Hilfsmittel ist, um die Massen der Galaxien abzuschätzen, sollten wir ergänzen, daß sie nicht das *einzige* Hilfsmittel ist. Da gibt es Galaxien, die einander so nahe stehen, daß die Anziehungskraft zwischen ihnen sie aneinander bindet. Sie entfernen sich nicht voneinander, wie das Hubblesche Gesetz es befiehlt. Sie ziehen wie ein Doppelsternpaar in unserer Galaxis ihre Bahnen umeinander und fliehen nur gemeinsam von uns. Da man mit Hilfe des Doppler-Effektes ihre Umlaufgeschwindigkeiten um den gemeinsamen Schwerpunkt messen kann, läßt sich wieder ihre Masse aus der Bedingung »Fliehkraft gleich Schwerkraft« ermitteln.

Es gibt auch Galaxien, bei denen man keine Rotationsbewegung findet. Es sind vor allem solche, die keine Spiralen zeigen. Bei ihnen blickt man auf eine diffuse Wolke von Sternen, eine Struktur ist kaum zu erkennen. Auch bei diesen Objekten sind wir nicht ganz verloren (Abb. 9.3). Da solch eine Galaxie nicht rotiert, fallen ihre Sterne in jedem Augenblick zur Mitte der Galaxie. Aber in der Mitte hält sie nichts, deshalb fliegen sie durch das Zentrum hindurch nach der anderen Seite, bis ihr Schwung erlahmt und sie wieder umkehren in Richtung zur Mitte. Die ganze Galaxie besteht aus einem Mückenschwarm von Sternen, die ständig von den äußeren Teilen zur Mitte fallen, auf der anderen Seite wieder herauskommen und durch die Anziehungskraft der Gesamtheit der in der Galaxie stehenden Sterne wieder zur Umkehr gezwungen werden. Wir sehen, wie weit die einzelnen Sterne fliegen können, ehe die Schwerkraft der Galaxie sie zur Umkehr zwingt. Nicht, daß wir das an einzelnen Sternen verfolgen können, aber wir sehen ja, wie weit hinaus in den Raum noch Sterne leuchten. Der Durchmesser der Galaxie sagt uns also, wo etwa die Sterne von der Schwerkraft der

Galaxie wieder zurückgeholt werden. Wenn wir jetzt noch wüßten, wie schnell die Sterne in der Mitte der Galaxie fliegen, dann könnten wir die Masse der Galaxie bestimmen. Denn dann wüßten wir, mit welchem Schwung die Sterne aus dem Zentralgebiet der Galaxie herausgeschossen kommen.

Wieder hilft uns der Doppler-Effekt, die Geschwindigkeit der aus der Mitte herausschießenden Sterne zu bestimmen. Jeder Stern, der in der Galaxis steht, trägt zum Spektrum und zu den Fraunhofer-Linien darin bei. Nun gibt es aber Sterne, die im Augenblick der Beobachtung aus dem Zentrum auf uns zugeschossen kommen, wie auch solche, die gerade von uns weggerichtet in das Zentralgebiet hineinfliegen, um auf der Gegenseite wieder herauszukommen. Die auf uns zugeflogen kommen, zeigen Spektrallinien, die durch den Doppler-Effekt blauverschoben sind, die von uns wegfliegenden sind rotverschoben. Beim Betrachten der Galaxie, die wir im Fernrohr nicht in einzelne Sterne auflösen können, sehen wir beide Effekte gleichzeitig. Die Fraunhofer-Linien sind sowohl rot- wie blauverschoben, das heißt, sie sind *breiter*. Und aus der Verbreiterung können wir auf die Geschwindigkeiten schließen, mit denen die Sterne das Zentralgebiet durchqueren. Das aber war die fehlende Größe, um die Masse der Galaxie zu finden. Wir wissen ja schon, wie weit die Sterne fliegen, ehe die Anziehungskraft der Galaxie sie

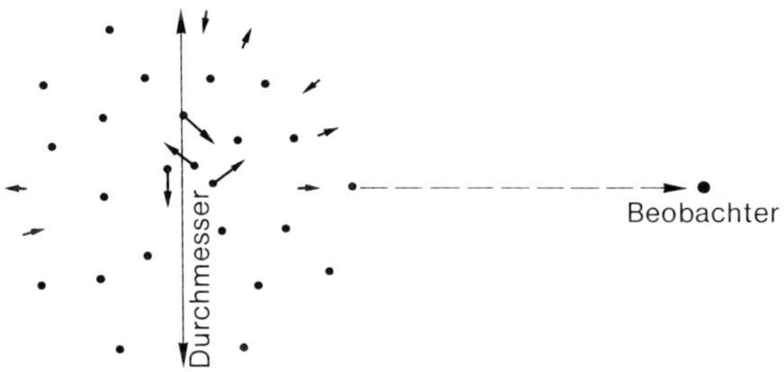

Abb. 9.3: Betrachtet ein Beobachter eine entfernte Galaxie, die nicht rotiert, so kann er dennoch ihre Masse ermitteln. An der Linienverschiebung kann er die Fluchtgeschwindigkeit und mit Hilfe des Hubbleschen Gesetzes dann die Entfernung bestimmen. Der Winkel, unter dem ihm die Galaxie am Himmel erscheint, liefert dann den Durchmesser. Da die einzelnen Sterne (schwarze Punkte) in ihr herumschwirren, bewegen sich in jedem Augenblick von der Mitte der Galaxie aus Sterne in seine Richtung wie auch von ihm weg. Wie im Text erläutert, erscheinen dann infolge des Doppler-Effektes die Fraunhofer-Linien der Galaxie verbreitert. Durchmesser und Linienverbreiterung geben einen Hinweis auf die Gesamtmasse der Galaxie.

zur Umkehr zwingt; Reichweite und Geschwindigkeit bestimmen aber die Masse. Mit diesem Verfahren hat man zum Beispiel eine kleine Galaxie nahe am Andromedanebel untersucht (vgl. Abb. 1.1, wo man diese Begleitgalaxie als kleines, nahezu kreisrundes Wölkchen am Rande des Andromedanebels sieht). Mit vier Milliarden Sonnenmassen zählt sie zu den galaktischen Habenichtsen, wenn man sie mit ihrem hundertmal mächtigeren Nachbarn vergleicht.

Die unsichtbare Materie

Wir hatten gesehen, daß man die Massen der Galaxien auf verschiedene Weise bestimmen kann. Bei der *Methode der inneren Geschwindigkeiten* studiert man Bewegungen in einer Galaxie, zum Beispiel ihre Rotation. Fehlt diese, dann ermittelt man die mittleren Geschwindigkeiten, mit denen sich die Sterne im Schwerefeld der Galaxie bewegen. Bei der anderen Methode – wir wollen sie die *Methode der äußeren Geschwindigkeiten* nennen – benutzt man die Gesamtbewegung der Galaxie in einem anderen Schwerefeld, etwa in dem einer Begleitgalaxie. Hat man eine *Gruppe* von Galaxien (wir werden weiter unten noch ausführlich von solchen *Galaxienhaufen* sprechen, die durch ihre gemeinsame Schwerkraft aneinander gebunden sind), so zeigen die Geschwindigkeiten, mit denen sie sich gegeneinander bewegen, wie groß die Schwereanziehung der Gruppe ist. Das geht wieder nach dem gleichen Prinzip, nach dem man die Schwereanziehung einer nicht rotierenden Galaxie bestimmen kann: Aus der Geschwindigkeit, mit der sich die Sterne gegeneinander bewegen, und aus dem Durchmesser der Galaxie läßt sich auf die in ihr vereinigte Gesamtmasse schließen. Bei einem Galaxienhaufen nehmen wir die gegenseitige Bewegung der Galaxien und den Durchmesser der ganzen Galaxiengruppe, um etwas über die im ganzen Haufen vereinigte Masse zu erfahren. Man kann daraus auch grob die Massen der einzelnen Galaxien bestimmen.

So hat man also jetzt zwei prinzipiell verschiedene Methoden zur Bestimmung der Masse einer Galaxie: die Methode der *inneren* Geschwindigkeiten und die Methode der *äußeren* Geschwindigkeiten.

Vergleicht man die nach der Methode der inneren Geschwindigkeiten bestimmten Galaxienmassen, bei der also die Bewegungen der Sterne *in* der Galaxie studiert werden, mit den nach der Methode der äußeren Geschwindigkeiten bestimmten, bei der die Bewegung der gesamten Galaxie in einem äußeren Schwerefeld benutzt wird, so stößt man auf eine noch bis heute ungeklärte Diskrepanz: Die inneren Bewegungen lassen auf sehr viel geringere Massen schließen als das Bewegungsverhalten der Galaxien in einem äußeren Schwerefeld. Die Gesamtmasse einer Galaxie, die man aus der Bewegung in einem äußeren Schwerefeld bestimmt, scheint sehr viel größer als das, was man aus der in der Galaxie leuchtenden Materie erwartet.

Erinnern wir uns: Bei der Methode der inneren Geschwindigkeiten wird die Masse bestimmt, die die Sterne zum Zentrum hin zieht. Bei der Methode der äußeren Geschwindigkeiten ermittelt man die Masse der gesamten Galaxie. Sollte es in den Galaxien noch Masse geben, welche die Sterne nicht zum Zentrum hin zieht? Das wäre der Fall, wenn jede Galaxie weiter draußen, dort, wo man nichts sieht, noch große unsichtbare Materievorräte verbergen würde. Sehen wir in jeder Galaxie nur die Spitze eines Eisberges? Die leuchtende Materie einer Galaxie, also die Masse ihrer Sterne, scheint nur ein Zehntel der Gesamtmasse auszumachen. Wo stecken die restlichen 90 Prozent? Die verborgene Masse sitzt sicher nicht in den Zentralgebieten der Galaxien, sondern weiter außen.

Auch unsere Milchstraße scheint aus viel mehr Materie zu bestehen, als wir sehen, das erkennt man an der Umlaufbewegung der Sterne am äußeren Rand. Es scheint, als ob die fehlende Materie in einem Kugelraum steckt, der jede Galaxie umschließt und dessen Durchmesser den der Galaxie weit übertrifft. Gibt es Materie, die auch unser Milchstraßensystem in einem Halo umgibt? Gibt es einen weiteren Halo, gegen den unser bisher bekannter aus Sternen und Kugelsternhaufen nur ein Fliegengewicht ist? Der neue, unsichtbare Halo müßte zehnmal mehr Materie enthalten als die ganze Milchstraße.

Der Fall der unsichtbaren, nicht auffindbaren Materie in den Galaxien hat, wie jeder ungelöste Kriminalfall, immer wieder zu Erklärungsversuchen herausgefordert. Lichtschwache Sterne am Ende ihres Lebens, wie *Weiße Zwerge* oder *Neutronensterne*, in großer Zahl über den Raum verstreut, wurden herangezogen. Auch Legionen von *Schwarzen Löchern* (S. 268) nahm man zu Hilfe. Sie haben den Vorteil, daß sie eine Schwereanziehung ausüben und doch unsichtbar sind, so lange, bis zufällig Materie in sie hineinfällt. In neuerer Zeit bot sich von ganz anderer Seite eine Lösung an (S. 309).

Der Zoo der Weltinseln

Die Welt der Galaxien ist reich an Formen. Da gibt es wunderbare Spiralen, daneben neblige strukturlose Gebilde. Aber nicht nur helle Spiralarme geben gewissen Galaxien ihr auffallendes Aussehen, wir sehen auch dunkle Streifen über die leuchtende Galaxie gezogen (Abb. 5.1 und 9.1). Der Streifen, der unsere Milchstraße am Himmel in zwei Teilbänder teilt, stammt von Staubmassen, die das Licht der dahinterstehenden Sterne verschlucken. Neben den vielen, verhältnismäßig normalen Galaxien – mögen sie nun Spiralen haben oder nicht – gibt es noch Ausnahmefälle, seltener vorkommende Gebilde, exotische Sonderanfertigungen. Aber versuchen wir zuerst, uns im Bereich der normalen Galaxien zurechtzufinden.

Hubble selbst hat versucht, in die Fülle der Erscheinungen Ordnung zu bringen. Er erfand ein Ordnungsschema, das im Prinzip auch heute noch benutzt wird, wenn auch in ausgefeilterer Form. Das Schema ist in Abbildung 9.4 wiedergegeben und stellt keinesfalls ein Entwicklungsschema dar, das uns andeuten sollte, aus welcher Form sich im Laufe der Zeit welche andere entwickelt. Es beruht einfach darauf, daß man im großen und ganzen drei Haupttypen von Galaxien kennt: elliptische Galaxien, Spiralen und Balkenspiralen.

Von allen mit großen Teleskopen erkennbaren Galaxien gehören 80 Prozent zu den elliptischen, wie die beiden Begleitgalaxien des

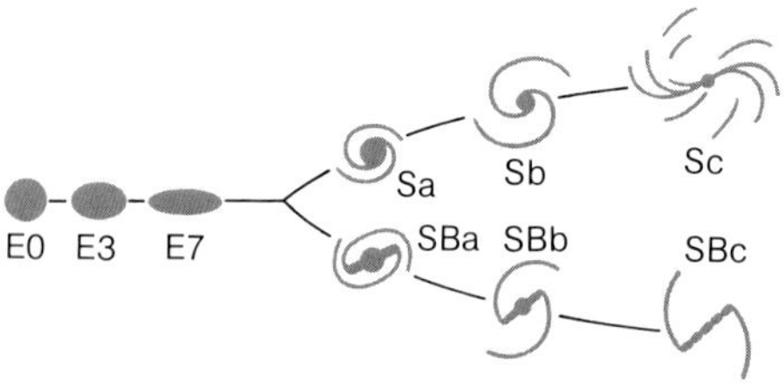

Abb. 9.4: Um in die Vielfalt der Formen, die man an Galaxien beobachtet, Ordnung zu bringen, hat Hubble das hier vereinfacht wiedergegebene Schema benutzt. Mit einigen später hinzugekommenen Verfeinerungen ist es auch heute noch im Gebrauch. Das Schema war nie als eine Entwicklungssequenz gedacht, daß etwa mit zunehmendem Alter eine Galaxie vom links dargestellten Typ sich in einen rechts abgebildeten Typ verwandeln könnte.

Andromedanebels (Abb. 1.1). Ihre Bilder zeigen keine Strukturen. Elliptische Galaxien erscheinen als verwaschene Flecken, kreisrund oder elliptisch, bei denen die Helligkeit von der Mitte her nach außen abfällt. Hubble hat sie nach Unterklassen geordnet, von der kreisrund erscheinenden Klasse E0 mit zunehmender Abplattung bis zu E7. Sind die der Klasse E0 kugelförmig? Oder sehen wir bei ihnen auf eine abgeplattete Linse, die, von der Seite aus gesehen, wie E7 aussieht, von oben her betrachtet aber ein kreisrundes E0-Bild liefert? Es scheint so, als ob unter den E0-Galaxien in Wahrheit alle Typen vorkommen, von kugelförmigen bis zu abgeplatteten, die nur aus einer besonderen Richtung betrachtet kreisrund erscheinen. Es ist aber auch nicht auszuschließen, daß es neben den Linsen noch längliche Formen gibt, wie dicke Zigarren. Wenn wir sie aus ihrer Längsrichtung anblicken, erscheinen sie wie E0, von der Seite erscheinen sie länglich, wie E7.

Die Massen der elliptischen Galaxien erstrecken sich von einigen Millionen Sonnenmassen, also von recht ärmlichen Objekten, bis zu einigen Billionen (also einigen tausend Milliarden) Sonnenmassen.

Es fällt auf, daß sie alle im Vergleich zu ihrer Masse verhältnismäßig schwach leuchten. Man könnte in ihnen Sterne vermuten von der Masse der Sonne, aber nur mit einem Hundertstel ihrer Leuchtkraft. Aus unserem Milchstraßensystem kennen wir solche Sterne. Sie haben ihren Kernenergievorrat erschöpft. Als Weiße Zwerge verglühen sie langsam. Diese alten, ausgebrannten Sterne haben geringe Leuchtkraft. Wahrscheinlich enthalten die elliptischen Galaxien viele alte Sterne, so wie unsere Kugelsternhaufen, obwohl die Sterne in diesen noch heller strahlen. Daß die Sterne der Halopopulation unseres Milchstraßensystems den Sternen in den elliptischen Galaxien irgendwie ähnlich sind, kann man vermuten, denn die hellsten Sterne der Halopopulation sind rötlich. Auch die elliptischen Galaxien erscheinen rötlich wie die Kugelsternhaufen unseres Milchstraßensystems. Sind die elliptischen Galaxien vielleicht gigantische Kugelsternhaufen?

Wenn man in unserer Galaxis sieht, daß die Halopopulation eigentlich aus recht langweiligen Sternen besteht, Sterne, welche die besten Jahre bereits hinter sich haben, dann könnte man vermuten, daß auch die elliptischen Galaxien recht langweilige Gebilde sind. Wir werden aber sehen, daß gerade in ihren Zentralgebieten rätselhafte Dinge vor sich gehen. Auch bei denen, welche die besten

Jahre schon hinter sich haben, tut sich noch etwas. Da steht im Sternbild der Jungfrau die elliptische Riesengalaxie M87 (Abb. 1.3), aus deren Zentrum mit einer Geschwindigkeit von 300 km/s ein scharfer leuchtender Gasstrahl herausgeschossen kommt – Herr Meyer hatte ihn in seinem ersten Traum gesehen. Was geht im Zentrum dieses Riesen vor?

Elliptische Galaxien scheinen sonst kaum Gas- und Staubmassen zu enthalten. Deshalb bilden sich auch keine neuen Sterne. Man darf sich also nicht wundern, daß die Sterne dort schon alt sind, der Nachwuchs fehlt, die Population vergreist.

Nun zu den *Spiralgalaxien.* Bei ihnen scheint es zwei Familien zu geben. Da sind zum einen die normalen Spiralen, bei denen aus einem runden Mittelteil heraus an entgegengesetzten Seiten zwei Arme austreten und sich nach außen winden. Hubble ordnet diese Familie in drei Untergruppen Sa, Sb und Sc, wobei in Sa die Spiralen sehr dicht gewickelt sind, während sie bei Sc weit geöffnet erscheinen. Hand in Hand mit dem Fortschreiten von Sa nach Sc wird auch der Zentralteil immer unscheinbarer. Der Andromedanebel (Abb. 1.1) liegt in der Gruppe Sb, die Galaxie M101 von Abbildung 1.2 gehört zu Sc. Da wir mitten in unserer eigenen Galaxis sitzen und den Wald vor lauter Bäumen nicht sehen, ist es für uns schwer, unser Milchstraßensystem einzuordnen. Zwar wissen wir, daß es eine Spiralstruktur hat, aber über die Öffnung seiner Spiralarme können wir nur Vermutungen anstellen. Allgemein glaubt man, daß es wie der Andromedanebel zur Gruppe Sb gehört.

Neben der Familie der gewöhnlichen Spiralen gibt es noch die der *Balkengalaxien.* Bei ihnen kommen die Arme nicht aus dem Zentrum, sondern vielmehr aus einem zigarrenförmigen Balken (Abb. 9.5). Hubble teilte sie – nach der Öffnung ihrer Spiralarme – wieder in drei Untergruppen auf: SBa, SBb, SBc. Auch hier verliert der Zentralteil der Galaxie mit dem Fortschreiten in der Gruppe von a bis c zusehends an Bedeutung.

Ganz allgemein kann man sagen, daß im Hubbleschen Schema von links nach rechts Gas- und Staubmassen immer wichtiger werden. In den Galaxien der Mitte und rechts können sich, wenn die Gasdichte genügend groß ist, heute noch Sterne bilden. Dies geschieht in den Spiralarmen. Warum die Sterne gerade in den Spiralen entstehen, ist bis heute noch nicht vollständig verstanden, doch hat man recht plausible Modelle dafür.

Neben den aufgeführten Klassen und Gruppen gibt es noch Ga-

Abb. 9.5: Die Balkengalaxie NGC 1365 (Aufnahme: P. O. Lindblad, European Southern Observatory).

laxien, die in das Schema nicht hineinpassen. Sie sind nicht strukturlos wie die elliptischen, zeigen aber auch keine Spiralen. Die beiden Magellanschen Wolken, die unsere Milchstraße begleiten, sind Beispiele für diese irregulären Galaxien. Sie haben keinen Kern und keine Spiralen, obwohl ihre Sterne mehr denen in Spiralen ähneln. In ihnen scheinen noch heute Sterne zu entstehen – kein Wunder, denn sie enthalten viel Staub und Gas. Zu den irregulären Galaxien zählt man darüber hinaus auch noch solche, die man anderswo nicht unterbringt.

Wenn man von den Spiralgalaxien und den irregulären nach den oben beschriebenen Methoden die Massen bestimmt und mit ihren Leuchtkräften vergleicht, dann scheint es, als ob bei den Irregulären auf eine Sonnenmasse nur ein Drittel der Sonnenleuchtkraft kommt. Das erwarten wir bei nicht zu alten Sternen. Sehr viele leben dann noch von ihrer Kernenergie und decken daraus ihre Leuchtkraft. Daß sie im Mittel weniger strahlen als die Sonne, liegt daran, daß es in diesen Galaxien, wie auch in unserer Milchstraße, sehr viel mehr Sterne von geringerer Masse als die Sonne gibt. Solche Sterne strahlen sehr viel schwächer.

Kerne von Galaxien

In den Kapiteln 1 und 3 lernten wir das Zentrum unseres Milchstraßensystems kennen. Von unserem Beobachtungsplatz in unserer Galaxis aus betrachtet, verbirgt es sich hinter dicken Staubwolken. Bei anderen Galaxien blicken wir von außen auf das Zentralgebiet, sehen es also offen vor uns. Dabei beobachten wir in den Kerngebieten der Galaxien unerklärliche Dinge.

In vielen Spiralgalaxien erkennt man in der Mitte einen fast sternartigen Kern. Meist ist auf den Fotografien das Zentralgebiet

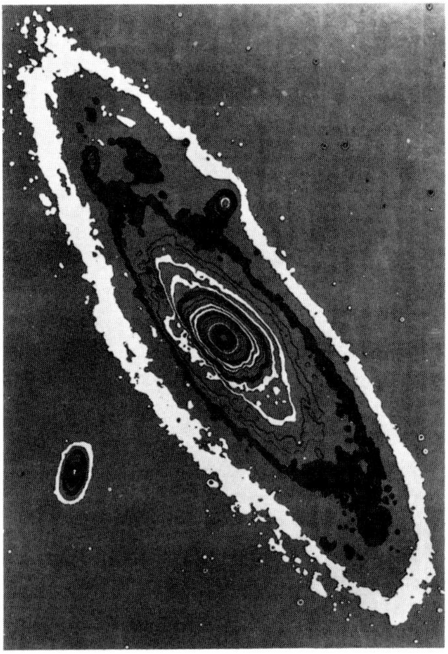

Abb. 9.6: Eine Isophotenkarte des Andromedanebels zeigt, daß Galaxien in ihren Zentralgebieten nahezu punktförmige Konzentrationen enthalten: galaktische Kerne. Die Grenzlinien zwischen verschieden grauen Bereichen des Bildes verbinden Punkte einer Fotografie des Andromedanebels, die gleiche Schwärzung haben, sie sind also Linien gleicher Helligkeit. Man erkennt, daß sie von ihrer großen Unregelmäßigkeit in den äußeren Bereichen nach innen immer regelmäßiger werden und einen kleinen Fleck im Zentrum umschließen. Das ist die hellste Stelle, der Kern der Andromedagalaxie. Man beachte, daß auch die beiden Begleitgalaxien, auf die wir schon bei Abbildung 1.1 hingewiesen haben, durch die Isophotenlinien deutlich hervorgehoben werden (Aufnahme: Zentralinstitut für Astrophysik, Potsdam, Karl Schwarzschild-Observatorium Tautenburg, DDR).

überbelichtet, so daß man den Kern gar nicht erkennt. Am Observatorium in Tautenburg in der DDR hat man eine spezielle Technik entwickelt, um Strukturen fotografisch sichtbar zu machen, wenn starke Helligkeitsunterschiede die gleichzeitige Abbildung heller und schwacher Teile eines Bildes verhindern. Abbildung 9.6 zeigt eine mit dieser Technik gewonnene Aufnahme des Andromedanebels, in der man das nahezu punktförmige Zentrum erkennen kann.

Das Gebilde im Zentrum des Andromedanebels ist aber kein Stern. Man kann deutlich eine räumliche Ausdehnung erkennen, die auf einen Durchmesser von einigen pc schließen läßt. Dort wird – wie das Spektrum zeigt – heißes Gas aus dem Kern herausgeblasen, jährlich etwa ein Zehntel der Masse der Sonne.

Was steht nun dort, von wo aus die Gasmassen in den Raum strömen? Es sieht so aus, als ob es sich um einen riesigen Sternhaufen handelt, wahrscheinlich stehen dort 13 Millionen Sonnenmassen. Dieser Riesensternhaufen im Herzen des Andromedanebels dreht sich in 400000 Jahren um seine eigene Achse. Das ist schnell. Bedenken wir doch, daß die Umlaufzeit der Sterne in der Scheibe einer Galaxie nach Hunderten von Millionen Jahren gemessen wird.

In anderen Spiralgalaxien findet man noch aktivere Kerne, Ansammlungen von heißen Sternen, die das umgebende Gas erhitzen und nach außen blasen.

Seyfert-Galaxien

Im Jahre 1943 untersuchte der amerikanische Astronom Carl Seyfert auf dem Mt. Wilson zwölf Galaxien, die ihm wegen ihrer Kerne aufgefallen waren. Er kam nach dem Krieg bei einem Autounfall ums Leben und hat niemals erfahren, welches Aufsehen seine Galaxien noch erregen würden.

Seyferts Galaxien hatten viel hellere Kerne als normale Spiralnebel; im Fernrohr sieht man zuerst den sternartigen hellen Kern, dann erst die ihn umgebende Galaxienscheibe. Die Durchmesser der Kerne scheinen bei einigen hundert pc zu liegen. Später fiel auf, daß in diesen Kernen Gas von extrem hoher Temperatur steht. Den Gasatomen dort wurden von der heißen Strahlung Elektronen weggerissen. Man findet Eisenatome, denen 13 Elektronen fehlen! Vom Kern jeder Seyfert-Galaxie kommt starke Wärmestrahlung, oft

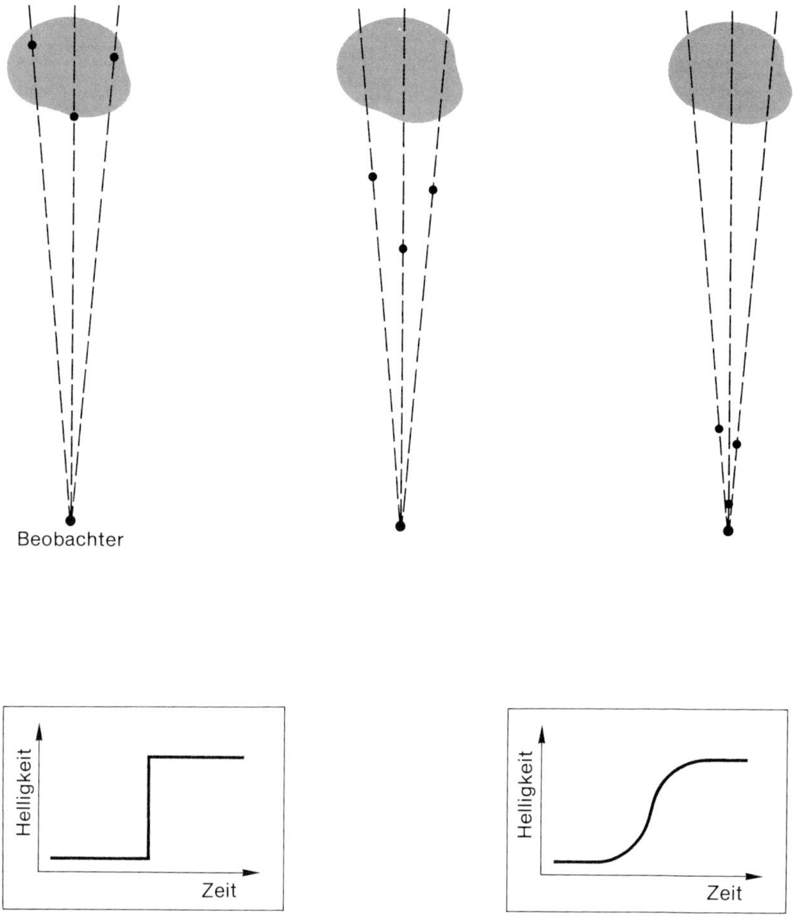

Abb. 9.7: Wenn ein Körper, der von einem Beobachter so weit entfernt ist, daß dieser ihn nur als einen Punkt sieht, schlagartig heller wird (linke untere Tafel), so nimmt der Beobachter nur ein allmähliches Hellerwerden wahr (rechte untere Tafel). Das rührt daher, daß das Licht von verschiedenen Stellen des aufleuchtenden Körpers zum Beobachter verschieden lange Wege zurückzulegen hat und daß deshalb die Signale vom Aufleuchten erst allmählich eintreffen, wie das in den oberen Teilzeichnungen an den Lichtsignalen von drei Stellen der Wolke angedeutet ist. Links werden drei Signale von der Wolke gerade ausgesandt. Rechts hat das erste fast den Beobachter erreicht, während die beiden anderen etwas später eintreffen werden.

strahlt er im Infraroten soviel ab wie alle Sterne unserer Milchstraße zusammengenommen in allen Spektralbereichen. Dabei scheint sich die Stärke dieser Strahlung zu ändern. Manchmal steigt sie innerhalb weniger Wochen auf das Doppelte an, um danach wieder abzusinken.

Aus dem Tempo, mit dem sich die Helligkeit des uns punktförmig erscheinenden Kerns ändert, können wir etwas über seine Größe lernen. Nehmen wir an, ein ausgedehntes Raumgebiet möge von jeder Stelle Strahlung zu uns senden (Abb. 9.7), doch plötzlich würde sich die Strahlungsleistung jedes Gramms der Materie verzehnfachen. Nehmen wir weiter an, wir beobachten den Vorgang aus großer Entfernung, von so weit draußen, daß uns die ausgedehnte Strahlungsquelle im Fernrohr nur als Punkt erscheint. Die Nachricht von der Verzehnfachung der Strahlungsleistung erreicht uns von den verschiedenen Stellen der Quelle zu etwas verschiedenen Zeiten. Zuerst empfangen wir die verstärkte Strahlung von der nächsten Stelle, dann von den weiter entfernt stehenden Bereichen der Quelle. Obwohl sich die Strahlungsleistung schlagartig erhöht hat, nehmen wir nur ein langsames Ansteigen wahr. Die Zeitspanne, innerhalb der für uns die Quelle zehnmal heller wird, entspricht etwa der Zeit, welche das Licht benötigt, um den Durchmesser der Quelle zu durchlaufen.

Wenn der Kern einer Seyfert-Galaxie für uns seine Helligkeit innerhalb von zwei Wochen verdoppelt, so muß die Strahlung aus einem Bereich kommen, dessen Durchmesser nicht merklich größer ist als die Strecke, die das Licht in zwei Wochen zurücklegt, das sind elf tausendstel pc und damit weniger als ein Hundertstel der Entfernung des nächsten Fixsterns von der Sonne, also eine kleine Entfernung innerhalb einer Galaxie. Und aus diesem kleinen Raum kommt eine Strahlungsleistung, vergleichbar der unserer ganzen Galaxis mit ihren 100 Milliarden Sternen. Bei einer Seyfert-Galaxie hat man sogar Schwankungen ihrer Röntgenhelligkeit innerhalb von 100 Sekunden beobachtet (vgl. S. 273).

Welch ungeheuere Energiequelle steckt in den Kernen der Seyfert-Galaxien! Wir werden später sehen, daß diese Objekte viele Ähnlichkeiten mit einer scheinbar ganz anderen Art von Gebilden haben, den sogenannten *Quasaren,* mit denen wir uns in Kapitel 11 befassen werden.

Haufen von Spiralnebeln

Nicht nur die einzelnen Galaxien bergen Rätsel in ihrem Inneren, auch die Galaxien in ihrer Gesamtheit zeigen unerklärliche Eigenschaften.

Schon Alexander von Humboldt war aufgefallen, daß die von Herschel beobachteten Nebelflecken am Himmel nicht gleichförmig verteilt sind. In seinem 1850 erschienenen »Kosmos« erwähnte er den Virgo-Haufen, den wir Herrn Meyer schon in seinem ersten Traum sehen ließen.

Daß die Galaxien den Raum nicht gleichförmig erfüllen, hängt damit zusammen, daß sie sich gegenseitig anziehen. Wir hatten schon gesehen, daß es Galaxien gibt, die sich umeinander bewegen, durch ihre gegenseitige Anziehung aneinander gebunden. Gelegentlich kommen sich Galaxien gegenseitig so nahe, daß sie einander Sterne zu stehlen versuchen. Eine Galaxie zieht eine ganze Kette von Sternen aus der anderen heraus, so daß es aussieht, als hätten die Galaxien Schwänze. Das aber sind Einzelfälle, die nicht so wichtig sind wie die Vorliebe der Galaxien, in Gruppen aufzutreten.

Unser eigenes Milchstraßensystem steht nicht isoliert im Raum. Es gehört zu einer Familie, die wiederum aus drei Untergruppen besteht. Die eine bilden wir mit den beiden Magellanschen Wolken und einigen kleineren Systemen. In 670 kpc steht der Andromedanebel mit seinen Begleitgalaxien. Zu dieser Gruppe gehört auch die Sc-Galaxie M33 mit mehreren kleineren Galaxien. Schließlich gibt es noch eine Untergruppe aus weniger prominenten Sternsystemen. Alles zusammen sind es an die 30 Familienmitglieder. Gut die Hälfte der schwächeren Objekte sind *Zwerggalaxien*, kleine Ansammlungen von verhältnismäßig wenig Sternen. Man ist versucht, sie als etwas zu groß geratene Kugelsternhaufen anzusehen. Das ist nicht richtig, denn das System Fornax, eine dieser Zwerggalaxien, hält sich selbst mindestens fünf eigene Kugelsternhaufen. Aber die Familie aller dieser Objekte, die *lokale Gruppe*, die sich über etwa 2 Mpc erstreckt, ist ein recht armseliges Gebilde.

In 24 Mpc Entfernung in Richtung des Sternbildes der Jungfrau steht eine weit prächtigere Ansammlung von Galaxien, der *Virgo-Haufen* (Abb. 9.8, Herr Meyer hat ihn in Kapitel 1 erlebt). Es sind 2500 Galaxien in einem Gebiet von etwa 5 Mpc Durchmesser, durch ihre gegenseitige Schwerkraft zusammengehalten. Dieser Ga-

Abb. 9.8: Der innere Teil des Virgo-Haufens. Da alle Mitglieder des Haufens etwa gleichweit von uns entfernt sind, entsprechen die verschiedenen Größen der Galaxien im Bild tatsächlichen Größenunterschieden. Die scharfen Punkte sind Sterne in unserer Galaxis, sie stehen also im Vordergrund (Aufnahme: Deutsch-Spanisches Astronomisches Zentrum).

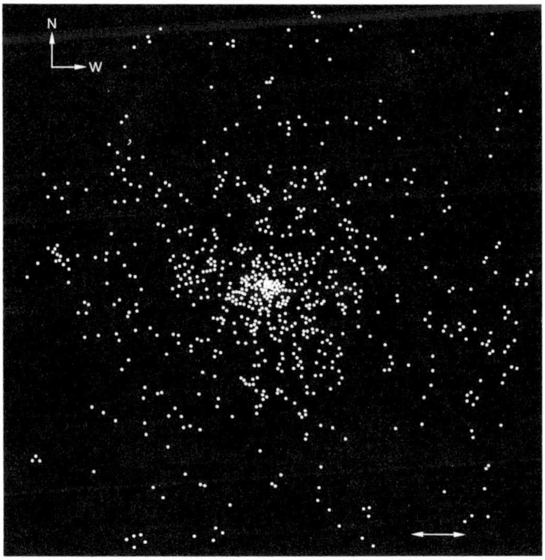

Abb. 9.9: Die Verteilung der hellsten Mitglieder des Coma-Haufens am Himmel. Jeder Punkt stellt eine Galaxie dar. Die rechts unten angegebene Strecke veranschaulicht den Durchmesser des Vollmonds (nach F. Zwicky).

laxienhaufen bewegt sich als Ganzes mit der Fluchtbewegung, die ihm nach dem Hubbleschen Gesetz zukommt, von uns weg, etwa mit 1000 km/s. Die einzelnen Galaxien aber bewegen sich in wirrem Flug umeinander, einem riesigen Bienenschwarm gleich, der trotz der gegenseitigen Bewegung zusammenbleibt. Er ist so groß, daß man die Fläche, die er am Nachthimmel einnimmt, trotz seiner ungeheueren Entfernung nur knapp mit der ausgestreckten Hand verdecken kann. Die Galaxien dieses Haufens sind so schwach, daß man die hellsten unter ihnen nicht einmal mit dem Feldstecher ausmachen kann. Man benötigt mindestens ein größeres Amateurteleskop.

In der siebenfachen Entfernung des Virgo-Haufens steht ein weiterer, noch reicherer Galaxienhaufen im Sternbild Coma Berenices (Abb. 9.9), der nun schon fast mit 7000 km/s vor uns flieht.

Man hat den Himmel gründlich nach Galaxien abgesucht und fand, daß Galaxienhaufen etwas durchaus Normales sind. Wahrscheinlich stehen 70 Prozent aller Galaxien in Haufen. Der kalifornische Astronom George Abell (1927–1983) hat 1958 eine Liste von 2712 Galaxienhaufen veröffentlicht, von denen die meisten mehr als 50 Galaxien enthalten. Die fernsten Galaxienhaufen des Abellschen Katalogs sind etwa 300 Mpc weit draußen im Raum.

In vielen Haufen scheint es eine Art Obergalaxie zu geben, die alle anderen an Masse und Helligkeit übertrifft und deshalb im Verdacht steht, sich auf Kosten anderer bereichert zu haben.

Kannibalismus unter Galaxien

In den Zentralgebieten großer Galaxienhaufen stehen sich die einzelnen Sternsysteme oft so nahe, daß ihr gegenseitiger Abstand mit ihrem Durchmesser vergleichbar wird. Da sind Zusammenstöße unvermeidbar. Galaxien prallen aufeinander! Was geschieht dann?

Auf den ersten Blick nichts, denn die Galaxien bestehen ja hauptsächlich aus Sternen, zwischen denen der Raum fast leer ist. Wenn zwei Galaxien zusammenstoßen, dann durchdringen sie einander, ohne daß die Sterne einzeln aufeinandertreffen. Sie sind so winzige Punkte im leeren Raum, daß, von unwichtigen seltenen Einzelfällen abgesehen, jeder Stern der einen Galaxie an den Sternen der anderen vorbeifliegt. Die Gas- und Staubmassen dagegen prallen mit großer Geschwindigkeit aufeinander, doch den Galaxien dürfte das nicht allzuviel ausmachen. In der letzten Zeit begann man, die gegenseitige Durchdringung zweier Galaxien auf Computern nachzuvollziehen.

Der Zusammenstoß einzelner Sterne spielt dabei keine Rolle. Das wußte man schon, bevor man mit dem Problem auf den Computer ging. Es ist die Schwerkraft, mit der sich die Sterne der beiden Galaxien beeinflussen. Es kann durchaus sein, daß ohne einen einzigen Sternzusammenstoß die kleinere Galaxie in der größeren steckenbleibt. In einem Galaxienhaufen kann also eine Galaxie eine andere auffressen. Ja mehr noch, sie kann nacheinander immer wieder Galaxien verzehren und so zur dicksten und fettesten Galaxie, wir

Abb. 9.10: Die Kannibalengalaxie im Galaxienhaufen Abell Nr. 2199. Die körnige Struktur des linken Bildes rührt von der benutzten fotografischen Platte her, aus der es vergrößert worden ist. Die Galaxie NGC 6166 ist im linken Bild in der Mitte als unscharfer heller Fleck zu sehen. Rechts erkennt man, daß sie aus drei Verdichtungen besteht. Hat die Galaxie zwei kleinere »verschluckt«, deren dichte Zentralgebiete sich noch nicht aufgelöst haben und die daher als helle »Knoten« in der Galaxie zu erkennen sind? Man beachte im rechten Bild die zahlreichen Galaxien, die sich als diffuse Flecken, oft von länglicher Form, von den kreisrunden, recht scharf begrenzten hellen Bildern der Vordergrundsterne unterscheiden (linkes Bild: © 1960 National Geographic Society – Palomar Sky Survey. Reproduced by permission of the California Institute of Technology; rechtes Bild: B. Loibl, Deutsch-Spanisches Astronomisches Zentrum).

nannten sie Obergalaxie, des Haufens werden. Wie ein junger Kukkuck sitzt sie im Nest und dominiert den Galaxienhaufen.

Im Haufen Nr. 2199 aus Abells Katalog steht eine solche Galaxie, so groß und beherrschend, daß auf sie der Verdacht fällt, sie habe sich in der Vergangenheit des öfteren schon an Schwestergalaxien gelabt. Tatsächlich gelang es, diese Riesengalaxie zu überführen. Man muß sie nur mit so kurzer Belichtungszeit fotografieren, daß auf der Platte das helle Zentralgebiet, das normalerweise überbelichtet ist und nur als Fleck erscheint, durchsichtig wird. Dann sieht man, daß in ihrem Magen zwei kleine Galaxien liegen, noch unverdaut wie Wackersteine (Abb. 9.10).

In Galaxienhaufen scheint es überhaupt aufregender zuzugehen, als es auf den ersten Blick aussieht. Das merkte man, als man Empfänger für Röntgenstrahlung mit Hilfe von Raketen über die dafür undurchsichtige Erdatmosphäre schoß und den Himmel nach Röntgenquellen absuchte. Viele Galaxienhaufen »glühen« im Röntgenlicht. Nicht nur von den Galaxien des Haufens, sondern auch vom leeren Raum zwischen ihnen erhalten wir Strahlung. In den Innengebieten der Galaxienhaufen scheint Gas zu stehen, das eine Temperatur von Millionen Grad hat und das thermische Strahlung (vgl. S. 60) aussendet. Bei dieser Hitze entsteht Röntgenstrahlung. Woher kommt das Gas, das zwischen den Galaxien steht? Es sind wahrscheinlich Gasmassen, welche die Galaxien im Haufen verloren haben. Es scheint, als ob keine Galaxie ihre Gasmassen ganz für sich behalten kann. Sie blasen Gaswolken in den Raum, vor allem, wenn sie aktive Kerne haben. Normalerweise strömen diese Gasmassen in den Raum zwischen den Galaxien und verdünnen sich bis zur Unmerklichkeit. In Galaxienhaufen müssen sie sich aber dort sammeln, wo die Schwerkraft sie hinzieht, also in der Mitte des Haufens. Sie werden wahrscheinlich durch die mit hoher Geschwindigkeit darin herumfliegenden Sternsysteme so aufgeheizt, daß sie im Bereich der Röntgenstrahlung leuchten.

Galaxienhaufen sammeln sich zu Superhaufen

Die Galaxienhaufen sind nicht die größten Komplexe, in denen sich die Materie der Welt zusammenklumpt. In Richtung des Sternbildes Herkules stehen in einer Entfernung von etwa 200 Mpc mehrere Galaxienhaufen in einem Raumgebiet, das etwa 100 Mpc

Durchmesser hat. Im Unterschied zu den Galaxienhaufen reicht die Schwerkraft bei diesem sogenannten *Superhaufen* nicht aus, um ihn gegen die Hubble-Expansion zusammenzuhalten. Der Superhaufen im Herkules vergrößert sich im Laufe der Zeit.

Unser lokales System von Galaxien gehört zu einem Komplex von Galaxienhaufen, in dessen Mitte der Virgo-Haufen steht. Auch diese Ansammlung von Galaxiengruppen dehnt sich mit der Expansion des Weltalls aus. Wir sahen bereits, daß der Virgo-Haufen von uns wegfliegt. Allerdings scheint es, als ob der Virgo-Komplex infolge seiner großen Anziehungskraft die Hubble-Bewegung seiner Mitglieder, also auch die unserer Galaxis, merklich stört. Das ist ein Umstand, der uns bei der Bestimmung der Hubble-Zahl Schwierigkeiten bereitet. Der Virgo-Haufen selbst dehnt sich aber nicht mit der Hubble-Bewegung aus. Seine Mitglieder stehen so dicht beieinander, daß die wechselseitige Schwerkraft sie zusammenhält.

Superhaufen sind dünner gepackt als Galaxienhaufen. Wahrscheinlich sind alle Galaxienhaufen zu Superhaufen gebündelt. Man glaubt, daß es außerhalb der Superhaufen keine Galaxien gibt. Ist eine Galaxie schon einmal eine Einzelgängerin und ist sie kein Mitglied eines Galaxienhaufens, dann steht sie aber – nach allem, was wir heute wissen – wenigstens in einem Superhaufen. Außerhalb der einzelnen Superhaufen steht nichts, zwischen ihnen sind große leere Räume. Es scheint aber keine Super-Superstrukturen zu geben. Die größten Strukturen in der Verteilung der Materie im Weltall lassen Durchmesser von 50 bis 100 Mpc erkennen. Der Herkules-Superhaufen ist der größte zur Zeit bekannte. Wenn also die Materie der Welt in Sternen, in Galaxien, in Galaxienhaufen und in Superhaufen konzentriert ist, so scheint es doch, als ob die Superhaufen das Weltall gleichförmig erfüllen. Man kann also sagen, daß die Welt im Großen überall gleich ist und nichts dem kosmologischen Prinzip widerspricht.

Das Wort Superhaufen ist irreführend, da es ein mehr oder weniger kugelförmiges Gebilde suggeriert. Das ist nicht richtig. Es scheint eher so zu sein, daß Galaxienhaufen im Raum wie durch »Stege« und »Wände« miteinander verbunden sind. In ihnen stehen Galaxien, während der Raum dazwischen leer ist. So haben wir eher eine Waben- oder Zellenstruktur.

Der Holländer Jan Oort schrieb 1982: »Das Universum besteht aus vielen aneinanderstoßenden Zellen. Das Innere dieser Zellen ist leer (das heißt, es enthält keine leuchtende Materie), die Zellwände bestehen aus einer dünnen Schicht von Galaxien. An einigen Stellen sind die Wände in Form von Haufenketten verstärkt. Diese Ketten laufen in sehr galaxienreichen Knoten zusammen, in deren Zentrum meist ein hervorstechender Galaxienhaufen (Perseus-Haufen, Virgo-Haufen, . . .) steht.« Soweit einer der bedeutendsten Astronomen unseres Jahrhunderts. Die Durchmesser der Zellen, von denen er spricht, liegen bei 50 bis 100 Mpc, sie sind die größten Strukturen, die wir in unserer Welt kennen.

Obwohl die einzelnen Galaxien kleine Störbewegungen zeigen, welche der gleichmäßigen Hubble-Expansion überlagert sind, so sind diese doch gering. Die Superstrukturen »zerfließen« durch diese Bewegungen nicht im Laufe der Zeit. Ihre Mitglieder, die Galaxien und Galaxienhaufen, füllen nicht im Laufe der Zeit die leeren Räume zwischen den »Zellwänden« auf. Das Weltalter ist viel zu kurz, die Störbewegung viel zu gering. So müssen wir annehmen, daß die Anhäufungen von Materie, die wir in den Superstrukturen sehen, seit dem Anfang der Welt da sind und daß sie mit der Expansion der Welt lediglich ihren Durchmesser vergrößert haben.

So weit wir in den Raum hineinsehen können, erkennen wir Galaxien, in Haufen und Superstrukturen gesammelt. Wo ist das Ende? Die vorläufige Grenze wird uns durch unsere Teleskope gesetzt. Je weiter draußen eine Galaxie steht, um so mehr wird ihre bei uns ankommende Strahlung verrötet und durch den Verdünnungseffekt geschwächt. Um so schwieriger wird es, sie auf einer Himmelsaufnahme vom Himmelsuntergrund zu trennen, von dem sie sich kaum mehr abhebt. Daß weiter draußen noch andere Himmelskörper stehen, das haben wir erst durch Radiowellen aus dem Weltall erfahren.

10 Der Radiohimmel

Christoph Kolumbus in seiner schlecht beleuchteten Stamm-Taverne bei einem Glas Portwein zugehört zu haben, wenn er von seinen Abenteuern berichtete und von fernen Landschaften, die noch niemand vor ihm erblickt hatte, das muß ein aufregender Abend gewesen sein, den man nicht vergaß . . . Ob das aber jemals an die merkwürdige Faszination eines Abends mit dem kürzlich verstorbenen Walter Baade von den Mt.-Wilson- und Palomar-Observatorien herangekommen ist? . . . Von Ideen sprühend, auf seine letzten Zahlen und Ergebnisse vertrauend, bescheiden, aber doch auch mit harter Kritik, frei und liebenswert erzählte er uns eines Abends die Geschichte von Cygnus A.

I. Robinson, A. Schild und E. L. Schücking, 1964

Was man in den goldenen zwanziger Jahren der Galaxienforschung gelernt hatte, stammte von optischen Beobachtungen, die allein das sichtbare Licht benutzten. Die Erdatmosphäre ist dafür durchsichtig. Wir können froh darüber sein, denn sonst würde das Licht der Sonne nicht bis zu uns auf den Boden der Atmosphäre herabdringen. Wie wir in Kapitel 2 gesehen haben, ist Licht nur elektromagnetische Strahlung in einem bestimmten Wellenlängenbereich. Daß die Erdatmosphäre auch noch für ganz andere Wellenlängen durchsichtig ist und somit weitere Information aus dem Weltall auf die Erdoberfläche gelangt, ahnte früher niemand. Erst als man langwellige elektromagnetische Strahlung auf der Erde künstlich erzeugte, um sie zur Nachrichtenübertragung zu benutzen, merkte man zufällig, daß wir damit aus dem Weltall tagaus, tagein berieselt werden. Erst als man sich mit dem Senden und Empfangen von Radiowellen auf der Erdoberfläche befaßte, merkte man, daß der Himmel voll ist von Radiosendern.

Die Geburt der Radioastronomie

Mitte Mai 1933 wartete die New Yorker Rundfunkstation WJZ ihren Hörern im Abendprogramm mit einer Besonderheit auf. Ein Kommentator erläuterte seiner Zuhörerschaft: »Sie haben schon öfters Übertragungen aus großer Entfernung gehört, quer über den amerikanischen Kontinent, aus Europa und aus Australien. Heute abend aber wollen wir Ihnen eine Übertragung von viel weiter her bringen, eine Übertragung, die alle Entfernungsrekorde brechen wird. Wir werden unseren Hörern Radioimpulse bringen, die von irgendwo außerhalb unseres Sonnensystems kommen, von irgendwoher aus dem Bereich der Sterne ... Hören Sie gleich selbst das Radiorauschen aus den Tiefen des Weltalls ... Dank der Hilfe der American Telephone and Telegraph Company kann ich Sie nun dem empfindlichen Empfänger in Holmdel, 50 Meilen südwestlich von New York, zuschalten.«

Dann kam es, und es klang wie das Geräusch entweichenden Dampfes an einer undichten Stelle der Heizung. Es folgte ein kurzer Kommentar, noch einmal zehn Sekunden zischender Dampf, und dann die Stimme des Radioingenieurs Karl Jansky, der die Empfangsanlage gebaut hatte. Das Programm endete mit der Ermahnung an die Hörer, ihre Antennen in erstklassigem Zustand zu halten, damit sie weiterhin in den vollen Genuß der wundervollen Radioprogramme des Senders kommen könnten.

Vielen Zeitungslesern kam die Sendung nicht überraschend. Bereits am 5. Mai hatte die »New York Times« in einer vollen Spalte ihrer Titelseite darüber berichtet. Daneben konnte man lesen, daß Roosevelt eine Lohnerhöhung für Arbeiter fordert; die Japaner planen eine große neue Offensive in Nordchina; 250000 Hitler-Anhänger werden in Düsseldorf erwartet; den Entführern des McMath-Kindes bietet sich ein Freund der Familie als Geisel an. In der linken Spalte stand, daß Karl Jansky Radiowellen aus dem Zentrum der Milchstraße empfangen hat. Am Ende des Beitrages versichert der Entdecker, offensichtlich auf Fragen der Reporter, es gäbe keine Anzeichen dafür, daß die neuentdeckte Strahlung von intelligenten Lebewesen im Weltraum erzeugt worden ist.

Was war da los in Holmdel, New Jersey, wo die Bell Telephone Company ein großes Forschungsgelände unterhielt, und wer war der Radioingenieur Karl Jansky?

Die Janskys waren tschechische Einwanderer, und Karl Janskys

Großvater war noch auf einem Segelschiff in die Neue Welt gekommen. Den dreiundzwanzigjährigen Karl hatte man bei Bell angestellt, nicht für die reine Forschung, sondern für eine recht praktische Aufgabe. Die Radiotechnik steckte noch in den Kinderschuhen, und die ständig wachsende Hörerzahl ließ eine neue Industrie entstehen. Radiohören war populär geworden, aber Rundfunkempfang – 20 Jahre bevor man den UKW-Bereich erschließen konnte – war nicht immer reine Freude. Da knackte und krachte es in Kopfhörer und Lautsprecher, manchmal verleidete der Lärm einem den ganzen Empfang. Weiter entfernte Sender waren nur gelegentlich zu hören. Bald fand man heraus, daß oft Gewitter für den Krach verantwortlich waren, auch wenn sie in großer Entfernung vorbeizogen. Aber manchmal knackte es auch, ohne daß man die Schuld einem Gewitter zuschieben konnte. Sollten elektrische Entladungen zwischen Wolken außerhalb eines Gewitters damit zu tun haben? Man wußte auch schon, daß die Zündfunken eines Benzinmotors Störungen verursachen konnten. Das Gebiet der Funkstörungen war noch nicht durchforscht, und die Bell-Laboratorien begannen daher mit systematischen Messungen in allen wichtigen Wellenlängenbereichen. Karl Jansky war einer der Ingenieure, die sich damit befassen sollten. Seine Hauptaufgabe war es, den Kurzwellenbereich zu untersuchen. Nachdem er seine Apparatur in Cliffwood, New Jersey, fertig hatte und im Dezember 1929 messen wollte, wurde das Cliffwood-Laboratorium nach Holmdel verlegt. So errichtete er seine Meßapparatur dort neu auf einem Gelände, das früher zu einer Kartoffelfarm gehört hatte. Die Verzögerung durch den Umzug betrug etwa ein Jahr.

Janskys Empfangsstation war ein recht abenteuerliches Gerät. Aus Kupferrohren und Holzteilen war ein etwa 30 Meter langes, einige Meter hohes Gestänge aufgebaut, von einem großen Rahmen zusammengehalten. Diesen Rahmen trugen vier Räder eines zerlegten Ford-T-Modells, die auf einem in den Boden einbetonierten Ring rollten. So konnte die Antenne bewegt werden. Im Betrieb drehte sie sich in 20 Minuten einmal herum und tastete dabei den Himmel nach allen Richtungen ab.

Die von der Antenne aufgefangenen Wellen – die Empfangswellenlänge lag bei 14.6 Metern – wurden in einem Empfänger verstärkt und sowohl hörbar gemacht wie auch auf einem Registrierstreifen aufgezeichnet. So gelang es, von jedem empfangenen Signal nicht nur die Stärke zu bestimmen. Die Stellung des Antennengerüsts gab auch an, aus welcher Himmelsrichtung dieses Signal gekommen war. Jansky konnte die Signale von Blitzen registrieren und bestätigen, daß tatsächlich zum gleichen Zeitpunkt in der fraglichen Richtung ein Gewitter stand. Dazwischen aber gab es Signale, die er keiner bekannten Erscheinung zuordnen konnte.

Aus seinen Beobachtungsprotokollen läßt sich schwer herauslesen, wann er zum erstenmal ein Signal aus dem Weltall aufgezeichnet hat. Nach Berichten seiner Freunde und Kollegen waren seine Gedanken in den Monaten Juli und August 1932 ständig auf die Erklärung von Signalen gerichtet, die offensichtlich nichts mit den bekannten Quellen zu tun hatten.

Im Kopfhörer konnte er ein schwaches Rauschen hören, kaum wahrnehmbar, aber doch stärker als das unvermeidliche Rauschen seines Empfängers. Waren es Störungen von benachbarten Starkstromleitungen? Aber das Rauschen kam nicht immer aus der gleichen Richtung. Einige Zeit schien es ihm, als ob die Quelle mit der Sonne auf- und unterging, das Rauschen begann am Morgen im Osten und endete am Abend im Westen. War die Sonne dafür verantwortlich? Aber je länger er beobachtete, um so deutlicher zeigten sich Unterschiede zwischen Kommen und Gehen der Quelle und den Aufgangs- und Untergangszeiten der Sonne. Täglich kam die Quelle etwas früher als sie, nach einem Monat war sie schon zwei Stunden vor ihr da und verschwand zwei Stunden vor Sonnenuntergang. Im Vergleich zur Sonne kam die Quelle also jeden Tag vier Minuten früher. Das aber ist ein Phänomen, das jedem Amateurastronom bekannt ist. Wegen der Bewegung der Erde um die Sonne gehen Sonne und Sterne in verschiedenem Rhythmus auf und unter. Der Sterntag ist vier Minuten kürzer als der Sonnentag. Janskys Quelle bewegte sich am Himmel nicht wie die Sonne, sie gehörte offensichtlich zur Welt der Fixsterne. Bald fand er, daß seine Quelle im Sternbild des Schützen steht: Jansky hatte mit seiner Radioantenne das Zentrum der Milchstraße gefunden! Damit war die Radioastronomie geboren.

Eigentlich hätte die astronomische Welt die Nachricht als eine Sensation aufnehmen müssen, aber das war nicht so. Janskys Arbeiten, teilweise in radiotechnischen Zeitschriften veröffentlicht, erregten bei den Fachastronomen kein Aufsehen. Seine Pläne, eine bessere Antenne zu bauen, fanden keine Unterstützung, weder bei der Firma, noch bei den Astronomen. Die Zeit war nicht reif.

Jansky, immer etwas kränklich und sein ganzes Leben von einem

Nierenleiden gequält, wurde bei Bell der Spezialist für Störgeräusche im Radioempfang. Während der dreißiger Jahre faßte er seine Ergebnisse mehrmals in Veröffentlichungen und auf Vorträgen zusammen. Während des Krieges arbeitete er an Problemen der Funkpeilung. Er war alles andere als ehrgeizig. Seine Freunde sagten, nachdem er vierundvierzigjährig im Jahre 1949 einem Schlaganfall erlegen war, daß er immer gewußt habe, er würde nicht alt werden.

Die Geburt der Radioastronomie ist noch mit einer weiteren Tragik verbunden. Zwei Jahre bevor Jansky in Holmdel mit seinen Messungen begann, arbeitete Gordon Stagner, ein junger Radioingenieur, in einer von der Radio Corporation of America (RCA) betriebenen Station in Manila. Er hörte in seinem Empfänger Pfeifgeräusche, die zu gewissen Tageszeiten stärker waren als sonst. Noch ehe er das Phänomen genauer studieren konnte, wurde ihm bedeutet, er möge sich um seine Arbeit kümmern und die Zeit nicht mit anderem vergeuden. So hatte er keine Gelegenheit, die Erscheinung genauer zu analysieren. Es ist heute ziemlich sicher, daß er vor Jansky die Radiostrahlung der Milchstraße entdeckt hatte. Die Engstirnigkeit seiner Vorgesetzten hatte ihn gehindert, der Erscheinung nachzugehen.

Zwei Meilen nördlich vom Kartoffelacker bei Holmdel sollte 32 Jahre nach Jansky eine weitere großartige radioastronomische Entdeckung gemacht werden, die für das, womit wir uns hier beschäftigen, von großer Bedeutung sein wird. Darauf werden wir in Kapitel 12 kommen.

Die Radiostrahlung der Milchstraße

Richtet man heute ein modernes Radioteleskop zum Himmel, fällt die Radiostrahlung der Milchstraße auf den Aufzeichnungen sofort ins Auge. Ein breiter Streifen zieht sich über die Himmelskugel und nimmt nach beiden Seiten an Radiohelligkeit ab, besonders hell zum Zentrum der Milchstraße hin (Abb. 10.1 und Abb. 1.5). Die Radiostrahlung kommt nicht von einzelnen Sternen, sondern aus dem mit Gasmassen angefüllten Raum zwischen den Sternen. Wir wollen etwas mehr auf den Mechanismus eingehen, der anscheinend aus ungeheuer stark verdünnter Materie eine Art von Strahlung herauskommen läßt, zu deren Erzeugung wir auf der Erde komplizierte elektronische Apparaturen benötigen, eben die Rundfunksender.

Wie schafft die Natur das gewissermaßen aus dem Nichts heraus? Die erste Idee dazu hatte merkwürdigerweise kein Astronom, der sich mit der Milchstraße befaßte, sondern einer, der aus einem ganz anderen Lager kam. Der Freiburger Sonnenphysiker Karl Otto Kiepenheuer (1910–1975), der damals als Gast an der Universität von Chicago arbeitete, löste 1950 das Rätsel.

Sehen wir uns den Raum zwischen den Sternen etwas genauer an. Wir haben schon gesagt, daß im Mittel ein Kubikzentimeter nur ein Atom enthält. Die Materie ist so ungeheuer verdünnt, daß das beste Hochvakuum, das wir in irdischen Laboratorien erzeugen können, dagegen ein dicker Brei ist. Im Raum zwischen den Sternen gibt es aber auch schwache Magnetfelder. Zwar ist ihre Stärke nur etwa ein Hunderttausendstel des Erdfeldes, das unsere Kompaßnadeln ausrichtet, aber seine Wirkung ist merkbar. Es sieht so aus, als ob sich die magnetischen Feldlinien eng an die Spiralarme anschmiegen.

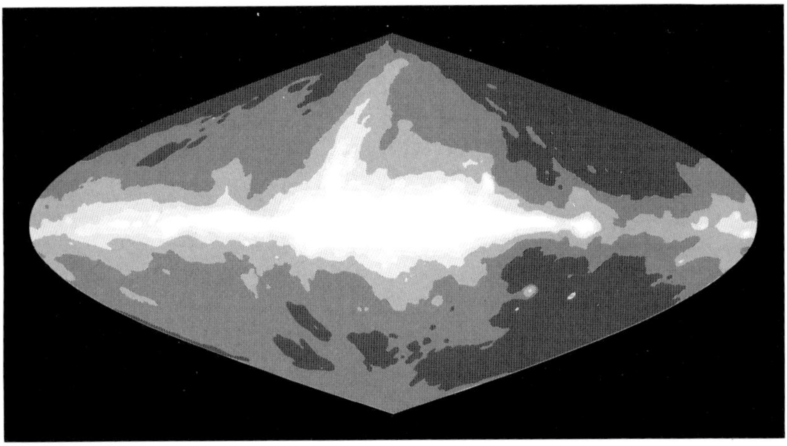

Abb. 10.1: Die Radiostrahlung der Milchstraße bei einer Frequenz von 408 MHz, also bei einer Wellenlänge von 73 cm. Der ganze Himmel ist die nahezu ovale Fläche, gerade so projiziert, daß die Mittellinie der Milchstraße auf die horizontale Mittellinie des Bildes fällt. Die Zeichnung beruht auf Messungen von 13 Radioastronomen, geführt von Glyn Haslam, in fünfzehnjähriger Arbeit in Jodrell Bank/England, Parkes/Australien und in Effelsberg in der Bundesrepublik ausgeführt. Würde man die Abbildung 1.5 vom Radiozentrum der Milchstraße hier eintragen, so wäre sie ein Rechteck von 1.2 mm × 0.6 mm Seitenlänge. Sie läge völlig in dem hier weiß gezeichneten Bereich. Um trotzdem die intensive Strahlung des Zentrums anschaulich zu machen, wurden in Abbildung 1.5 die Graustufen so gewählt, daß nur der Zentralbereich weiß hervortritt.

Wir wissen nicht genau, woher sie kommen, aber wir wissen, daß sie da sind. Die Staubteilchen, die keineswegs kugelrund sind, sondern länglich, stellen sich durch komplizierte Kraftwirkungen quer zu diesen Feldlinien. Das aber kann man dem Licht ansehen, das durch Staubwolken hindurchgeht. So wissen wir, daß es in der Milchstraße großräumige Magnetfelder gibt.

Neben Gas, Staub und Magnetfeldern gibt es im interstellaren Medium noch die *kosmische Strahlung.* Zum Unterschied von der elektromagnetischen Strahlung besteht sie aus rasch bewegten Teilchen. Wir messen sie auch auf der Erdoberfläche. Unser Körper wird ständig von rasch fliegenden Partikeln dieser Strahlung durchlaufen. In der Stärke, mit der wir sie hier empfangen, sind sie Gott sei Dank harmlos. Wahrscheinlich haben sie alle ihre Energie bei Supernova-Ausbrüchen erhalten. Immer, wenn in unserer Galaxis eine Supernova ausbricht, schleudert sie Teilchen mit großer Geschwindigkeit in den Raum. Die Teilchen werden als Atomkerne ausgestoßen, aller ihrer Elektronen beraubt. Die Elektronen wiederum fliegen getrennt von ihnen. Die Geschwindigkeiten sind dabei sehr hoch, viele Elektronen fliegen fast mit Lichtgeschwindigkeit. Da sie geladene Teilchen sind, spüren sie die Kräfte der Magnetfelder. Die Elektronenteilchen bewegen sich nicht frei in die Richtungen, in die sie ausgeschleudert worden sind, ihre Bahnen werden durch magnetische Kräfte verbogen. Am leichtesten ist es für sie, sich entlang der Magnetfeldlinien zu bewegen. Sie können auch quer zu ihnen fliegen, aber die Magnetfelder zwingen sie dabei immer wieder zur Umkehr, so daß sie sich insgesamt nur in spiralähnlichen Bahnen um die Feldlinien bewegen können. Das erschwert den Teilchen, unsere Milchstraße zu verlassen, denn da die Feldlinien in der Milchstraßenscheibe sind, müssen auch die Teilchen der kosmischen Strahlung in ihrer Nähe bleiben. Was aber hat das mit der Radiostrahlung zu tun?

Wenn sich Elektronen mit sehr großer Geschwindigkeit auf gekrümmten Bahnen bewegen, dann strahlen sie (Abb. 10.2). Die Strahlung hat ein kontinuierliches Spektrum, das sich vom Radiogebiet bis in den Bereich des sichtbaren Lichtes erstrecken kann. Die Radiostrahlung der Galaxis kommt in der Tat von den Elektronen der kosmischen Strahlung.

Nicht nur in unserer Galaxis kann man das beobachten, auch der Andromedanebel leuchtet im Radiogebiet, überhaupt alle uns nahe genug stehenden Galaxien zeigen ihre rasch fliegenden Elektronen der kosmischen Strahlung durch ihr diffuses Leuchten im Radiogebiet an.

Unsere Galaxis beherbergt auch noch andere Quellen von Radiostrahlung. Wir wollen uns aber jetzt auf die durch rasch fliegende Elektronen erzeugte Strahlung beschränken, die sogenannte *Synchrotronstrahlung*. Aus den Elektronen, die in unserer Galaxis von den recht schwachen Magnetfeldern gefangengehalten werden, kommt sie in verhältnismäßig harmloser Form. Es gibt im Weltall auch Synchrotronstrahler von ungeheuerer Stärke. Bei ihnen wissen wir nicht, was ihre Elektronen so energiereich, was ihre Magnetfelder so stark gemacht hat. Wir wissen nur, daß es Synchrotronstrahlung ist, die da in unsere Radioteleskope fällt.

Woraus schließen wir das? Auch Wolken interstellaren Gases unserer Milchstraße, von heißen Sternen in der Nähe aufgeheizt, strahlen einen beträchtlichen Teil ihrer Energie als Radiowellen ab. Diese Strahlung kommt so zustande: Bei den hohen Temperaturen dieser Wolken – sie liegen bei einigen 10000 Grad – haben die Atome längst ihre Elektronenhüllen verloren. Die nunmehr freien Elektronen bewegen sich mit großen Geschwindigkeiten durch den Raum. Mit ihren rund 700 km/s sind sie aber noch weit unter der vierhundertmal größeren Lichtgeschwindigkeit. Wenn sie durch den Raum fliegen, stoßen sie immer wieder mit Atomkernen zusammen. Bei jeder Begegnung werden sie dabei aus ihrer geraden Bahn geschleudert, und jedesmal senden sie dann ein Strahlungsquant aus. Die von den zahllosen stoßenden und gestoßenen Elektronen ausgehende Strahlung eines Gases ist seine thermische Strahlung, wie wir sie in Kapitel 2 beschrieben haben. Heiße Gasmassen unserer Milchstraße, wie etwa den Orionnebel, kann man mit dem Radioteleskop deshalb »sehen«, weil ihre Elektronen strahlen, wenn sie gestoßen werden, und gestoßen werden sie immer wieder. Damit haben wir zwei Arten von Radiostrahlung bewegter Elektronen. Die Snychrotronstrahlung, die von fast mit Lichtgeschwindigkeit fliegenden Elektronen herrührt, und die thermische Strahlung von verhältnismäßig langsamen, sich mit den Atomkernen des Gases stoßenden Elektronen.

Wie sieht man der empfangenen Strahlung an, um welche der beiden möglichen Arten es sich handelt? Es gibt mehrere Unterscheidungsmerkmale. Das einfachste Kennzeichen ist, daß die thermische Strahlung heißer Gasnebel nach höheren Frequenzen hin stärker wird, die Synchrotronstrahlung dagegen schwächer (Abb. 10.3).

Abb. 10.2: So entsteht Synchrotronstrahlung. Wenn sich ein Elektron in einem Magnetfeld bewegt, dann fliegt es in einer Spiralbahn um eine Magnetfeldlinie. Wenn seine Geschwindigkeit nahe bei der Lichtgeschwindigkeit liegt, sendet es dabei in seine jeweilige Flugrichtung elektromagnetische Strahlung aus. Mit der Drehbewegung des Elektrons überstreicht ein Strahlungskegel den Raum. In unserer Milchstraße spiralen viele Elektronen mit hoher Geschwindigkeit um die Feldlinien des galaktischen Magnetfeldes, und wir werden in jedem Augenblick von vielen Strahlungskegeln überstrichen. Das gibt die Radiostrahlung unserer Milchstraße. Synchrotronstrahlung kann aber auch im sichtbaren Bereich oder im Röntgenbereich liegen.

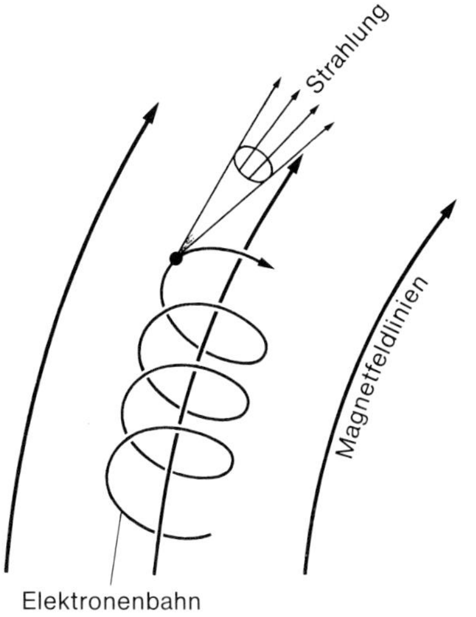

Abb. 10.3: Synchrotronstrahlung und thermische Strahlung. Im Radiobereich strahlt ein Gasnebel thermische Strahlung aus. Da die Gasnebel Temperaturen von einigen 10000 Grad haben, mißt man im Radiobereich den Teil des thermischen Spektrums, der in der Abbildung 2.9 ganz rechts (bei großen Wellenlängen) liegt. Dort fällt die Stärke der Strahlung mit zunehmender Wellenlänge (also mit abnehmender Frequenz). Deshalb steigt die Radiointensität einer thermischen Strahlungsquelle von der Temperatur eines Gasnebels mit der Frequenz. Da Gasnebel für höhere Frequenzen durchsichtig werden, flacht sich die Kurve für thermische Strahlung nach rechts ab (gestrichelte Kurve). Bei Synchrotronstrahlung dagegen nimmt die Stärke mit steigender Frequenz ab.

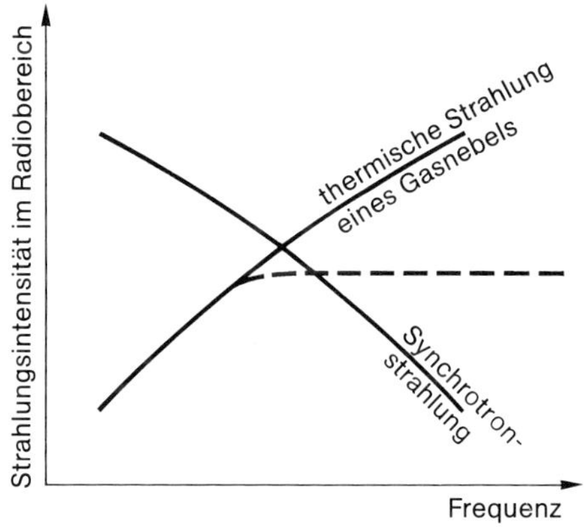

Tatsächlich ist die Strahlung der Milchstraße bei höheren Frequenzen schwächer als bei niedrigeren. Die Milchstraße »glüht« im Licht der Synchrotronstrahlung. Die heute noch sichtbaren Explosionswolken, die in unserer Milchstraße von früheren Supernova-Ausbrüchen zurückgeblieben sind, senden gleichfalls Synchrotronstrahlung aus. Wir wissen also, daß in ihnen Elektronen ihre Spiralen um Magnetfeldlinien nahezu mit Lichtgeschwindigkeit ziehen.

Die Geschichte von Cygnus A

Im Gegensatz zu den Verfassern des Zitats am Anfang dieses Kapitels bin ich Walter Baade niemals begegnet. Als er in die Geschichte der Radioquelle im Sternbild Schwan eingriff, machte ich gerade als frischgebackener Mathematiker an Deutschlands kleinster Sternwarte meine ersten astronomischen Gehversuche. Ich kann die Geschichte nur als Außenstehender erzählen, nach dem, was ich aus Gesprächen weiß und was ich in der Literatur fand.

Man sagt, daß beim Menschen das Interesse an der Astronomie meist in der Pubertät beginnt und daß diejenigen, die darüber nicht hinauskommen, sie sich zum Beruf wählen. Das läßt sich mit gleichem Spott wohl von vielen naturwissenschaftlich-technischen Interessen sagen. Der Mann, der die Radioquelle im Schwan (Cygnus) als erster finden sollte, hatte 1927 – mit 15 Jahren – als Funkamateur begonnen. Von daher mag sein Interesse an Funkkontakten über große Entfernungen hergekommen sein. Grote Reber stammte aus Wheaton im Staate Illinois. Er war längst an der Universität eingeschrieben, als er mit selbstgebauten Sendern und Empfängern versuchte, Radiowellen zum Mond zu schicken und die reflektierten Signale wieder zu empfangen. Doch vergebens. Das sollte anderen erst nach dem Zweiten Weltkrieg gelingen. Er las Janskys Arbeiten und beschloß, siebenundzwanzigjährig, einen Empfänger für Radiowellen aus dem Weltall zu konstruieren. Es wurde das erste rein für astronomische Zwecke gebaute Radioteleskop der Welt. Etwa 2000 Dollar kostete ihn das Gerät, das mit einem Durchmesser von zehn Metern auf dem Hinterhof seines Hauses entstand. Zu dieser Zeit arbeitete er bei einer Radiofirma und mußte täglich über 40 Kilometer nach Chicago fahren. Im Oktober 1938 konnte er bei einer Wellenlänge von 1.8 Metern die schon von Jansky gefundene Radiostrahlung aus dem Zentrum der Milchstraße messen. Wie vor ihm Herschel, Hubble und später Baade im Bereich des sichtbaren Lichtes, so hatte Grote Reber damals das größte Radioteleskop der Welt.

Damit fand er das galaktische Zentrum wieder, dazu mehrere neue Quellen. Eine von ihnen stand im Sternbild Schwan, der lateinische Name ist *Cygnus*. Aber sein Radioteleskop sah den Himmel noch sehr unscharf. Mit seiner Antenne konnte Reber nicht erkennen, ob eine Quelle am Himmel ein Punkt ist oder ein ausgedehnter Fleck. Dazu waren verfeinerte Techniken und größere Teleskope nötig. Die nächsten technischen Schritte galten aber nicht den kosmischen Radioquellen, sondern der Kriegstechnik. Denn als Reber die Cygnusquelle entdeckte, war der Zweite Weltkrieg längst in vollem Gange.

Einige Jahre bevor Reber in seinem Hinterhof mit dem Bau seines Radioteleskops begann, befaßte sich in England ein dreiundzwanzigjähriger Physiker, Reginald V. Jones, mit Strahlung im Bereich des Infraroten (vgl. S. 39). Noch unschlüssig über seinen beruflichen Werdegang, hatte er 1934 zunächst die Absicht, mit einem britischen Stipendium zum Mt.-Wilson-Observatorium nach Kalifornien zu gehen. Beinahe wäre er Astronom geworden, da begann Hitler mit der Aufrüstung Deutschlands, und in England wuchs die Angst vor Bombenangriffen. Jones beschloß zu bleiben und seine Kenntnisse der Regierung zur Verfügung zu stellen, immerhin kann man feindliche Flugzeuge nachts an ihrer Infrarotstrahlung erkennen. Er war wohl die wichtigste Person in der britischen Wissenschaftsspionage während des Zweiten Weltkrieges: Er erkannte und durchschaute mehrere Funkortungssysteme der deutschen Bombergeschwader über den Britischen Inseln, er erforschte und beobachtete die deutschen Vorversuche zu den sogenannten Vergeltungswaffen V1 und V2, und er hat Churchill mehrmals persönlich beraten.

Während er der Frage nach dem deutschen Radarsystem nachging, stieß er in einer aufgefangenen und entschlüsselten deutschen Nachricht auf den Namen »Würzburg«, offensichtlich der Codename für ein Meßgerät. Bald fand Jones heraus, daß es sich um eine Antenne handelte, von der Form eines Paraboloids. Ein Paraboloid ist eine schüsselförmige Fläche, deren Schnittlinie mit einer durch ihre Achse gelegten Ebene eine Parabel bildet. Die Oberflächen vieler »Hohlspiegel«, sowohl die Spiegel von Autoscheinwerfern, von Teleskopen für sichtbares Licht wie die in der Radioastronomie, sind Paraboloide. Die Geschichte der deutschen Radarantenne »Würzburg Riese«, um die es sich handelte, würde uns zu weit von unserem eigentlichen Thema wegführen. Sie ist ausführlich in Jones' Kriegserinnerungen* beschrieben. Ich deute sie hier an, weil nach Jansky und Reber die Radioastronomie ganz wesentlich vom technischen Wettkampf im Krieg profitierte. Der »Würzburg Riese« war nach dem Zweiten Weltkrieg eine willkommene Antenne für Radioteleskope.

Radioastronomen, die später mithalfen, die Quelle im Cygnus zu verstehen, hatten ihre erste Erfahrung mit der Hochfrequenztechnik im Krieg gewonnen. Einer der Radiospezialisten um Jones konnte einem Radarsignal ansehen, ob es von einer britischen oder von einer deutschen Station stammte. Sein Name war Martin Ryle. 1974 sollte er für seine Beiträge zur Radioastronomie den Nobelpreis für Physik erhalten.

Als die deutschen V-Waffen drohend an der Kanalküste standen, wurde der Kristallograph Stanley Hey in sechs Wochen zum Radiofachmann umgeschult. Seine Aufgabe wurde es, deutsche Raketen kurz nach ihrem Start dadurch auszumachen, daß er Radiosignale aussandte, die, von den aufsteigenden Raketen reflektiert, wieder empfangen werden sollten. Man erwartete so schwache zurückkommende Signale, daß die Gefahr bestand, daß sie in der aus dem Weltall kommenden Janskyschen Strahlung untergehen würden. Als sich Hey mit diesem Problem beschäftigte, wurde er einer der Entdecker der Radiostrahlung der Sonne.

Bei Kriegsende war es Zeit, Schwerter zu Pflugscharen umzuschmieden. Jones holte erbeutetes Material nach England, um es friedlichen Zwecken zuzuführen. »Würzburg Riesen« wurden zu Radioteleskopen umgebaut. Ein Radioastronom aus der Cambridger Pionierzeit nach dem Krieg erzählte mir später, daß dort die ersten Radioteleskope zu einem großen Teil aus erbeuteter Kriegselektronik zusammengesetzt worden sind. Die Cambridger Gruppe wurde von Martin Ryle angeführt, Jones' Experten für Radarsignale. Ein Teil der »Würzburg Riesen« blieb auf dem Festland, wo die holländische Radioastronomie unter Jan Oort in Leiden bald Weltspitze erreichen sollte. Dort hatte Hendrik van de Hulst noch während des Krieges die 21-cm-Strahlung des Wasserstoffs vorausgesagt, die dann auch bald gefunden wurde. Sie gab den Hollän-

---

* R. V. Jones, Most Secret War. London 1978

dern die Möglichkeit, die Spiralstruktur unseres eigenen Milchstraßensystems zu erkennen. Das kleine Holland wurde plötzlich führend in der Radioastronomie. In den ersten Nachkriegsjahren gehörte die Milchstraße den Holländern.

In England untersuchten gleich nach dem Krieg der umgeschulte Kristallograph Hey und zwei seiner Mitarbeiter mit einer umgebauten Radarantenne im Bereich von 64 MHz Rebers Cygnusquelle. Die drei kamen zu dem Schluß, daß der Radiofleck in Cygnus, von dem Reber noch nicht sagen konnte, ob er eine große oder eine kleine Fläche am Himmel einnimmt, sehr klein sein muß.

Den nächsten Schritt gingen die Radioastronomen John Bolton und Gordon Stanley in Australien. Allmählich wurde Radioastronom eine Berufsbezeichnung. Sie benutzten 1948 ein Radioteleskop bei Sidney, das auf einer Klippe stand, und mit dem sie sowohl die direkt von der Quelle kommende wie auch die von der Meeresoberfläche reflektierte Strahlung empfangen konnten. Wir werden später sehen, daß man zwei Teleskope, die in einiger Entfernung voneinander stehen, zusammenschalten kann, um im Radiobereich schärfer »sehen« zu können. Die Australier, die nur ein Teleskop zur Verfügung hatten, benutzten die Meeresoberfläche als zweite Auffangfläche. Mit dieser raffinierten Technik konnten sie herausfinden, daß die Cygnusquelle einen Durchmesser von höchstens acht Bogenminuten am Himmel hat, das ist ein Viertel des Vollmonddurchmessers. Die Quelle schien also ein Punkt oder zumindest ein sehr kleiner Fleck am Himmel zu sein.

Im Jahre 1951 gelang es F. Graham Smith, der in Ryles Cambridger Gruppe arbeitete, den Ort der Quelle am Himmel genau zu bestimmen. Er benutzte dazu zwei große Parabolantennen. Ende August 1951 hielt Baade in Kalifornien einen Brief aus Cambridge in den Händen mit Smiths genauer Position der Quelle. Nun war es Zeit, den 5-m-Spiegel von Palomar Mountain auf die Quelle zu richten, um herauszufinden, was man dort sieht. Die nächste Beobachtungsperiode, die Baade am Spiegel hatte, begann am 4. September. Er machte zwei Aufnahmen von der durch Smith bezeichneten Gegend, eine im blauen, eine im roten Bereich des sichtbaren Lichtes. Am nächsten Tag entwickelte er die Platten selbst. »Ich wußte gleich, daß ich etwas Außergewöhnliches vor mir hatte. Da waren Galaxien über die ganze Platte verstreut, mehr als 200«, berichtete er später. »Die hellste war in der Plattenmitte. Sie schien durch Gezeitenkräfte gestört, durch die Gravitationsanziehung zwischen zwei Kernen. So etwas hatte ich noch nie gesehen. Ich war so in Gedanken, daß ich auf dem Nachhauseweg zum Abendessen den Wagen anhalten mußte, um nachzudenken.«

Das Aussehen der Galaxie erweckte in ihm den Eindruck, daß hier zwei Weltinseln zusammenstoßen. Baade und der Princetoner Astronom Lyman Spitzer hatten sich schon früher überlegt, was passiert, wenn zwei Galaxien in einem Haufen gegeneinanderstoßen. Dann würden sich Gasmassen zwischen den Sternen der beiden Galaxien beim Aufeinandertreffen erhitzen. Sie könnten dann vielleicht Radiostrahlung aussenden. Nun schien Baade eine solche Kollision vor sich zu haben.

Die Theorie der zusammenstoßenden Galaxien überzeugte viele Astronomen. Es kamen weitere Nachrichten von Cygnus A, wie die Quelle inzwischen genannt wurde. Astronomen der Radiosternwarte Jodrell Bank bei Manchester – ein bewegliches Radioteleskop mit einem Parabolspiegel von 76 m Durchmesser war dort inzwischen errichtet worden – entdeckten, daß es sich nicht um *eine*, sondern um *zwei* Radioquellen handelt, die ganz nahe beieinander stehen. Die Radioquelle Cygnus A ist in Wahrheit eine Doppelquelle. Dann fand man an verschiedenen Stellen des Himmels weitere starke Radioquellen. Es waren meist Galaxien, die strahlten. Viele von ihnen gehörten nicht zu Galaxienhaufen, in denen man einen Zusammenstoß erwarten konnte, sie standen mutterseelenallein und einsam herum. Man mochte nicht glauben, daß sie mit einer anderen Galaxie in Kollision geraten sind. Die Theorie der zusammenstoßenden Galaxien wurde ad acta gelegt.

Baade hatte durchaus die richtige Galaxie zu Cygnus A gefunden. Sie sah schon etwas merkwürdig aus, aber es waren nicht zwei Weltinseln, die aufeinandergeprallt waren. Das Gebilde fliegt mit 16 800 km/s von uns weg, wie Rudolf Minkowski, ein Hamburger Astronom, der in den dreißiger Jahren aus Deutschland emigriert war, bald feststellte. Nach dem Hubbleschen Gesetz steht es dann 336 Mpc entfernt, nahezu fünfzehnmal weiter als der Virgo-Haufen. Trotz dieser Entfernung wird seine Radiostrahlung bei uns nur durch das galaktische Zentrum und durch eine andere in unserer Milchstraße stehende Explosionswolke einer früheren Supernova übertroffen, also nur durch Quellen, die stark erscheinen, weil sie uns sehr nahe stehen.

Bald sah man am Spektrum, daß die Strahlung der Cygnusquelle Synchrotronstrahlung ist, also ausgesandt von extrem rasch in einem Magnetfeld fliegenden Elektronen. Der damals in England arbeitende Astrophysiker Geoffrey Burbidge schätzte 1958 die Energie ab, die in den Elektronen und in den Magnetfeldern der Quelle steckt. Das Ergebnis war unglaublich. Der Leser mag sich vielleicht erinnern, daß bei der Hiroshimabombe etwa ein Gramm Materie restlos in Energie umgewandelt worden ist (vgl. S. 65). Um die in der Cygnusquelle gespeicherte Energie zu erzeugen, müßte man eine Million Sonnenmassen restlos in Energie umwandeln.

In Cygnus A scheint ein Kraftwerk verborgen zu sein, von einer Art, wie es die Astrophysiker bis dahin nicht geahnt hatten.

Radiogalaxien

Man kennt heute viele Galaxien, die starke Radiostrahler sind, und im Vergleich zu ihnen senden normale Galaxien wie die unsere oder der Andromedanebel so gut wie nichts im Radiobereich aus. Wie bei der Radiogalaxie Cygnus A machen sich diese Galaxien als starke Strahler bemerkbar, selbst wenn sie so weit draußen stehen, daß ihr optisches Bild unscheinbar geworden ist. Ja, man kann erwarten, daß Radiogalaxien dem Radioastronomen noch auffallen, wenn sie so weit entfernt sind, daß sie optisch gar nicht mehr wahrnehmbar sind. Aber viele Radioquellen sind mit sichtbaren Galaxien identifiziert worden. Als die Radioteleskope besser wurden, konnte man genauer erkennen, von welchen Bereichen einer Radiogalaxie die Strahlung eigentlich zu uns kommt. Da kam die nächste Überraschung, wir hatten sie bei Cygnus A schon erwähnt. Die Radiogalaxien sind Doppelquellen. In vielen Fällen stammt die Strahlung gar nicht aus der Galaxie selbst, sondern vom leeren Raum daneben! Zwar kommt Radiostrahlung direkt von der Stelle, wo die zu Cygnus A gehörige Galaxie steht, aber das meiste kommt aus zwei Gebieten, die als helle Radioflecken in etwa 50 kpc vom Zentrum der Galaxie entfernt nach beiden Seiten hin stehen. Beide Flecken sind also vier Durchmesser unseres Milchstraßensystems voneinander entfernt (Abb. 10.4).

Bald sollte sich herausstellen, daß das bei Radiogalaxien so üblich ist. Ihre Radiostrahlung kommt aus Bereichen, die scheinbar leer sind. Sollten die Galaxien irgend etwas ausgeschleudert haben, was nun zwar unsichtbar, aber immer noch aktiv in der Nachbarschaft steht und strahlt? Da auch die Strahlung der Radiodoppelflecken Synchrotronstrahlung ist, müssen an den Orten der ausgeschleuderten Ballen Magnetfelder und rasch fliegende Elektronen sein. Bei der intensiven Strahlung, die wir aus diesen sonst leeren Blasen erhalten, muß man sich fragen, wie es möglich ist, daß dort noch immer rasch bewegte Elektronen strahlen, obwohl sie sich doch gerade wegen ihrer Abstrahlung hätten verlangsamen müssen. Es wird noch aufregender!

Bei manchen Galaxien entdeckte man nicht nur zwei, sondern vier solche Strahlungsblasen. Die beiden äußeren wurden offensichtlich lange vor den beiden inneren ausgeschleudert. Dabei fällt auf, daß die Galaxie das zweite Wolkenpaar in dieselben beiden entgegengesetzten Richtungen geschleudert hat wie das erste. Dazwischen müssen lange Zeiträume verstrichen sein, über die sich die Galaxie diese Richtungen »gemerkt« haben muß.

Woher beziehen die Radioblasen der Galaxien ihre ungeheuere Energie, die sie noch intensiv strahlen läßt – vielleicht Millionen Jahre –, nachdem sie ihrer Muttergalaxie in den leeren Raum entkommen sind? Warum folgen ihnen später ausgestoßene Blasen wie

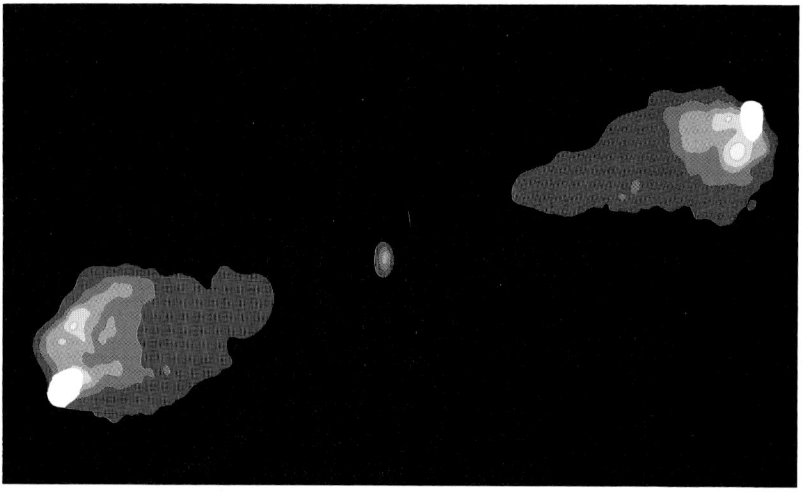

Abb. 10.4: Die beiden Radioflecken von Cygnus A (nach H. van der Laan). Der kleine Fleck, etwa in der Mitte zwischen den beiden Radioflecken, ist die von Walter Baade gefundene Galaxie. Die hier dargestellte Struktur ist am Himmel sehr klein, und die Vollmondscheibe, im gleichen Maßstab dargestellt, hätte einen Durchmesser von 1,5 Metern!

im Gänsemarsch? Ein erster Schritt zur Lösung kam 1975 von zwei jungen Theoretikern in Cambridge (England), Roger Blandford und Martin Rees. Blandford lehrt heute am California Institute of Technology in Pasadena, Kalifornien, Rees war schon damals auf dem berühmten Plumian-Lehrstuhl der Universität Cambridge. Bereits in jungen Jahren war er dem großen Fred Hoyle auf diesen Lehrstuhl gefolgt.

Die beiden sagten voraus, daß die Blasen durch dünne Strahlen hochenergetischer Materie am Leben erhalten werden, die ihnen ständig von der Muttergalaxie Energie nachliefern, so wie ein Flugzeug ein anderes in der Luft durch einen dünnen Schlauch auftanken kann. Das Blandford-Rees-Modell werden wir später besprechen. Hier ist erst einmal wichtig, daß die von den Cambridger Astrophysikern vorausgesagten dünnen Strahlen kurz danach wirklich gefunden worden sind.

Von Galaxien gehen tatsächlich nach zwei entgegengesetzten Richtungen Strahlen, *Jets* genannt, aus. Wir erhalten von ihnen Radiowellen. Die beiden Richtungen, in welche die Jetstrahlen in unmittelbarer Nähe der Galaxie zeigen, erkennt man auch an den größeren Strukturen. Die beiden winzig kleinen Strahlen von Parsek-Dimensionen setzen sich fort in großräumige Strukturen, die sich über Hunderte von kpc erstrecken können (Abb. 10.5). Die Quelle der beiden gigantischen Strahlungsfahnen, die zu beiden Seiten der Galaxie in den Raum flattern, sitzt in ihrem Zentrum. Auch der scharfe Strahl, den man im sichtbaren Licht aus dem Zentrum der Galaxie M87 im Virgo-Haufen herauskommen sieht (Abb. 1.3), fällt mit einem Radiostrahl zusammen.

Die langen, in den Raum reichenden Radiofahnen der Radiogalaxien lassen erkennen, daß sich die Richtung, in der die Galaxie die Magnetfelder und die rasch fliegenden Elektronen ausstößt, mit der Zeit nicht ändert. Galaxien haben ein Langzeitgedächtnis. In all den Fällen, in denen man an der flachen Form oder an Staubstreifen in der Mittelebene erkennen kann, wie ihre Rotation erfolgt, scheinen die Radioblasen nach beiden Richtungen entlang der Rotationsachse ausgestoßen worden zu sein.

So hat man Galaxien gefunden, denen man im sichtbaren Licht nichts Besonderes anmerkt. Sie scheinen sich nicht von anderen zu unterscheiden. Parallel zu ihrer Rotationsachse stoßen sie jedoch Materie mit hoher Energie aus, so energiereich, daß die Radiostrahlung von der wegfliegenden Masse so stark ist wie die Strahlung un-

Abb. 10.5: Die Feinstruktur in der Nähe der Radiogalaxie NGC 315. In der obersten Tafel sieht man die Gesamtansicht des Radiobildes, das die beiden Radioflecken rechts oben und links unten zeigt. Die Galaxie selbst steht in der Bildmitte. Man erkennt bereits einen Strahl, der von der Galaxie zum rechten oberen Flecken geht. Das zweite Teilbild zeigt das Zentralgebiet achtmal vergrößert. Von der Galaxie gehen zwei scharfe Strahlen nach rechts oben und links unten. Die ovale Linie gibt den Rand der Galaxie im sichtbaren Bereich wieder. Noch einmal sechsundzwanzigfach herausvergrößert (drittes Teilbild) erkennt man, wie fein der Strahl ist, der nach rechts oben geht. Die untere Tafel schließlich zeigt in nochmaliger 1600facher Vergrößerung die längliche Struktur des Strahls, dessen Durchmesser hier kleiner ist als ein pc. Neben jeder Tafel sind Strecken und die ihnen in Wirklichkeit entsprechenden Wegstrecken angegeben. Man beachte, daß das unterste Teilbild gegenüber dem obersten 330000fach vergrößert ist (nach K. I. Kellermann und I. I. K. Pauliny-Toth).

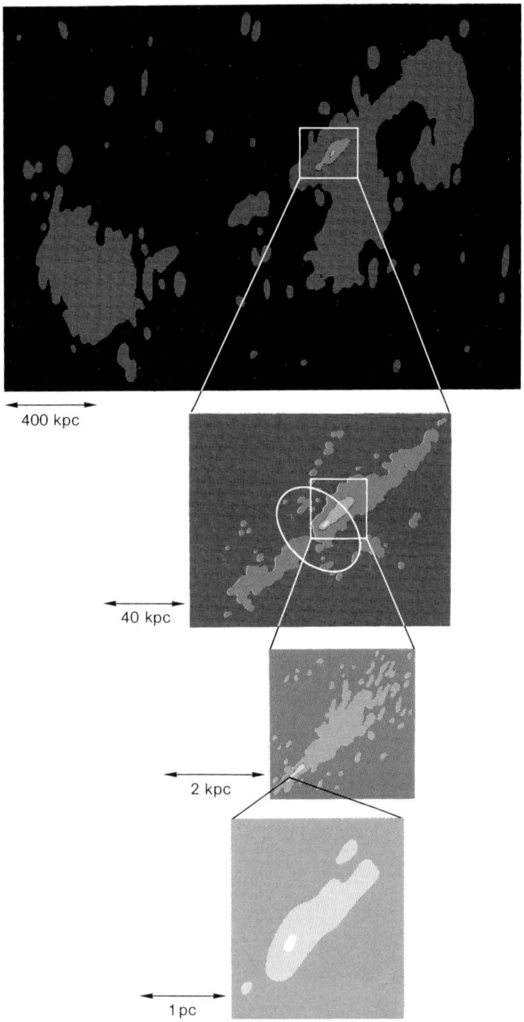

serer ganzen Milchstraße in allen Wellenlängenbereichen zusammengenommen. Weder der Andromedanebel noch unsere eigene Galaxis zeigen solch eine Aktivität.

Das Zwillingsauspuffmodell

Aus Galaxien scheinen dünne, energiereiche Gasstrahlen herauszukommen. Es sind Strahlen, die gemessen an der Größe der Galaxie an scharfe Nadeln erinnern. Wir kennen scharfe Strahlen eines Gases oder einer Flüssigkeit nur, wenn sie aus einer Düse kommen. Wo aber steckt in einer Galaxie eine Düse, wo sind ihre festen Wände, die das durchfließende Gas zum scharfen Strahl bündeln? In einer Galaxie gibt es nur Sterne und dazwischen verdünnte Gasmassen. Nichts hat hier auch nur die geringste Ähnlichkeit mit den Wänden einer Düse, die auch noch über Jahrmillionen fest bleiben sollen, damit die Strahlen beim nächsten Spritzer in die gleichen Richtungen gehen.

Das war aber nur eine der Fragen, es drängen sich weitere auf. Woher aus der Galaxie kommt die Energie, die auf engem Raum konzentriert erzeugt wird? Wo steckt das Kraftwerk, das auf einem Raumgebiet von höchstens einigen Parsek Durchmesser soviel Leistung hat wie eine ganze Riesengalaxie? Nehmen wir an, es gäbe die Energiequelle und wir hätten die beiden Düsen, durch die die Materie nach außen schießt. Warum bleibt dann der Strahl noch bis in Megaparsek-Entfernung zusammen, dehnt sich nicht aus im leeren Außenraum der Galaxie und verflüchtigt sich nicht? Was bündelt den Strahl noch lange nachdem er die Düse seiner Galaxie verlassen hat?

Das Modell, das Blandford und Rees sich ausgedacht hatten, heißt *Zwillingsauspuffmodell.* Seine beiden Erfinder nehmen an, daß im Zentralgebiet einer Galaxie eine starke Energiequelle steht. Von ihr geht heiße Materie ähnlich der kosmischen Strahlung in unserer Milchstraße aus, also eine Mischung von Atomkernen und Elektronen, die in wirrer Bewegung mit nahezu Lichtgeschwindigkeit gegeneinanderfliegen. Um das Zentrum bildet sich eine Art Blase aus sehr heißem Gas (Abb. 10.6). Die Teilchen stoßen gegen das normale Gas der Galaxie, das wie das Gas in unserem Milchstraßensystem von Magnetfeldern durchsetzt ist. Die beiden Gaskomponenten – exotisches, heißes Gas aus dem Zentrum und kühles, harmloses Gas der Galaxie – mischen sich nur wenig. Das heiße Gas versucht das kühle beiseite zu drücken, um sich Platz zu schaffen. Wenn das Zentralgebiet noch weiteres heißes Gas nachliefert, dann drückt es noch weiter nach außen. Irgendwie muß sich die ständig wachsende Gasblase des Zentrums Luft schaffen. Das geschieht dorthin, wo es am leichtesten geht, in die Richtungen des geringsten Widerstandes, also nach beiden Seiten in die Richtungen, in denen die Wege vom Zentrum nach außen am kürzesten sind. Das heiße Gas schafft sich selbst in dem verhältnismäßig dichten kühlen Gas zwei Kanäle, durch die es entweicht. Die beiden Kanäle gehen in Richtung der Rotationsachse. Das Gas formt sich seine Düse selbst (Abb. 10.6).

Der Vorgang erinnert an eine Erscheinung, die man beobachten kann, wenn man Brei kocht. Da am Boden des Topfes die Temperatur höher ist als weiter oben, entstehen dort aus dem Wasser des Breis Dampfblasen, die sich ihre eigenen Kanäle nach oben schaffen. Von außen sieht man, daß sich an der Breioberfläche kleine Löcher bilden, durch die der Dampf in einem scharfen Strahl entweicht.

Das heiße Gas, das sich in der Galaxie zwei Kanäle schafft, läßt sich durch Computerrechnungen verfolgen. Es verhält sich wirklich so. Blandford und Rees haben beim Ausdenken ihres Modells eine glückliche Hand gehabt. Woher aber kommen die beiden Radioblasen? Wir wissen, daß der Raum zwischen den Galaxien nicht völlig leer ist und daß das mit großer Geschwindigkeit ausströmende Gas auf die Gasmassen stoßen muß, die im Raum zwischen den Galaxien stehen. Dort werden die mit großer Geschwindigkeit aus den galaktischen Düsen austretenden Gase gebremst. Ihre Bewegungsenergie muß abgestrahlt werden, das Gas verstrahlt seine Energie hauptsächlich im Radiogebiet.

Damit erscheint die Frage beantwortet, warum die Radioblasen noch immer weiterstrahlen, obwohl sie ihre Galaxie schon lange verlassen haben. Zwei scharfe Strahlen heißer, energiereicher Teilchen kommen von der Muttergalaxie und liefern Energie an die Radiowolken.

Nun ist es nicht mehr verwunderlich, daß sich eine Radiogalaxie merkt, in welche Richtung sie das letzte Mal Wolken ausgestoßen hat. Wenn der Kern eine zweite Gasblase produziert, die nach außen will, dann pustet sie wieder in die zwei Richtungen, in denen die Galaxie am dünnsten ist. Das ist aber entlang ihrer Rotationsachse, und diese ist im Raum fest. Es entstehen also wieder zwei Gasstrahlen, die durch zwei Kanäle nach außen gelangen und deren radiostrahlende Gasmassen als Radiowolken in die gleichen Richtungen fliegen wie ihre Vorgänger. Auf diese Weise bilden sich die Radiofahnen.

So einleuchtend das Modell auch ist, viele Fragen bleiben noch offen. Es erklärt nicht, warum der Kern auf kleinem Raum gewaltige Energien erzeugt. Moderne Beobachtungen zeigen die Jets als scharfe Nadeln mit Durchmessern kleiner als 1 pc (Abb. 10.5). Das

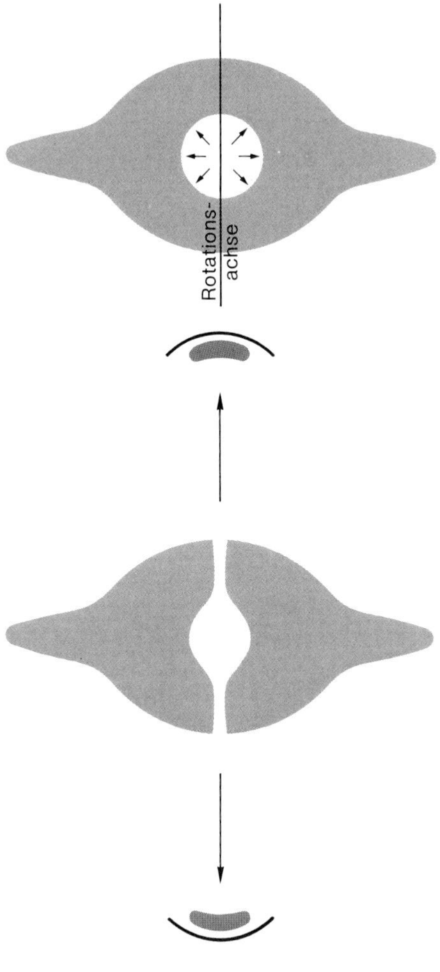

Abb. 10.6: Das Zwillingsauspuffmodell von Blandford und Rees. Im Zentralgebiet einer Galaxie wird Energie frei, es entsteht eine Blase heißen Gases, die sich auszudehnen versucht (oben). Unten: das heiße Gas hat sich selbst zwei Kanäle geschaffen und strömt jetzt mit großer Geschwindigkeit in Form von zwei Strahlen parallel zur Rotationsachse nach außen. Dort, wo es draußen auf das ruhende Gas der stark verdünnten Materie zwischen den Galaxien trifft, wird Radiostrahlung frei. Das Zentrum der Galaxie tankt zwei Radioquellen in einiger Entfernung von der Muttergalaxie ständig mit Energie auf (im unteren Bild über und unter der Galaxie).

aber bedeutet, daß schon im Innern der Galaxie eine winzige Düse sein muß. Gibt es in den Radiogalaxien zwei Düsenpaare, zwei sehr feine Düsen im Zentrum und weiter draußen nach entgegengesetzter Richtung, die Blandford-Reesschen? Haben wir wieder einen Hinweis, daß im Zentrum der Galaxien auf kleinstem Raum etwas Aufregendes geschieht?

Man sollte erwarten, daß jeder Strahl, einmal aus der ihn beengenden Galaxie herausgekommen, sich mit dem dünnen Gas im Außenraum vermengt. Er müßte sehr rasch immer breiter werden, sich in Wirbeln mit der Umgebung mischen. Statt dessen zeigen die Radiobeobachtungen sehr scharfe Strahlen, die mit zunehmender Entfernung von der Muttergalaxie kaum breiter werden. Dieses Problem scheint heute im Prinzip gelöst zu sein. Im Sommer 1981 simulierten Michael Norman, Larry Smarr und Karl-Heinz Winkler an unserem Institut in München auf dem hier vorhandenen großen Computer solche aus einer Galaxie in das dünne umgebende Gas austretenden Gasströme. Die Strahlen breiteten sich draußen nicht aus, sie blieben dünn (Abb. 10.7).

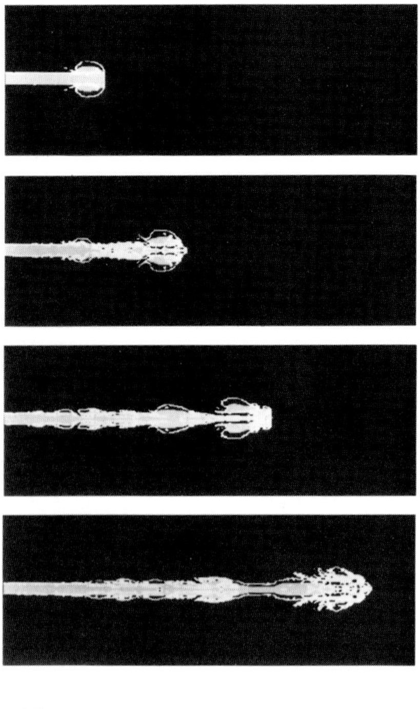

Abb. 10.7: Jets aus dem Innern einer Galaxie, am Computer gerechnet von M. Norman, L. Smarr und K.-H. Winkler. Die Galaxie ist links vom linken Bildrand zu denken, ihre Rotationsachse ist horizontal. Der austretende Strahl ist in vier verschiedenen Phasen seiner Entwicklung dargestellt. Während er immer weiter nach rechts geht, also in den Raum außerhalb der Galaxie eindringt, verbreitert er sich nicht, sondern bleibt schmal.

Die Erklärung hängt mit einem bekannten Phänomen zusammen. Wenn man einen Stein, also einen Körper von verhältnismäßig hoher Dichte, in Wasser taucht und losläßt, dann folgt er der Schwerkraft und sinkt. Werfen wir einen flachen Stein aber mit großer Geschwindigkeit fast waagerecht entlang der Wasseroberfläche, so bildet das Wasser für ihn eine recht harte Wand. Er wird immer wieder zurückgeworfen, bis sich seine Geschwindigkeit so verlangsamt hat, daß er schließlich doch der Schwerkraft folgt und untergeht.

Die Computerrechnungen bestätigen den gleichen Effekt. Der Strahl kommt mit so hoher Geschwindigkeit aus der Galaxie herausgeschossen, daß für ihn das umgebende Gas eine harte Wand darstellt. Jeder kleine Gasballen, der sich vorwitzig seitlich aus dem Strahl herauswagt, bekommt sofort einen heftigen Stoß und wird mit Wucht in seinen Strahl zurückgeschleudert.

Kaulquappengalaxien und zusammengestückelte Antennen

Nicht alle Radiogalaxien sind so schön symmetrisch wie Cygnus A, die ihre Radioblasen gleichzeitig und in entgegengesetzte Richtungen hinausgepustet hat. Etwa 30 Prozent der extragalaktischen Radioquellen sind in ihrer Struktur komplizierter. Zwei merkwürdige Objekte stehen in einem Galaxienhaufen im Sternbild Perseus. Er ist nicht so reich wie der Virgo-Haufen. Nur etwa 500 Galaxien scharen sich in ihm zusammen. Seine Fluchtgeschwindigkeit liegt bei 5400 km/s, was nach dem Hubbleschen Gesetz auf eine Entfernung von 108 Mpc schließen läßt. Unter den Galaxien dieses Haufens sind zwei Radiogalaxien, bei denen statt Radioblasen nach zwei Seiten eher krumme Radioschwänze zu sehen sind (Abb. 10.8), jeder für sich enthält Knoten. Woher kommt die unregelmäßige Struktur der Schwänze? Zum einen denkt man daran, daß sich die Galaxien im Gas des Haufens bewegen. Wir sahen bereits (vgl. S. 228), daß sich in den Zentralgebieten von Galaxienhaufen Gas ansammelt. Die nach zwei entgegengesetzten Richtungen abgeblasenen Gasstrahlen der Galaxien bleiben vielleicht wie Rauchfahnen im umgebenden Gas zurück. Zum anderen können nicht genau geradlinig abgestoßene Gasstrahlen, von einer geeigneten Richtung aus beobachtet, scheinbare Verbiegungen zeigen, vielleicht ähnlich denen von Abbildung 10.8. Die wegen ihres Aussehens *Kaulquappengalaxien* genannten Objekte sind wohl nichts anderes als die an-

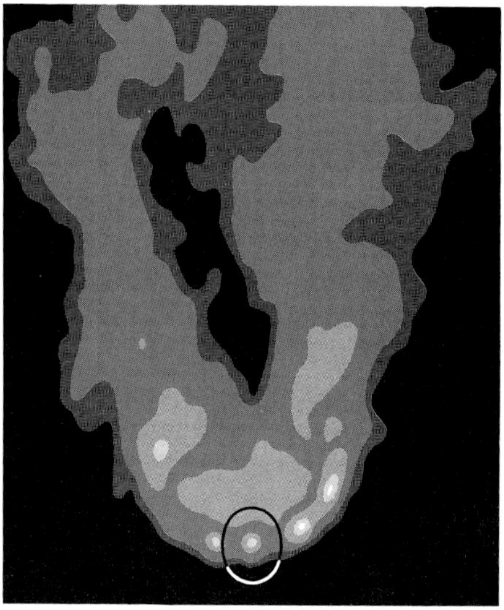

Abb. 10.8: Die Kaulquappengalaxie NGC 1265 nach Radiomessungen von K. Wellington, H. van der Laan und G. K. Miley. Die ovale Linie gibt den Rand der Galaxie im sichtbaren Bereich wieder.

deren Radiogalaxien, nur daß sie im Gas eines Galaxienhaufens herumschwirren und ihre Radioleuchtspur hinter sich herziehen.

Die Abbildung 10.8 basiert übrigens auf Messungen des Radioteleskops in Westerbork im Nordosten der Niederlande. Dieses Teleskop besteht aus zwölf Einzelantennen von je 25 Metern Durchmesser, die längs einer Strecke von 1.6 km aufgestellt sind und die man elektronisch zusammengeschaltet hat. Das Antennenareal wurde 1970 in Betrieb genommen. Man untersucht mit ihm hauptsächlich Radiogalaxien sowie die Radiostrahlung von Galaxien, die wie unsere eigene und der Andromedanebel recht zahme Strahler sind.

Bei diesem Teleskop machte man sich einen besonderen Trick zunutze, von dem in der Radioastronomie oft Gebrauch gemacht wird. Je größer die Auffangfläche eines Teleskops ist – sei es ein optisches oder ein Radioteleskop –, um so mehr kann es empfangen und um so schwächere Strahlungsquellen kann man mit ihm wahrnehmen. Die große Öffnungsfläche hat aber auch noch einen anderen Vorteil.

Man kann mit dem Teleskop um so schärfer sehen, je größer der Durchmesser seiner Auffangfläche ist. Das hängt mit der Wellennatur der Strahlung zusammen. Im 5-m-Spiegel kann man im sichtbaren Licht grundsätzlich zwei Sterne nicht als doppelt erkennen, wenn sie am Himmel näher als drei hundertstel Bogensekunden auseinander stehen. Das ist der Winkel, unter dem uns die beiden Augen eines Menschen erscheinen, der 600 Kilometer entfernt steht. Betrachtet man mit dem 5-m-Spiegel aus dieser Entfernung ein menschliches Gesicht, so kann man nicht viel erkennen. Bei einem kleineren Fernrohr ist es noch schlimmer. Nehmen wir einen Feldstecher. Er läßt ein menschliches Gesicht grundsätzlich schon aus 6 km Entfernung nicht mehr erkennen, so gut auch seine Linsen geschliffen sein mögen.* Noch unschärfer sieht man bei größeren Wellenlängen als denen des Lichts. Wenn ein Radioteleskop eine Auffangfläche von nur fünf Metern Durchmesser hat, dann kann es bei einer Wellenlänge von einem Meter zwei Radioquellen am Himmel gerade noch getrennt sehen, wenn diese mindestens 13 Grad auseinanderstehen. Das ist eine Spanne, die man erhält, wenn man 26 Vollmonddurchmesser aneinanderlegt. So schlecht sehen kleine Radioteleskope. Die ersten Radioteleskope der Nachkriegszeit waren größer – das war gut. Sie arbeiteten bei größeren Wellenlängen – das war schlecht. Mit ihnen konnte man den Ort von Cygnus A nur ungefähr angeben, nur bis auf die Breite der ausgestreckten Hand. Es gibt einen Trick, mit einem Teleskop schärfer zu sehen, also die Auflösung zu verbessern, ohne daß man ein sehr viel größeres Teleskop bauen muß. Man benutzt zwei oder mehrere Empfangsflächen, die man in einem bestimmten Abstand voneinander aufstellt. Man nehme zum Beispiel zwei kleine Radioantennen im Abstand von zehn Metern nebeneinander, schalte ihre Empfangssignale zusammen und betrachte mit solch einem zusammengesetzten Teleskop eine Radioquelle. Man erhält dieselbe Auflösung wie mit einer Antennenfläche, die einen Durchmesser von zehn Metern hat. Natürlich fängt man nicht so viel Strahlung ein wie mit der großen Antenne, die »Schärfe« ist aber die gleiche. Das wird beim Westerbork-Teleskop ausgenützt. Die zwölf Antennen sehen so scharf (das heißt, ihre Auflösung ist so gut) wie ein Riesenradioteleskop, dessen Auffangfläche einen Durchmesser von 1.6 Kilometern hat.

Das hatte man auch nach dem Krieg bei dem Klippenteleskop in Australien ausgenützt (vgl. S. 243). Statt zweier Auffangflächen be-

* Wir sprechen hier von bestmöglichen Beobachtungsbedingungen. In der Erdatmosphäre wird jedes Bild durch die Luftunruhe noch viel unschärfer, sowohl beim 5-m-Spiegel wie auch beim Feldstecher.

nutzte man nur eine und nahm die reflektierende Ozeanoberfläche als zweite zu Hilfe.

In den letzten Jahren hat man die Auflösung dadurch erheblich verbessert, daß man Radioteleskope in Amerika, Europa und in der Sowjetunion auf raffinierte Weise zusammenschaltete. Man kann mit dieser Technik fast so scharf sehen wie mit einem Radioteleskop, dessen Auffangfläche den Durchmesser der Erde hat. Die Abbildung 10.5 ist mit über die Welt verteilten Radioteleskopen gewonnen worden. Dabei stieß man auf eine merkwürdige Erscheinung in den scharfen Strahlen, die aus Radiogalaxien herausschießen, eine Erscheinung, von der wir heute noch nicht wissen, ob wir sie richtig verstehen. Wir werden im nächsten Kapitel darauf zurückkommen.

Die Radioastronomie hat uns neue Eigenschaften der Galaxien enthüllt. Daß es Galaxien gibt, wußten wir schon vorher. Die Grenze der unserer Beobachtung zugänglichen Welt war dadurch bestimmt, wie weit wir mit unseren Teleskopen Galaxien fotografieren können. Fast alle stehen näher als 1300 Mpc. Galaxien, so weit man sehen kann, das war unsere Welt bis zum Jahre 1963. Da erkannte man ganz neue Objekte, viel weiter draußen im Raum. Wir können sie bis zu Entfernungen von über 5000 Mpc verfolgen. Das unserer Beobachtung zugängliche Weltall ist größer geworden, und den Anstoß zur Entdeckung dieser neuen Art von Himmelskörpern hatten die Radioastronomen gegeben. Es wurde klar, daß man einer Erscheinung auf der Spur war, die alles weit übertraf, was man sich selbst bei größter Phantasie hätte vorstellen können.

11 Die unverstandenen Quasare

Ich glaube, es war vor allem Hoyles Genius, der die äußerst attraktive Idee aufbrachte, . . . daß im vorliegenden Fall die Relativitätstheoretiker mit ihren ausgeklügelten Arbeiten nicht nur großartige Ornamente unserer Kultur sind, sondern vielleicht wirklich von Nutzen für die Wissenschaft . . . Es wäre eine Schande, wenn wir alle Relativisten wieder nach Hause schicken müßten.

Thomas Gold, Tischrede anläßlich der ersten Texas-Konferenz, 1963

Dallas, Texas, Dezember 1963. Es war nur wenige Wochen nach der Ermordung Präsident Kennedys. Wir trafen uns in einem Vortragssaal, nur einige hundert Meter vom Schauplatz des tragischen Ereignisses entfernt. Robert J. Oppenheimer, bekannt durch die Entwicklung der Atombombe während des Zweiten Weltkrieges, leitete die Tagung, zu der man Astrophysiker aus der ganzen Welt eingeladen hatte. Man wollte eine aufsehenerregende Entdeckung diskutieren, bei der wieder einmal kalifornische Astronomen wesentlich die Hand mit im Spiel gehabt hatten.

Rückblickend kann man sagen, daß bis zu jener Konferenz in Texas das Weltbild der Astronomen einigermaßen in Ordnung war. Zwar verstand man bei weitem nicht alles, aber man hatte das Gefühl, daß das Universum mit keinen allzu großen Überraschungen mehr aufwarten würde.

Was immer die Ursache dafür war, daß die Welt auseinanderfliegt, es bestand kein Zweifel darüber, was da von jeder Stelle weg in den Raum flieht. Es sind Galaxien, Ansammlungen von Sternen. Man wußte zwar nicht genau, warum sie bei ihrer Rotationsbewegung um das jeweilige Zentrum oft ein wunderschönes Spiralmuster erzeugen. Aber es sah doch so aus, als ob bei den Galaxien alles mit rechten Dingen zugeht. Es war wohl nur eine Frage der Mechanik, vielleicht der Hydrodynamik, alles befriedigend zu erklären. Wenn auch die Lösung dieser Probleme nicht leicht sein würde, so reichten dazu doch wohl die Gesetze der bekannten Physik aus.

Die Sterne selbst, die wesentlichen Bestandteile der Galaxien, gaben ebenfalls keinen Grund zu allzu großer Beunruhigung. Man wußte ungefähr, wie sie sich aus Gas- und Staubmassen der Galaxien bilden. Man wußte, daß in ihnen Kernreaktionen ablaufen und daß sie sich am Ende ihres Lebens irgendwie in recht langweilige Gebilde verwandeln, wahrscheinlich meist in sogenannte Weiße Zwerge, von denen viele in unserer Milchstraße stehen. Man wußte auch, daß das Leben eines Sterns oft durch eine Explosion beendet wird. Zwar verstand man sie noch nicht, aber man konnte sie von Zeit zu Zeit in Galaxien direkt beobachten.

All das machte den Eindruck, als ob die klassische Physik und die Quantenmechanik ausreichen würden, um das Weltall, so wie wir es heute sehen, in den Griff zu bekommen. Nur bei den Radioflecken, die paarweise zu beiden Seiten von Galaxien stehen, tappte man noch im dunkeln. Aber niemand ahnte, daß ein so exotischer Zweig der Physik wie die Allgemeine Relativitätstheorie vielleicht einmal ins Spiel kommen würde, wenn es darum geht, Erscheinungen an Galaxien zu erklären.

Dabei hätte man sich nur etwas mehr mit ihren Kernen beschäftigen müssen, mit dem Strahl etwa, der aus dem Zentrum der Galaxie in der Jungfrau herauskommt (Abb. 1.3). Schon lange vorher hatte der armenische Astronom Viktor A. Ambarzumian darauf hingewiesen, daß sich in den Kernen mancher Galaxien aufregende Dinge abspielen. Auch den Seyfert-Galaxien mit ihren hellen Kernen, die für diese Objekte wichtiger zu sein scheinen als die Spiralarme darum herum, hatte man bis dahin noch wenig Beachtung geschenkt. Die Theorie vom sich stets im großen und ganzen gleichbleibenden Weltall, die Theorie vom stationären Universum von Bondi, Gold und Hoyle, die dem Weltall eine gewisse Ruhe zuschrieb, stand damals noch recht hoch im Kurs. Leben wir wirklich in einer recht langweiligen Welt, die wir zwar noch nicht völlig verstehen, die aber doch zu keinen allzu großen Hoffnungen auf Überraschungen Anlaß gibt? Diese Idylle der Astronomen sollte 1963 zerstört werden.

Radioquellen werden geordnet

Die Galaxien wie Cygnus A, die im Radiobereich oft eine viel größere Strahlungsleistung zeigen als unser Milchstraßensystem im sichtbaren Licht, legten schon frühzeitig nahe, daß es noch Überraschungen geben könnte. Die Radioquellen wurden mit der Verbesserung radioastronomischer Methoden immer zahlreicher. Um eine Übersicht zu erhalten, hatten Martin Ryle und seine Mitarbeiter in England in den fünfziger Jahren damit begonnen, Kataloge von Radioquellen anzufertigen. Die Quellen sind meist Galaxien mit Synchrotronstrahlung oder Gasnebel unseres eigenen Milchstraßensystems, die im Radiobereich thermische Strahlung aussenden. Aber wegen der schlechten Auflösung der damaligen Radioteleskope wußte man von vielen Quellen nicht genau, woher die Strahlung kommt.

Im Jahre 1959 wurde der sogenannte dritte Cambridger Katalog fertiggestellt; er sollte berühmt werden. Bei einer Frequenz von 159 MHz hatte man die Orte von 471 Radioquellen mit einer Genauigkeit von ⅙ bis ⅓ Vollmonddurchmessern bestimmt. Genauer können Radioteleskope nur »sehen«, wenn man aufwendigere Techniken verwendet (vgl. S. 255). Das geschah bei einigen dieser Quellen. Im Jahre 1960 hat man den Ort der Quelle Nr. 48 des Katalogs am Himmel so genau bestimmt, daß man sie mit einem sternartigen Objekt auf fotografischen Himmelsaufnahmen in Verbindung bringen konnte (Abb. 11.1). Um eine Quelle des dritten Cambridger Katalogs zu bezeichnen, setzt man 3C vor ihre Nummer im Katalog. Hier handelt es sich also um die Quelle 3C48. Später werden wir die berühmte Quelle 3C273 kennenlernen.

Im Dezember 1960 berichtete Allan Sandage auf der Tagung der Amerikanischen Astronomischen Gesellschaft über das sternartige Objekt 3C48, das er zusammen mit vier anderen Astronomen studiert hatte. Zu ihnen zählte der Spektroskopiker Jesse L. Greenstein, der aus der Shapleyschen Schule in Harvard stammte. Die Quelle 3C48 erschien den fünf Autoren so rätselhaft, daß sie sich nicht sicher genug fühlten, darüber etwas zu veröffentlichen. Sie konnten sich nicht einmal dazu entschließen, der Gesellschaft eine schriftliche Kurzfassung für den Tagungsbericht zu schicken. So kennen wir heute von Sandages damaligem Vortrag nur einen Bericht über die Tagung, der in der amerikanischen populären Zeitschrift »Sky and Telescope« 1961 erschienen ist.

Abb. 11.1: Der »Radiostern« 3C48 (Bildmitte) unterscheidet sich auf dieser Aufnahme kaum von gewöhnlichen Sternen. Beim genaueren Hinsehen erkennt man eine schwache Faserstruktur. Anscheinend sind es Gasmassen, die ausgestoßen worden sind (Aufnahme: Palomar Observatory).

Bald konnte man mehrere der Radioquellen des Katalogs mit sternartigen Objekten identifizieren. Hatte man bisher nur Radiostrahlung von Galaxien oder von Gasnebeln unserer Galaxis gefunden, so stand man plötzlich vor radiostrahlenden Gebilden, die offensichtlich Sterne waren. Man nannte sie *Radiosterne.* Gibt es Sterne, die Radiostrahlung aussenden? Unsere Sonne sendet zwar im Radiobereich, aber wir nehmen diese Strahlung nur wahr, weil sie sehr nahe bei uns steht. Aus der Entfernung von einigen kpc beobachtet, wäre ihre Radiostrahlung nicht mehr meßbar.

Sterne, wie sie noch keiner sah

Was also sind Radiosterne? Wenn der Astronom, der mit sichtbarem Licht arbeitet, etwas über einen Stern wissen will, dann nimmt er ein Spektrum auf. Es war nicht leicht, für 3C48 ein Spektrum zu erhalten – am 5-m-Spiegel auf Palomar Mountain brauchte man eine Belichtungszeit von sieben Stunden. Normale Sterne zeigen ein kontinuierliches Spektrum (vgl. S. 53). Zusätzlich gibt es bei gewissen Wellenlängen scharfe Emissionen, bei anderen scharfe Absorptionen. Normalerweise kann man aus den Wellenlängen dieser Emissions- und Absorptionslinien die Art der Atome der strahlenden Stoffe erkennen. Das Spektrum von 3C48 zeigte ein Kontinuum und sechs Emissionslinien. Keine von ihnen gehörte zu irgendeinem bekannten Element. Wir haben uns längst daran gewöhnt, daß selbst aus den fernsten Winkeln des Weltraumes Licht zu uns kommt, das letztlich von uns wohlbekannten Atomen stammt. Kein Stern zeigte bisher in seinem Spektrum Linien, die wir nicht einem bekannten chemischen Element zuordnen können. Hier aber hatte man Linien, die zu keinem der bekannten Atome paßten. Als man Spektren von anderen Radiosternen aufnahm, zeigten auch diese Linien unbekannter Herkunft. Die Spektren verschiedener Radiosterne hatten nichts miteinander gemein, so etwas hatte vorher noch keiner gesehen. Die kontinuierliche Strahlung, die man sowohl im Radiobereich wie im sichtbaren Licht erhielt, war Synchrotronstrahlung, die bereits andeutete, daß man etwas Exotisches vor sich hatte. Synchrotronstrahlung wird ja von extrem schnell bewegten Elektronen erzeugt. Die Emissionslinien aber waren unverständlich. Des Rätsels Lösung kam Anfang 1963. Es war – sowenig er auch mit den Objekten zu tun hatte – der Mond, der uns auf die Sprünge half.

Bei seiner Bewegung um die Erde bedeckt der Mond dahinterstehende Sterne. Sie verschwinden am östlichen Mondrand und werden nach einiger Zeit am Westrand wieder freigegeben. Am 5. August 1962 und kurz danach am 26. Oktober bedeckte der Mond die Radioquelle 3C273. Wenn die Quelle hinter dem Mond verschwindet, bleibt die Radiostrahlung aus, wenn sie der Mond wieder freigibt, ist sie wieder da. Das half, den Ort der Quelle am Himmel sehr genau zu bestimmen. Mit einem Radioteleskop von 64 Metern Durchmesser verfolgten Cyril Hazard, M. Brian Mackey und A. John Shimmins von Australien aus die Bedeckung der Quelle durch den Mond (Abb. 11.2). Sie bemerkten, daß die Radioquelle eigentlich aus zwei Komponenten bestand, die nacheinander hinter den Mond traten. Durch die Mondbedeckung war der Ort der Quelle so gut bestimmbar, daß es dem auf Mt. Wilson und Palomar arbeitenden Holländer Maarten Schmidt gelang, sie mit einem Sternchen zu identifizieren, von dem ein dünner Strahl – wie eine Nadel – ausgeht (Abb. 11.3). Er erinnert an den scharfen Strahl aus dem Zentrum der Virgo-Galaxie M87 (Abb. 1.3). Allan Sandage hatte mit dem 5-m-Spiegel schon dünne faserige Gebilde um 3C48 und um andere Radiosterne gesehen. Nun zeigte 3C273 einen richtig schönen Strahl, der von einem sternartigen Objekt ausgeht. Beide, Strahl

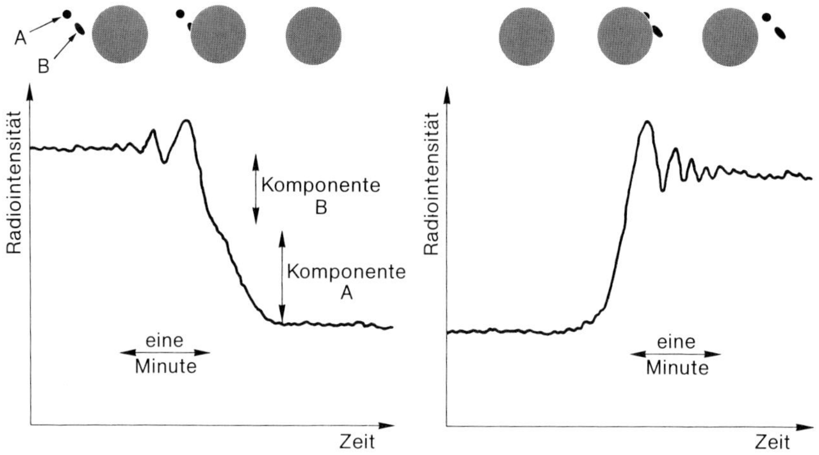

Abb. 11.2: Die Radiohelligkeit von 3C273 während der Bedeckung durch den Mond. Oben sind die aus den Komponenten A und B bestehende Radioquelle und die Mondscheibe während verschiedener Phasen der Bedeckung dargestellt. Darunter die beim Verschwinden und beim Wiedererscheinen der Quelle registrierten Veränderungen der Stärke der Radiostrahlung. Bei der Bedeckung verschwinden die beiden Komponenten einzeln hinter dem Mondrand, das Absinken der Radiointensität erfolgt in zwei Stufen. Beim Wiedererscheinen sind der Mondrand und die zwei Komponenten so zueinander orientiert, daß beide radiostrahlende Flecken nahezu gleichzeitig wieder hervortreten und der Anstieg in einer Stufe erfolgt.

Abb. 11.3: Das Bild von 3C273 im sichtbaren Licht. Das punktförmige Bild auf der Fotoplatte ist hier so stark vergrößert, daß die sternartige Quelle zum weißen Fleck wird und das Plattenkorn hervortritt: Trotzdem sieht man nach rechts unten den scharfen Strahl weggehen. Punktförmige Quelle und Jet entsprechen den beiden Radioquellen der Abbildung 11.2 (Aufnahme: Palomar Observatory).

und sternartiges Objekt, senden Radiostrahlung aus, sie sind die zwei Komponenten, auf die man bei der Mondbedeckung stieß. Schmidt nahm ein Spektrum von der sternartigen Komponente auf. Es war wieder kontinuierliche Strahlung zu sehen mit einigen Emissionslinien, die zu keinem bekannten Atom paßten. Aber 3C273 sollte in der Entschlüsselung des Rätsels der Radiosterne die gleiche Rolle spielen wie der berühmte Rosette-Stein für die Entschlüsselung der Hieroglyphen.

Die Fluchtgeschwindigkeit der Radiosterne

Maarten Schmidt befaßte sich wochenlang mit dem Spektrum von 3C273, betrachtete es immer wieder und zeigte es Kollegen. Die Linien schienen keinen Sinn zu geben. Eines Tages fiel ihm eine Art Gesetzmäßigkeit auf, die er zu kennen glaubte. Und dann wußte er es plötzlich: Es sind die Linien ganz normaler Elemente, aber extrem ins Rote verschoben! Wenn diese Verschiebung der Emissionslinien nach dem roten Ende des Spektrums zu auf den Doppler-Effekt zurückzuführen ist, wie die Rotverschiebung in den Spektren der Galaxien, dann bewegt sich das sternartige Objekt mit 45 000 km/s von uns weg!

Schon als Slipher vor dem Ersten Weltkrieg die Radialgeschwindigkeit des Andromedanebels zu 300 km/s bestimmt hatte, glaubte er, daß ein Objekt mit so großer Geschwindigkeit nicht zu unserem Milchstraßensystem gehören könne. Die Bewegungen, welche die Sterne in unserem System zueinander ausführen, sind geringer. Nun hatte man eine Geschwindigkeit von 45 000 km/s bei einem Himmelskörper, der im Fernrohr wie ein harmloser Stern aussah. Man kann sich schwer vorstellen, daß ein Stern mit so großer Geschwindigkeit quer durch unser Milchstraßensystem fegt.

Nachdem man die Emissionslinien von 3C273 verstanden hatte, war es nicht mehr schwer, die von 3C48 zu deuten. Hier war es noch aufregender: Das Gebilde bewegt sich mit 110 000 km/s von uns weg, mit einem Drittel der Lichtgeschwindigkeit. Wenn man die Fluchtgeschwindigkeiten wie bei den Galaxien der Expansionsbewegung der Welt zuschreibt, dann folgt aus dem Hubbleschen Gesetz, daß 3C273, mit seiner Geschwindigkeit von 45 000 km/s, 900 Mpc weit draußen stehen muß, mitten unter den entferntesten Spiralnebeln. Die Quelle 3C48 stünde dann in einer Entfernung von

2200 Mpc, also viel weiter weg als alle damals bekannten Galaxien.

Wie wir hier die Deutung der Emissionslinien in den Quasarspektren beschrieben haben, klingt es, als ob eine gewisse Willkür herrscht, wenn man eine solche Linie einfach als die stark rotverschobene Linie einer bekannten Atomsorte deutet. Man könnte sie zum Beispiel als rotverschobene Wasserstofflinie oder als verschobene Kohlenstofflinie ansehen. In beiden Fällen würde man ganz verschiedene Fluchtgeschwindigkeiten erhalten. Würde man nur eine Linie sehen, dann wäre das tatsächlich so. Die Spektren enthalten aber mehrere Emissionslinien. Nicht eine, sondern *alle* muß man als gleichstark rotverschoben ansehen können. Das heißt, alle müssen Linien von bekannten und im Kosmos häufigen Atomsorten sein, verschoben durch den Doppler-Effekt der Fluchtgeschwindigkeit des »Radiosterns«.

Wenn die neuentdeckten Radioquellen sehr weit draußen im Raum stehen und trotz dieser großen Entfernung für uns im Bereich der Radiostrahlung und im sichtbaren Licht noch wahrnehmbar sind, dann müssen sie eine gewaltige Strahlungsleistung haben. Sie müssen hundertmal heller leuchten als eine ganze Galaxie. Heute kennen wir ein Objekt, das sich mit 92 Prozent der Lichtgeschwindigkeit von uns wegbewegt. Dies entspricht einer Entfernung von 5520 Mpc! Wenn es erlaubt ist, die Rotverschiebung der Emissionslinien in den Spektren der neuen Objekte als Folge der Expansion des Weltalls zu deuten und daraus auf so ungeheure Entfernungen zu schließen, dann sind die »Radiosterne« keine wirklichen Sterne. Damit haben wir eine ganz neue Art von Himmelskörpern vor uns, eher vergleichbar mit ganzen Galaxien, aber stärker strahlend. Trotzdem erscheinen sie im Fernrohr wie Punkte und sind beim bloßen Anblick nicht von den Sternen unserer Galaxis zu unterscheiden. Deshalb nannte man sie »Quasistellare Radioquellen«. Auf der Konferenz in Dallas regte der damals bei der NASA in New York arbeitende Astronom Hong-Yee Chiu aus Taiwan in seinem Beitrag an: »Bisher haben wir das schwerfällige Wort ›Quasistellare Radioquellen‹ benützt, um diese Objekte zu beschreiben. Da wir aber ihre Natur nicht kennen, ist es schwer, eine kurze, angemessene Bezeichnung für sie zu finden, so daß ihre wichtigsten Eigenschaften aus ihrem Namen folgen. Der Einfachheit halber will ich die Kurzform ›Quasar‹ verwenden.« Seither tragen sie den Kunstnamen, unter dem sie populär geworden sind. Ich habe Quarzuhren gesehen und bin Segelboottypen begegnet, denen man das Wort »Quasar« als Markennamen gegeben hat.

Daß die Quasare nicht zu unserer Milchstraße gehören, sondern draußen im Raum stehen, erkennt man auch an ihrer Verteilung am Himmel. Wie die Galaxien scheinen sie das Band der Milchstraße zu meiden. Dort, wo man in Richtung der Milchstraßenscheibe schaut, wird ihr Licht durch die Staubmassen zwischen den Sternen verschluckt. Man sieht die meisten Quasare dort, wo man steil aus der Scheibe hinausblickt.

Warum wunderte man sich, daß die neuen Objekte nur Lichtpunkte am Himmel sind und nicht ausgedehnte Lichtflecken? Schließlich sind sie doch weiter weg und müssen uns daher kleiner erscheinen als gleich große, aber nähere Gebilde. Man merkte sehr schnell, daß sie auch in Wahrheit klein sind, sehr viel kleiner als Galaxien. Sofort nach der optischen Identifizierung von 3C273 nahm man sich in Plattenarchiven die alten Aufnahmen der entsprechenden Gegend des Himmels vor, suchte das Sternchen auf und prüfte, wie es sich in der Vergangenheit verhalten hat. Wieder einmal half Harvard. Es zeigte sich, daß die Helligkeit des Sternchens in der Vergangenheit geschwankt hat. Bisweilen verdoppelte es seine Leuchtkraft in weniger als einem Monat (Abb. 11.4). Das scheint ganz allgemein eine Eigenheit der Quasare zu sein. Bei dem viel später gefundenen Quasar 3C279 beobachtete man kürzlich, wie seine Helligkeit innerhalb von 40 Tagen um das Fünfundzwanzigfache anstieg. Die Änderungen der Helligkeiten der Quasare rühren von der Veränderlichkeit der kontinuierlichen Strahlung her. Bei

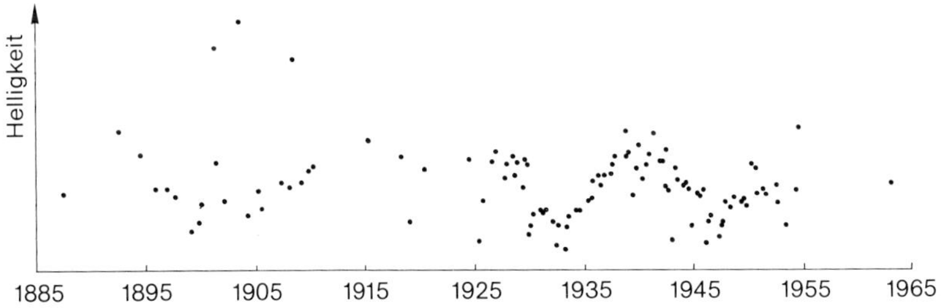

Abb. 11.4: Helligkeitsschwankungen, die der Quasar 3C273 im sichtbaren Licht in diesem Jahrhundert gezeigt hat. Nach oben ist die Helligkeit des sternartigen Gebildes aufgetragen. Einem Anstieg von 17 mm nach oben entspricht eine Verdoppelung der Helligkeit.

den Emissionslinien hat man bisher noch keine deutlichen zeitlichen Variationen entdeckt. Nun wissen wir bereits (Abb. 9.7), daß die Schnelligkeit, mit der sich die von einer Strahlungsquelle bei uns ankommende Intensität ändert, Aufschluß über die Größe der Quelle gibt. Was immer für das Licht verantwortlich ist, die Quelle kann nicht wesentlich größer sein als die Wegstrecke, die das Licht in 40 Tagen zurücklegt. Ein Lichtmonat, das ist klein im Vergleich zu unserem Milchstraßensystem. Bei ihm braucht das Licht Hunderttausende von Jahren, um seine Scheibe zu durchqueren. Einen Lichtmonat kann man schon eher vergleichen mit den Dimensionen unseres Sonnensystems. Er entspricht etwa 132 Bahnradien des Pluto, unseres äußersten Planeten. Wir haben in den Quasaren Objekte, bei denen die Strahlungsleistung von 100 Galaxien aus einem Raumgebiet kommt, dessen Durchmesser etwa 1/10 des mittleren Abstandes zwischen zwei Sternen einer Galaxie ist, möglicherweise ist das Raumgebiet noch kleiner. Unsere Milchstraße verhält sich zu einem Quasar wie ein Fußballplatz zu einem Sandkörnchen auf ihm! Und aus diesem Sandkorn-Quasar kommt hundertmal soviel Energie wie aus der ganzen Fußballplatz-Milchstraße! Erinnern wir uns, daß auch die hellen Kerne in den Seyfert-Galaxien sehr rasche Helligkeitsschwankungen zeigen, die auf kleine räumliche Dimensionen dieser hellen punktförmigen Gebilde schließen lassen (vgl. S. 223). Quasare und Kerne von Seyfert-Galaxien scheinen vieles gemeinsam zu haben. Sind Quasare vielleicht helle Kerne von Galaxien, die so weit im Raum stehen, daß wir nur den sternartigen Kern sehen?

Obwohl wir auf die Quasare erst durch ihre Radiostrahlung aufmerksam geworden sind, scheint es viele Objekte zu geben, die ihnen ähneln, von denen wir aber keine Radiowellen empfangen. Diese »radioruhigen« Quasare zeigen die gleichen Spektren wie die »echten«, mit rotverschobenen Emissionslinien.

Stehen die Quasare wirklich so weit draußen?

Sie würden uns weniger Rätsel aufgeben, stünden sie nicht in so großer Entfernung. Deshalb hat man immer wieder bezweifelt, daß die Rotverschiebung ihrer Emissionslinien wirklich etwas mit der Expansion der Welt zu tun hat. Aber trotz vieler Versuche ist man zu keiner Alternativ-Erklärung gekommen.

Was uns Kopfzerbrechen macht, ist die ungeheuere Strahlungsleistung, die von diesen Objekten ausgehen muß, wenn sie so weit draußen im Raum stehen, wie es sich aus ihrer Rotverschiebung und dem Hubbleschen Gesetz ergibt. Wollte man diese Strahlung durch Sterne wie die Sonne decken, die dort auf engem Raum gehäuft stehen, so wären zehn Billionen Sonnen nötig, das sind hundertmal mehr Sterne, als in unserer Milchstraße stehen.

Wie lange strahlt ein Quasar mit solch unvorstellbarer Stärke? Am Fall von 3C273 können wir das abschätzen. Der scharfe Strahl steht etwa 150000 Lichtjahre von der Hauptquelle entfernt. Da er nicht schneller als mit Lichtgeschwindigkeit wegfliegen kann, muß das ganze Gebilde mindestens 150000 Jahre alt sein. Wenn dort Sterne ihre Strahlungsleistung wie die Sonne aus der Umwandlung von Wasserstoff zu Helium bestreiten, dann müßten in diesem Zeitraum mehr als zehn Millionen Sonnenmassen verheizt worden sein. Es wäre schon alles einfacher und weniger gewaltig, wenn die Quasare näher stünden!

Einige wenige Quasare stehen in Galaxienhaufen und haben dieselbe Rotverschiebung wie die Galaxien im Haufen. Das spricht dafür, daß Quasare an der Fluchtbewegung der Spiralnebel teilnehmen und daß ihre Rotverschiebung durch den Doppler-Effekt erklärt werden muß.

Quasare stehen weit draußen im Raum, und unter ihnen sind die entferntesten Gebilde, die wir kennen. Beachten wir: Fast alle uns heute bekannten Galaxien sind näher als 1300 Mpc, eine steht weit draußen, bei 3960 Mpc, die entferntesten Quasare aber bei mehr als 5000 Mpc. Ihr Licht ist also mehr als 16 Milliarden Jahre unterwegs gewesen. Als es ausgesandt worden ist, entstanden bei uns die ältesten Gebilde unserer Milchstraße, die Kugelsternhaufen. Mit der Entdeckung der Quasare hat sich der Raum, aus dem wir Licht erhalten, vervielfacht. Wer also etwas über die Struktur unserer Welt im Großen erfahren will, der lasse die Galaxien und halte sich an die Quasare. Leider ist das aber nicht so einfach. Wir wissen noch zu wenig über sie.

So einen Versuch, mit Hilfe der Quasare etwas über unser Weltall zu erfahren, haben sehr frühzeitig Martin Rees und Dennis Sciama in England unternommen. Sie untersuchten, wie die Zahl der Quasare mit der Entfernung zunimmt. Die Entfernungen nahmen sie von den gemessenen Radialgeschwindigkeiten und dem Hubbleschen Gesetz. Die Theorie des stationären Universums macht genaue Aussagen darüber, wie die Zahl im Weltall gleichförmig verteilter Objekte mit der Entfernung zunehmen muß. Rees und Sciama fanden, däß es in Wahrheit mehr entfernte Quasare gibt, als nach der Theorie des stationären Universums erlaubt sind. Die Entdeckung der Quasare hatte die Waage nach der Seite des Urknalls ausschlagen lassen.

Die Quasare scheinen aber nicht beliebig weit entfernt zu stehen. Man findet kaum welche so weit draußen, daß ihre Fluchtgeschwindigkeit 85 Prozent der Lichtgeschwindigkeit überschreitet, das entspricht 5000 Mpc. Mit dem Blick in die Ferne schauen wir gleichzeitig in die Vergangenheit des Weltalls zurück. Weiter draußen als 5000 Mpc blicken wir – so scheint es – in eine Zeit, in der die Quasare erst noch entstehen mußten (vgl. auch Abb. 12.4).

Ein Schwarzes Loch im Quasar?

Mit zehn Billionen sonnenähnlicher Sterne, die in einem Kern von nur einem Lichtmonat Durchmesser zusammengedrängt stehen, können wir zwar im Prinzip die Strahlungsleistung der Quasare erklären, aber wir kommen in neue Schwierigkeiten. Wenn so viele Sterne auf so engem Raum zusammengepfercht sind, dann wird in der Nachbarschaft die Schwerkraft so groß, daß alle physikalischen Vorgänge anders ablaufen, als wir gewohnt sind. Um das besser zu verstehen, wollen wir uns wieder in die zweidimensionale Welt der Flachmänner versetzen, denn wieder einmal spielt dabei die Krümmung des Raumes eine wesentliche Rolle.

Denken wir uns das Weltall als Ebene und vergessen wir die Möglichkeit der Kugel und der Sattelfläche. Nehmen wir also an, die Welt sei euklidisch, die Winkelsummen großer Dreiecke seien 180 Grad, wie es sich gehört. Wir sahen schon, daß das nur genähert gelten kann. Die Flachmänner hatten gelernt, daß der Raum um jeden Körper, der eine Schwereanziehung auf die Gegenstände in seiner Nachbarschaft ausübt, leicht gekrümmt ist, ja, daß diese Krümmung der Weltfläche gleichwertig ist mit der Gravitation. So war klar, daß die sonst ebene Weltfläche immer dort leicht verbeult ist, wo Masse sitzt. Sehen wir uns von außen die Wirkung der Verbeulung der Weltfläche durch die Anziehungskraft eines Sterns an. In Abbildung 11.5a sieht man sie von der Seite, und man kann die Beule erkennen. In Abbildung 11.5b ist die Draufsicht gezeichnet, dort ist auch dargestellt, wie die Anziehungskraft einen vorbeigehenden Lichtstrahl leicht aus seiner Bahn bringt.

Wenn wir die Masse des Sterns vergrößern, ohne seinen Radius zu ändern, wenn wir also seine Dichte erhöhen, dann wird die Beule ausgeprägter, die Lichtablenkung stärker. Nun könnte man glauben, das ginge immer so weiter: die Dichte etwas höher, die Beule etwas stärker, die Ablenkung dementsprechend ausgeprägter. Aber das Bild ändert sich bald abrupt. Von einer bestimmten Dichte ab wird alles anders. Im Seitenanblick von außen sieht man, daß die Beule plötzlich zu einer unendlich langen Spitze wird, die aus der Weltfläche hinausragt (Abb. 11.5c). Ein Lichtstrahl, der dem dichten Körper zu nahe kommt, wird eingefangen und kommt nicht mehr heraus (Abb. 11.5d). Aber nicht nur jeder Lichtstrahl, auch jeder Körper, der zu tief in das Schwerefeld unseres Sterns gerät, kommt nicht mehr los und versinkt im Innern, die Masse des Sterns nur noch mehr vergrößernd. Kehren wir jetzt zu unserem dreidimensionalen Alltag zurück.

Versuchen wir im Zentrum einer Galaxie oder irgendwo sonst im Raum viel Materie auf möglichst engem Raum zusammenzudrängen, vielleicht die zehn Billionen Sonnen, von denen oben die Rede

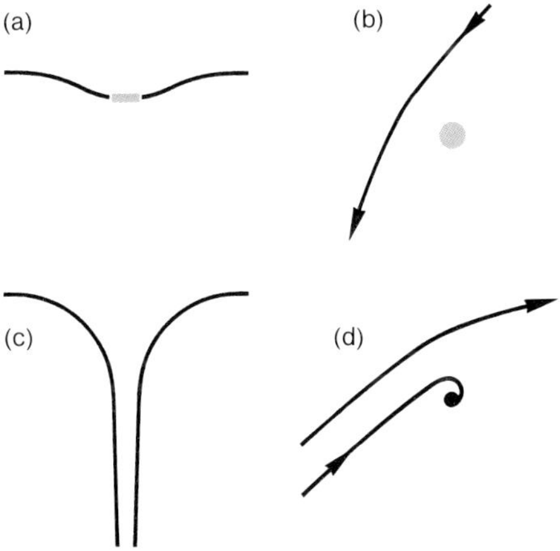

Abb. 11.5: Ein Schwarzes Loch in Flachland. (a): Ein (flacher) Körper in der Flachwelt (von der Seite außerhalb der Weltfläche der Flachmänner gesehen) beult die Fläche aus. Ein Lichtstrahl, der an diesem Körper vorbeigeht, wird abgelenkt, wie in (b) im Blick von oben auf die Flachwelt gezeigt ist. Wenn der Körper hinreichend dicht ist, wenn also möglichst viel Materie auf engem Raum konzentriert ist, dann beult sich die Flachwelt zu einem Rohr aus, wie in (c) im Seitenanblick sichtbar wird. Dies ist ein Schwarzes Loch in der Flachwelt. Lichtstrahlen, die in sicherer Entfernung an ihm vorbeigehen, werden abgelenkt (d), solche, die ihm zu nahe kommen, werden unweigerlich gefangen und gelangen nie mehr nach außen. Auch Materie, die dem Schwarzen Loch zu nahe kommt, verschwindet in ihm und kommt nie wieder heraus.

war. Drängen wir sie zuerst auf eine Kugel von 1 kpc Durchmesser. Zwar ist dann im Außenraum die Schwerkraft schon recht groß, aber noch geschieht nichts Besonderes.

Daß ein Lichtstrahl in der Nachbarschaft leicht gekrümmt wird, da ihn die Schwerkraft unseres Supersternhaufens ablenkt, das weiß man schon seit Albert Einstein. Er hat 1915 vorhergesagt, wie die Ausbreitung des Lichtes durch die Schwerkraft beeinflußt wird. Man erkennt es am Sternlicht, das an der Sonne vorbei auf die Erde fällt. Die Sonne wirkt wie eine Linse. Das Sternfeld, vor dem sie steht, erscheint etwas vergrößert. Aber der Effekt ist sehr klein, hart an der Grenze unserer Meßgenauigkeit, und überhaupt nur zu beobachten, wenn die Sonnenscheibe bei einer totalen Sonnenfinsternis durch den Mond abgedeckt ist, so daß die Sterne bei Tage am

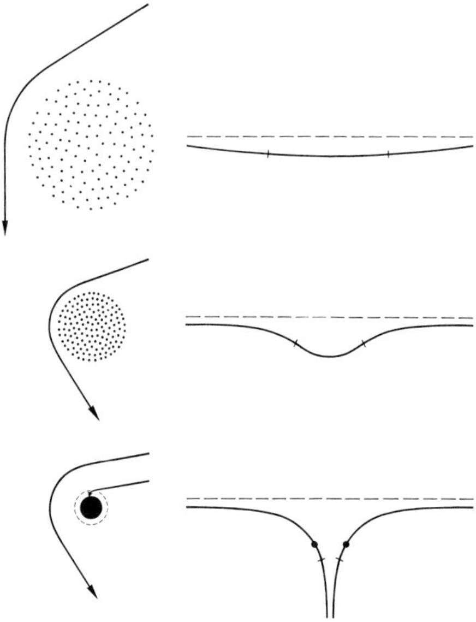

Abb. 11.6: Der Versuch, einen Supersternhaufen auf einen Klumpen von einem Lichtmonat Durchmesser zu bringen. Oben links: Licht in der Nachbarschaft eines Sternhaufens von zehn Billionen Sonnenmassen wird abgelenkt. Der Raum in der Umgebung ist verbeult, das ist rechts in Analogie zu Abbildung 11.5 für eine Flächenwelt dargestellt. Die kleinen Querstriche an der Weltfläche deuten an, wo die Grenzen des (flachen) Sternhaufens sind. Mitte: Wir haben den Sternhaufen dichter gemacht, die Lichtablenkung in der Nähe seines Rands wird stärker (links), die Verkrümmung des Raums größer (rechts). Noch ehe unser Sternhaufen auf einen Radius von einem Lichtmonat zusammengedrückt worden ist, entsteht ein Schwarzes Loch. Links unten: Licht und Materie, die in den durch eine gestrichelte Kreislinie gekennzeichneten Raumbereich eindringen, können nicht mehr nach außen. Rechts unten ist das Schwarze Loch in der Flächenwelt dargestellt. Die beiden schwarzen Punkte deuten an, wo die Stellen der Weltfläche sind, innerhalb derer alles gefangen ist. Die beiden kleinen Querstriche markieren die Oberfläche des im Schwarzen Loch gefangenen Sternhaufens.

Himmel sichtbar werden. Während der wenigen Minuten, die dieses Naturschauspiel währt, kann man die von Einstein vorhergesagte Krümmung der Lichtstrahlen messen. Man fand, daß die Ablenkung durch die Sonne so ist, wie sie durch die Relativitätstheorie vorausgesagt wird. Der Effekt der Lichtablenkung durch die Schwerkraft spielt eine wichtige Rolle, wenn wir die Sterne unseres Supersternhaufens auf immer engerem Raum zusammenrücken lassen.

Stellen wir uns vor, wir könnten diesen Vorgang verfolgen. Ein Lichtstrahl, der in der Nähe des Supersternhaufens vorbeigeht, zeigt eine deutliche Krümmung, bis er hinreichend weit vom Gebiet der starken Schwerkraft entfernt ist und dann geradlinig weiter durch das Weltall geht. Wenn wir den Sternhaufen noch weiter zusammendrücken, dann wird die Schwerkraft stärker. Bald verbiegt sie das Licht so sehr, daß ein vorbeigehender Lichtstrahl das Gebilde fast umkreist, bevor er ins Weltall entweicht. Wenn die Sterne des Supersternhaufens noch dichter stehen, kann bald überhaupt nichts mehr aus ihrer nächsten Umgebung nach außen dringen. Auch jeder Lichtstrahl, der von der Oberfläche direkt in Richtung nach außen abgesandt wird, fällt unweigerlich wieder in den Superhaufen zurück. Um unser Gebilde schließt sich ein Horizont, der kein Licht mehr nach außen dringen läßt.

Man nennt in der Astrophysik solch ein Gebilde ein *Schwarzes Loch**. Es liegt in ihrer Natur, daß wir Schwarze Löcher nicht sehen können. Trotzdem glauben viele Astrophysiker, daß sie in der Natur vorkommen. Quasare stehen in dem Verdacht, Schwarze Löcher zu beherbergen. Warum? Versuchen wir, die zehn Billionen Sonnen, die wir für die Erklärung der Strahlungsleistung der Quasare gerne hätten, auf engem Raum zusammenzuschieben. Der Effekt der Schwerkraft auf die Lichtausbreitung wird schon extrem groß, wenn unser Supersternhaufen einen Durchmesser von drei Licht-

---

* Es entbehrt nicht einer gewissen Komik, daß die Astronomen, die sich fast nur mit Erscheinungen am Himmel befassen, heutzutage damit konfrontiert sind, daß eine ihrer wichtigsten Begriffsbildungen andere Assoziationen weckt. Die Astronomen jenseits des Rheins benutzen deshalb lieber das viel schönere Wort »les astres occlus«, verschlossene Sterne. Jenseits des Kanals ist man weniger zimperlich. Als man zeigen konnte, daß aus einem Schwarzen Loch auch keine Magnetfeldlinien herausspießen können, formulierte man dort dieses Ergebnis »a black hole has no hair« und sprach in ähnlichem Zusammenhang vom »principle of cosmic censorship«.

jahren hat. Noch lange bevor wir ihn auf die gewünschte Kugel von einem Lichtmonat zusammengedrückt haben, ist er ein Schwarzes Loch geworden (Abb. 11.6).

Es scheint so, als ob es nicht möglich ist, die Energiequelle der Quasare nur durch eine Ansammlung hausbackener Sterne zu erklären. Sobald man versucht, genügend viele von ihnen auf genügend kleinem Raum zusammenzubringen, stößt man auf extreme Effekte der Allgemeinen Relativitätstheorie. Wenn man aber schon auf die Probleme der Schwarzen Löcher kommt, dann kann man es gleich mit ihnen versuchen. Schwarze Löcher stellen nämlich ein ideales Hilfsmittel dar, um Energie abzustrahlen. Das klingt paradox. Wir sahen doch, daß alles, was dem Loch in die Nähe kommt, unweigerlich geschluckt und für Außenstehende unsichtbar wird. Wie soll es dann für die ungeheueren Strahlungsleistungen der Quasare verantwortlich sein?

Ehe sie ins Loch fällt, erhält alle Materie eine große Geschwindigkeit. Beim Sturz auf ein Schwarzes Loch zu nähert sie sich der des Lichtes. Noch ehe sie unter dem Horizont des Schwarzen Loches verschwindet, erhitzt sie sich und strahlt Energie nach außen. Wenn man also irgendwo eine starke Strahlungsquelle haben will, dann braucht man dorthin nur ein Schwarzes Loch zu setzen und Materie hineinzuwerfen. Wenn mit einer Rate von einer Sonnenmasse pro Jahr hineingeworfen wird, dann reicht die dabei frei werdende und nach außen entweichende Energie, um die Strahlungsleistung eines Quasars zu decken. Eine Sonnenmasse pro Jahr, das ist nicht viel. Galaxien bestehen immerhin aus Hunderten von Milliarden Sonnenmassen. Wenn der Quasar im Zentrum einer Galaxie steht, die wir wegen der großen Entfernung nicht erkennen können, sondern nur ihren hellen Quasarkern sehen, dann hätten wir genügend Materie zur Verfügung, um das Schwarze Loch zu füttern. Es ist nicht so, daß es notwendigerweise ganze Sterne verspeisen muß. Von den Sternen strömt immer Materie hinaus in den Raum; auch die Erde wird von dem von der Sonne ausgehenden Sonnenwind umströmt. Diese von den Sternen abgeblasene Materie könnte sich vielleicht im Zentrum der Galaxie ansammeln und damit das Schwarze Loch beliefern.

Wenn ein Quasar seit einer Million von Jahren strahlt, so müßte das Schwarze Loch dort immerhin schon mindestens eine Million Sonnenmassen verschlungen haben. Ein solches Schwarzes Loch hat einen Durchmesser von zehn Lichtsekunden.

Röntgenobservatorien auf Umlaufbahnen um die Erde erlauben Himmelsbeobachtungen im Röntgenbereich. Sie haben hierzu zwei wichtige Beiträge geliefert. 1978 fand man, daß der Kern einer Seyfert-Galaxie innerhalb von 100 Sekunden seine Röntgenhelligkeit verändert, und 1980 beobachtete man einen Quasar, dessen Röntgenstrahlung innerhalb von 200 Sekunden schwankt. Wir wissen schon: je rascher die Schwankung der Strahlung einer Quelle, um so kleiner muß sie sein (Abb. 9.7). Das Licht im optischen Bereich legte für die Quelle der kontinuierlichen Strahlung der Quasare einen Durchmesser von höchstens einem Lichtmonat nahe. Nun sind wir im Bereich von einigen hundert Lichtsekunden. Das entspricht einigen hundert Sonnendurchmessern, nur ein Millionstel eines Parsek, winzig klein im Vergleich zu einer Galaxie! Daß die Strahlung eines Quasars im Röntgenbereich rascher schwankt als im sichtbaren Bereich, ist nicht verwunderlich. Wenn Materie in ein Schwarzes Loch fällt, ist sie am heißesten kurz bevor sie im Loch verschwindet. Gerade bei hohen Temperaturen strahlt sie im Röntgenbereich. Die Röntgenstrahlung kommt also aus der unmittelbaren Nachbarschaft des Schwarzen Lochs. Die raschen Schwankungen der Strahlung legen es nahe, an Schwarze Löcher in den Quasaren, ja möglicherweise auch in den Kernen mancher, vielleicht sogar aller Galaxien zu glauben. Die Materie, die ins Schwarze Loch fällt, verschwindet nicht völlig aus unserer Welt. Durch ihre Schwerkraft macht sie sich auch später noch bemerkbar, wenn sie auch keine Lichtsignale mehr nach außen senden kann.

Ist das die Erklärung für alle energiereichen Vorgänge in den Zentren der Galaxien? Vielleicht ist das Kraftwerk im Herzen der Radiogalaxien ein Schwarzes Loch. Vielleicht beziehen auch die Kerne der Seyfert-Galaxien ihre Kraft aus solchen gefräßigen Gebilden, die Materie aufsammeln und es den einstürzenden Gasmassen gestatten, als Abschiedsgruß noch einen merklichen Teil ihrer Energie nach außen abzustrahlen, ehe sie im wahrsten Sinne des Wortes auf Nimmerwiedersehen verschwinden. Ein Schwarzes Loch ist übrigens viel ergiebiger als ein Kernkraftwerk. Wenn man ein Gramm Wasserstoff in ein Schwarzes Loch wirft, gewinnt man etwa fünfzigmal mehr Energie, als wenn man es in einem Fusionsreaktor (den es noch nicht gibt) in Helium verwandelt.

Kürzlich untersuchte man die Helligkeitsverteilung des innersten Bereiches der elliptischen Galaxie M87 in der Jungfrau (Abb. 1.3). Normale Fotografien sind dafür nicht geeignet, denn sie sind im

Zentralgebiet überbelichtet. Mit einer besonderen Technik gelang es zu zeigen, daß die Sterne dort extrem dicht stehen. Die Schwerkraft scheint so stark zu sein, wie wenn im Zentrum fünf Milliarden Sonnenmassen konzentriert wären. Sollte im Zentrum dieser Riesengalaxie ein Schwarzes Loch sein, ein Massengrab, in dem Milliarden Sterne liegen? Aus dem Zentrum dieser Galaxie kommt ein scharfer leuchtender Strahl (Abb. 1.3), er ähnelt dem, der von dem Quasar 3C273 ausgeht (Abb. 11.3). Ist das ein Hinweis darauf, daß in den Quasaren und in den Zentren von Galaxien dasselbe vor sich geht?

Die Absorptionslinien der Quasare

Bisher haben wir uns hauptsächlich um die Energiequellen der Quasare gekümmert. Ihre Spektren sagen uns aber auch etwas über die Materie in der Nachbarschaft des exotischen Innern. Um die zentrale Quelle herum befinden sich offensichtlich Gasmassen, die für die Emissionslinien verantwortlich sind. Ihre chemische Zusammensetzung ist nicht anders als die der Materie in ganz normalen Sternen, wie zum Beispiel in unserer Sonne. So exotisch ein Quasar auch ist, er scheint doch aus kreuzbraver Materie zu bestehen.

Bei verfeinerten spektroskopischen Untersuchungen entdeckte man in den Spektren mancher Quasare scharfe Absorptionslinien. Die Gasmassen, von denen sie herrühren, nehmen offensichtlich nicht an der Fluchtbewegung des Quasars und des ihn umgebenden Gases voll teil; denn ihre Geschwindigkeit ist oft wesentlich geringer, so als ob sie sich relativ zum Quasar auf uns zubewegen. Kühle Wolken auf dem Weg zwischen Quasar und uns? Man kann oft mehrere solcher Absorptionsliniensysteme im Spektrum eines Quasars finden, die zu verschiedenen Geschwindigkeiten gehören (Abb. 11.7). So kann man vielleicht im Spektrum ein und desselben Quasars sehen, daß die Materie, die das eine Absorptionsliniensystem erzeugt, sich mit 100 km/s vom Quasar weg bewegt, während ein anderes System der Linien von Materie herzurühren scheint, die mit 1000 km/s vom Quasarkern auf uns zufliegt. Die dunklen Absorptionslinien müssen von kühlerer Materie kommen, die vor dem Quasar steht, so wie die dunklen Fraunhofer-Linien in den Spektren der Sterne von der kühleren Materie in ihren Atmosphären erzeugt werden. Warum fliegt die für die dunklen Linien in den Quasarspektren verantwortliche Materie vom Quasar weg, in unsere Richtung?

Es gibt zwei Deutungen. Zum einen wird vermutet, daß vom Zentralgebiet des Quasars immer wieder Gaswolken abgestoßen werden, die mit verschiedenen Geschwindigkeiten nach allen Richtungen in den Raum fliegen. Durch die auf uns zufliegenden sehen wir hindurch. Sie prägen dem dahinterliegenden Quasarlicht die Absorptionslinien auf.

Es gibt aber auch die andere Deutung, nach der das Licht vom Quasar auf seinem Weg zu uns öfters Galaxien durchdringt. Da diese näher stehen, fliegen sie mit geringerer Geschwindigkeit von uns weg als der Quasar. Relativ zu ihm bewegen sie sich also auf uns zu.

Beide Deutungen haben Vor- und Nachteile. Wir – einige meiner Mitarbeiter und ich – haben uns vor einigen Jahren dem Studium der ersten, auf der Burbidgeschen Schule in Kalifornien fußenden Deutung verschrieben. Wir fanden, daß man viele Eigenschaften der Absorptionslinien im Quasar verstehen kann, wenn man annimmt, daß die Wolken durch den Strahlungsdruck des intensiven Quasarlichtes in den Raum gestoßen werden. Obwohl ich selbst viel Zeit in die Ausarbeitung dieser Theorie gesteckt habe, muß ich sa-

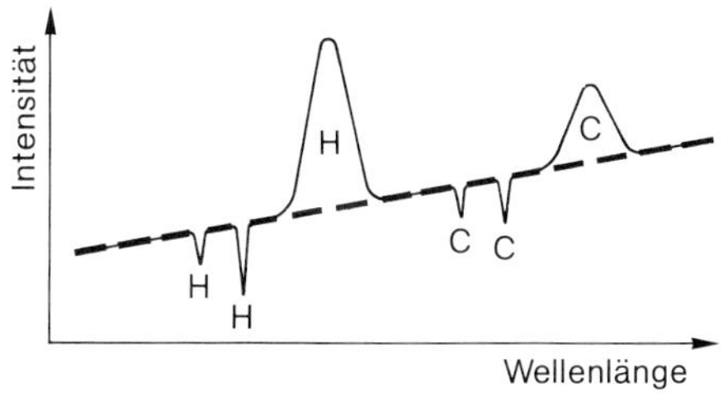

Abb. 11.7: Ausschnitt aus einem Quasarspektrum (schematisch). Nach rechts ist die Wellenlänge aufgetragen, nach oben die Stärke der zur jeweiligen Wellenlänge gehörenden Strahlung. Dick gestrichelt: die kontinuierliche Synchrotronstrahlung, der im hier dargestellten Wellenlängenbereich zwei breite Emissionslinien überlagert sind. Sie stammen von den Atomen der Elemente Wasserstoff (H) und Kohlenstoff (C). Der Doppler-Effekt dieser in jedem Quasar stark nach rot (rechts) verschobenen Emissionslinien gibt uns die Fluchtgeschwindigkeit des Quasars. Links von jeder der beiden Emissionslinien stehen je zwei scharfe Absorptionslinien, gleichfalls von Wasserstoff und Kohlenstoff stammend. Sie sind weniger rotverschoben, stehen also auf der blauen (kurzwelligeren) Seite der Emissionslinien. In dem hier dargestellten Spektrum gibt es zwei Absorptionssysteme (jede Absorptionslinie ist doppelt), die unterschiedliche Rotverschiebung haben.

gen, daß mich der Gedanke der anderen, der sozusagen »gegnerischen« Richtung immer wieder fasziniert hat. Wenn die Absorptionslinien von Galaxien zwischen den Quasaren und uns stammen, dann sind die Quasare ideale Sonden, mit denen wir Galaxien durchleuchten können. Da die Quasare so weit draußen stehen und ihr Licht zu einer Zeit ausgesandt wurde, zu der der Kosmos noch jung war, mußte das Quasarlicht die entferntesten Galaxien im Stadium ihrer Jugend oder gar im Stadium ihrer Geburt durchleuchten. Aber im Augenblick ist die Kontroverse zwischen den beiden Schulen noch nicht entschieden. Möglicherweise ist beides richtig: Man sieht in den Quasarspektren sowohl Absorptionslinien von abgestoßenen Wolken wie auch von Vordergrundgalaxien, durch die wir hindurchsehen.

Das Rätsel der Überlichtgeschwindigkeiten

Daß von Quasaren Materie wegfliegt, legen nicht nur die dunklen Absorptionsliniensysteme mancher Quasare nahe. Das sehen wir auch an dem Strahl, den der Quasar 3C273 ausgesandt hat. Außerdem wird es von kleinen Radioquellen bestätigt, die in der Nachbarschaft von Quasaren stehen. So hat der Quasar 3C345 neben sich eine Radioquelle, die von ihm wegfliegt. Mit der Methode der über die ganze Erde verteilten Radioteleskope (vgl. S. 256) hat man gefunden, daß sich der Abstand zwischen dem Quasar und dem Mittelpunkt der Begleitquelle jährlich um 0.17 tausendstel Bogensekunden vergrößert. Daraus muß man schließen, daß die Begleitquelle Ende der sechziger Jahre aus dem Quasar geschleudert worden ist. Ich muß genauer sagen, was ich damit meine: Damals muß es am Himmel so ausgesehen haben, als ob die Begleitquelle gerade aus dem Quasar kommt. Da dieser sich mit 130000 km/s, also fast mit der halben Lichtgeschwindigkeit, von uns wegbewegt, so folgt aus dem Hubbleschen Gesetz, daß seine Entfernung bei 2600 Mpc liegt, das sind 8.5 Milliarden Lichtjahre! Die Wolke wurde also lange bevor Sonne und Erde entstanden sind ausgestoßen. Nur die Nachricht, daß die Quelle sich vom Quasar getrennt hat, kam erst kürzlich bei uns an. Eine ähnliche Beobachtung machte man am Quasar 3C273 (Abb. 11.8).

Wie groß ist die Geschwindigkeit, mit der die Begleitquelle von 3C345 ausgestoßen worden ist? Da wir sehen, wie schnell sich die

Abb. 11.8: Überlichtgeschwindigkeit bei 3C273. Von diesem Quasar entfernt sich seit 1977 ein Radioknoten. Im Bild bewegt er sich nach rechts unten. Seine Bewegung wird durch die beiden gestrichelten, nach unten auseinanderlaufenden Geraden deutlich, die durch die Zentren von Quasar und Radioknoten gezogen sind. Man beachte, daß der Knoten nur einige tausendstel Bogensekunden vom Quasar entfernt ist. Der im sichtbaren Licht und im Radiobereich wahrnehmbare Jet der Abbildung 11.3 steht in etwa tausendfacher Entfernung in der Richtung, auf die sich der Knoten im Bild zubewegt. Wenn man die Entfernung des Quasars von uns aus dem Doppler-Effekt der Emissionslinien und dem Hubbleschen Gesetz bestimmt, so scheint der Knoten mit mehr als zehnfacher Lichtgeschwindigkeit vom Quasar wegzufliegen (nach T. J. Pearson u. a.).

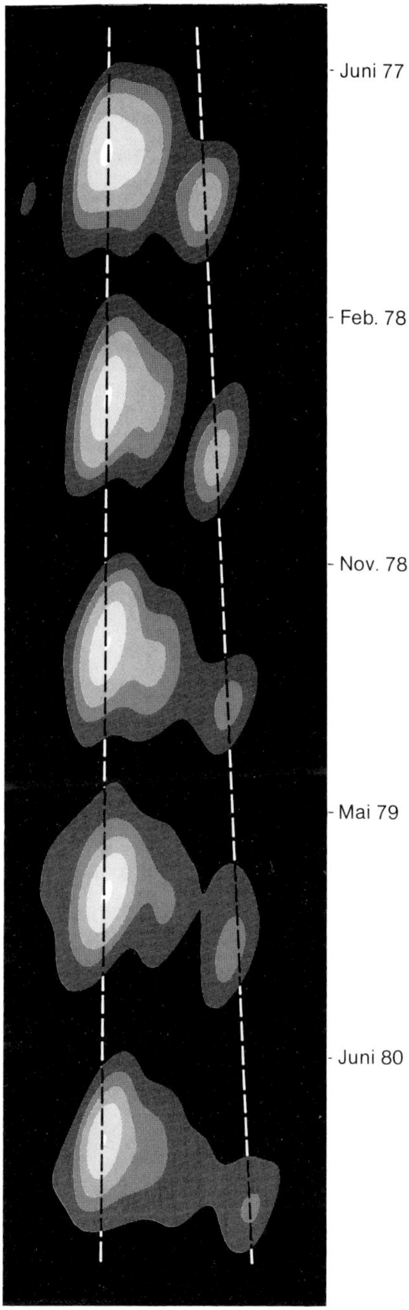

beiden Objekte am Himmel auseinanderbewegen und da wir aus dem Hubbleschen Gesetz die Entfernung des Quasars von uns wissen, können wir die wahre Geschwindigkeit bestimmen. Das Ergebnis ist peinlich: Die Quelle fliegt mit der siebenfachen Lichtgeschwindigkeit in seitlicher Richtung vom Quasar weg. Man hat ähnliches bei Radioquellen gefunden, die anscheinend von anderen Quasaren oder von Radiogalaxien ausgeschleudert worden sind. Stoßen Quasare und Radiogalaxien Materie mit Überlichtgeschwindigkeit aus? Das steht in Widerspruch zu einem Grundgesetz der Physik. Auch ein Quasar kann keinem Körper eine Geschwindigkeit erteilen, die größer ist als die des Lichtes, so daß er einen vorher ausgesandten Lichtstrahl einholen könnte. Was ist los mit den Quasaren? Stimmt dort die Physik nicht mehr, oder steht 3C345 in Wahrheit nicht so weit draußen? Haben wir uns bei der Entfernung von 2600 Mpc vertan, weil die Rotverschiebung der Quasar-Emissionslinien in Wahrheit nichts mit dem Doppler-Effekt zu tun hat?

Die plausibelste Erklärung hat Martin Rees gegeben. Danach erliegen wir bei den beobachteten Überlichtgeschwindigkeiten einer Illusion. Er behauptet, daß in allen Fällen, bei denen man Überlichtgeschwindigkeiten beobachtet, die Quellen von ihrem Quasar oder von ihrer Galaxie nahezu mit Lichtgeschwindigkeit *in unsere Richtung* ausgeschleudert worden sind.

Wir beobachten *Über*lichtgeschwindigkeiten. Wie will Rees das mit Geschwindigkeiten, die *unter* der des Lichtes sind, erklären? Wir wollen uns wieder eines Traumes des Herrn Meyer bedienen. Er ist nicht leicht verständlich. Herr Meyer konnte ihn auch erst deuten, nachdem er ihn mehrmals geträumt hatte.

Herr Meyer und das Feuerwerk

Herr Meyer hatte am Abend einen bekannten Bonner Radioastronomen im Rundfunk gehört. Nun war die Sendung zu Ende, und seine Gedanken kreisten noch immer um Radioteleskope und Radiogalaxien. Plötzlich stand er auf der Straße in einer fremden Stadt. Aber die Gegend kam ihm bekannt vor. Hier war er doch erst kürzlich mit Herrn Tompkins gewesen. Er war wieder in der Stadt mit der niedrigen Lichtgeschwindigkeit. »Hallo«, rief es auch schon hinter ihm. Es war Mr. Tompkins. »Gut, daß Sie hier sind«, sagte er. »Gleich wird das große Feuerwerk beginnen.« Im selben Augenblick schoß ein helles Licht zum Himmel, zerbarst, und viele kleine helle Leuchtkugeln stoben auseinander und verglühten. »Das ist hier besonders interessant«, sagte Mr. Tompkins, »denn die Leuchtkugeln können nicht schneller als mit unserer Lichtgeschwindigkeit auseinanderfliegen.«

Wieder schoß eine neue Feuerwerksrakete nach oben. Von einem unsichtbaren Mittelpunkt flogen leuchtende Kugeln nach allen Richtungen. Tatsächlich bewegten sie sich alle gleich schnell vom Zentrum der Explosion weg. Herr Meyer meinte, daß dies wohl zum einen von der gleichen Kraft herrühren könnte, mit der die Kugeln auseinandergeschleudert werden, zum anderen daher, daß sie alle schon nahe an der in dieser Stadt für unsere Begriffe niedrigen Lichtgeschwindigkeit sind.

Bei der dritten Rakete geschah es dann. Wieder flogen die gelbroten Kugeln mit nahezu gleicher Geschwindigkeit auseinander, bis auf die hellste nahe der Mitte, die von blauer Farbe war. Sie war viel schneller und flog nicht sehr weit, aber es war deutlich zu sehen, daß sie etwa dreimal so schnell ihre Bahn zog wie die anderen. »Schöne Höchstgeschwindigkeit«, rief Herr Meyer aus. »Eine Kugel flog dreimal schneller!« Mr. Tompkins lachte. »Da sieht man, daß Sie noch nicht lange hier leben«, sagte er. »So geht es, wenn sich Gegenstände nahezu mit unserer Höchstgeschwindigkeit bewegen, also nahe unserer Lichtgeschwindigkeit. Ich will Ihnen das erläutern.« Schon hatte er ein Blatt Papier in der Hand und begann zu zeichnen.

»Ihre scheinbar überschnelle Kugel flog in unsere Richtung«, sagte er. »Unsinn«, rief Herr Meyer aus. »Sie flog quer über den Himmel. Eine Kugel, die genau auf mich zufliegt, müßte für mich ruhig am Himmel stehen und immer heller werden, bis sie mich am Kopf trifft«, meinte er. »Das liegt daran, daß sie nicht ganz genau auf Sie zuflog«, antwortete Herr Tompkins und nahm wieder Papier und Bleistift. Was er nun zeichnete, ist in Abbildung 11.9 wiedergegeben.

»Bei O sei die Explosion. Sie, Herr Meyer, sind der Beobachter M. Wir denken uns jetzt das Zentrum der Explosion 100 Meter von uns entfernt und betrachten eine Kugel, die mit 5.9 m/s in unsere Richtung geschleudert wird. Beachten Sie, daß sie fast die hiesige Lichtgeschwindigkeit von 6 m/s hat. Sie ist also nahe an unserer Höchstgeschwindigkeit, möge aber nicht genau auf Sie zufliegen, sondern von Ihnen aus gesehen seitlich ziehen, so daß sie 3 bis 4 Meter rechts von Ihnen auf den Boden träfe, wenn sie sich nicht schon vorher auflösen würde.« Herr Tompkins zeichnete an die Bahn der Kugel den Buchstaben K.

»Gut«, sagte Herr Meyer. »Nehmen wir an, ich erkenne nicht, daß die Kugel auf mich zufliegt, statt dessen glaube ich, sie bewege sich quer zu meiner Blickrichtung. Ich sehe sie ja zuerst in der Blickrichtung a, dann in der Blickrichtung b«, und er zeichnete diese beiden Richtungen als gestrichelte Geraden ein. »Aber ich müßte ja dann den Eindruck haben, daß sie sich viel langsamer bewegt als

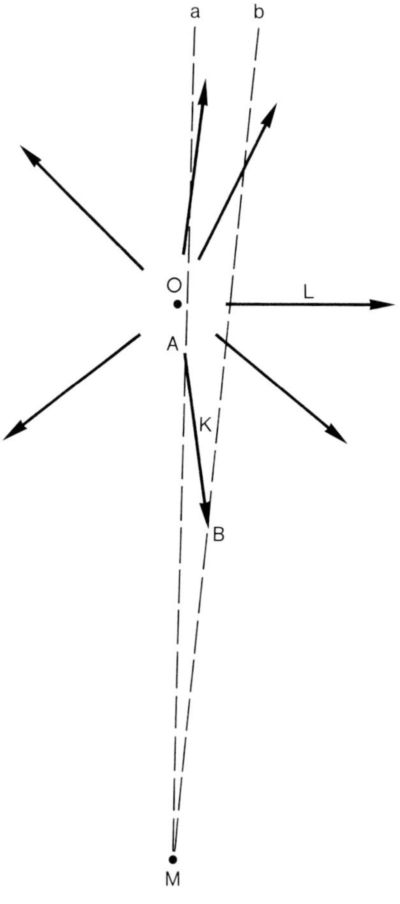

Abb. 11.9: Die Zeichnung, mit deren Hilfe Mr. Tompkins und Herr Meyer sich das Zustandekommen der scheinbaren Überlichtgeschwindigkeiten erklärten. Die Einzelheiten sind im Text erläutert.

die anderen Kugeln, denn ihre hauptsächliche Bewegung, die auf mich zu, kann ich nicht erkennen. Bei einer wahren Kugelgeschwindigkeit von 5.9 m/s habe ich den Eindruck, daß sie sich mit einer Geschwindigkeit von ...«, nun nahm er Papier und Bleistift, »nur 21 cm/s nach rechts bewegt. Damit können Sie mir nicht erklären, warum ich die Kugel schneller fliegen sehe.« Herr Meyer war überzeugt, daß er recht hatte.

Mr. Tompkins lächelte. »Zu einem bestimmten Zeitpunkt sahen Sie die Kugel in Richtung a. Nach einiger Zeit, als sie ein Stück auf Sie zugeflogen war, sahen Sie sie in Richtung b. Für Sie hat sich die Kugel am Himmel seitlich bewegt.« »Das stimmt schon«, erwiderte Herr Meyer. »Aber merken Sie nicht, daß sie sich für mich viel langsamer seitlich bewegen muß als die Kugel L, die quer zu meiner Blickrichtung fliegt?« »Richtig«, konterte Mr. Tompkins, »aber jetzt haben Sie die Lichtausbreitung vergessen, die hier bei uns besonders langsam ist. Anfangs war die Kugel bei A, dann bei B. Die Zeit, welche die Kugel braucht, um von A nach B zu fliegen, sei zwei Sekunden. Aber das Licht von A braucht jetzt fast zwei Sekunden länger zu uns als das von B. Die Signale ›Kugel ist bei A‹ und ›Kugel ist bei B‹ kommen also nahezu gleichzeitig bei Ihnen an. Denn das später abgesandte Signal hat den kürzeren Weg. Es erscheint Ihnen, als ob die Kugel in ganz kurzer Zeit von A nach B geflogen ist. Dementsprechend scheint Ihnen die Zeit, welche der von Ihnen am Himmel beobachtete leuchtende Punkt von der Blickrichtung a zur Richtung b braucht, kürzer zu sein. Sie haben also den Eindruck, als ob die Geschwindigkeit der Kugel größer sei. Je näher die wahre Geschwindigkeit der Kugel an die Lichtgeschwindigkeit heranreicht, um so schneller scheint für Sie die in Ihre Richtung fliegende Kugel quer über den Himmel zu ziehen. Fliegen die Kugeln nahezu mit Lichtgeschwindigkeit vom Zentrum der Explosion weg, so erscheint es Ihnen, als ob die Kugel K vielleicht zehnmal schneller fliegt als die Kugel L, die sich schon fast mit Lichtgeschwindigkeit bewegt. Dabei fliegen in Wahrheit beide Kugeln mit derselben Geschwindigkeit. Sie sind einer Illusion erlegen, mein Lieber.«

Plötzlich hatte er wieder sein Fahrrad, trat in die Pedale und bog um die nächste Ecke. Am Himmel aber zerplatzte eine Feuerwerkskugel nach der anderen in Dutzende leuchtender Punkte. Immer wieder sah Herr Meyer einzelne blaue Kugeln, die heller strahlten als die gelben und die sich mit einem Vielfachen der Geschwindigkeiten der anderen am Himmel bewegten. Ich weiß schon, dachte er, das sind die, die auf mich zufliegen, und unwillkürlich duckte er sich.

Das Gegenbeispiel

Sind die Überlichtgeschwindigkeiten, mit denen strahlende Ballen von den Zentren von Radiogalaxien und von Quasaren wegzufliegen scheinen, nur eine Illusion, weil diese Objekte in Wahrheit recht genau auf uns zielen? Dann ist es nicht verwunderlich, daß gerade diese auf uns zufliegenden Wolken besonders auffallen. Da sie sich uns nähern, ist ihr Licht wegen des Doppler-Effekts blauer. Wegen des Verdünnungseffektes, der jetzt zu einem Verdichtungseffekt geworden ist – die strahlenden Ballen fliegen ja auf uns zu –, erscheinen uns diese Gasballen heller als gleich stark strahlende, die in andere Richtungen gehen. Wir haben das auch in Herrn Meyers Traum berücksichtigt. Die scheinbar zu schnell fliegenden Leuchtkugeln waren die hellsten, und sie waren von blauer Farbe.

Wenn eine Radiogalaxie zwei radiostrahlende Gaswolken ausstößt, von denen eine in unsere Richtung fliegt, die andere von uns weg, dann muß die auf uns zufliegende aus den obengenannten Gründen für uns stärker strahlen als die von uns fliehende, die wegen Doppler- und Verdünnungseffekt geschwächt erscheinen muß. Sehen wir also zu beiden Seiten einer Radioquelle zwei Radioblasen, deren Strahlung etwa gleich stark ist, dann wissen wir, daß dort zwei Wolken in entgegengesetzter Richtung ausgestoßen worden sind und daß beide quer zu unserer Blickrichtung fliegen. Da wir wissen, daß die Radiogalaxien ein langes Gedächtnis haben, müssen wir erwarten, daß alles, was von der zentralen Quelle ausgeht, in Richtungen quer zu unserer Sehlinie geschleudert worden ist. Da sich dann nichts in unsere Richtung bewegt, darf man bei solch einem Objekt keine scheinbaren Überlichtgeschwindigkeiten beobachten. Leider gibt es dazu ein Gegenbeispiel. Die Quelle 3C179 hat zwei offensichtlich vor langer Zeit ausgestoßene Radioballen, die beide gleich starke Strahler sind. Hier scheint man also senkrecht auf die beiden Auswurfrichtungen zu blicken. Trotzdem gibt es in der Nähe der zentralen Quelle kleine radiostrahlende Gasballen, die sich mit der achtfachen Lichtgeschwindigkeit zu bewegen scheinen.

Die einzige Erklärung scheint zu sein, daß diese Quelle, zum Unterschied von den meisten anderen, »vergeßlich« ist, daß der Spritzmechanismus eine taumelnde Bewegung ausführt. Damals, als die beiden alten Radioballen ausgestoßen worden sind, schoß er quer zu unserer Blickrichtung. Inzwischen hat er sich aber so gedreht, daß er gerade auf uns zielte, als die Gaswolken ausgestoßen wurden, die wir heute überschnell fliegen sehen.

Zur Erklärung der Überlichtgeschwindigkeiten ist möglicherweise noch nicht das letzte Wort gesprochen.

Stehen Quasare in den Zentren von Galaxien?

Die Kerne von aktiven Galaxien, aus denen Materie ausgeschleudert wird, sowie die Kerne von Seyfert-Galaxien scheinen mit Quasaren vieles gemeinsam zu haben. So zeigen auch Seyfert-Galaxienkerne in ihren Spektren Absorptionslinien, die offensichtlich von abgestoßenen Gaswolken herrühren, wenn auch bei ihnen die Geschwindigkeiten, mit denen die Materie entweicht, viel kleiner sind als bei vielen Quasaren. Die Kerne der Seyfert-Galaxien wechseln ihre Helligkeit ähnlich dem raschen Lichtwechsel der Quasare. Was haben Quasare und Kerne von Galaxien gemeinsam? Sind vielleicht die Quasare selbst Kerne von Galaxien? Ist das vielleicht der Grund dafür, daß wir in den Quasaren anscheinend ganz gewöhnliche Sternmaterie haben, die in ihrer chemischen Zusammensetzung keinerlei Besonderheiten zeigt? Denn ganz gewöhnliche Galaxien enthalten ganz gewöhnliche Sterne, und diese produzieren die chemischen Elemente in ganz gewöhnlichen Häufigkeitsverhältnissen.

Im Jahre 1980 beobachteten die Astronomen Susan Wyckoff, Peter Wehinger, Hyron Spinrad und Alec Boksenberg den Quasar 3C206 vom Observatorium der Europäischen Südsternwarte (ESO) auf La Silla in Chile aus und vom benachbarten Observatorium der Amerikaner auf dem Cerro Tololo. Der Quasar hat eine Rotverschiebung, die einer Fluchtgeschwindigkeit von 54000 km/s entspricht. Das Objekt scheint also 1080 Mpc entfernt zu sein. Die Autoren fanden, daß der Quasar mitten in einer elliptischen Galaxie sitzt!

Sind vielleicht alle Quasare Kerne von Galaxien? Da wir bei der Betrachtung der Quasare weit zurückblicken – in die Jugend unseres Kosmos –, könnte es sein, daß Galaxien in ihrem Jugendstadium besonders helle Quasarkerne haben, die aber später unscheinbar werden. Vielleicht stellt das Quasarstadium die Kindheit einer Galaxie dar. Wir verstehen allerdings heute noch nicht einmal, wie die Galaxien entstanden sind, und schon gar nicht, warum sich zuerst ein verdichteter Kern von nur einem Lichtmonat Durchmesser gebildet haben soll.

Der Doppelquasar

Im Jahre 1979 fand man zwei Quasare im Abstand von nur sechs Bogensekunden am Himmel nebeneinander. Beide zeigen genau dieselbe Rotverschiebung und auch die gleichen Linien in ihrem Spektrum. Das brachte eine alte Idee wieder auf, die mit der Lichtausbreitung nach der Allgemeinen Relativitätstheorie zusammenhängt. Wir hatten schon gesehen, daß Gravitationsfelder das Licht ablenken können. Was sehen wir, wenn vor einem Quasar eine Galaxie steht, deren Schwerkraft das Licht ablenkt, das vom Quasar auf dem Weg zu uns an ihr vorbeigeht? Sie wirkt wie eine Linse, durch die wir den Quasar betrachten. Es kann dann sein, daß die »Linse« das Licht in zwei Strahlenbündeln auf zwei verschieden langen Wegen zu uns schickt. Das vom Quasar kommende Lichtbündel wird gespalten. Wir sehen von einem Quasar zwei Bilder.

Was also sehen wir im Doppelquasar? Sind es zwei Quasare oder ein Quasar und sein Geisterbild? Die Entscheidung darüber wird nicht lange auf sich warten lassen. Wenn nämlich das Licht der beiden Quasarbilder von ein und demselben Objekt kommt, dann ist es in den beiden Strahlenbündeln verschieden lange zu uns unterwegs gewesen. Da nun das eine Quasarbild kürzlich eine markante Helligkeitsänderung gezeigt hat, so muß das andere Bild, das offensichtlich eine längere Laufzeit hat, in der Zukunft dieselbe Variation zeigen. Es wäre sehr wichtig, diese Laufzeitdifferenz zu messen. Sie würde nämlich gestatten, den Unterschied der beiden Weglängen direkt zu bestimmen. Endlich hätte man einmal eine Länge draußen im Raum richtig ausgemessen! Man würde dann auch etwas über die Entfernung des Quasars selbst erfahren und hätte eine völlig neue Methode, das Hubblesche Gesetz zu eichen! Tatsächlich hat sich in den letzten Jahren das zweite Quasarbild ähnlich geändert wie das erste. Die Variation scheint 1.6 Jahre nach der des ersten bei uns anzukommen. Beträgt der Umweg 1.6 Lichtjahre? Der in Hamburg arbeitende norwegische Astronom Sjur Refsdal schätzte ab, daß – wenn sich diese Laufzeitdifferenz bestätigt – der Wert der Hubble-Zahl etwa 75 wäre. Wenn das wahr ist, dann müssen alle Entfernungsangaben in diesem Buch, die sich auf Objekte jenseits des Andromedanebels beziehen, mit 1.5 multipliziert werden.

Man hat inzwischen auch an anderen Stellen des Himmels Mehrfachquasare gefunden. Hat man damit vielleicht weitere Objekte, die uns helfen werden, die Größe des Weltalls zu bestimmen?

Seit jener Tagung im Jahre 1963 in Texas, auf der die Quasare zum erstenmal einer breiteren Öffentlichkeit vorgestellt wurden, gibt es regelmäßig alle zwei Jahre Kongresse über »Relativistische Astrophysik«. In Erinnerung an jene erste Tagung tragen sie alle den Namen »Texas Symposium«, auch wenn sie in einem anderen Lande stattfinden. Das neunte »Texas Symposium« war 1978 in München. 1963 hatte alles mit den Quasaren begonnen; 15 Jahre später standen Fragen auf dem Programm, von denen man damals noch nichts geahnt hatte. Einem der seit 1963 neu hinzugekommenen Themen ist das nächste Kapitel gewidmet.

12 ... und es ward Licht

Wenn ich ein Zehncentstück verliere und jemand findet eines, kann ich nicht beweisen, daß das meine Münze war. Aber ich habe dort eine verloren, wo eine gefunden worden ist.

George Gamow (1904–1968)

Die einen sagten sie voraus, die anderen suchten sie, die dritten wußten nichts von den beiden und fanden sie.

So kann man die Geschichte einer der größten kosmologischen Entdeckungen in Kurzform zusammenfassen. Es geht um eine aus dem Weltall kommende Strahlung, die unser Verständnis vom Ablauf des Weltgeschehens mehr bereichert hat als irgendeine andere Entdeckung nach der der Spiralnebelflucht.

Es begann wieder auf dem Forschungsgelände der Bell-Laboratorien in Holmdel in New Jersey. Dort, wo Jansky 30 Jahre zuvor seine Karussell-Antenne aufgestellt hatte, entstand Ende der fünfziger Jahre eine neue Antenne, mit der man von den Satelliten der Echoserie reflektierte Radiosignale empfing. Als die Antenne nicht mehr für die Satelliten-Messungen gebraucht wurde, baute man sie zu einem Radioteleskop um. Einer von Janskys Antennen-Spezialisten war noch wesentlich an der Planung des neuen Teleskops beteiligt, das den Himmel nach Strahlung bei einer Wellenlänge von sieben Zentimetern absuchen sollte. Anfangs schien es, als ob das neue Radioteleskop einige Tücken hätte.

Im über 400 Seiten starken Juli-Heft des »Astrophysical Journal« des Jahres 1965 war zum Schluß ein eineinhalb Seiten langer Brief an den Herausgeber abgedruckt, dessen Titel niemanden vom Stuhl riß. »Die Messung einer verstärkten Antennentemperatur bei 4080 Megahertz«, lautet die Nachricht, welche die Autoren Arno Penzias und Robert W. Wilson am 13. Mai des gleichen Jahres zur Veröffentlichung eingereicht hatten. Die beiden Physiker arbeiteten bei der Bell Telephone Company und die anscheinend überhitzte Antenne stand in Holmdel. Was sich hinter dieser kurzen Nachricht verbarg, hat schlagartig unsere Vorstellungen vom Weltall verändert. Später sollten Penzias und Wilson dafür den Nobelpreis für Physik erhalten.

Was hatten sie damals gemessen? Eigentlich wollten sie die Strahlung unseres Milchstraßensystems untersuchen, die Strahlung, die Jansky 30 Jahre früher auf dem gleichen Gelände entdeckt hatte. Aber inzwischen war man weiter fortgeschritten, man konnte nicht nur die Strahlung aus dem Milchstraßenzentrum erkennen, sondern sie auch weit außerhalb des Bandes am Himmel nachweisen. Dort ist sie natürlich sehr viel schwächer, und gerade dort wollten Penzias und Wilson die Radiostrahlung der Milchstraße bei kurzen Wellenlängen untersuchen.

Um die Messung und den merkwürdigen Titel der Penzias-Wilson-Nachricht verständlich zu machen, muß ich noch etwas über einen eigentümlichen Brauch bei den Radioastronomen berichten. Radioastronomen geben oft die Stärke der Strahlung, die sie empfangen, in Form von Temperaturwerten an.

Der radiostrahlende Mensch

Jeder Körper, der eine bestimmte Temperatur besitzt, die über dem absoluten Nullpunkt von -273 °C liegt, sendet elektromagnetische Strahlung aus. Auch unser menschlicher Körper ist ein Sender. Von ihm geht nicht nur Infrarotstrahlung aus, er »leuchtet« im ganzen Bereich des elektromagnetischen Spektrums (vgl. Kapitel 2).

Denken wir uns einen Menschen in einem dunklen Raum und betrachten wir ihn mit einem Empfangsgerät für elektromagnetische Wellen, dessen Wellenlänge wir beliebig verändern können. Schalten wir das Gerät auf blaues Licht, so werden wir kaum etwas von ihm wahrnehmen. Aber wenn unser Gerät nur empfindlich genug wäre, würde doch von Zeit zu Zeit ein blaues Lichtteilchen die Apparatur erreichen. Drehen wir nun unseren Empfänger zu den längeren Wellen, also zum Roten hin, dann erhalten wir schon mehr Signale. Gehen wir zu noch größeren Wellenlängen, so kommen noch mehr Strahlungsquanten. Am schönsten leuchtet unser Mensch in der Dunkelkammer etwa bei einem hundertstel Millimeter, das ist eine Wellenlänge, die zwanzigmal größer ist als die des sichtbaren Lichtes. Drehen wir die Apparatur zu noch längeren

Wellen, nimmt die Leuchtkraft unseres menschlichen Senders wieder ab. Trotzdem strahlt er selbst noch bei Wellenlängen im Zentimeter- und Dezimeterbereich, ja sogar noch im Bereich der Radiowellen. Das liegt daran, daß wir thermische Strahlung aussenden. In Abbildung 2.9 sahen wir die Spektren der thermischen Strahlung von sehr heißen Körpern. Wie diese Strahlung, so ist auch die thermische Strahlung eines Körpers von nur 37 °C im Bereich ganz kurzer und ganz langer Wellen niedrig. Dazwischen hat sie ein Maximum. Liegt das Strahlungsmaximum eines Körpers von 1500 K bei zwei tausendstel Millimeter, so liegt es bei menschlicher Körpertemperatur bei der fünffachen Wellenlänge.

Verringert man die Temperatur eines Körpers, dann hat man zwei Effekte. Zum einen vergrößert sich die mittlere Wellenlänge seiner Strahlung, zum anderen strahlt er über alle Wellenlängen hinweg weniger ab. Beide Effekte sind in Abbildung 2.9 zu sehen. Die Strahlungskurve bei niedrigerer Temperatur liegt für alle Wellenlängen unter der zur höheren Temperatur gehörenden. Außerdem ist bei ihr das Maximum an Strahlung weiter rechts, bei größeren Wellenlängen.

Wegen unserer niedrigen Temperatur sind wir alle nur sehr schwache Radiostrahler, aber mit hinreichend empfindlichen Empfangsanlagen könnte man die Strahlung unserer Versuchsperson wahrnehmen. Das liegt nicht daran, daß wir Menschen sind, sondern daran, daß wir eine Temperatur von etwa 37 °C besitzen. Jeder Mensch strahlt wie jeder andere Körper. Stein, Metall oder der Erdboden würden bei derselben Temperatur in allen Wellenbereichen genauso strahlen. Es ist kein aufregendes Radioprogramm, welches erwärmte Körper aussenden. Wenn man es hörbar macht, ist es ein gleichförmiges Rauschen, eine recht langweilige Sendung. Auch Radioquellen rauschen. Die Radioastronomen haben sich das Rauschen erwärmter Körper zunutze gemacht, um die Stärke des Rauschens ihrer Quellen zu messen. Sie sagen von einer Stelle am Himmel, sie rausche bei einer bestimmten Wellenlänge mit einer Temperatur von – sagen wir 1000 K –, wenn sie von dort bei dieser Wellenlänge ein Rauschen empfangen, das genauso stark ist wie das Rauschen eines Testkörpers dieser Temperatur, der thermische Strahlung aussendet. Sie sagen dann, ihre Quelle habe bei der benutzten Wellenlänge die Rauschtemperatur von 1000 K. Die Temperaturen, welche die Radioastronomen einer Radioquelle zuschreiben, sind keine Angaben darüber, wie heiß der Körper wirklich ist, sondern nur ein Maß dafür, wie stark er bei der gerade benutzten Wellenlänge strahlt. Es erscheint einem Außenstehenden eigenwillig, daß die Radioastronomen die Stärke ihrer Radioquellen ausgerechnet mit einer Temperatur messen, aber es hat sich nun einmal eingebürgert. Es hat auch etwas Gutes an sich. Nehmen wir an, die Strahlung kommt von einem erwärmten Körper, etwa von der Oberfläche eines von der Sonne erwärmten Planeten, die vielleicht bei 200 °C, also bei 473 K liegen möge. Dann empfängt man in jeder Wellenlänge die thermische Strahlung eines Körpers von 473 K. Das heißt, die Planetenoberfläche hat für jede Wellenlänge dieselbe Rauschtemperatur.

Radioquellen, deren Strahlung anders zustande kommt als durch die Eigenwärme, etwa durch Synchrotronstrahlung, haben bei verschiedenen Wellenlängen verschiedene Rauschtemperaturen. So mißt das 100-m-Teleskop des Max-Planck-Instituts für Radioastronomie in Bonn im Zentrum der Milchstraße bei einer Empfangswellenlänge von 73 cm eine Strahlungstemperatur von 2000 K. Bei kürzeren Wellenlängen aber ist die Rauschtemperatur merklich niedriger. Die Radiostrahlung des Zentrums der Milchstraße kommt eben nicht von der Eigenwärme der dort befindlichen Gasmassen. Deren thermische Strahlung ist viel zu schwach. Die gemessenen Rauschtemperaturen haben nichts mit der dort herrschenden wirklichen Temperatur zu tun.

Nun kommt aber das Rauschen, das ein Empfänger eines Radioteleskops mißt, nicht allein aus dem Weltall. Wie jeder Rundfunkempfänger im Lautsprecher ein Rauschen liefert, das von der ganzen Apparatur herrührt, von der Antenne über den Verstärker bis zum Lautsprecher, so rauscht auch jeder Teil eines Radioteleskops. Er ist ja wärmer als −273 °C. Wenn man schwache Radioquellen beobachten will, besteht die Gefahr, daß ihre Strahlung im Rauschen des Empfängers untergeht. Es ist daher notwendig, das Empfängerrauschen möglichst niedrig zu halten und genau zu bestimmen, damit man merkt, wieviel von der Quelle und wieviel von der Apparatur kommt. Auch das Störrauschen der Empfangsanlage vergleichen die Radioastronomen mit dem Rauschen eines erwärmten Körpers und schreiben ihm die Temperatur eines Körpers zu, der infolge seiner Eigenwärme gleich stark rauscht.

Auf der Suche nach schwacher Milchstraßenstrahlung

Nun zurück zu Penzias und Wilson in Holmdel. Sie wollten ihr Teleskop an Gebieten außerhalb der Milchstraße bei sehr kurzen Radiowellenlängen testen, bei 7.35 cm. Dort strahlt die Milchstraße nur noch sehr wenig, und so mußte man sichergehen, daß man die gesuchte Strahlung trotz aller Störfaktoren erkennen konnte. Da ist vor allem die Wärmestrahlung des Erdbodens, die in die Antenne einstrahlen kann. Man behalf sich mit einer speziellen Antennenform. Wie ein riesiges Hörrohr sah die Antenne aus, so daß sie – zum Himmel gerichtet – nicht zum Erdboden hin horchen konnte.

Natürlich strahlen auch die Gase der Erdatmosphäre, durch die hindurch beobachtet werden muß. Glücklicherweise läßt sich dieser Anteil leicht erkennen. Verfolgt man nämlich im Laufe der Nacht eine feste Stelle am Sternhimmel, die also wie die Sterne auf- und untergeht, so blickt die Antenne zu verschiedenen Zeitpunkten durch verschieden dicke Luftschichten. Den von der Atmosphäre herrührenden Anteil der empfangenen Strahlung erkennt man daran, daß er sich im Laufe einer mehrstündigen Beobachtung ändert. Man kann ihn abziehen. Nun beobachtet man natürlich mit Hilfe einer Antenne, und diese erzeugt selbst ein Störrauschen. Wer schwache Radiostrahlung vom Himmel messen will, muß auch das Antennenrauschen abziehen. Aber woher weiß man, welche Strahlung vom Himmel kommt und welche von der Antenne? Meist läßt sich das Rauschen einer Antenne im voraus berechnen. Kennt man es, kann man bei jeder Messung herausfinden, wieviel stärker das gemessene Rauschen ist als das Antennenrauschen. Der Überschuß muß dann vom Himmel kommen. Schließlich rauscht auch noch die ganze Verstärkeranlage, mit der man das schwache Signal verstärken muß, um die Aufzeichnungsgeräte zu betreiben. So hart ist das Leben eines Radioastronomen! Auch dieses Empfängerrauschen muß er noch – mit einer Hilfsantenne – bestimmen, um es abzuziehen. Wenn er ersatzweise eine nichtrauschende Antenne hätte und diese auf einen Körper richten könnte, der nicht strahlt, dann wäre alles Rauschen dem Empfangsgerät zuzuschreiben. So könnte man das Empfängerrauschen bestimmen. Aber es gibt keine rauschfreien Antennen und keine nichtstrahlenden Körper, doch man kann einer nichtrauschenden Antenne nahekommen. Ist ein Körper genügend kalt, strahlt er wenig, fast gar nichts.

Das Kälteste, was man ohne allzu große Mühe herstellen kann, ist flüssiges Helium. Seine Temperatur ist schon nahe der niedrigsten Temperatur, die überhaupt möglich ist, nahe dem absoluten Nullpunkt von −273 °C. Die Temperatur von flüssigem Helium liegt bei 4 K. Taucht man die oben erwähnte Hilfsantenne eines Radioteleskops hinein, dann ist das Rauschen stark reduziert, es ist ja nur noch das Rauschen eines Körpers von 4 K. Im Vergleich zu einem Körper dieser Temperatur ist eine Kugel Speiseeis glühend heiß, sie rauscht mit ihren 273 K etwa 22millionenmal stärker! Penzias und Wilson hatten die Möglichkeit, ihren Verstärker das eine Mal an die wirkliche Antenne, das andere Mal an ihre Tieftemperatur-Heliumantenne anzuschließen und so alle denkbaren Störrauschquellen ihrer Stärke nach zu bestimmen.

Wenn sie ihre Antenne zum Zenit richteten, fanden sie – nach Abzug des Empfängerrauschens, das mit Hilfe des Heliumvergleichs bestimmt wurde – eine Rauschtemperatur von 6.7 K. Versuche bei verschiedener Höhe über dem Horizont ergaben, daß die Erdatmosphäre ein Rauschen entsprechend einer Temperatur von 2.3 K beiträgt. Es blieben noch 4.4 K zu erklären. Man schätzte, daß die Antenne dazu nur etwa 0.9 K beitragen konnte. Damit blieb ein Rest von 3.5 K übrig. Das Rauschsignal, das von der Antenne kam, war um 3.5 K stärker, als es sein sollte. Das war das Ergebnis der beiden Physiker in Holmdel.

Wenn es weder der Verstärker, noch die Antenne, noch die Erdatmosphäre war, kam das Rauschen dann aus dem Weltall? Wenn ja, von wo? Bald zeigte sich, daß das Rauschen unabhängig von der Richtung war, in die das Radiohörrohr zielte. Der ganze Himmel schien aus allen Richtungen zu glühen – falls man dieses Wort für Strahlung benutzen will, die von einem Körper von –270 ° C ausgeht.

Penzias und Wilson berichteten in der eingangs erwähnten kurzen Arbeit nur über ihr überhöhtes Rauschen. Sie gaben keine Erklärung dafür. Nicht weit von Holmdel entfernt – in Princeton, gleichfalls im Staate New Jersey –, hatte man nach dieser Strahlung schon seit einiger Zeit fieberhaft gefahndet. Dort suchte eine Gruppe um den Physiker Robert H. Dicke nach den Resten der Strahlung, die bei der Hitze des Urknalls entstanden sein sollte.

Die Reststrahlung des Urknalls

Die Anfänge der Idee gehen auf die ersten Nachkriegsjahre zurück, auf einen großen Physiker, der schon in den zwanziger Jahren von sich reden gemacht hatte, auf George Gamow. Max Delbrück, ursprünglich ein Physiker, der später in die Biologie überwechselte und 1969 den Nobelpreis erhielt, erinnerte sich an das Jahr 1928, als Gamow in Göttingen auftauchte: »Man konnte im Café ›Cron und Lanz‹, im Herzen der Stadt, im ersten Stock am Fenster sitzen und das Leben vorbeiziehen sehen. Irgend jemand machte mich auf eine Eindruck erweckende Erscheinung aufmerksam: ein russischer Student, frisch aus Leningrad angekommen. Das war etwas Neues, denn seit der Revolution sah man nur selten russische Wissenschaftler in Deutschland und schon gar keine Studenten. Dieser hier hatte sogar schon eine interessante wissenschaftliche Arbeit geschrieben, über den Alpha-Zerfall der Atome. Er hatte ein auffallend Äußeres: sehr groß und dünn, wegen seiner geraden Haltung sah er noch größer aus. Er war blond, hatte einen großen Kopf und eine sehr hohe Stimme.«

Damals hatte der vierundzwanzigjährige Gamow gerade die Grundlage zu unserem Verständnis der Energiequellen der Sterne gelegt. Neben seinen vielen wichtigen Beiträgen zu den verschiedensten Gebieten der Physik hat er als erster über die physikalischen Konsequenzen nachgedacht, die sich ergeben, wenn die Welt vor endlicher Zeit aus einem Zustand sehr hoher Dichte entstanden ist, wie es die Hubblesche Expansion der Welt andeutet.

Seine Freunde beschreiben ihn als einen Mann von ungezügelter Energie, voller Humor, der bei jeder Gelegenheit aus seinem riesigen Vorrat an Anekdoten schöpfte und dazu Limericks brachte, die man nicht drucken konnte. Daß er bei seinen vielen Versuchen, Physik einem breiteren Publikum zugänglich zu machen, auch den Mr. Tompkins erfand, habe ich im Vorwort dieses Buches schon erwähnt.

Gamow hatte von 1946 an mit einigen seiner Mitarbeiter darüber nachgedacht, ob bei der Urexplosion – zu einer Zeit, als die Materie noch sehr dicht war – hohe Temperaturen geherrscht haben können, wie wir sie heute im Innern der Sterne haben. Dann müßten Kernreaktionen zwischen den Atomen jenes heißen Urgases abgelaufen sein. Gamow hoffte zeigen zu können, daß alle chemischen Elemente beim Urknall aus Wasserstoff entstanden sind.

Wenn aber kurz nach dem Urknall Temperaturen von Millionen Grad geherrscht haben sollen, dann müßten – schlossen 1949 Gamows Mitarbeiter Ralph Alpher und Robert Herman – noch Reste der dabei vorhandenen Strahlung im Weltall existieren. Wegen der inzwischen fortgeschrittenen Expansion der Welt müßte sich jene Strahlung längst abgekühlt haben. Verdünnt und langwellig geworden, müßte sie jetzt eine untergeordnete Rolle im kosmischen Geschehen spielen. Gamow legte dieser Reststrahlung keine wesentliche Bedeutung bei.

Diesen Gedanken nahm Dicke 1964 wieder auf, wohl ohne Kenntnis von Gamows früheren Überlegungen. Zu seinen Mitarbeitern zählte auch P. James E. Peebles. Dicke schlug zwei anderen Mitarbeitern, Peter G. Roll und David T. Wilkinson, vor, nach der Strahlung zu suchen. Die Apparatur, die sie dazu brauchten, war nicht groß, sie konnte auf dem Dach des Palmer-Laboratoriums in Princeton zusammengebaut werden. Aber noch ehe sie ihre Messungen auswerten konnten, meldete sich Penzias bei ihnen, der von den Princetoner Meßversuchen gehört hatte. Die Princetoner deuteten die Messungen von Penzias und Wilson sofort als die von ihnen gesuchte Reststrahlung des Urknalls. So kam es, daß unmittelbar vor dem Brief der Bell-Gruppe im gleichen Heft der Zeitschrift ein Brief von der Princetoner Gruppe an den Herausgeber abgedruckt ist, in dem die Autoren darauf hinweisen, daß von der wahrscheinlich heißen Strahlung des Urknalls noch Reste vorhanden sein müssen. Der Kernsatz in ihrer Veröffentlichung lautet: »Obwohl wir noch nicht alle Meßdaten in Händen haben, so wollen wir doch hier schon eine mögliche Schlußfolgerung unterbreiten: die Messungen von Penzias und Wilson zeigen eine Wärmestrahlung von 3.5 K an.« So haben Dicke, Peebles, Roll und Wilkinson das in Holmdel gemessene überhöhte Rauschen als thermische Strahlung aus dem Kosmos gedeutet, die von allen Richtungen mit gleicher Stärke auf uns einfällt. Von Gamow war nicht die Rede, ebensowenig von Alpher und auch nicht von Herman.

Das vierte »Texas Symposium« über Relativistische Astrophysik hielt man wie das erste wieder in Dallas ab. Es gab eine besondere Sitzung über die kosmische Hintergrundstrahlung. Man hatte George Gamow die Leitung übertragen. Damals sprach er die Worte, die ich an den Eingang dieses Kapitels gestellt habe. Der Applaus soll lang und anhaltend gewesen sein.

Gamows Freunde, Mitarbeiter und Kollegen planten eine Festschrift zu seinem 65. Geburtstag. Aber Gamow starb vorher – und so wurde nur noch ein Gedenkband für ihn daraus. Ich halte ihn in Händen und blättere darin. Penzias beschreibt, wie es zur Entdekkung der Hintergrundstrahlung gekommen war. Er schließt seinen Beitrag: »Das Bild, das Radioastronomen vom Weltall gewonnen haben, so unvollständig es in seinen Details auch ist, paßt ausgezeichnet zu dem, was George Gamow 1949, also vor einem Vierteljahrhundert, gezeichnet hat.« Von Alpher und Herman stammen persönliche Erinnerungen an ihren großen Lehrer. Beide hatten schon längst, wohl aus Enttäuschung, die reine Forschung verlassen. Bei General Electric arbeitete der eine, bei General Motors der andere.

Die kalte Strahlung, die aus der Hitze kommt

Die Princetoner Gruppe hatte behauptet, daß Penzias und Wilson die verdünnte, erkaltete, langwellig gewordene thermische Strahlung des Urknalls gefunden hatten. Dabei lag bisher nur eine Messung bei einer einzigen Wellenlänge vor, bei 7.35 cm. Um zu prüfen, ob es sich wirklich um thermische Strahlung handelt, war es nötig zu zeigen, daß die Stärke der Strahlung sich mit der Wellenlänge ändert wie die eines Körpers von 3.5 K. Man mußte also das ganze Spektrum untersuchen. Heute kennen wir mehrere Bereiche von ihm. Tatsächlich beobachten wir die Strahlung eines Körpers mit einer Temperatur von etwa 3 K (Abb. 12.1), vielleicht eher von 2.7 K. Im folgenden wollen wir der Einfachheit halber bei 3 K bleiben.

Diese Entdeckung ist eine starke Bestätigung der Hypothese des Urknalls. Zwar kann man annehmen, daß in einem stationären Universum mit der gleichmäßig im Raum spontan entstehenden Materie auch Strahlung aus dem Nichts kommt, es wäre aber schwer zu verstehen, warum das gerade thermische Strahlung sein soll. Beim Urknall ist das anders. Da liegt es nahe, daß am Anfang Materie und Strahlung zusammen waren und dieselbe hohe Temperatur hatten. Als später Materie und Strahlung durch die Expansion der Welt verdünnt wurden, kühlte sich die Strahlung ab. Heute entspricht sie nur noch der eines Körpers von 3 K. Es scheint, als ob mit der Entdeckung der aus der Urknalltheorie vorhergesagten *kosmischen Hintergrundstrahlung* – wie man die von Penzias und Wilson gefundene Strahlung nennt – die Theorie des stationären Uni-

Abb. 12.1: Das Spektrum der kosmischen Hintergrundstrahlung. Nach rechts ist die Wellenlänge in Millimetern aufgetragen. Die durchgezogene Kurve gehört zur thermischen Strahlung eines Körpers von 3 K. Man vergleiche hierzu auch Abbildung 2.9, beachte aber, daß dort die Wellenlänge in tausendstel Millimetern angegeben ist. Die dortigen Kurven lägen also hier ganz links, wo nahe bei der Wellenlänge Null das sichtbare Licht einzuzeichnen wäre. Dafür wären die Kurven von Abbildung 2.9 weit über der eingezeichneten, denn hier ist im Vergleich zu dort die Strahlungsintensität stark überhöht gezeichnet. Wegen der großen Ungenauigkeit der Messungen der kosmischen Hintergrundstrahlung kann man keine Meßpunkte einzeichnen. Man weiß nur, daß sie bei den einzelnen Wellenlängen innerhalb der grauen Flächen liegen müssen. Der Bereich der vom Erdboden aus meßbaren Radiowellen liegt rechts außerhalb des Bildes. Im hier dargestellten Bereich der Millimeterwellen mißt man von Flugzeugen und von Ballons aus.

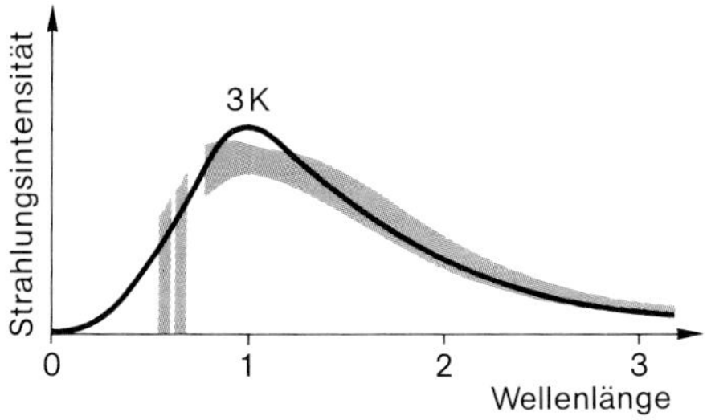

versums abgetan ist, so schön sie mit ihrer Gleichförmigkeit in Raum *und* Zeit auch gewesen sein mag.

Die neuentdeckte Strahlung gibt uns aber auch neue Probleme auf. Sie kommt recht gleichmäßig von allen Seiten. Das wundert uns, denn sie stammt aus einer Zeit, als das Weltall schon recht klumpig gewesen sein sollte. Schließlich nimmt man an, daß sich die Galaxien und Galaxienhaufen aus Dichteschwankungen der Materie gebildet haben. Die Strahlung zeigt aber keinerlei Unregelmäßigkeit, keine fleckige Struktur am Himmel.

Es sieht so aus, als ob die Strahlung des Urknalls und damit wahrscheinlich auch die Materie, mit der sie zusammen war und aus der ja die Galaxien und Galaxienhaufen entstanden sind, seit eh und je gleichförmig gewesen sind. Aber wie sind dann die Galaxien entstanden?

Der Fahrtwind im All

Als eine amerikanische Lockheed-Maschine vom Typ U2 mitsamt ihrem Piloten Francis Harry Powers am 9. April 1960 über sowjetischem Hoheitsgebiet abgeschossen wurde, ließ Chruschtschow eine internationale Konferenz in Paris platzen. Seither wandten sich die Aufklärungsflüge der amerikanischen U2-Maschinen wesentlich harmloseren Zielen zu. Ende der siebziger Jahre brachten sie Meßgeräte in Höhen von 20 km, von wo aus man die kosmische Hintergrundstrahlung bei Wellenlängen von Zehntelmillimetern frei von Störungen der Erdatmosphäre untersuchte, um festzustellen, ob sie wirklich aus allen Richtungen mit derselben Intensität zu uns kommt.

Es gibt eine geringfügige Unregelmäßigkeit. Wir bewegen uns mit der Erde um die Sonne, mit der Sonne um das Zentrum der Milchstraße. Wenn unsere Erde in ein Strahlungsbad getaucht ist, das sie nach allen Richtungen gleichmäßig umgibt, dann müssen wir die Strahlung aus unserer Flugrichtung etwas stärker empfangen, denn wegen des Doppler-Effektes sollte sie blauverschoben, also energiereicher sein. Wir sollten in der Sekunde mehr Strahlungsquanten empfangen, weil wir ihnen entgegenfliegen. Die Strahlung, die aus der Gegenrichtung kommt, sollte dagegen geschwächt sein, wegen der Rotverschiebung und des Verdünnungseffektes.

Tatsächlich scheint die Hintergrundstrahlung aus einer bestimmten Richtung geringfügig stärker zu sein. Viel ist es nicht, nur etwa sechs Promille, aber das kann man gerade noch messen. Hat man nun in der Ungleichförmigkeit der Hintergrundstrahlung die Bewegung der Erde um Sonne und Milchstraßenzentrum wiedergefunden? Es scheint, als ob diese Bewegungen nicht ausreichen würden, die verstärkte Strahlung aus einer Richtung des Himmels zu erklären. Es sieht so aus, als ob noch eine weitere Bewegung da ist, eine, von der die Astronomen bisher noch nichts geahnt haben. Denn der geringfügig »heißere« Fleck der kosmischen Hintergrundstrahlung deutet an, daß sich die Erde neben ihrer Bewegung um Sonne und galaktisches Zentrum auch noch mit einer Geschwindigkeit von etwa 500 km/s in Richtung des Sternbildes Hydra bewegt.

Natürlich fliegt nicht nur die Erde, sondern sie mit der Sonne und diese wiederum mitsamt dem ganzen Milchstraßensystem. In der verstärkten Hintergrundstrahlung vom Sternbild Hydra sehen wir wahrscheinlich nichts anderes als den Fahrtwind dieser Bewegung.

Sieht man davon ab, so zeigt die kosmische Hintergrundstrahlung keine meßbare Ungleichförmigkeit. Sie ist – um die Sprache von Kapitel 8 zu benutzen – hochgradig isotrop. Das ist ein Hinweis darauf, daß die Welt als Ganzes wahrscheinlich auch homogen ist.

Das Materie-Strahlungs-Gemisch des Weltalls

Auf unsere Fragen, wie die Welt beschaffen ist, welche Geometrie sie hat und wie sie expandiert, gibt uns die Entdeckung der kosmischen Hintergrundstrahlung leider nur wenig Antwort. Sie gewährt uns aber vorher nicht geahnte Einblicke in die Jugend unseres Kosmos, in die Zeit kurz nach dem Urknall.

Eigentlich wird unsere Welt durch das bißchen Strahlung, das Penzias und Wilson gefunden haben, nicht sehr bereichert. Sie spielt keine besondere Rolle im Vergleich zu der Materie, die in Form von Atomen den Raum erfüllt. Denken wir uns der Einfachheit halber die Materie der Welt im Raum gleichmäßig verteilt, die Galaxien und in ihnen die Sterne, selbst die kompaktesten, zerrissen und ihre Massen gleichmäßig über den Raum zwischen den Galaxien verschmiert. Dann ist die Dichte der Materie der Welt sehr klein. Nehmen wir nur die sichtbare Materie, dann kommt auf acht Kubikmeter die Masse eines Wasserstoffatoms. (Nähmen wir die vermutete unsichtbare Materie dazu, von der in Kapitel 9 die Rede war, wäre die Dichte vielleicht zehnmal größer.) Stellen wir uns nun in unserem Weltall mit der verschmierten Materie eine Kugel vom Durchmesser der Sonne vor, die natürlich selbst auch ihre Materie zur gleichmäßigen Verteilung hergeben mußte. Dann kämen in unser Sonnenvolumen nach der Verteilung aller Massen nur 280 Gramm der sichtbaren Materie der Welt.

Materie ist nicht alles. Wir dürfen die kosmische Hintergrundstrahlung nicht vergessen. Um ein Maß für die Strahlung zu haben, wollen wir uns einer besonderen Maßeinheit bedienen. Wir haben in Kapitel 2 gesehen, daß Masse und Energie eigentlich dasselbe sind, eines kann man in das andere umwandeln. Man kann daher eine Energiemenge nicht nur in Joule* angeben, sondern genausogut in Gramm. Für das tägliche Leben ist das eine recht ungeschickte Methode, um Energie zu messen. Wir werden aber bald sehen, daß sich in der Beschreibung der Geschichte unseres Weltalls die Maßeinheit Gramm für Energie als recht nützlich erweist. Es geht viel Energie auf ein Gramm. Was ein Kraftwerk von 300 Mega-

* Daß Joule eine Einheit für die Energie ist, brauche ich eigentlich nicht besonders zu erwähnen. Früher waren zu viele Kalorien schuld an unserem Übergewicht. Seit 1. 1. 1978 ist in unserem Land gesetzlich geregelt, daß wir der vielen Joule wegen zunehmen.

watt Leistung – also ein mittleres Kohlekraftwerk – tagaus, tagein in einem Jahr abgibt, macht in unserer neuen Energieeinheit gerade etwa 100 Gramm aus. In unserem verschmierten Weltall, mit der nur 280 Gramm Materie enthaltenden, sonst leeren Sonnenkugel, tummeln sich zwischen den verteilten Atomen auch noch die Quanten kosmischer Hintergrundstrahlung. Sie sind sehr viel zahlreicher als die Atome. Im Kubikmeter befinden sich zu jedem Zeitpunkt etwa eine halbe Milliarde Quanten der 3-K-Strahlung. Erinnern wir uns, daß erst auf acht Kubikmeter Volumen ein Atom kommt. Die Strahlungsquanten könnten bei jeder demokratischen Abstimmung im Weltall die Atome mit einer milliardenfachen Mehrheit überstimmen. Trotzdem haben sie heute nichts zu melden, denn fast alle Energie im Weltall sitzt als Ruhenergie in der Materie. Füllen wir die Sonnenkugel mit dem entsprechenden Anteil von Quanten der 3-K-Strahlung, so würde die Strahlungsenergie einer Masse von nur einem Gramm entsprechen. Die Materiedichte in der Welt von heute ist eben fast dreihundertmal so groß wie die der Strahlung.

Wir haben in Gedanken die Kugel mit einer Probe des Materie-Strahlungs-Gemischs des Weltalls gefüllt. Dabei müssen wir noch berücksichtigen, daß der Stoff in der Kugel an der Hubbleschen Expansionsbewegung teilnimmt. Paßt er heute genau in die Kugel vom Radius der Sonne, so wird er in einem Jahr etwas darüber hinausragen. In der Vergangenheit war er auf kleinerem Raum zusammengedrängt. Unser Gemisch ist aber keineswegs etwas Exotisches. Die Atome, hauptsächlich die des Wasserstoffs, sind ganz gewöhnliche Atome, wie wir sie von der Erde her kennen. Auch die Strahlung kennen wir. Sie ist nicht wesentlich verschieden von extrem kurzwelliger Radiostrahlung. Wir kennen also die Eigenschaften des Weltraumgemisches sehr gut. Das legt den Gedanken eines gigantischen Experiments nahe.

Weltraummaterie auf dem Prüfstand

Denken wir uns, wir wären so große Lebewesen, daß es für uns möglich wäre, mit Weltraummaterie in großem Maßstab zu experimentieren. Nehmen wir also an, wir könnten einen großen Kessel herstellen, so daß er das Volumen der Sonne fassen könnte, und füllen wir ihn in Gedanken mit unserem Weltraumgemisch, also mit den 280 Gramm Materie und dem einen Gramm Wärmestrahlung der Temperatur von 3 K. Die erste Zeile der Tabelle 12.1 gibt Zahlenwerte für unseren gefüllten Kessel vom Volumen der Sonne. Wenn wir jetzt das Gemisch zusammendrücken, machen wir gerade das Umgekehrte von dem, was die Natur in der Vergangenheit tat. Hatte sie zugelassen, daß sich das Gemisch ausdehnte, so drücken wir es wieder zusammen, bringen es also zurück in einen früheren Zustand. Durch das Zusammendrücken können wir die Materie in die Vergangenheit zurückbringen, uns an den Urknall herantasten.

Schon beim ersten Versuch des Zusammendrückens fällt auf, daß die Dichten von Materie und Strahlung beide ansteigen, daß aber dabei die Strahlungsdichte merklich stärker wächst als die Materiedichte. Das liegt daran, daß in unserer Kugel die Strahlung sehr viel stärker gegen die Außenwand drückt als die Materie. Wenn wir zusammendrücken, leisten wir Arbeit gegen den Druck beider Komponenten in der Kugel. Die Arbeit, die wir gegen den Druck der Strahlung leisten, ist sehr viel größer als die gegen die Materie. Da wir mit unserer Arbeit Energie zuführen, erhält die Strahlung mehr Energie als die Materie. Die Strahlung profitiert also vom Zusammendrücken wesentlich mehr als die Materie.

War anfangs die Materiedichte fast dreihundertmal größer, so holt die Strahlungsdichte bei der Kompression merklich auf. Haben wir das Gemisch in unserem Druckkessel auf den halben Sonnenra-

Kugeldurchmesser	Masse in Form von Protonen, Neutronen und Elektronen	Masse in Form von Photonen	Temperatur	Zeit seit dem Urknall	Masse in Form von Neutrinos
1 400 000 km	280 g	1 g	3 K	20 Mia Jahre (heute)	2800 g
1 400 km	280 g	1000 g	3000 K	300 000 Jahre	3250 g
4.66 m	280 g	300 t	900 Mio K	230 s	136 t

Tab. 12.1: Ergebnis des Gedankenexperiments mit der Weltmaterie in einer Kugel vom Durchmesser der Sonne. Die erste Spalte gibt den jeweiligen Durchmesser unserer gedachten Kugel an, die zweite und dritte Spalte geben den jeweiligen Massenanteil von Materie und Strahlung (in Gramm oder Tonnen), die vierte und fünfte Spalte die Temperatur und die seit dem Urknall vergangene Zeit, der der Zustand des in unserer Kugel gefangenen Weltgemischs entspricht. Die letzte Spalte – von ihr wird auf Seite 308 Gebrauch gemacht werden – gibt den möglichen Massenanteil der Neutrinos wieder.

dius zusammengedrückt, so ist das Gas nur noch einhundertfünfzigmal dichter als die Strahlung. Außerdem steigen im Innern die Temperaturen. Beim Zusammendrücken haben wir ja Arbeit aufbringen müssen, und diese Energie ging hauptsächlich in die Strahlung. Sie gleicht in ihrer spektralen Verteilung jetzt der eines Körpers von 6 K. Also schließen wir, daß in der Vergangenheit der Welt, als die Galaxien voneinander nur die Hälfte des Abstandes von heute hatten, die kosmische Hintergrundstrahlung eine Temperatur von 6 K besaß. Gehen wir aber noch weiter in die Vergangenheit zurück.

Drücken wir das Weltraumgemisch auf das Tausendstel seines ursprünglichen Radius zusammen (Tabelle 12.1, Zeile 2). Jetzt hat die Kugel nur noch einen Durchmesser von 1400 Kilometern. Die Materiedichte hat sich gegenüber dem Anfang unseres Experiments um das Milliardenfache vergrößert, aber die Strahlungsdichte noch mehr, sie hat das Gas überholt. Deshalb ist jetzt mehr Strahlung in der Kugel als Materie. Das Gas ist nicht mehr der untergeordnete Partner. Die Strahlungsdichte ist mehr als dreimal so groß wie die Materiedichte. Die Temperatur der Strahlung ist von den ursprünglichen 3 K auf 3000 K angestiegen. Das war der Zustand unseres Universums etwa 300000 Jahre nach dem Urknall. Dieser Zeitpunkt ist nicht nur deswegen ein Meilenstein in der Geschichte unserer Welt, weil die Strahlung die Weltherrschaft damals an die Materie abgegeben hat, er ist noch in anderer Hinsicht einschneidend.

Als sich Materie und Strahlung trennten

Während unseres Gedankenexperiments, in dem wir unser Weltgemisch ständig komprimiert haben, waren die Strahlungsquanten in einem recht friedvollen Zustand. Zwar stieß jedes Atom von Zeit zu Zeit mit einem Strahlungsquant zusammen, diese Quanten waren aber fast immer so energiearm, daß sie die um den Atomkern des Wasserstoffs kreisenden Elektronen nicht stören konnten. Jetzt aber, bei einer Strahlungstemperatur von 3000 K, beginnen die Strahlungsquanten den Wasserstoffatomen die Elektronen abzuschlagen. Die Materie wird *ionisiert*, ein Zustand, bei dem die Wasserstoffatomkerne und die abgeschlagenen Elektronen frei nebeneinander herumschwirren. Die freien Elektronen aber stellen für die Strahlung ein starkes Hindernis dar. Jedes Strahlungsquant wird schon nach kurzer Zeit von einem Elektron aufgehalten und in seiner Richtung verändert, so wie das Licht in einer trüben Flüssigkeit nicht ungehindert geradeaus gehen kann: Jedes Lichtteilchen wird immer wieder von den in der Flüssigkeit schwebenden festen Teilchen aufgehalten und in seiner Richtung abgelenkt. Beim Zusammendrücken auf eine Temperatur von 3000 K ist die Materie-Strahlungs-Suppe der Welt plötzlich undurchsichtig geworden. Das geschah so im Experiment, in dem wir uns in der Zeit nach rückwärts bewegten. In der Natur lief es gerade umgekehrt ab. Anfangs war die Materie heiß und undurchsichtig. Als infolge der Ausdehnung gemäß dem Hubbleschen Gesetz die Temperatur unter 3000 K sank, hängten sich die Elektronen an die Wasserstoffatomkerne, nichts hinderte mehr die Strahlungsquanten, die Welt wurde durchsichtig (Abb. 12.2).

Ich nannte die Materie eine Suppe, es war aber schon damals ein recht dünnes Süppchen, denn die Materiedichte erreichte noch nicht einmal die des heutigen Orionnebels, eines Gasnebels in der Milchstraße, dessen Gasdichte weit unter der eines Höchstvakuums in unseren Laboratorien liegt.

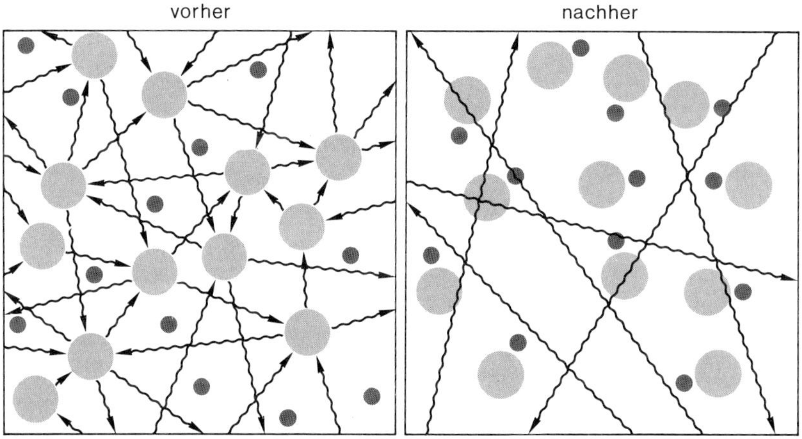

Abb. 12.2: Das folgenschwere Ereignis, das etwa 300000 Jahre nach dem Urknall stattfand. Vorher (links) behinderten die Elektronen (graue Scheibchen) die Strahlungsquanten (gewellte Pfeile) in ihrer Ausbreitung. Jedes Quant konnte nur ein relativ kurzes Stück ungehindert fliegen, bis es wieder abgelenkt wurde. Danach (rechts) waren die Elektronen an die Protonen (dunkle Punkte) gebunden und behinderten die Strahlungsquanten nicht mehr – die Welt war durchsichtig geworden.

Die Strahlung übernimmt die Macht

Komprimieren wir in unserem Experiment das Gemisch weiter, versuchen wir einen Zustand zu erreichen, der unserer Welt entspricht, als sie dreihundertmillionenmal kleiner war als heute! Unsere Sonnenkugel ist jetzt auf einen Durchmesser von 4.66 Metern zusammengequetscht (Tabelle 12.1, 3. Zeile). Die Strahlung hat noch weiter die Überhand gewonnen, im Kubikzentimeter sind jetzt nahezu sechs Gramm Strahlung, in der ganzen Kugel 300 Tonnen. Die Strahlung hat also eine Dichte, welche die unserer Gesteine weit übertrifft. Mit einem zweihunderttausendstel Gramm pro Kubikzentimeter wird dagegen die Materie zum unbedeutenden Bestandteil des Gemischs. Das ist die Botschaft, die uns Penzias und Wilson mit ihrer Entdeckung vermittelt haben: *In der Vergangenheit des Kosmos hat nicht die Materie bestimmt, was geschieht, sondern die elektromagnetische Strahlung.*

Die Atomkerne hatten in jener Epoche eine so hohe Temperatur, wie sie heute in den Zentralgebieten der Sterne herrscht. Wir wissen, daß dort die Atomkerne sich so schnell gegeneinander bewegen, daß sie ineinander eindringen und daß Kernreaktionen ablaufen können. Wenn am Anfang der Welt nur Wasserstoffatome vorhanden waren, so kann sich in der Phase, die wir jetzt mit unserem Gedankenexperiment simulieren, aus Wasserstoff Helium gebildet haben. Vielleicht bildeten sich noch andere Elemente. Der Gedanke daran hatte Gamow und seine Mitarbeiter die kosmische Hintergrundstrahlung vorhersagen lassen. Viel Zeit blieb dem Wasserstoff am Anfang der Welt nicht. Wir sind jetzt dem Urknall auf 230 Sekunden nahe gekommen. Alles lief in Wahrheit sehr schnell ab.

Gehen wir noch weiter an den Anfang der Welt! Lag der eben beschriebene Zustand etwa 100 bis 1000 Sekunden nach der Schöpfung, so wollen wir uns jetzt auf eine Sekunde an die Urexplosion heranwagen. Die Temperatur liegt bei zehn Milliarden Grad. Bei so hoher Temperatur sind die Quanten der Strahlung – es ist hauptsächlich Gammastrahlung – so energiereich, daß eine uns schon bekannte Erscheinung wichtig wird. Wenn ein Strahlungsquant energiereich genug ist, dann kann es sich in einem elektrischen Feld, etwa in der Nähe eines elektrisch geladenen Teilchens, in ein Elektron und ein Positron verwandeln. Wir diskutierten das schon in Kapitel 2. Aus Strahlung wird Materie. An dieser Umwandlung sieht man, wie sinnvoll es ist, auch die Energie in Gramm, dem Maß für die Masse, zu messen. Aus einem Gramm Strahlung kann ein Gramm Materie werden. In unserem Experiment sind nun Strahlung und Elektron-Positron-Paare in ständiger Verwandlung. Paare entstehen aus Strahlung und verstrahlen wieder, um sich aus Strahlung neu zu bilden.

Wo steckt die Antimaterie?

Gehen wir in unserem Experiment noch etwas weiter zurück und drücken wir noch weiter zusammen. Dann erhöht sich die Temperatur, und die Paare überwiegen. Es sind jetzt mehr Gramm in Form von Materie in unserer zusammengedrückten Kugel als in Form von Strahlung. In diesem Strahlungs-Elektronen-Positronen-Gemisch gibt es noch die Kerne des Wasserstoffs, die Protonen, und die Neutronen. Beide tragen nur wenig zur Gesamtdichte bei.

Gehen wir noch weiter zurück, zu höheren Dichten, zu höheren Temperaturen. Dann finden wir Strahlungsquanten, deren Energie so hoch ist, daß sie auch schwere Teilchen, nicht nur Protonen und Antiprotonen, erzeugen können, sondern alle die Teilchen des Elementarteilchenphysikers und die zugehörigen Antiteilchen.

Die Physiker wissen heute nur wenig vom Zustand des Strahlungs-Teilchen-Gemischs jener Zeit. Bisher war man allgemein der Ansicht, daß aus Strahlung grundsätzlich nur Materie und Antimaterie in gleichen Mengenverhältnissen entstehen kann; ein Elektron-Positron-Paar, ein Paar aus Proton und Antiproton oder eines aus Neutron und Antineutron. Mit jedem Materieteilchen entsteht ein Antiteilchen. Das Antiproton ist dem Proton elektrisch entgegengesetzt geladen, also negativ. Das Antineutron ist elektrisch neutral wie das Neutron. Wenn aber ein Neutron und ein Antineutron zusammenkommen, dann verstrahlen auch sie.

Im Prinzip kann man auch aus Antimaterie Atome bauen. Beim Antiwasserstoff kreist ein Positron um einen negativ geladenen Kern, der ein Antiproton ist. Beim Antihelium besteht der Atomkern aus zwei Antiprotonen und zwei Antineutronen. Um diesen negativ geladenen Kern bewegen sich als Atomhülle zwei Positronen. So kann man sich zu allen unseren chemischen Elementen entsprechende Antielemente denken und zu jedem Körper, der aus diesen Stoffen aufgebaut ist, den entsprechenden aus Antistoff. Aus der Entfernung kann man einem Gegenstand nicht ansehen, ob er aus Materie oder aus Antimaterie aufgebaut ist. Auch wenn er wie ein Stern leuchtet, ist sein Spektrum das gleiche, unabhängig davon, ob Atome oder Antiatome für sein Licht verantwortlich sind. Werden Materie und Antimaterie zusammengebracht, verstrahlen sie miteinander.*

Es ist eine merkwürdige Eigenschaft unserer Welt, daß sie anscheinend nur aus Materie besteht. Die Antiteilchen entstehen zwar gelegentlich, ihre Lebenserwartung ist aber nur kurz. Sie treffen sehr schnell auf ein Teilchen, das Positron auf ein Elektron, das Antiproton auf ein Proton, und verstrahlen. Wenn aber die Materie beim Urknall aus Strahlung entstanden sein soll, müßten gleichviel Teilchen wie Antiteilchen entstanden sein.

Es wäre denkbar, daß tatsächlich Materie und Antimaterie im Weltall gleich häufig sind. Wer weiß denn, ob der Virgo-Galaxienhaufen aus Materie besteht oder aus Antimaterie? Nur wenn man Materie von dort zu uns bringen könnte, würde man erfahren, ob sie mit der unsrigen verstrahlt. Vielleicht haben sich nach ihrer Entstehung aus der Strahlung Materie und Antimaterie getrennt und haben – jede Stoffart für sich – Galaxien gebildet und Antigalaxien.

Unser Weltall scheint jedoch, so weit man blicken kann, nur aus Materie aufgebaut zu sein. Der Raum zwischen den Galaxien ist nicht leer, wir sahen das schon (vgl. S. 253), und irgendwo müßte ständig Materie mit Antimaterie verstrahlen. Dann aber müßte man viel mehr hochenergetische Strahlungsquanten der Gammastrahlung beobachten, als man wirklich mißt. Die Welt scheint ausgesprochen unsymmetrisch aufgebaut zu sein, mit einem Übergewicht der Materie über die Antimaterie. Vielleicht war von Anfang an aus Gründen, die wir noch nicht verstehen, ein kleiner Überschuß von Materie über der Antimaterie da. Am Anfang war es keine allzu große Unsymmetrie. Der Großteil der Materie verstrahlte mit der Antimaterie. Der Überschuß, das ist die heutige Materie der Welt.

In neuerer Zeit glaubt man, daß tatsächlich die Symmetrie der Welt – was Teilchen und Antiteilchen betrifft – schon sehr frühzeitig zerstört worden ist. Es scheint, als würden es die Naturgesetze zulassen, daß im Bereich der Elementarteilchen Antimaterie in Materie umgewandelt werden kann.

---

* Einem jungen Mann, der an einem Mädchen aus einer Antiwelt Gefallen findet, sollte man dringend raten, das Verhältnis auf platonischer Ebene zu halten.

Die ersten chemischen Elemente

Die kosmische Hintergrundstrahlung hat uns die thermische Geschichte unseres Weltalls geoffenbart. Nichts gelernt haben wir darüber, in welcher Welt wir leben, in welcher Geometrie, ob wir in einer unendlichen Welt sind oder in einer geschlossenen, die wieder in sich zusammenfallen wird, wobei sie die Vorgänge beim Urknall noch einmal erlebt, aber in umgekehrter Zeitfolge. Wir wissen aber, daß in den ersten Minuten der Welt die Temperaturen so hoch waren, daß die Protonen miteinander reagieren konnten und vielleicht zu höheren Elementen verschmolzen sind. Während der Wasserstoff in der Sonne Jahrmilliarden zur Verfügung hat – allerdings bei der hundertfach geringeren Temperatur –, ist den Teilchen beim Urknall nur für Minuten Gelegenheit gegeben zu reagieren. Was in dieser Zeit nicht gegangen ist, ging nicht mehr bei den niedrigeren Temperaturen der nachfolgenden Ära. Bei den Kernreaktionen entstehen Deuterium, Helium und noch einige der leichteren Elemente. Deuterium ist dem Wasserstoff verwandt. Ist der Wasserstoffatomkern ein Proton, so besteht der Deuteriumatomkern aus einem Proton und einem Neutron. In beiden Fällen zieht außen ein einsames Elektron seine Bahn. Chemisch unterscheidet sich das Deuterium nicht vom Wasserstoff, nur sein Atomkern hat eine größere Masse. Deshalb heißt Deuterium auch »schwerer Wasserstoff«.

Wir hatten schon gesehen, daß wir die Materiedichte der Welt nur sehr ungenau kennen, wissen wir doch nicht einmal, wieviel Masse nun wirklich in einer Galaxie steckt (vgl. S. 214). Der schwere Wasserstoff in der Welt gibt uns die Möglichkeit, auf einem Umweg etwas über die Materiedichte in der Welt zu erfahren. Die Häufigkeitsverhältnisse der anfangs entstandenen Elemente hängen von den Einzelheiten der frühen Expansion der Welt ab. Wenn man ihre Häufigkeiten in der reinen, von Kernreaktionen in Sternen noch unverseuchten Urmaterie zu bestimmen vermag, kann man noch mehr über jene ersten Minuten am Anfang der Welt lernen. Man kann auch umgekehrt vorgehen und verschiedene Entwicklungsgeschichten für das aus dem Urknall kommende Weltall verfolgen. Die verschiedenen Möglichkeiten entsprechen den drei in Abbildung 8.4 gezeichneten. Je nach der Dichte, welche die Materie kurz nach dem Urknall hatte, hat man in jedem Fall eine andere Verzögerung. Dementsprechend geht die Expansion und die damit verbundene Abkühlung verschieden schnell vor sich. Zu jedem dieser *Weltmodelle* kann man Dichte und Temperatur in ihrem zeitlichen Verlauf berechnen und zu jedem Zeitpunkt bestimmen, welche Mengen neuer Elemente sich aus den Protonen und Neutronen bilden. Man darf natürlich nur solche Modelle nehmen, bei denen zur heute beobachteten Hubble-Zahl die heute beobachtete Hintergrundstrahlung gehört. Jedes dieser Weltmodelle gibt für den heutigen Zeitpunkt eine bestimmte Materiedichte. Es liefert aber auch ein bestimmtes Häufigkeitsverhältnis der beim Urknall entstandenen leichten Elemente. Kann man durch Beobachtung das kosmische Häufigkeitsverhältnis dieser Elemente bestimmen, dann kann man das »richtige« Urknallmodell herausfinden, und man erhält dessen gegenwärtige Materiedichte. Ich erwähnte schon, daß wir von der Beobachtung her nichts Genaues über die Materiedichte der Welt wissen – wir sprachen von einem Wasserstoffatom in acht Kubikmetern Raum, wenn wir nur die sichtbare Materie berücksichtigen. Dieser Wert ergab sich zwar durch Zählen von Galaxien und durch Bestimmen der in ihnen enthaltenen Masse. Jetzt kann man die Materiedichte indirekt durch Aussondern des Urknallmodells finden, das die richtigen Elementhäufigkeiten liefert. Mit der beobachteten Hubble-Zahl sagt uns die so über die Elementhäufigkeiten ermittelte Massendichte, wie die Geometrie der Welt ist, in der wir leben.

Man findet für die Materiedichte der Welt ein Wasserstoffatom in 2.8 Kubikmetern. Das ist zwar mehr, als wir bisher annahmen. Aus der Einsteinschen Theorie folgt aber trotzdem, daß wir höchstwahrscheinlich in einem offenen Universum leben. Ob mit Gravitationsabstoßung (vgl. S. 196) oder ohne, es wird nie mehr zusammenfallen. Höchstens eine kosmologische Anziehung (vgl. S. 200) könnte es wieder komprimieren.

So sicher, wie ich es hier schilderte, ist jedoch diese Schlußfolgerung nicht. Sie ist im wesentlichen auf die beobachtete Häufigkeit des Elements Deuterium gegründet. Wir sind nicht sicher, ob in der späteren, harmlosen Geschichte der Welt, als es in ihr schon ganz heimelig war, die Deuteriumhäufigkeit nicht nachträglich verfälscht worden ist. In ganz gewöhnlichen Sternen kann schwerer Wasserstoff erzeugt und auch zerstört werden.

Ein wichtiges Ergebnis dieser Untersuchungen verschiedener Probewelten, die auf David Schramm von der Universität von Chicago und Robert Wagoner von der Stanford-Universität in Kalifornien zurückgehen, ist die Häufigkeit des in den ersten Minuten unseres Weltalls entstandenen Heliums. Die Computerrechnungen der beiden Autoren zeigen, daß damals 20 bis 30 Gewichtsprozent der Materie zu Helium wurden. Das stimmt sehr gut mit dem überein, was uns die Spektren sehr alter Sterne über die chemische Zusammensetzung ihrer Atmosphären verraten. Dieses Ergebnis ist ein starkes Argument für die Hypothese vom Urknall!

Wir werden gleich sehen, daß trotz des Deuteriumbefundes, der für eine offene Welt zu sprechen scheint, die Welt möglicherweise doch geschlossen ist. Den Schlüssel dazu halten im Augenblick nicht die Astronomen in der Hand, sondern die Elementarteilchenphysiker.

Schließen die Neutrinos die Welt?

Unser Gedankenexperiment mit dem zusammengequetschten Weltgemisch hat uns die Weltgeschichte in umgekehrter Reihenfolge erleben lassen. Wir lernten, daß kurz nach dem Urknall praktisch alles Strahlung war, in der dann mit zunehmender Ausdehnung und Abkühlung immer wieder Materieteilchen entstanden. Wir haben noch eine Komponente der heutigen Welt vergessen, die *Neutrinos*. Daß es diese Elementarteilchen gibt, vermutete man seit 1930. Damals fand Wolfgang Pauli, einer der Pioniere der Quantenmechanik, daß man den radioaktiven Zerfall einiger Atome nur erklären kann, wenn es ein bestimmtes Elementarteilchen gibt, das Neutrino. Es sollte mehr den Lichtteilchen ähneln als etwa den Elektronen oder den Protonen. Man glaubte, daß das Neutrino (und natürlich auch das Antineutrino) die Ruhmasse Null besitzt. Es bewegt sich anscheinend mit Lichtgeschwindigkeit und tritt mit der Materie fast nie in Wechselwirkung. Fast nie werden Neutrinos von einem Atom eingefangen, fast nie verändern sie dabei den Atomkern, so daß man ihre Wirkung und damit ihre Existenz nachweisen könnte. Sie durchdringen die Erdkugel, als ob sie ein Nichts wäre. Erst eine mehrere Lichtjahre dicke Bleiwand könnte ihnen Widerstand bieten. Trotzdem hat man die 1930 von Pauli vorausgesagten Teilchen in den fünfziger Jahren gefunden. Wir wissen heute, daß es mehrere Sorten dieser luftigen Teilchen gibt, samt ihren Antiteilchen.

In der frühen Zeit unseres Universums, als noch die Strahlung die Welt beherrschte, sind aus den energiereichen Strahlungsquanten nicht nur Elektron-Positron-Paare entstanden, sondern auch Neutrinos und Antineutrinos. Diese Neutrinos, die sich um den Rest der Welt kaum scheren, müßten auch heute noch da sein. Man schätzt, daß im Kubikzentimeter heute einige hundert Neutrinos sind, die aus jener Anfangszeit des Weltalls stammen und die wie die Strahlungsquanten der kosmischen Hintergrundstrahlung durch die Ausdehnung des Weltalls zur Bedeutungslosigkeit abgekühlt sind. Damit können sie also unsere Vorstellungen vom Bau des Weltalls nicht wesentlich beeinflussen. So dachte man noch bis vor kurzem.

Aber die Elementarteilchenphysiker haben in der letzten Zeit Zweifel bekommen, ob die Neutrinos wirklich den Lichtquanten so sehr ähneln. Man hält es durchaus für denkbar, daß ein Neutrino Ruhmasse besitzt. Das hat am Anfang der Welt nicht viel ausgemacht, als die Neutrinos noch so energiereich waren, daß ihre Masse im wesentlichen durch ihre Bewegungsenergie bestimmt wurde und nicht durch die Ruhmasse. Bei der Abkühlung ging die Energie, die Ruhmasse blieb.

Nehmen wir an, daß sich in jedem Neutrino, das seit frühester Zeit durch den Raum schwirrt, ein Fünfzigtausendstel der Masse eines Elektrons als Ruhmasse verbirgt (vgl. Tabelle 12.1, letzte Spalte). Dann steckt heute (1. Zeile) in unserer Sonnenkugel voll Weltmaterie zehnmal mehr Masse in Form von Neutrinos und Antineutrinos als in Form von »richtiger« Materie. Wir würden in einer Welt leben, die hauptsächlich aus Neutrinos besteht. Die sichtbare Materie wäre nur eine kleine Beigabe zur Masse des Weltalls. Erinnern wir uns: Die Materiedichte in der Welt entscheidet ganz wesentlich, ob das Weltall offen ist oder geschlossen. Bisher schien es so, als ob die Materie für ein geschlossenes Weltall nicht dicht genug ist. Mit den schweren Neutrinos kommen wir näher an die kritische Dichte heran.

Dabei haben wir angenommen, in jedem Neutrino stecke ein Fünfzigtausendstel der Masse eines Elektrons. Die Elementarteilchenphysiker haben vorläufig nur ungefähre Vorstellungen über die Ruhmasse, die sie neuerdings den Neutrinos gestatten wollen. Es könnte genausogut sein, daß auch ein Fünftausendstel Elektronenmasse im Neutrino steckt, also zehnmal mehr, als wir eben angenommen haben. Dann wäre die Dichte der Welt heute so groß, daß wir in einem Raum konstanter positiver Krümmung leben, der Kugelwelt der Flachmänner entsprechend.

Ist unsere Welt also offen oder geschlossen, ist die Winkelsumme in großen Dreiecken kleiner oder größer als 180 Grad? Wird sich unser Weltall für immer ausdehnen oder wird unsere Welt in ihrer Fluchtbewegung so stark gebremst werden, daß schließlich alles in einer Endimplosion endet? Es sieht so aus, als ob im Augenblick die Elementarteilchenphysiker an der Reihe sind, die Antwort zu geben.

Wenn die Ruhmasse der Neutrinos nicht Null ist, dann steckt vielleicht der größte Teil der Masse der Welt in unsichtbaren Neutrinos. Ist das der Grund, warum Galaxien anscheinend viel mehr Masse haben, als wir sehen (vgl. S. 214)? Vielleicht ist jede Galaxie hauptsächlich ein Schwarm von unsichtbaren Neutrinos, und nur ein geringer Teil ihrer Masse steckt in Atomen. Vielleicht ist unser sichtbares Weltall nur ein unwichtiges Nebenprodukt einer viel gewichtigeren Neutrinowelt, zu der wir zwar keinen Zugang haben, die aber durch ihre Schwerefelder unsere Galaxienhaufen und Superhaufen aus der Ursuppe hat entstehen lassen. Vielleicht gibt es für jeden Menschen das Zehnfache seiner Masse in der Neutrino-Geisterwelt. Entscheidet die Neutrinowelt, ob unser Weltall offen ist oder geschlossen?

Der leuchtende Rand der Welt

Woher kommt die kosmische Hintergrundstrahlung, die wir heute empfangen? Wo waren die Atome, von denen sie ausgesandt worden ist, und vor allem, wann sind die Quanten dieser Strahlung auf ihren Weg zu uns geschickt worden? Verfolgen wir die Geschichte unseres Weltalls noch einmal an einen früheren Zeitpunkt zurück und lassen wir uns dabei von den Ergebnissen des Gedankenexperimentes leiten, das wir oben ausgeführt haben. Gehen wir zurück zu der Zeit, als das Weltall schon seine Frühgeschichte der ersten Sekunden und Minuten hinter sich hatte und eine Temperatur von nur noch 4000 K besaß. Das war einige hunderttausend Jahre nach dem Anfang. Noch gab es keine Wasserstoffatome. Protonen und Elektronen flogen voneinander getrennt durch den Raum. Die Welt war für die Strahlung undurchsichtig. Jedes Lichtquant wurde von Elektronen immer wieder aus seiner geraden Bahn gestoßen. Es mußte sich im Zickzackkurs seinen Weg durch die Materie suchen (Abb. 12.3 oben). Im Mittel kollidierte es alle 80 pc mit einem Elektron und wurde abgelenkt.

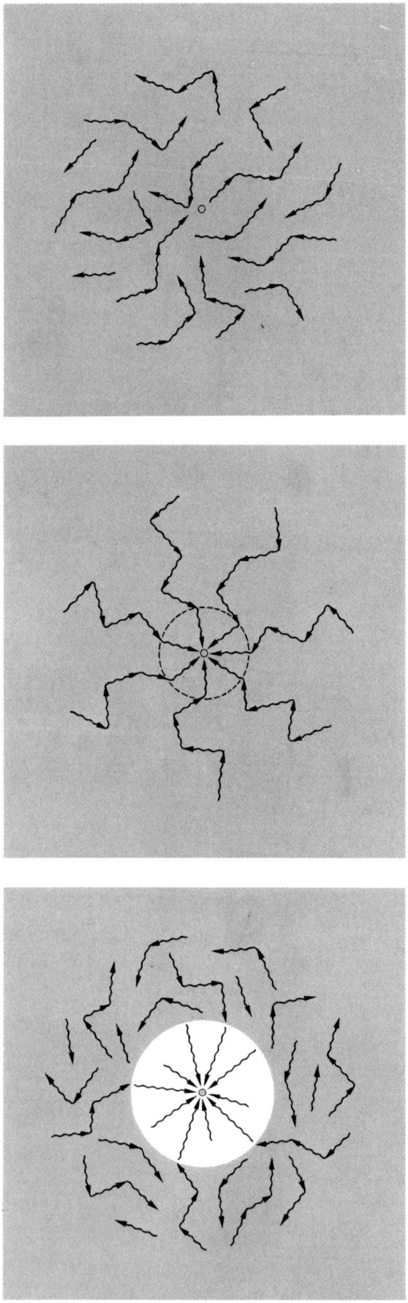

Abb. 12.3: Im undurchsichtigen Weltall beschrieben die Strahlungsquanten noch unregelmäßige Zickzacklinien (oben, vgl. auch Abb. 12.2 links). Die Strahlungsquanten, die einen Beobachter erreichten, kamen direkt aus seiner unmittelbaren Umgebung (Mitte). Als das Weltall die Temperatur von 3000 K unterschritt, lagerten sich die Elektronen an die Protonen an und bildeten mit ihnen Wasserstoffatome. Das Weltall wurde durchsichtig. Da das Licht sich mit endlicher Geschwindigkeit ausbreitet, erreichen den Beobachter (Punkt in der Mitte) Lichtquanten aus jener Zeit, als das Weltall gerade durchsichtig wurde. Alles, was näher steht, ist für ihn sichtbar, denn das Licht, das ihn von dort erreicht, ist ausgesandt worden, als die Welt schon durchsichtig war (unten, weiße Kreisfläche). Alles, was ferner steht, kann er nicht sehen.

Denken wir nun, wir säßen irgendwo in jenem recht ungemütlichen Weltall. Was würden wir sehen? Aus jeder Richtung würden Strahlungsquanten zu uns kommen, die einer thermischen Strahlung von 4000 K entsprechen würden. Jedes zu uns kommende Quant wäre im Durchschnitt 260 Jahre unterwegs gewesen, eine kurze Strecke im Vergleich zu den Dimensionen des Weltalls. Jedes Lichtquant, das uns erreicht, kommt von der Stelle, an der es das letzte Mal von einem Elektron in seiner geraden Bahn abgelenkt worden ist (Abb. 12.3 Mitte). Nach vielleicht hunderttausend Jahren ist die Temperatur auf 3000 K gefallen. Nun vereinigen sich Protonen und Elektronen zu Wasserstoffatomen. Es gibt nun keine freien Elektronen mehr, die bisher die Strahlungsquanten in ihrer Ausbreitung behindert hatten. Die Lichtquanten können jetzt frei durch den Raum fliegen, das Weltall ist durchsichtig geworden. Nun kann auch Licht aus größeren Entfernungen zu uns kommen, aber da es eine endliche Geschwindigkeit hat, bekommen wir auch in der durchsichtigen Welt vorerst nur Strahlung aus der Nachbarschaft. Im Laufe der Zeit erreichen uns aber auch Strahlungsquanten aus größerer Entfernung. Ein Jahrtausend nach dem großen Durchsichtigwerden erreichen uns Lichtquanten, die in einem Abstand von 1000 Lichtjahren abgesandt worden sind. Sie waren also ein Jahrtausend unterwegs und sind auf den Weg geschickt worden, gerade als die Materie durchsichtig wurde, also bei einer Temperatur von 3000 K. Von einer Kugel mit dem Radius von tausend Lichtjahren, die uns umschließt, erhalten wir also Strahlung, die bei einer Temperatur von 3000 K entstand (Abb. 12.3 unten). Da sich die Materie mit dem Weltall aber ausdehnt, bewegte sich auch die Materie, von deren Atomen diese Lichtquanten ausgesandt worden sind, von uns weg. Das Licht, das von ihr zu uns kommt, ist daher Dopplerverrötet und verdünnt, es erscheint uns wie Licht, das von einem Körper niedrigerer Temperatur ausgestrahlt worden ist (vgl. S. 141). Im Laufe der nachfolgenden Zeit erreicht uns Licht aus immer größeren Abständen, wieder Licht, das dort abgesandt worden ist, als die Materie durchsichtig wurde und das thermischer Strahlung von 3000 K entspricht. Es kommt aber von noch entfernteren Bereichen, die sich mit noch größerer Geschwindigkeit von uns wegbewegt haben. Es ist noch röter, noch verdünnter und entspricht thermischer Strahlung von noch niedrigerer Temperatur. Im Laufe der Geschichte des Kosmos bis heute hat sich von uns aus ein Horizont mit Lichtgeschwindigkeit in den Raum gefressen. Von dort erhalten wir

Abb. 12.4: Unser Anblick vom Weltall schematisch dargestellt. Wir sitzen in der linken unteren Ecke des Bildes und blicken in den Raum hinaus und damit zurück in der Zeit. Am linken Bildrand ist die Entfernung von uns angeschrieben, am unteren Rand das ungefähre Alter der Welt, bei dem das Licht ausgesandt wurde, das uns heute von dort erreicht. In unserer Nachbarschaft sehen wir Galaxien bis hinaus zu einer Entfernung von 3960 Mpc. Dort steht die entfernteste bisher beobachtete Galaxie. Wenn wir sie ansehen, blicken wir 13 Milliarden Jahre in die Vergangenheit zurück. Bei einem angenommenen Weltalter von 20 Milliarden Jahren hatte die Welt, als das Licht dort ausgesandt worden ist, ein Alter von nur sieben Milliarden Jahren. Bei 5500 Mpc sehen wir die Welt im Alter von zwei Milliarden Jahren. Dort steht der Quasar, der zur Zeit den Entfernungsrekord hält. Weiter draußen blicken wir auf Materie, die noch nicht zu Quasaren und Galaxien ausgeklumpt ist. Noch weiter draußen stößt unser Blick auf die Innenseite der undurchsichtigen Wand von 3000 K (vgl. Abb. 12.3). Wäre sie durchsichtig, so würden wir noch Licht sehen, das seit dem Urknall zu uns unterwegs ist. (Das Bild ist nicht maßstabsgetreu.)

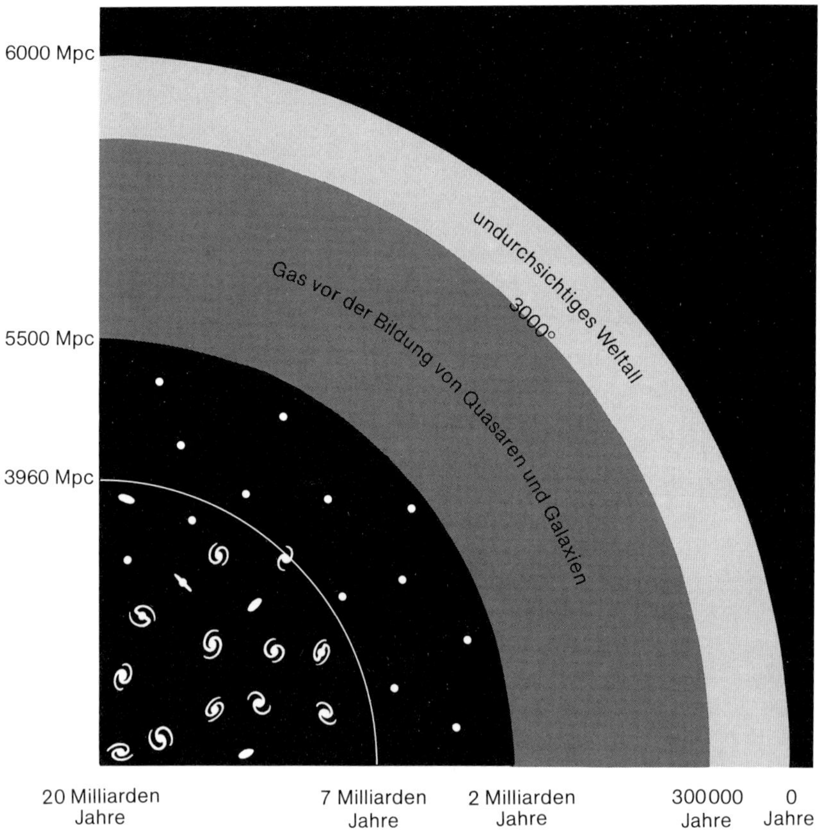

heute Licht, das bei einer Temperatur von 3000 K ausgesandt worden ist. Aber jene Gebiete sind so weit entfernt, daß sie sich nahezu mit Lichtgeschwindigkeit von uns fortbewegen. Die Strahlung, die mit 3000 K Temperatur auf den Weg geschickt worden ist, erreicht uns wegen des Doppler- und Verdünnungseffekts als thermische Strahlung von etwa 3 K. Das ist die 1965 entdeckte kosmische Hintergrundstrahlung! Sie gibt uns Kunde von der Materie der Welt am Anfang des Kosmos, als sich Strahlung und Materie trennten, als die Strahlung eine Temperatur von 3000 K hatte.

Es ist so, als ob wir im Zentrum einer Kugel stehen, deren Radius in Lichtjahren gerade so groß ist wie die Zahl der Jahre, die seit dem Durchsichtigwerden des Weltalls vergangen sind. Weiter hinaus sehen können wir nicht, weil dort das Weltall noch undurchsichtig ist. So ist unsere durchsichtige Kugel vom undurchsichtigen Rest des Universums umgeben. Nicht, daß das Universum in einer bestimmten Entfernung von uns heute noch undurchsichtig wäre. Nein, aber wenn wir in den Raum hinaussehen, erreicht uns Licht aus der Vergangenheit, und wir sehen das Ende der Phase, in der die Welt noch undurchsichtig war. So stehen wir im Mittelpunkt der uns sichtbaren Welt. Aber es ist nicht der Mittelpunkt der Welt, es ist nur der Mittelpunkt unseres Horizonts.

Irgendwie haben sich, nachdem die große Durchsichtigkeit begann, aus der Materie Galaxien, Galaxienhaufen und Superhaufen gebildet. Aber die Materie, aus denen sie entstanden sind und die wir ja heute noch in jenem Urzustand sehen, wenn wir mit dem Radioteleskop die kosmische Hintergrundstrahlung untersuchen, zeigt keinerlei Knoten und Verdichtungen. Die Welt muß damals sehr glatt und ausgeglichen gewesen sein, und es waren anscheinend nicht einmal geringfügige Verdichtungen vorhanden, die zur Bildung der heute beobachtbaren Materieklumpen Anlaß gaben.

Das also ist unser sichtbares Weltall: Galaxien, Quasare im Innern der Kugel, deren Oberfläche von uns mit einem Tempo wegfliegt, das so nahe an der Lichtgeschwindigkeit ist, daß uns ihre Temperatur von 3000 K hier tausendmal niedriger erscheint. Diese Fläche können wir als den Rand der sichtbaren Welt bezeichnen. Die kosmische Hintergrundstrahlung ist das Licht vom Rande der Welt (Abb. 12.4).

Olberssches Paradoxon, zum letzten Mal

Warum also ist der Nachthimmel schwarz? Bisher sagte uns das Olberssche Paradoxon, daß die Welt nicht seit unendlicher Zeit bis in unendliche Weiten des Raumes mit unbewegt stehenden Galaxien ausgefüllt sein kann. Aber inzwischen haben wir gelernt, daß das Weltall einen Anfang gehabt hat. Weder Galaxien noch Sterne gibt es seit unendlicher Zeit. Was also sehen wir, wenn wir zum Nachthimmel schauen?

Nehmen wir zur Vereinfachung erst einmal an, es gäbe keinen Verrötungs- und keinen Verdünnungseffekt. Dann würden wir auf Galaxien blicken und weiter draußen im Raum auf Quasare. So groß die Zahl der Galaxien und Quasare auch ist, es sind endlich viele, und sie reichen nicht aus, uns den Blick nach draußen zu versperren. Wir sehen nicht auf sich einander verdeckende Sternscheibchen. Unser Blick geht an ihnen vorbei in den Raum hinaus. Noch weiter draußen würden wir weder Galaxien noch Quasare entdecken, denn wir sähen dort das Weltall in einem so frühen Zustand, daß sich diese Gebilde noch gar nicht aus der dem Urknall entstammenden Materie zusammengeklumpt haben. Noch weiter nach außen blickend, also noch weiter zurück in die Jugend unseres Weltalls, sähen wir schließlich eine undurchsichtige Wand, die mit einer Temperatur von 3000 K glüht. Dort blicken wir auf jenen Zeitpunkt zurück, als die Welt gerade durchsichtig wurde. So sähe also der Himmel aus, wenn es weder Verrötungs- noch Verdünnungseffekt gäbe: Hell leuchtende Galaxien und Quasare wären zu sehen, aber nicht unendlich viele. Sie stehen vor einer 3000 K heißen, glühenden Wand. Von einzelnen Galaxien und Quasaren abgesehen, wäre der Nachthimmel so hell strahlend, als wäre er 3000 K heiß. Aber es gibt die beiden Effekte, und sie schwächen das Licht eines jeden Himmelskörpers, je weiter er von uns entfernt ist, um so stärker. Die Materie der glühenden Wand fliegt nahezu mit Lichtgeschwindigkeit von uns weg, und ihre Strahlung erscheint uns als Radiostrahlung im Millimeter- und Zentimeterbereich. Unser Auge sieht die Wand pechschwarz. Von der Hitze des Urknalls ist heute, 20 Milliarden Jahre danach, fast nichts übriggeblieben. Wir sehen nachts die Expansion der Welt mit freiem Auge.

Der Vollständigkeit halber möchte ich erwähnen, daß es Astrophysiker gibt, die mit dem Gedanken spielen, daß die Materie kalt aus dem Urknall kam. Sie stehen vor der Aufgabe, den Ursprung der Hintergrundstrahlung in diesem Bild zu erklären. Es könnte sein, daß sich die kalte Materie zu einer ersten Generation von Sternen zusammenklumpte. Die Materie wurde dann erst in den Sternen heiß. Staubmassen verschluckten das Licht, das von jener sagenumwobenen ersten Sterngeneration ausging, und strahlten es als Infrarotstrahlung wieder ab. Durch den Doppler-Effekt verrötet, erscheint es uns heute als die kosmische Hintergrundstrahlung im Bereich der Millimeterwellen. Die Mehrzahl der Astrophysiker zieht aber den heißen Urknall dem kalten vor – nicht zuletzt, weil mit ihm die kosmische Hintergrundstrahlung vorausgesagt worden ist und weil die Häufigkeit des Heliums, das am Anfang der Welt in der heißen Materie entstanden ist, mit der beobachteten gut übereinstimmt.

13 Das denkende Weltall

BARBERINI: ... Ihr denkt in Kreisen oder Ellipsen und in gleichmäßigen Schnelligkeiten, einfachen Bewegungen, die euren Gehirnen gemäß sind. Wie, wenn es Gott gefallen hätte, seine Gestirne so laufen zu lassen? (Er zeichnet mit dem Finger in der Luft eine äußerst verwickelte Bahn mit unregelmäßiger Geschwindigkeit.) Was würde dann aus euren Berechnungen?
GALILEI: Lieber Mann, hätte Gott die Welt so konstruiert (er wiederholt Barberinis Bahn), dann hätte er unsere Gehirne so konstruiert (er wiederholt dieselbe Bahn), so daß sie eben diese Bahnen als die einfachsten erkennen würden.

Bertolt Brecht, »Das Leben des Galilei«

Das Weltall, das ist nicht nur der fast leere Raum mit seinen Galaxien und Quasaren, nicht nur die noch gestaltlose Materie vor Beginn der großen Durchsichtigkeit. Das Weltall, das sind auch wir, die wir uns aus den kurz nach dem Urknall gebildeten Atomen geformt haben, und die wir nun begonnen haben, über das Weltall nachzudenken, von dem wir nur ein kleiner Teil sind. Neben uns gibt es vielleicht gleichzeitig noch andere, zum Denken befähigte Formen der Weltmaterie. Das Weltall hat begonnen, über sich selbst nachzudenken.

Ohne Galaxien gäbe es kein Nachdenken, denn ohne sie wären keine Sterne, ohne Sterne keine Planeten, ohne Planeten wären wir nicht da.

Woher kommen Galaxien und Quasare?

Der Rand der Welt, den wir mit der 3-K-Strahlung sehen, ist so weit von uns entfernt, daß sich die Materie dort praktisch mit Lichtgeschwindigkeit von uns wegbewegt. Alle Galaxien und Quasare stehen deutlich näher bei uns, im durchsichtigen Bereich der Welt. Sie sind wahrscheinlich später entstanden, nach der Befreiung der Strahlungsquanten aus ihrem Elektronengefängnis.

Wir glauben zu wissen, wie die Materie zu kompakteren Gebilden zusammengerückt ist. Wenn in einem den Raum gleichförmig ausfüllenden Gas plötzlich an einer Stelle eine kleine Verdichtung entsteht, zieht die Schwerkraft noch mehr Materie an, die Verdichtung verstärkt sich weiter. Hat dieser Prozeß erst einmal begonnen, dann ist kein Halten mehr. Solange die Welt noch undurchsichtig war (erinnern wir uns: damals spielte die Strahlung noch die tragende Rolle), konnte sich die Materie nur verdichten, wenn sie die in ihr eingeschlossene Strahlung mitnahm, auch die Strahlung mußte mit verdichtet werden. Nun stellt aber Strahlung ein recht schwer komprimierbares Medium dar, sie wehrt sich mit starken Druckkräften dagegen. Deshalb hinderte sie in der undurchsichtigen Phase des Weltalls die Materie daran, solche in sich selbst zusammenfallende Konzentrationen zu bilden. Später, als die Welt durchsichtig geworden war, konnte sich die Materie kondensieren, ohne daß die Strahlung mit zusammengedrückt werden mußte. Sie hemmte die Verdichtung nicht mehr. Deshalb glauben wir, daß aus anfänglichen kleinen Unregelmäßigkeiten heraus die Materie allmählich Galaxien und Quasare bildete.

Leider hat die Sache einen Schönheitsfehler. Nicht, daß es anfangs an Unregelmäßigkeiten gefehlt hätte. Allein die gegenseitigen Bewegungen der Atome bewirken, daß immer einmal an einer Stelle die Materiedichte etwas größer ist als anderswo. Es braucht aber eine gewisse Zeit, um aus einer anfänglichen kleinen Verdichtung der Materie eine handfeste Galaxie werden zu lassen. Je kleiner die anfängliche Störung, um so länger dauert es, bis Großes daraus wird. Die rein zufälligen Dichteschwankungen sind zu klein. Hätten wir in der Welt nur sie gehabt, bis heute wäre noch keine einzige Galaxie fertig.

Wenn bei Beginn der großen Durchsichtigkeit Dichteschwankungen von mindestens einem zehntel Prozent da waren, können sich innerhalb vernünftiger Zeiträume Galaxien und Galaxienhaufen herausbilden. Aber solche Dichteschwankungen sind viel zu stark, um zufällig zu entstehen. In der noch undurchsichtigen Welt können sie noch schwerer entstehen, wegen der Strahlung, die sich gegen Kompression sperrt.

So bleibt eigentlich nichts anderes übrig, als mit dem sowjetischen Astrophysiker Yakov Zeldovich anzunehmen, daß die Dichteschwankungen schon mit dem Urknall da waren. Sehr befriedigend ist es nicht, den Schwarzen Peter dem lieben Gott zuzuschieben und anzunehmen, daß er bei der Entstehung der Welt auch gleich die Dichteschwankungen mitgeliefert haben soll, die später zu Galaxien führten. Wenn aber schon von Anfang an Dichteschwankungen dagewesen sein sollen, muß die Materie auch zu dem Zeitpunkt ungleichförmig verteilt gewesen sein, als die Ursuppe durchsichtig wurde. Deshalb ist es wichtig nachzuprüfen, wie isotrop die kosmische Hintergrundstrahlung wirklich ist. Denn wenn die Materie von Anfang an, also auch in der undurchsichtigen Phase der Welt, Dichteschwankungen zeigte, dann müßten wir an der Innenwand der Kugel von 3000 K, die so schnell von uns wegfliegt, daß wir ihr Licht als 3-K-Strahlung sehen, auch eine gewisse Fleckigkeit erkennen. Sieht man von der Ungleichmäßigkeit der kosmischen Hintergrundstrahlung infolge des Fahrtwindes bei unserer Bewegung durch den Raum ab (vgl. S. 295), so ist keinerlei Fleckigkeit in ihr wahrzunehmen, die auf Verdichtungen hinreichender Stärke in der kosmischen Ursuppe bei Beginn der großen Durchsichtigkeit hinweist. Unser Wissen vom Entstehen der Galaxien ist also noch in einem recht desolaten Zustand.

Es wird kaum besser, wenn wir annehmen, daß die Neutrinos eine so große Ruhmasse haben, daß sie heute das Weltall dominieren. Zwar können sie sich zusammen mit der Materie und der Strahlung schon in der undurchsichtigen Phase der Welt zusammenklumpen, aber diese Ungleichförmigkeit müßte man heute an der 3-K-Strahlung sehen. Doch alles, was während der Durchsichtigkeit geschieht, wird durch die Neutrinos eher gehemmt. Wenn man unsere heutigen Galaxien erklären will, muß man schon bei Beginn der Durchsichtigkeit so starke Dichteknoten annehmen, daß sie in der 3-K-Strahlung noch heute gesehen werden müßten. Die Neutrinos nehmen nämlich nicht so leicht an sich verstärkenden Dichteschwankungen teil. Hat man eine Verdichtung von Materie und Neutrinos, so fliegen die Neutrinos sofort mit großer Geschwindigkeit wieder weg. Dann bleibt wieder nur die Dichtekonzentration der atomaren Materie übrig. Das Tempo der sich selbst verstärkenden Wirkung der Schwerkraft hängt aber von der relativen Dichteverteilung der *gesamten* Materie ab, die aus Ruhmasse von Atomen *und* Neutrinos besteht. Da sich die Neutrinos nicht so leicht mit verdichten, ist eine um so größere anfängliche Dichteschwankung der atomaren Materie nötig, um die Galaxienbildung in der zur Verfügung stehenden Zeit abzuschließen. Man müßte die Dichteschwankungen in der Fleckigkeit der 3-K-Strahlung sehen.

Sind aber die Galaxien erst einmal fertig, dann ist in ihrer Nachbarschaft die Schwerkraft so stark, daß sich um jeden Galaxienhaufen oder Superhaufen ein ganzer Schwarm von Neutrinos ansammelt. Vielleicht steckt der Hauptteil der Masse, die zu unserer Galaxis gehört, nicht in sichtbarer Materie, sondern in einem Halo, den sich unser Milchstraßensystem zusammen mit den Galaxien der lokalen Gruppe und denen des Virgo-Haufens aus Neutrinos zugelegt hat. Leider hilft uns das nicht bei der Frage, wie sich unser Milchstraßensystem aus der kosmischen Materie-Strahlungs-Suppe herausgeschält hat.

Bis heute hat noch niemand eine einleuchtende und mit allen beobachteten Fakten übereinstimmende Theorie von der Entstehung der Galaxien aufgestellt. Wie an so vielen Stellen in diesem Buch sind wir an die Grenzen unseres gegenwärtigen Wissens und unseres Verständnisses gestoßen. Ich glaube, man sollte das nicht bedauern. Eine Wissenschaft ist nur dann lebendig, wenn man in ihr auf offene Fragen stößt. Auch wenn in ihr Vorstellungen in relativ rascher Folge durch neuere, bessere ersetzt werden, ist das meist ein Zeichen dafür, daß sie noch nicht steril geworden ist.

Warum ist das Weltall glatt?

Die Hintergrundstrahlung scheint mit höchster Genauigkeit gleichförmig zu sein, wenn wir vom Fahrtwind absehen, der von unserer Bewegung durch den Raum herrührt. Heute wissen wir, daß an die Wand der Grenze zwischen durchsichtigem und undurchsichtigem Weltall für uns kein Zeichen gemalt ist, kein Fleck, der um mehr als einige hundertstel Prozent heller leuchtet als seine Umgebung. Vielleicht ist die Hintergrundstrahlung sogar noch gleichmäßiger, aber genauer können wir sie zur Zeit nicht messen. Es scheint, daß der Urknall mit höchster Präzision losgegangen ist, nach allen Richtungen genau gleich. Wer immer damals das Weltall entstehen ließ, er hat nach allen Richtungen gleich gut gezielt.

Aus der Hintergrundstrahlung folgt, daß die Welt auch heute gleichmäßig ist. Denn wäre ihre Krümmung nicht überall dieselbe, würde die Hintergrundstrahlung, die aus verschiedenen Richtungen zu uns kommt, an den Verbeulungen des Weltalls wie in riesigen Linsen gebündelt oder zerstreut werden. Sie wäre nicht isotrop. Galaxien und Galaxienhaufen sind zwar Unregelmäßigkeiten, die das Weltall verbeulen, sie sind aber nur kleine »Rauhigkeiten«, wie die Poren auf der Oberfläche einer Apfelsine. Die Hintergrundstrahlung sagt uns, daß die Welt im Großen gleiche Krümmung hat, trotz der Galaxien-Runzeln.

Man kann fragen, warum die Welt eigentlich so »glatt« ist, wie wir sie heute sehen. Dem sind um 1973 zwei Physiker in Cambridge, England, nachgegangen, Berry Collins und Stephen Hawking. Ich möchte an dieser Stelle einige Worte dem einen der beiden Autoren widmen. Stephen Hawking ist einer der einfallsreichsten Forscher unserer Zeit auf dem Gebiet der Gravitationstheorie. Ihn fesselt seit über zehn Jahren eine schwere Krankheit an den Rollstuhl, dessen elektrischen Antrieb seine Hände nur mit Mühe steuern können. Es fällt ihm schwer, sich zu artikulieren, und für seine Vorträge braucht er einen »Dolmetscher«, der seine Äußerungen dem Publikum laut »übersetzt«. Trotzdem ist er sehr produktiv, reist von Tagung zu Tagung und gibt seine Meinung kund. Collins und Hawking stellten die Frage, ob wir uns wundern sollen, daß unser Weltall so gleichmäßig ist. Kam diese Gleichmäßigkeit schon aus dem Urknall? Sie haben verschiedene Weltmodelle untersucht, die von Anfang an nicht isotrop waren. Ihre Bewegung verlief, gleich nachdem die Materie aus dem Urknall herausgekommen war, keinesfalls so gleichförmig, wie es das Hubblesche Gesetz vorschreibt, sondern unregelmäßig wie der Strahl aus dem voll aufgedrehten Wasserhahn. Collins und Hawking haben mit Hilfe der Allgemeinen Relativitätstheorie verfolgt, was im Laufe der Zeit aus diesen verschiedenen turbulent beginnenden Weltmodellen wurde.

Sie konnten ihre Welten in Klassen teilen, die den drei Klassen der »glatten« Weltmodelle von Abbildung 8.4 entsprechen. Modelle, bei denen der Anfangsschwung viel zu klein war und die daher rasch wieder zusammenfielen, behielten ihre Unregelmäßigkeit bis zum Weltende bei. Die Hintergrundstrahlung in ihnen wurde nicht isotrop. Unser Weltall ist offensichtlich nicht von dieser Art.

Dann untersuchten sie Weltmodelle, die mit sehr großem Urschwung für immer auseinanderfliegen. In solchen Modellen sterben anfängliche Unregelmäßigkeiten nicht ab, im Gegenteil, sie verstärken sich sogar. Diese Modelle werden nie gleichmäßig glatt, und die Hintergrundstrahlung bleibt bei ihnen fleckig. Also ist unsere Welt auch keine von denen.

Die dritte Art von Weltmodellen liegt dazwischen. Urschwung und Gesamtmasse des Materie-Strahlungs-Gemischs sind so bemessen, daß das Weltall gerade nicht wieder zusammenfällt, sich im Laufe der Zeit dagegen immer langsamer ausdehnt. In solch einem Weltall nehmen die Unregelmäßigkeiten mit der Zeit ab, die Hintergrundstrahlung wird gleichförmig. Das würde auf unsere Welt passen. Ist unser Weltall deshalb glatt, weil von Anfang an Urschwung und Gravitation aufeinander so abgestimmt waren, daß ein Weltall entsteht, das eine isotrope Hintergrundstrahlung besitzt? Es scheint ein großer Zufall zu sein, daß unser Weltall gerade diese unwahrscheinlichen Startbedingungen gehabt haben soll, die auf einen glatten Kosmos führen.

Die Frage, warum wir in einem Weltall leben, das eine isotrope Hintergrundstrahlung hat, und das daher sehr unwahrscheinlich ist, umgehen Collins und Hawking mit einem begrifflich nicht einfachen Argument. Sie stellen sich eine große Anzahl von denkbaren Welten vor, die alle in unregelmäßiger Bewegung aus einem Urknall kommen. Diese Weltmodelle verfolgen sie in ihrer zeitlichen Entwicklung.

Wir sind da, weil die Welt glatt ist

Unter ihren denkbaren Welten haben Collins und Hawking solche, die rasch wieder zusammenfallen. In ihnen ist keine Zeit gewesen, Galaxien zu bilden. Welten, die für immer expandieren, zeigten zwar sich verstärkende Unregelmäßigkeiten, aber die Materie fliegt in ihnen so rasch auseinander, daß die Gravitation keine Galaxien bilden kann. So blieb das zwischen den beiden Extremen liegende Weltall. In ihm wird die Hintergrundstrahlung isotrop. Weil dieses Weltall sich unendlich lange ausdehnt, ist genügend Zeit vorhanden, um Galaxien wirklich entstehen zu lassen. Die Expansionsbewegung ist so langsam, daß die Schwerkraft trotz der Fliehbewegung die Materie zu Galaxien werden läßt.

So kommen Collins und Hawking zu dem Schluß, daß die einzigen Arten von Weltall, in denen sich eine isotrope Hintergrundstrahlung herausbildet, gleichzeitig solche Welten sind, in denen sich Galaxien bilden und die daher Leben hervorbringen können. In den Weltallformen, die eine nichtisotrope Hintergrundstrahlung haben, gibt es uns nicht. Niemand ist da, der solch ein Weltall und seine unregelmäßige Hintergrundstrahlung wahrnehmen kann. Wir brauchen uns nicht mehr über die Gleichmäßigkeit der Hintergrundstrahlung zu wundern. Galaxien und mit ihnen Menschen können nur in einem Weltall entstehen, in dem Unregelmäßigkeiten, die nicht auf Galaxien führen, mit der Zeit abklingen. Wir sind da, weil die Welt glatt ist. Wäre die Welt heute nicht isotrop, gäbe es keine Galaxien und niemanden, der die Anisotropie beobachten könnte. Ich bin, weil die Welt isotrop ist. Nur ein Weltall mit isotroper Hintergrundstrahlung lernt denken. Warum sich also über die beobachtete Isotropie wundern?

Was war davor?

Unwillkürlich drängt sich diese Frage auf, wenn wir uns vorstellen, daß das ganze Weltall vor endlicher Zeit in einer Urexplosion entstanden ist. Wir müssen hierzu aber erst einmal klären, was wir damit meinen. Stellen wir uns den Urknall in dem uns aus der Erfahrung des täglichen Lebens bekannten gleichmäßigen Ablauf der Zeit vor. Etwa so: Um 11.59 Uhr war noch kein Weltall da, auch um 11.59 Uhr und 59 Sekunden existierte noch kein bißchen Strahlung und schon gar keine Materie. Um zwölf Uhr begann es mit einem großen Blitz und unendlicher Dichte. Dann flog alles auseinander und kühlte sich ab. In dieser Vorstellung lautet die oben gestellte Frage etwa: Was war um 11.59 Uhr und 50 Sekunden? Die Frage setzt voraus, daß es eine Uhr gibt, mit der man diesen Zeitpunkt festlegen kann. Es muß nicht unbedingt ein Produkt der modernen Uhrenindustrie sein, es würde schon ein einziges Atom genügen, in dem periodische Vorgänge ablaufen, vielleicht Schwingungen, die es erlauben, Zeiträume zu messen. Aber vor zwölf Uhr existierte nichts, was uns als Uhr dienen könnte. Die Frage, was vor dem Urknall war, ist – als physikalische Frage gestellt – sinnlos, denn auch die Zeit begann mit dem Urknall. Wer nach dem Davor fragt, ist wie ein Flachmann, der etwas von der Welt außerhalb seiner Weltfläche erfahren will.

Das unbefriedigende Gefühl, das uns beschleicht, wenn wir uns damit abzufinden versuchen, daß wir nicht nach dem Vorher fragen dürfen, mag die Ursache sein, daß ein Weltmodell sehr beliebt ist, bei dem man diese Schwierigkeit umgeht. Es ist ein Weltall, in dem es nicht nur einen Urknall gibt, sondern unendlich viele. Tatsächlich kann man aus den Weltmodellen, die ein Weltall beschreiben, das wieder in sich zusammenfällt, ein *oszillierendes* Weltall zusammenstückeln. Es geht schon auf Friedman zurück. In ihm (Abb. 13.1) folgt der Implosion der Welt eine neue Explosion. Vor jedem Urknall gab es ein vorangegangenes Weltall, das aus einem anderen Urknall geboren wieder in sich zusammengefallen ist. In solch einem Fall hat man keine begrifflichen Schwierigkeiten, die Frage nach dem Davor zu stellen.

Aber hat man damit wirklich etwas gewonnen? Es sind zwei Fälle denkbar. Entweder geht keine Information vom vorangegangenen Zyklus in den nächstfolgenden. Das aber heißt: Im nachfolgenden Zyklus existiert nicht der mindeste Hinweis, daß vorher schon eine Welt vorhanden war. Es kommt keine Nachricht durch den Urknall hindurch. Was ist dann der Unterschied zu unserem Bild vom einfachen Urknall? Ich habe prinzipiell kein Mittel, etwas von der vorangegangenen Welt zu erfahren, also existiert sie auch nicht für mich.

Es ist aber auch der Fall denkbar, daß jeder nachfolgende Urknall etwas heißer ist als der vorangegangene, oder aber von einem Mal zum anderen kühler. Dann würde das Weltall sich durch die Implosions-Expansions-Phasen hindurch von Zyklus zu Zyklus weiterentwickeln, die Geschichte des vorangegangenen Zyklus würde den nächsten beeinflussen. Wenn in solch einem Weltall die Physik, oder eine im Vergleich zu der unsrigen verbesserte Physik, auch durch die Phase maximaler Kompression gültig bleibt und Information zum nachfolgenden Zyklus übertragen wird, dann ist in

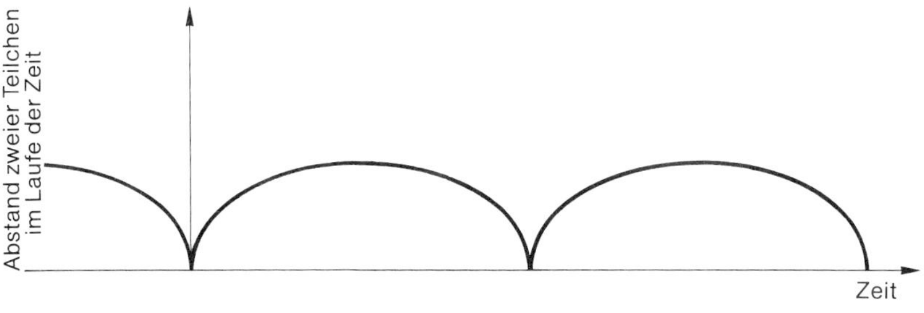

Abb. 13.1: Die Entfernung zweier Materieteilchen im zyklischen Weltall. Aus einem Urknall kommend, fliegt die Materie auseinander, wird dann durch die Schwerkraft wieder verdichtet und endet in einer Implosion, der sofort ein neuer Urknall folgt. Ein Zyklus folgt dem anderen seit unendlichen Zeiten bis in unendliche Zeit.

jedem Zyklus die Frage nach dem Vorher sinnvoll. Solch ein Weltall existiert seit unendlicher Zeit. Es explodiert und implodiert immer wieder. Durch jede Phase nahezu unendlicher Dichte und Temperatur hindurch würde Information von einem Zyklus zum nächsten hinübergerettet.

Um über die Möglichkeit solch eines Weltalls etwas aussagen zu können, müßte man wissen, welche Physik in der Phase maximaler Kompression gilt. Es ist die Frage, welche Naturgesetze unmittelbar in der Nachbarschaft des Urknalls galten, die Frage nach der Physik im Nabel der Zeit.

Im Nabel der Zeit

Was geschah im Augenblick des Urknalls? Damals kann es nicht mit rechten Dingen zugegangen sein, wenn man mit »rechten Dingen« unsere heutigen Naturgesetze meint. Die Allgemeine Relativitätstheorie sagt, daß alles mit unendlicher Dichte begonnen hat. Die kosmische Hintergrundstrahlung legt nahe, daß zu Beginn die Temperatur unendlich war. Je näher wir uns an den Anfang herantasten, um so unsicherer werden unsere Naturgesetze. Sie brechen bei unendlicher Dichte und Temperatur zusammen.

Wir begegnen mehreren Schwierigkeiten. Wir können zwar annehmen, Einsteins Theorie gelte bis an den Anfang der Zeit, dann wissen wir aber noch nicht, wie sich das Materie-Strahlungs-Gemisch bei so hoher Kompression verhält. Das ist die erste Schwierigkeit. Hier haben die Physiker in der letzten Zeit neue Ansatzpunkte gefunden. Sie benutzen ihre Feldtheorien, die ihnen beschreiben, wie zum Beispiel Teilchenpaare aus Strahlungsquanten entstehen können und wie sich ganze Garben von Elementarteilchen bilden, wenn in Beschleunigungsmaschinen Teilchen mit großen Energien aufeinander geschossen werden. Man studiert, welche neuen Aussagen diese Theorien machen, wenn man annimmt, daß sich alles in den Schwerefeldern des Urknalls abspielt. Dabei besteht zum Beispiel Hoffnung, die in der Einsteinschen Theorie noch in ihrer Stärke unbestimmte kosmologische Abstoßung (vgl. S. 196) zu begründen. Sie hat vielleicht in den ersten Bruchteilen der Welt eine entscheidende Rolle gespielt und ist vielleicht die Kraft, welche am Anfang der Materie den Urschwung gab, den wir heute noch in der Fluchtbewegung der Galaxien beobachten.

Vielleicht werden die Physiker diese erste Phase der Welt in Zukunft in den Griff bekommen und die Physik so erweitern, daß sie jene Bruchteile der ersten Sekunde nach dem großen Knall verstehen lernen. Die ganz andere Physik am Anfang der Welt ist vielleicht dafür verantwortlich, daß wir heute eine so isotrope Welt haben. Sie läßt vielleicht ein Rätsel lösen, das uns schon lange bedrückt.

Beobachten wir im Weltraum in zwei entgegengesetzten Richtungen die 3-K-Strahlung, dann blicken wir auf zwei voneinander sehr entfernte Stellen der Wand. Dort sehen wir das Ende der undurchsichtigen Phase der Welt, zu einer Zeit, als sie etwa 300000 Jahre alt war. Die Strahlung von jeder dieser beiden Stellen ist nahezu ein Weltalter lang zu uns unterwegs gewesen. Die beiden entgegengesetzten Stellen haben also einander noch nie gesehen, denn das Licht von einer zur anderen braucht nahezu zwei Weltalter. Sie wissen also nichts voneinander. Etwas präziser ausgedrückt: Von keiner dieser Stellen kann eine kausale Wirkung zur anderen gelangt sein. Sie können sich nicht aneinander angeglichen haben. Trotzdem gleichen sich im Lichte der Hintergrundstrahlung beide Stellen wie ein Ei dem anderen. Vielleicht liegt die Lösung des Rätsels in jenen ersten Augenblicken der Welt, als noch eine ganz andere Physik galt, die wir heute erst langsam erlernen.

Ob die Einsteinsche Theorie bis zum Urknall gilt, erscheint äußerst zweifelhaft. Bedenken wir doch, daß Einstein seine Theorie eigentlich nur aufgestellt hat, um schwache Schwerefelder zu beschreiben, wie sie auf der Erde und im Sonnensystem zu finden sind. Wir können nicht erwarten, daß sie auch unter so extremen Bedingungen richtig ist, wie sie am Anfang der Welt herrschten. Mit Sicherheit muß die Theorie modifiziert werden, wenn man sich dem Urknall auf einen Bruchteil einer Sekunde nähert, der einer Eins geteilt durch eine vierundvierzigstellige Zahl entspricht. Kommt man noch näher an den Großen Anfang heran, muß man die Gravitationstheorie mit der Quantenmechanik verkoppeln. Wie das zu geschehen hat, weiß heute noch niemand.

Als die Welt in die Physik geworfen wurde

So wie wir in Kapitel 7 die denkbaren Weltmodelle diskutiert hatten, schien es, daß der Urknall ein zwangsläufiges Ereignis war. Es sah so aus, als ob es nur die drei dort besprochenen Typen von »glatten« Lösungen (Abb. 8.4) gibt und damit die Natur gar keine Wahl hatte, als mit einem Urknall zu beginnen. Das aber ist nicht wahr. Wir sahen schon, daß Collins und Hawking andere, wenn auch den drei Typen verwandte »verbeulte« Modelle diskutiert haben. Die Relativitätstheorie gestattet aber auch Weltmodelle, bei denen die Galaxien aus dem Unendlichen kommen und aufeinander zuschießen. Die mittlere Dichte war dann am Anfang der Welt Null. Daß wir uns dafür nicht interessieren, liegt daran, daß wir beobachten, daß die Welt *auseinander-* und nicht *zusammen* fliegt. Es scheint mir aber wichtig zu sein, daß man festhält, daß, wer immer die Welt entstehen ließ, eine Auswahl getroffen hat.

Mir geht es hier um die Trennung zwischen der relativ trivialen Einsteinschen Ballistik und dem Anfangszustand. Wenn man von einem Stein getroffen wird, kann man mit Hilfe der Ballistik herausfinden, von wo der Stein kam und mit welcher Geschwindigkeit er losgeflogen ist. Die Ballistik lehrt uns aber nicht, warum gerade von dort der Stein geworfen wurde, warum überhaupt und wer geworfen hat. Das liegt außerhalb der Ballistik. Genauso ist der Anfangszustand des Weltalls außerhalb der Physik. Wer war es, der die Welt in die Physik warf? Ist diese Frage überhaupt erlaubt? Die Physik kann uns dazu nichts sagen, so wie uns die Ballistik nicht den Namen des Schützen verrät, der auf uns zielte. Die Frage nach Ursache und Urheber, sosehr sie sich uns aufdrängt, können wir nicht naturwissenschaftlich beantworten.

Ich begegne immer wieder bei meinen Vorträgen der Frage, ob denn im naturwissenschaftlichen Bild vom Weltall noch Platz ist für Gott. Oft umschreibt der Fragende das letzte Wort etwas schamhaft mit »höheres Wesen«. Je mehr ich darüber nachdenke, um so weniger verstehe ich, warum naturwissenschaftliche Erkenntnisse Glaubensvorstellungen verdrängen sollen. Viele Menschen denken, die fortschreitende Naturwissenschaft sei in einem ständigen Vormarsch und dränge die Religion rücksichtslos in immer weiter hinter der ursprünglichen Frontlinie liegende Verteidigungspositionen, bis für sie kein Platz mehr sein wird. Wenn früher Sonne und Gewitter noch eine Angelegenheit der Götter waren, so weiß man jetzt schon recht gut, wie die Sonne funktioniert und was geschieht, wenn die elektrischen Felder in der Erdatmosphäre so stark werden, daß Stoßionisation erfolgt und ein Blitz entsteht. Es scheint immer mehr so, als ob die Natur, ihrer Freiheit beraubt, in die Naturgesetze eingesponnen wird. Es scheint, als würde die Natur nahezu zwangsläufig wie ein Uhrwerk ablaufen, und es scheint, als wäre kein Raum für Gott.

Hatte er nur im Augenblick des Urknalls etwas zu bestimmen, und läuft seither die Welt nach ehernen Gesetzen nahezu zwangsläufig ab, vielleicht nur unbestimmt im Rahmen der Unsicherheiten der Naturgesetze, wie sie durch die Quantenmechanik gegeben sind? Darf Gott jetzt nur noch eingreifen, wenn es darum geht, ob ein bestimmtes Radiumatom heute zerfallen soll oder morgen, wobei ihm aber zur Auflage gemacht ist, die gesetzliche Halbwertszeit des Zerfalls dieser Atomsorte zumindest statistisch einzuhalten? Greift er in unser Denken und Fühlen ein, oder läuft auch das wie ein Uhrwerk nahezu fest vorprogrammiert ab, mit Ausnahme der statistischen Unbestimmtheiten im atomaren und molekularen Bereich?

Bestimmen Naturgesetze das Weltall?

Ich persönlich habe Schwierigkeiten mit dem Bild, wonach Naturgesetze den Ablauf der Welt festlegen. Was heißt es, daß die Welt nach Naturgesetzen abläuft? Mir ist dieser Satz ebenso unverständlich wie der, daß das Weltall ein Chaos sei. Wir beobachten Vorgänge in der Natur, und durch Beobachtung über die Jahrtausende hinweg ist es uns möglich geworden, Regeln aufzustellen, nach denen wir Voraussagen machen können, etwa eine Sonnen- oder Mondfinsternis prophezeien oder bei einem geworfenen Stein vorhersagen, wo er treffen wird. Aber die Regeln, die wir Naturgesetze nennen, sind nur in unseren Gehirnen. Wenn wir sagen, daß die Natur nach Gesetzen abläuft, heißt das nichts anderes, als daß *wir* die beobachteten Vorgänge mit vereinfachten Regeln beschreiben können, die wir ausgedacht und erprobt haben. Ohne Menschen keine Naturgesetze. Es ist eine Eigenschaft unseres Gehirns, daß wir mit ihm Regeln formen können, die in uns den Eindruck erwecken, die Natur folge ihnen. Sind die Naturgesetze außerhalb von uns da, oder denken wir sie in die Natur hinein? Unser Gehirn hat sich so an die Umwelt angepaßt, daß wir das Gefühl bekommen, wir verstünden sie. Die am Eingang des Kapitels zitierte Stelle aus Brechts »Leben des Galilei« scheint mir genau diesen Punkt zu treffen. Unser Gehirn hat sich so entwickelt, daß es in der Lage ist, die Vorgänge in der Natur als einfach, das heißt nach Naturgesetzen ablaufend zu empfinden. Wer aber war es, der die Welt in die Physik warf? So habe ich oben gefragt. Wäre es nicht richtiger, zu fragen: Wer war es, der die Physik in die Welt warf? Und waren es nicht wir selbst?

Mit dieser Vorstellung von den Naturgesetzen wird es schwer zu glauben, der Fortschritt der Naturwissenschaft könne die Religion verdrängen. Denn danach sind die Naturgesetze nur Hilfen, die Natur für uns verständlicher zu machen, und nicht Vorschriften, nach denen sich die Natur zu richten hat.

Wir sehen in der Natur Teilchen und erkennen Kräfte zwischen ihnen, die wir *Wechselwirkungen* nennen. Wir ordnen sie nach ihrer Stärke und finden vier Arten: die vier Wechselwirkungen der Physik. Wir verteilen Nobelpreise an die, welche zeigen können, daß zwei dieser Kräfte eigentlich ein und dasselbe sind, die aus den vier Arten drei machen. Wir halten Nobelpreise bereit für die, welche die Zahl der verschiedenen Wechselwirkungsarten weiter reduzieren. Man könnte sich vorstellen, daß es in unserem Weltall anders denkende Lebewesen gibt, die viel bessere Vorhersagen über die Natur machen können als wir (falls ihnen das überhaupt etwas Erstrebenswertes ist) und deren Denken ganz anders verläuft als das unsere. Vielleicht erscheinen ihnen in der unbelebten Welt nicht Teilchen und die Wechselwirkungen zwischen ihnen als einfache Begriffe. Vielleicht erscheinen ihrem Denken ganze Teilchengruppen überhaupt einfacher als einzelne Teilchen, und vielleicht finden sie dann andere Naturgesetze für andere Begriffsbildungen, nicht weil sie eine andere Natur beobachten, sondern weil ihr Denken anders ist.

Dieser von mir hier etwas überspitzt formulierten Auffassung stehen eine Reihe von Argumenten gegenüber, die mir manche meiner Kollegen gelegentlich vorhalten. Da drängt sich zum einen der Eindruck auf, die Gesetzlichkeit in der Natur existiere ganz objektiv in der Welt, und wir erraten von Jahrzehnt zu Jahrzehnt mehr Paragraphen des kosmischen Gesetzbuches. Ich selbst habe noch sehr lebendig in Erinnerung, wie ich als Student meine ersten tastenden Schritte in der mathematischen Forschung versuchte. Da schien es mir, als ob ich in dem winzigen Bereich, in dem ich Neuland berührte, auf eine schon vorhandene Gesetzmäßigkeit gestoßen sei. Ich beschrieb damals einem Freund meine Empfindungen mit den Worten: »Was ich neu erkenne, erscheint mir, als ob es schon vor mir jemand gedacht hat!«

Gegen die Vorstellung von den nur in unseren Gehirnen existierenden Naturgesetzen läßt sich auch einwenden, daß man mit den gleichen Hilfsmitteln, mit denen man eine Erscheinung erklärt hat, oft weitere erfassen kann, von denen man vorher nichts geahnt hatte.

Daß Friedman den Schöpfer der Allgemeinen Relativitätstheorie erst davon überzeugen mußte, daß seine Lehre auch expandierende Welten zuläßt, und daß erst Jahre später Hubble die Spiralnebelflucht entdeckte, ist ein Beispiel dafür. Ein anderes geht auch in die zwanziger Jahre zurück. Als man die Quantenmechanik entwikkelte, konnte man auf ein mathematisches Rüstzeug zurückgreifen, das über hundert Jahre zuvor entwickelt worden war, um schwingende Saiten und Membranen und die Ausbreitung von Schall in der Luft zu beschreiben, auf die Wellengleichung. Das scheint dafür zu sprechen, daß die Welt einer durchgehenden Gesetzmäßigkeit gehorcht, die außerhalb von uns existiert.

Für die praktische Erforschung der Welt ist es wohl gleich, ob man – wie ich – mehr geneigt ist, sich die Naturgesetze als nur von uns in die Welt hineingedacht vorzustellen, oder ob man es vorzieht anzunehmen, sie seien zusammen mit dem Urknall gekommen und seither ein für allemal da. Auch für die Frage der Wechselwirkung zwischen Religion und Naturwissenschaft erscheint es mir nicht wichtig, ob die Naturgesetze schon immer da waren (was immer das bedeutet) oder ob wir sie in die Welt hineingedacht haben. Man wird es nie entscheiden können.

Auf jeden Fall erfaßt die Naturwissenschaft nur einen endlichen Teil der in ihrer Wechselwirkung unendlich vielseitigen Welt. Die Forschung mag dann von Jahrzehnt zu Jahrzehnt fortschreiten. Sie wird ihr unendlich fernes Endziel nie erreichen. Welch winzigen Teil der Welt kann die Naturwissenschaft doch nur erfassen! Wir denken, erleben und fühlen mehr, als von Biologie, Chemie und Physik je begriffen werden kann. Jenem Vater, dessen Sohn beim Aufstieg zur Zugspitze vom Blitz getötet wurde, ist es gleichgültig, daß wir genau sagen können, bei welcher Feldstärke unter gegebenen Umständen die Stoßionisation einen Blitz entstehen läßt. Wenn er sich mit dem Schicksalsschlag auseinandersetzt, wird ihm keine Naturwissenschaft helfen.

Wenn die Naturgesetze von uns vielleicht nur in die Natur hineingedacht worden sind, was sind dann unsere Gedanken über den Anfang der Welt eigentlich wert? Wieso wagen wir uns mit unseren Naturgesetzen, die wir erst kürzlich erfunden haben, an die frühe Zeit des Kosmos heran und behaupten, wir wüßten, wie das Weltall beschaffen war, lange bevor es denkende Wesen geben konnte, ja sogar bevor das erste Atom da war? Wir müssen dazu etwas genauer formulieren, was die Kosmologen meinen, wenn sie vom Anfang der Welt sprechen. Wir beobachten das Weltall heute, sehen, wie es sich ausdehnt, erkennen Galaxien und Quasare. Wir nehmen unsere Naturgesetze zu Hilfe, mit denen wir viele heute beobachtbare Erscheinungen in der Natur beschreiben können und mit denen es uns gelingt, in vielen Bereichen der Natur Vorhersagen zu machen. Wenn wir diese Naturgesetze auf das heutige Weltall anwenden, können wir der Versuchung nicht widerstehen, mit ihnen auch die Vergangenheit zu erfassen. Dann drängt sich uns aber zwangsläufig das Bild vom Urknall auf. Dafür, daß wir mit diesem Bild in etwa recht haben, sprechen zwei wichtige daraus gefolgerte Voraussagen, die man nachträglich bestätigen konnte: die Existenz der kosmischen Hintergrundstrahlung und die richtige Häufigkeit des Elements Helium in der noch nicht durch den Stoffwechsel der Sterne verunreinigten Materie des Weltalls (vgl. S. 307). Das sollte uns Mut machen, daran zu glauben, daß das von den Kosmologen entworfene Bild vom Anfang der Welt sinnvoll ist. Ich sage »sinnvoll« und nicht »wahr«, da ich nicht weiß, was das letztere Wort bedeutet, wenn prinzipiell kein Wahrheitsbeweis möglich ist.

Das Weltall im Zeitraffer

Was wir durch Betrachten des Weltalls herausgefunden haben, gibt ein zusammenhängend erscheinendes Bild mit vielen, wenn auch noch nicht völlig verstandenen Einzelheiten. Wird dieses Bild sich im großen und ganzen als sinnvoll erweisen oder wird man schon bald umdenken müssen, weil neuere, verfeinerte Beobachtungen damit im Widerspruch sind?

Bei der Beschreibung der Geschichte des Weltalls hat man schon öfters zum Hilfsmittel eines Zeitrafferbildes gegriffen. Im folgenden halte ich mich an das Bild, das der Physiker Peter Kafka* gegeben hat.

»Drängen wir die Geschichte des Universums auf ein Jahr zusammen. Stellen Sie sich vor, es ist Silvesternacht, und wir erwarten den Gong, der das neue Jahr ankündigt . . .

Vor genau einem Jahr war alles, was wir jetzt vom Universum sehen, ganz dicht bei uns, vielleicht in einem einzigen Punkt mit uns. Der Urstoff, eine Strahlung, die den ganzen Raum gleichmäßig und mit ungeheuerer Dichte und Temperatur erfüllte, besaß noch keinerlei Struktur, aber durch den Schwung der geheimnisvollen Urexplosion dehnt er sich seither überall gegen seine Schwerkraft aus und kühlt sich dabei ab. Nun erzwingen die Naturgesetze – was immer das ist – und die Regeln der Statistik die Entstehung und Entwicklung von Strukturen. Schon in einem winzigen Bruchteil der ersten Sekunde des ersten Januar entsteht die Materie: die Elementarteilchen, und gleich darauf die einfachsten Atomkerne, Wasserstoff und Helium. Bei der weiteren Ausdehnung und Abkühlung nimmt die Dichte dieser Materie langsamer ab als die der Strahlung, und so gewinnt irgendwann am 1. oder 2. Januar die Materie die Oberhand. Erst als die Temperatur unter einige tausend Grad gesunken ist, beginnt die Materie unter ihrer eigenen Schwerkraft Klumpen zu bilden. So entstehen noch vor Ende Januar die Galaxien, und in diesen die ersten Sterngenerationen.« Kafka beschreibt dann, wie in den Sternen die schweren Elemente gebildet werden, von Sterngenerationen, die unserer Sonne vorangegangen sind.

»Nun ist . . . schon mehr als das halbe Jahr vergangen, da ballt sich Mitte August aus einer zusammenstürzenden Wolke von Gas und Staub unser Sonnensystem. Schon nach einem Tag ist die Sonne etwa in ihrem heutigen Zustand und versorgt ihre Planeten mit einem ziemlich konstanten Strahlungsstrom . . .«

Nun ist die Möglichkeit zur Entstehung primitiven Lebens auf der Erde gegeben: »Bereits vom Anfang des Oktober finden wir fossile Algen, und im Laufe von nur zwei Monaten entsteht nun zunächst in den Gewässern eine ungeheuere Artenvielfalt von Pflanzen und Tieren. Die ersten Wirbeltierfossilien stammen vom 16. Dezember. Am 19. erobern die Pflanzen die Kontinente. Am 20. Dezember sind die Landmassen mit Wald bedeckt, und das Leben

---

* Peter Kafka, Heinz Maier-Leibnitz, Streitbriefe über Kernenergie. München / Zürich 1982

schafft sich selbst eine sauerstoffreiche Atmosphäre. Nun wird das ultraviolette Licht zurückgehalten, so daß noch komplexere und empfindlichere Formen des Lebens möglich werden. Am 22. und 23. Dezember, während sich unsere Steinkohlenlager bilden, entstehen aus Lungenfischen amphibische Vierfüßler und erobern feuchtes Land. Aus ihnen entwickeln sich am 24. Dezember die Reptilien, die auch das trockene Land besiedeln. Am 25. Dezember wird das warme Blut erfunden. Spätabends erscheinen die ersten Säugetiere, aber für die nächsten zwei Tage führen sie noch ein Kümmerdasein neben den Sauriern. (In Nischen, verborgen vor den Mächtigen, wird die Intelligenz vorbereitet.) Am 27. Dezember entwickeln sich aus den Reptilien auch die Vögel, am 28. und 29. übernehmen sie gemeinsam mit den Säugetieren die Macht von den aussterbenden Drachen. In der Nacht zum 30. beginnt die noch andauernde Auffaltung des Gebirges Ihrer Heimat, die seitdem im Erdbebengürtel liegt. (Kafka meint in diesem, in Österreich gehaltenen Vortrag die Alpen. R. K.)

Bis jetzt ist die biologische Information stets im wesentlichen in den sogenannten Genen, das heißt in Nukleinsäuremolekülen gespeichert. Erst ab 30. Dezember wird die Speicherung in größeren Eiweißstrukturen der Gehirne benutzt, um über diese genetische Fixierung wesentlich hinauszugehen. Die Verflechtungsmöglichkeit von Neuronen im Gehirn bietet dem Drang nach Komplexität neue Ausdrucksmittel: Das Lernen wird wichtig, Seele und Geist können sich entwickeln. In der Nacht zum 31. Dezember, vergangene Nacht, entspringt der Menschenzweig dem Ast, der zu den heutigen Menschenaffen führt. Nun bleibt uns ein Tag, um uns selbst zu entwickeln. Mit etwa zwanzig Generationen pro Sekunde scheint dies nicht schwierig. Aber unser Werdegang ist dürftig dokumentiert. Erst von etwa zehn Uhr am Silvesterabend stammen die Skelettreste der Olduvai-Schlucht in Ostafrika. Fünf Minuten vor zwölf leben die Neandertaler; ihre Gehirne sind schon vergleichbar den unsrigen. Zwei Minuten vor zwölf sitzen wir ums Feuer, stammeln und winseln und klatschen rhythmisch in die Hände, bemalen die Wände unserer Höhlen mit Bildern unserer Beutetiere und tun Waffen oder Honig und Körner in die Gräber unserer Väter. Die Blütezeit der Sprachen, und damit der Kulturen, bricht an. Seit fünfzehn Sekunden wird die Geschichte Chinas und Ägyptens überliefert, fünf Sekunden vor zwölf wird Jesus Christus geboren. Eine Sekunde vor zwölf beginnen die Christen mit der Ausrottung der amerikanischen Kulturen ... Oh – da ist schon der Gong – hier sind wir im neuen Jahr! Was wird es bringen?«

So faßt Peter Kafka die Geschichte der Welt zusammen, vom Anfang bis heute. Warum und wozu lief alles so ab? Wahrscheinlich ist diese Frage ebenso sinnlos wie die nach dem Davor. Denn nach Ursache, Sinn und Zweck zu fragen, haben wir uns in der Umwelt des täglichen Lebens angewöhnt. Was diese Begriffe für das Weltall als Ganzes bedeuten, ist unklar. Mit Hilfe der Naturgesetze gelang es uns, die Vorgänge der materiellen Welt für unser Gehirn etwas plausibler, gelegentlich sogar vorhersagbar zu machen. Verstanden – was immer das bedeutet – haben wir sie nicht, und für das, was es über die materielle Welt hinaus noch gibt, dafür ist unser naturwissenschaftliches Gedankenwerkzeug zu grobschlächtig.

So kann die moderne Wissenschaft Fragen, die sich unserem Denken immer wieder aufdrängen, nicht beantworten. Seien sie sinnlos und in sich vielleicht nicht logisch, die Fragen sind schon immer dagewesen. Wir wissen auch heute nicht, was wir Angelus Silesius (1624–1677) antworten sollen, wenn er in Worten, die ihren Ursprung wahrscheinlich schon im Mittelalter haben, ratlos schreibt:

Ich bin, ich weiß nicht wer.
Ich komme, ich weiß nicht woher.
Ich gehe, ich weiß nicht wohin.
Mich wunderts, daß ich so fröhlich bin.

Anhang

A Frequenz und Wellenlänge

Eine Welle, die sich mit Lichtgeschwindigkeit bewegt, ist in Abbildung A1 zu drei verschiedenen aufeinanderfolgenden Zeitpunkten gezeigt. Sie beginnt (oben) an einer Stelle, die mit »Start« bezeichnet ist, und hat im unteren Bildteil nach einer Sekunde das »Ziel« erreicht. Da das Licht in einer Sekunde 300 000 km zurücklegt, ist der Abstand zwischen Start und Ziel 300 000 km. Die Frequenz gibt an, wie viele Wellenberge während dieser Sekunde in das Gebiet zwischen »Start« und »Ziel« gewandert sind. Da der Abstand zwischen zwei Wellenbergen gleich der Wellenlänge ist, so folgt, daß die Zahl der Wellenberge mal Wellenlänge gleich 300 000 km sein muß. Daraus folgt:

$$\text{Frequenz} \times \text{Wellenlänge} = \text{Lichtgeschwindigkeit.}$$

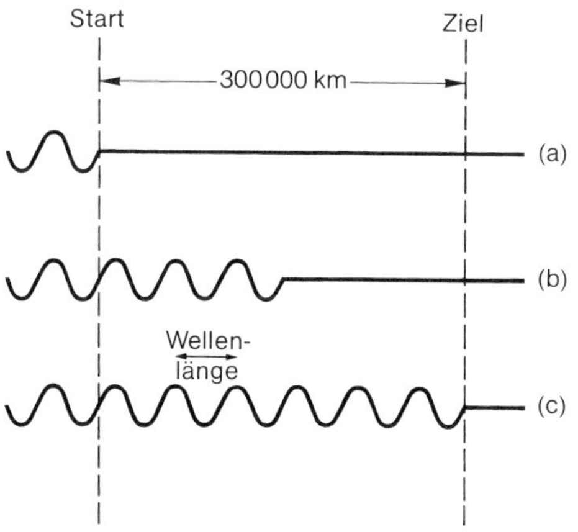

Abb. A1: Der Anfang eines sich mit Lichtgeschwindigkeit ausbreitenden Wellenzuges beginnt in (a) beim Startpunkt und erreicht in (c) das 300 000 km entfernte Ziel.

In der Zeichnung ist die Frequenz sechs Schwingungen pro Sekunde, die Wellenlänge also 50 000 km. Wäre die Wellenlänge die des Bayerischen Rundfunks auf Mittelwelle, nämlich 375 m, dann würden in jeder Sekunde 801 000 Wellenberge über den Startpunkt nach rechts wandern.

In der obigen Formel können wir uns die Frequenz in Hz, die Wellenlänge in m gemessen denken. Die Lichtgeschwindigkeit ist 300 000 000 m/s. Messen wir die Frequenz in MHz, so ist die Frequenz in Hz gleich dem Einmillionenfachen der Frequenz in MHz. Dann lautet unsere Gleichung:

$$1\,000\,000 \times \text{Frequenz in MHz} \times \text{Wellenlänge in m} = 300\,000\,000,$$

also:

$$\text{Frequenz in MHz} \times \text{Wellenlänge in m} = 300.$$

B Wie man die Entfernung der Hyaden bestimmt

Es geht dreimal um rechtwinklige Dreiecke, bei denen aus zwei Teilstücken ein drittes bestimmt wird, wie wir es in der Schule gelernt haben. Von unserem Beobachtungsort B aus beobachten wir bei dieser Sterngruppe einen Konvergenzpunkt, wie im Text erläutert. Wir wissen also die Flugrichtung und kennen daher die Richtung der Geschwindigkeit des Hyadensterns S (Abb. B1). Der Doppler-Effekt gibt uns seine Radialgeschwindigkeit. Das in (a) grau gezeichnete Dreieck ist damit eindeutig bestimmt, denn wir kennen eine Seite (Radialgeschwindigkeit) und den Winkel bei S, der gleich ist dem von uns aus meßbaren Winkel zwischen Hyadenstern und Konvergenzpunkt. Daraus folgt die wahre Geschwindigkeit nach Richtung und Größe. In (b) wird dasselbe Dreieck, von dem wir jetzt alles wissen, benützt, um die Geschwindigkeit quer zur Blickrichtung zu bestimmen. In (c) benützen wir die eben ermittelte Geschwindigkeit quer zur Blickrichtung. Diese Geschwindigkeit ist in (c) von S ausgehend eingezeichnet. Nehmen wir jetzt noch die durch direkte Beobachtung bestimmte Eigenbewegung dazu. Die erstere messen wir etwa in pc pro Jahrhundert, die letztere in Bogensekunden pro Jahrhundert. Damit ist das graue Dreieck in (c) eindeutig bestimmt, und es folgt die Entfernung des Hyadensterns vom Beobachter B.

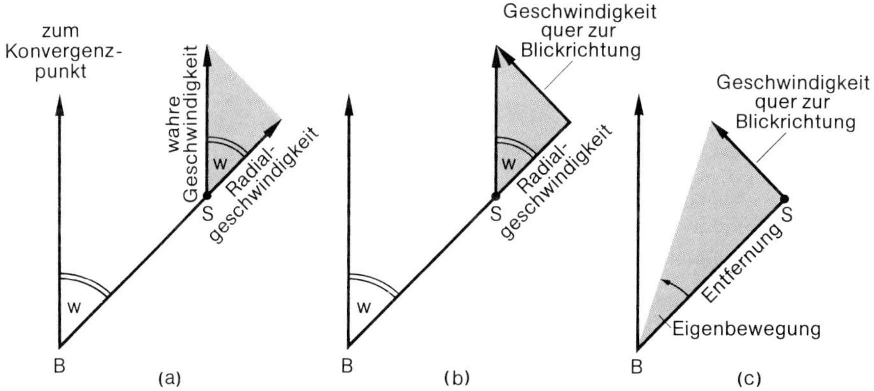

Abb. B1: Die Bestimmung der Entfernung eines Hyadensterns S aus dem Winkel w zwischen Stern und Konvergenzpunkt, aus der Radialgeschwindigkeit und aus der Eigenbewegung in drei Schritten.

C Das Space-Teleskop und die Parallaxen der Sterne

Obwohl die Astronomen seit 1838 mit den Parallaxenmessungen Erfolg haben, will ich das zukünftige Space-Teleskop zum Anlaß nehmen, die Methode zu erläutern. Denn wenn der für 1987 vorgesehene Start dieses einmaligen astronomischen Instruments im Weltraum nicht noch weiter verschoben wird, dann wird diese Methode bald eine neue Blüte erleben. Das Prinzip ist in Abbildung C1 dargestellt. Wir kennen den Abstand Sonne – Erde. Wenn wir uns auf der Erde im Laufe eines Jahres um die Sonne bewegen, sehen

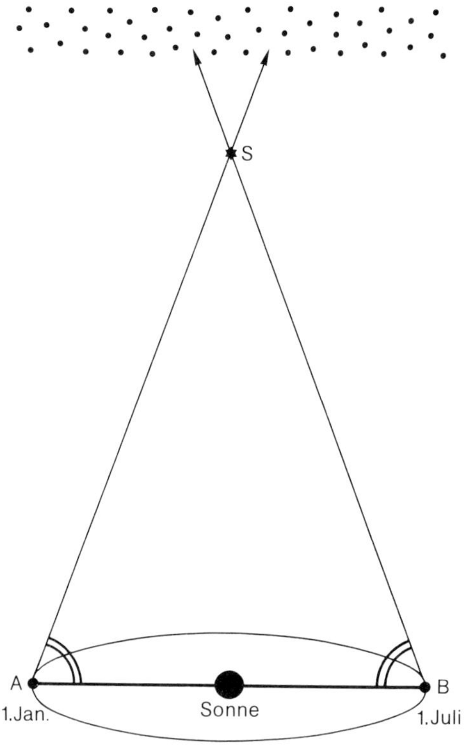

Abb. C1: Bei der Parallaxenmethode wird das Dreieck ABS bestimmt. Der geringe Unterschied in den Richtungen, in denen man den weit entfernten Stern S von A und von B aus sieht, wird dadurch ermittelt, daß man seine scheinbare Bewegung relativ zu weit entfernten Hintergrundsternen – die im Bild angedeutet sind – beobachtet.

wir im Abstand eines halben Jahres einen relativ nahen Stern aus verschiedenen Richtungen. Das erkennen wir daran, daß er sich von uns aus gesehen relativ zu den weiter entfernt stehenden Sternen am Himmel verschiebt. Der Winkelunterschied zwischen den beiden Richtungen, die sogenannte Parallaxe (im Bild sind der Stand der Erde am 1. Januar und am 1. Juli eingezeichnet), gestattet, die Entfernungen zu bestimmen. Denn wir kennen von dem Dreieck ABS die beiden Winkel bei A und B und den Abstand zwischen A und B. Damit folgt alles andere, zum Beispiel die Entfernung AS (oder was bei der großen Entfernung der Sterne praktisch das gleiche ist, die Entfernung BS). Beträgt die Parallaxe eines Sterns eine Bogensekunde, so nennen wir seine Entfernung ein Parsek.

Vom Boden der Erdatmosphäre aus kann man damit den Raum bis 10 pc vermessen. Wenn man größere Meßfehler in Kauf nimmt, bis 100 pc. Mit dem Space-Teleskop wird man – von keiner Luftunruhe behindert – die Genauigkeit verzehnfachen können.

Man wird den Konvergenzpunkt nicht mehr zu Hilfe nehmen müssen, wenn man die Entfernung der Hyaden bestimmen will, denn sie werden im Bereich der Parallaxenmethode liegen. Wenn man bis 1 kpc hinaus vermessen kann, wird man die Entfernung von RR Lyrae-Sternen und von Delta-Cephei-Sternen direkt ermitteln können und damit den Nullpunkt der Perioden-Leuchtkraft-Beziehung erhalten.

D Die Methode der gekoppelten Entfernungen

Kolumbus war ein Meister im Koppeln. Auch heute wird noch nach dem Kopplungsverfahren navigiert, herab bis zu kleinen Segeljachten. Es ist das Einfachste, was man machen kann. Man fährt vom Ausgangshafen in eine bestimmte Richtung. Aus Fahrtgeschwindigkeit und Zeit bestimmt man die zurückgelegte Strecke und trägt diese nach Richtung und Länge in die Seekarte ein. Damit hat man seinen Ort. Wenn man jetzt weiterfährt, trägt man wieder die nächste Strecke nach Länge und Richtung ein und erhält den neuen Ort. So koppelt man Fahrtstrecke an Fahrtstrecke, auf der Seekarte entsteht eine Zickzacklinie, an deren Ende man abliest, wo man sich befindet. Dieses Aneinanderkoppeln von geraden Stücken hat den Nachteil, daß sich ein einmal gemachter Fehler immer weiter fortpflanzt, so daß mit zunehmender Zahl aneinandergesetzter Wegstrecken der Fehler immer mehr wächst. Aber Kolumbus war gut darin, besser als in der astronomischen Ortsbestimmung. Er steht heute noch unter dem Verdacht, daß er selbst die hellsten Sterne nicht auseinanderhalten konnte.*

Wenn Astronomen in Gedanken bis an die Grenze des Weltalls zu navigieren versuchen, so benutzen sie das Verfahren der aneinandergekoppelten Entfernungen. Wie das Koppeln in der Navigation hat es den Nachteil, daß jeder Fehler sich immer weiter fortpflanzt. Das ist der Grund, daß in der Geschichte der Fehler bei der Bestimmung der Entfernung des Andromedanebels die Entfernung aller weiter draußen stehenden Galaxien beeinflußte. Baade verdoppelte zwar die Entfernung des Andromedanebels (vgl. S. 127), aber damit vergrößerte er auch gleichzeitig alle Abstände zwischen den Galaxien bis zu den fernsten.

Wie man die Entfernung der Hyaden bestimmt, ist in Kapitel 4 und in Anhang B beschrieben. Das ist die erste Stufe. Dann nimmt man Sterne bestimmter spektraler Eigenschaften in den Hyaden und vergleicht sie mit entsprechenden in anderen Sternhaufen in unserer Galaxis. Wenn man annimmt, daß Sterne mit gleichen spektralen Eigenschaften gleiche Leuchtkraft haben, kann man die Entfernungen dieser Haufen aus der Entfernung der Hyaden bestimmen. Das ist die zweite Stufe. Man beachte: Ein Fehler bei den Hyaden macht auch die in der Zweitstufe bestimmten Entfernungen

---

* Vergleiche K. H. Peter, Wie Kolumbus navigierte. Herford 1972

falsch. In einigen dieser Sternhaufen stehen Delta-Cephei-Sterne, deren Perioden-Leuchtkraft-Beziehung man nun eichen kann. Delta-Cephei-Sterne sehen wir bis etwa 4 Mpc. Die pulsierenden Sterne helfen uns in der dritten Stufe. Sie reichen bis zum Andromedanebel, aber nicht bis zum Virgo-Haufen. In den Galaxien, die man damit erreichen kann, leuchten von Zeit zu Zeit Novae auf, man sieht in den Galaxien auch einzelne helle, unveränderliche Sterne, und man kann Kugelsternhaufen erkennen. Es zeigt sich, daß sie recht brauchbare Standardlichtquellen sind. Sie kann man bis zu einer Entfernung von 4 Mpc in anderen Galaxien noch prüfen und herausfinden, ob sie geeignete Standardkerzen sind, denn noch kann man ihre Entfernung mit Hilfe der Delta-Cephei-Sterne bestimmen. Hat man sie einmal geeicht, so helfen die Novae, hellsten Sterne und Kugelsternhaufen, die vierte Stufe auszuloten. Sie reicht bis 30 Mpc. Die Entfernung des Virgo-Haufens wird damit festgelegt. Für größere Entfernungen helfen Supernovae als Standardlichtquellen, wieder an den Galaxien der vierten Stufe geeicht. Mit ihnen kann man bis weit über den Coma-Haufen (vgl. S. 226) hinaus, also bis weit über 140 Mpc. Das ist die fünfte Stufe. In ihrem Bereich stellt sich heraus, daß in den vermessenen Galaxienhaufen die hellsten elliptischen Galaxien alle in guter Näherung gleiche Leuchtkraft haben. Nimmt man sie als Standardkerzen, dann kann man im Prinzip bis 10000 Mpc hinausgehen. Das ist die sechste und vorläufig letzte Stufe der gekoppelten Entfernung. Jede Stufe ist etwas unsicherer als die vorangegangene. Schon bei der vierten Stufe gehen Tammann und Sandage einerseits und de Vaucouleurs andererseits auseinander.

Das wird alles besser werden, wenn das Space-Teleskop endlich fliegt. Dann wird man pulsierende Sterne direkt mit der Parallaxenmethode eichen, und im Virgo-Haufen wird man Delta-Cephei-Sterne sehen und als Entfernungsindikatoren verwenden können. Damit wird man viel mehr Galaxien haben, an denen man andere Standardlichtquellen eichen kann. Die Kopplungsmethode hat ja nicht nur den Nachteil, daß sich ein bei einem Objekt in der Nähe gemachter Fehler bis in die fernsten Winkel des Weltalls fortpflanzt. Sie hat auch den Vorteil, daß das Beseitigen eines Fehlers bei den Objekten in der Nähe auch die Verläßlichkeit der größten Entfernungen verbessert.

Personen- und Sachregister

Das Bild einer Galaxie, auf die wir von der Seite blicken, erinnert an das Aussehen unserer eigenen Galaxis. Man vergleiche hierzu das Bild im Buchdeckel vorne (Aufnahme: D. Ballereau, European Southern Observatory).